STEAM EDUCATION SERIES

융합교육 시리즈 5

디자인을 사랑한 수학

안대영 지음

KYOWOOSA 교우사

머리말

'비보이를 사랑한 발레리나'는 힙합과 발레라는 서로 다른 두 장르에서 각각의 꿈을 키우던 남녀가 첫눈에 마음을 빼앗기게 된다. 사랑을 이루는데 발레가 걸림돌이 된다고 생각한 발레리나는 프리마돈나의 꿈을 접고 길거리 댄서에서 새로운 삶을 찾으면 비보이와 사랑을 이루게 된다. 댄스가 계속된 다음 발레리나가 비보이를 사랑하면서 고민하는 꿈속이야기, 좌절하는 장면, 끝내 발레복을 버리는 결심, 결국 힙합차림으로 비보이들과 함께하는 장면으로 끝난다.

수학하는 사람들은 비보이를 만나기 전의 발레리나처럼 살아온 것은 아닌지. 발레리나는 동작을 익히고 나름의 아름다움을 가지면서 만족스런 삶을 살았다. 다른 세상의 움직임을 무시하면서. 그렇게 춤을 추는 것도 만족스러울 것이다. 주위를 돌아보면 비보이는 즐겁게, 에너지가 넘치는 모습으로 자신의 세계를 만들어 간다.

디자인을 사랑하는 수학은 발레리나의 사랑 고민과 비슷하다. 수학은 배우고 잘 따라 하는 것이다. 더 나아갈 수는 없을까? 수학을 통해서도 자신의 세계를 어떻게 만들 수 있을까? 수학을 통해서 다른 분야와 어떻게 소통할 수 있을까? 수학이 예술의 주체로서 나아간다면 어떤 모습일까? 이 책은 이런 질문에 대한 고민이다.

세상의 모든 것은 디자인이다. 수학과 예술 사이에 있는 담을 부지런히 허물고자 하는 노력은 계속되었다. 만물을 수학적 조화로 표현할 수 있다고 주장한 피타고라스는 수학 세계에서 막대한 영향력을 행사했다. 우주의 신비로운 열쇠를 찾아낸 것으로 생각하고 매사를 비례의 문제로 해석하려 하였다. 이 책에서는 수 자체가 갖고 있는 아름다움에 주목한다. '수학은 디자인의 본질이다'란 책에서 숫자 1에서 파생되는 디자인을 소개했다.

1장은 2에서 파생되는 디자인을 3차원 공간에서 살펴보았다.
2장은 유리수를 이용해서 나타낼 수 있는 디자인을 살펴보았다.
3장은 무리수와 삼각함수를 이용하여 옵티컬 아트를 만드는 활동이다.
4장은 수열을 이용해서 디자인을 만드는 방법이다.
5장은 논리연산을 이용하여 옵티컬 아트와 예술작품을 만들어 본다.
6장은 2진수에서 26진수 까지를 행렬의 곱을 이용하여 디자인하는 방법을 소개한다.
7장은 3차원 프랙탈을 곱셈을 이용하는 방법과 논리곱을 이용하는 방법을 소개한다.

8장은 셀 4개, 셀 5개의 합을 통해 일정한 패턴에서 벗어나는 디자인을 살펴 본다.
9장은 무리수와 삼각함수을 이용하여 외분 카오스게임 결과를 소개한다.

수학은 품위를 가지고 많은 사람에게 사랑받기를 원한다. 그렇다면 수학이 세상을 향해 가치를 인정받을 수 있도록 움직여야 한다. 수학의 권위에 억눌려 생존을 위해 수학을 하는 것이 서글픈 현실이다. 수로 디자인을 만들기 위해 어려운 수학적 개념이 필요한 것은 아니다. 누구나 수학의 주체로서 살아가는 느낌을 가질 수 있다. 수학은 공식뿐만 아니라 인간의 아름다운 느낌을 수학적 디자인으로 구성할 수 있다.

미술은 느낌과 생각을 시각적으로 표현하고, 시각 이미지를 통해 다른 사람과 소통하며, 자신의 세계를 이해하는 예술이다. 미술은 미적 감수성과 직관으로 대상을 이해하고 삶을 창의적으로 향유하며, 전인적인 인간을 육성하는데 있다.

여기서는 자연수, 유리수, 무리수를 이용한 디자인을 통해 미적 감수성을 기르고자 한다. 수를 이용한 디자인이나 논리연산을 이용한 디자인에서 나타나는 미적인 부분에 대해 느낌과 생각을 창의적으로 표현하고 이야기하는 능력을 기르기를 바란다. 수학과 미술의 융합을 통하여 때로는 디자인을 수학으로, 때로는 디자인을 수학으로 느끼는 기회가 되었으면 한다.

이 책을 통해 수학과 미술을 좀 더 친근하게 느끼고, 수학을 즐기고 미술을 감상하고 활용하는데 도움이 되기를 바란다. 수학과 미술이 가진 긍정적이고 창조적인 힘을 통해 자신의 삶 속에서 행복하게 수학의 디자인이 자리매김 하기를 바란다.

수학이 디자인과 함께 이야기하고, 세상과 만날 수 있는 기회를 마련해 주신 오판근 사장님을 비롯한 임직원 여러분의 수고에 깊이 감사드린다. 섬세하게 교정을 도와주신 장소연 선생님, 묵묵히 지켜봐 준 아내에게도 고마움을 전합니다.

2014년 5월

안대영

차례

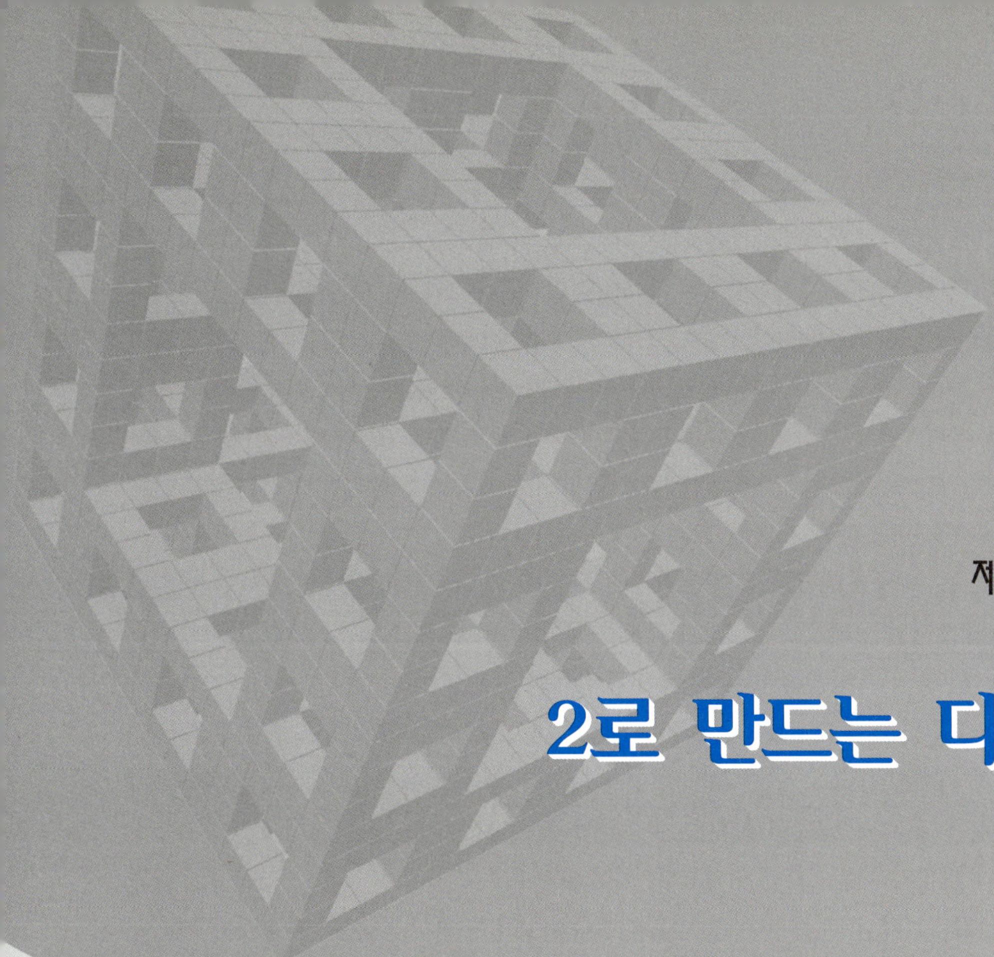

제 1 장

2로 만드는 디자인

앞의 그림은 미켈란젤로의 '천지창조'이다. 신이 인간을 창조하는 모습이다. 융합 시리즈 1권, 2권, 3권의 표지로 사용하였다.

신이 우주를 보았을 때, 공허와 혼돈의 모습으로 느껴졌을 것이다. 신은 공허와 혼돈 속에 새로운 질서를 부여하려고 생각했을 것이다. 우주를 무엇으로 채울 것인가가 신에게 부여된 일이었을 것이다. 저자는 프랙탈 이론이 우주를 만드는데 사용되지 않았을까 하는 생각에서 1권 표지에 '천지창조'와 함께 프랙탈 도형을 넣었다.

저자는 프랙탈을 양의 프랙탈과 음의 프랙탈로 나눈다. 일반적으로 알려진 프랙탈은 음의 프랙탈이다. 1권'프랙탈과 카오스'란 책 표지에서 신이 손을 펼치고 있는 곳에 있는 그림이 양의 프랙탈이다. 양의 프랙탈은 하나의 점이 무한개의 점으로 나아간다. 신의 손가락에서 나온 에너지가 우주를 채운다. 우주의 생성에 대해 빅뱅이론도 있지만, 프랙탈 우주론도 있다. 우주는 원래 프랙탈 구조로 있었다는 것이다. 과학은 믿음의 이론이다. 무엇을 믿느냐에 따라 보이는 것이 다르다. 빅뱅이나 다중 우주론도 그렇다.

수학은 논리와 이성의 학문으로만 여겨졌다. 이러한 이유로 수학은 대부분의 사람들과 소통하지 못하고 단절되었다. 저자는 수학이 믿음의 학문이었으면 한다. 느낌의 학문이었으면 한다. 수학이 사람들과 만나서 소통하고 사랑의 감정을 나누는 학문이었으면 한다.

저자는 수학과 소통하는 방법에 무엇이 있을까 고민하였다. 우리가 좀 더 수학의 본질을 들여다 본다면 훨씬 쉽게 수학과 소통할 수 있을 것이라 생각했다. 그리고 수학의 본질을 보는 방법으로 디자인을 선택하였다. 디자인은 우리 삶에 깊숙이 들어와 있으면서 우리 삶의 곳곳에서 만나는 것이기 때문이다. 이러한 디자인을 통해 사람들이 수학과 느낌을 나누고 사랑하고 즐겁게 만났으면 좋겠다.

이 책은 디자인을 그리워하는 수학의 몸짓이다. 수학을 통해 디자인을 만들어 보고, 디자인의 아름다움을 체험하고, 감상하는 기회가 되었으면 한다. 우리 모두는 수학자이면서 예술가이다. 또한 예술가이면서 수학자이다. 천지를 창조한 신처럼!

1 $2=1.999\cdots$를 3으로 나누었을 때 주기

$\frac{1}{3}=0.333\cdots$이다. 양변에 3을 곱하면 $1=0.999\cdots$이다. 양변에 1을 더하면 $2=1.999\cdots$이다. 이처럼 2는 무한소수를 이용하여 $1.999\cdots$로 나타낼 수 있다. $1.999\cdots$를 1행과 1열에 입력했다. 처음 세 수의 합은 $9+1+9=19$이다. 19을 3으로 나누었다. 나머지는 1이다.

(1) $2=1.999\cdots$을 1행과 1열에 입력하고, 세 수의 합을 더한 후 3으로 나누었다. 나머지가 0인 수에 색칠하였다.

① 1단계	② 2단계
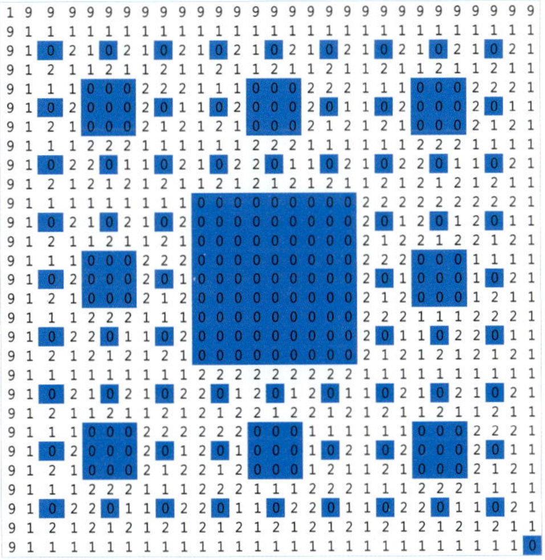	

(2) 행에서 나타나는 수 패턴을 찾아보자.

행	순환마디	주기
1	1	1
2	102	3
3	121	3

행	순환마디	주기
4	111 000 222	9
5	102 000 201	9
6	121 000 212	9
7	111 222 111	9
8	102 201 102	9
9	121 212 121	9
10	111111111 000000000 22222222	27
11	102102102 000000000 201201201	27
12	121121121 000000000 212212212	27
13	111000222 000000000 222000111	27
14	102000201 000000000 201000102	27
15	121000212 000000000 212000121	27
16	111222111 000000000 222111222	27
17	102201102 000000000 201102201	27
18	121212121 000000000 212121212	27
19	111111111 222222222 111111111	27

행	순환마디	주기
20	102102102 201201201 102102102	27
21	121121121 212212212 121121121	27
22	111000222 222000111 111000222	27
23	102000201 201000102 102000201	27
24	121000212 212000121 121000212	27
25	111222111 222111222 111222111	27
26	102201102 201102201 102201102	27
27	121212121 212121212 121212121	27
28	111111111111111111111111111 000000000000000000000000000 222222222222222222222222222	81
29	102102102102102102102102102 000000000000000000000000000 201201201201201201201201201	81
30	121121121121121121121121121 000000000000000000000000000 212212212212212212212212212	81
31	111000222111000222111000222 000000000000000000000000000 222000111222000111222000111	81
32	102000201102000201102000201 000000000000000000000000000 201000102201000102201000102	81
33	121000212121000212121000212 000000000000000000000000000 212000121212000121212000121	81

행	순환마디	주기
34	111222111111222111111222111 000000000000000000000000000 222111222222111222222111222	81
35	102201102102201102102201102 000000000000000000000000000 201102201201102201201102201	81
36	121212121121212121121212121 000000000000000000000000000 212121212212121212212121212	81
37	111111111000000000222222222 000000000000000000000000000 222222222000000000111111111	81
38	102102102000000000201201201 000000000000000000000000000 201201201000000000102102102	81
39	121121121000000000212212212 000000000000000000000000000 212212212000000000121121121	81
40	111000222000000000222000111 000000000000000000000000000 222000111000000000111000222	81
	…	81
81	121212121212121212121212121 212121212121212121212121212 121212121212121212121212121	81
82	111111111111111111111111111 111111111111111111111111111 111111111111111111111111111 000000000000000000000000000 000000000000000000000000000 000000000000000000000000000 222222222222222222222222222 222222222222222222222222222 222222222222222222222222222	243

행	순환마디	주기
83	102102102102102102102102102 102102102102102102102102102 102102102102102102102102102 000000000000000000000000000 000000000000000000000000000 000000000000000000000000000 201201201201201201201201201 201201201201201201201201201 201201201201201201201201201	243
84	121121121121121121121121121 121121121121121121121121121 121121121121121121121121121 000000000000000000000000000 000000000000000000000000000 000000000000000000000000000 212212212212212212212212212 212212212212212212212212212 212212212212212212212212212	243
	…	…
243	1110002222220001111110002222220001111110002222220001111110002222 22000111111000222 2220001111110002222220001111110002222220001111110002222220001111 11000222222000111 1110002222220001111110002222220001111110002222220001111110002222 22000111111000222	243

(3) 주기를 관찰해 보자.

① 1행은 1주기를 가진다.

② 2, 3행은 3주기를 가진다.

③ 4에서 9행은 9주기를 가진다.

④ 10행서 27행까지는 27주기를 가진다.

⑤ 28행에서 81행까지는 81주기를 가진다.

⑥ 82행부터 243행까지는 243주기를 가진다.

(4) 2, 4, 10, 28행을 살펴보자.

행	순환마디	주기
2	102	3
4	111 000 222	9
10	111111111 000000000 22222222	27
28	1 1 1 1 1 1 1 1 1 1 1 1 1 1 1 1 1 1 1 1 1 1 1 1 1 1 1 000000000000000000000000000 222222222222222222222222222	81
82	111111111111111111111111111111111111111111111111111111 111111111111111111111111111 000000000000000000000000000000000000000000000000000000 000000000000000000000000000 222222222222222222222222222222222222222222222222222222 222222222222222222222222222	243

① 2행에서 1은 4행에서 111로 변한다.

② 2행에서 0은 4행에서 000으로 변한다.

③ 2행에서 2는 4행에서 222로 변한다.

④ 4행에서 1은 10행에서 111로 변한다.

⑤ 4행에서 0은 10행에서 000으로 변한다.

⑥ 4행에서 2는 10행에서 222로 변한다.

⑦ 다음행으로 진행할 때 0은 000으로, 1은 111로, 2는 222로 변한다.

⑧ 수열로 표현해 보자. $\{a_n\}$: 2, 4, 10, 28, 82, ⋯ 이다. 2와 4의 차이는 2이다. 4와 10의 차이는 6이다. 10과 28의 차이는 18이다.

⑨ $\{b_n\}$: 2, 6, 18, 54, ⋯. 수열 $\{b_n\}$은 첫째항이 2, 공비가 3인 등비수열이다. 일반항은 $b_n = 2 \cdot 3^{n-1}$이다.

⑩ $a_n = a_1 + \sum_{k=1}^{n-1} b_k = 2 + \dfrac{a(r^{n-1}-1)}{r-1} = 2 + \dfrac{2(3^{n-1}-1)}{2} = 3^{n-1}+1$

따라서 $a_n = 3^{n-1}+1$이다.

(6) 5, 11, 29 행을 살펴보자.

행	순환마디	주기
5	102 000 201	9
11	102102102 000000000 201201201	27
29	102102102102102102102102102 000000000000000000000000000 201201201201201201201201201	81
83	102102102102102102102102102 102102102102102102102102102 102102102102102102102102102 000000000000000000000000000 000000000000000000000000000 000000000000000000000000000 201201201201201201201201201 201201201201201201201201201 201201201201201201201201201	243

① 5행에서 102는 11행에서 102 102 102로 변한다.

② 5행에서 000은 11행에서 000 000 000으로 변한다.

③ 5행에서 201은 11행에서 201 201 201로 변한다.

④ 11행에서 102는 29행에서 102 102 102로 변한다.

⑤ 11행에서 000은 29행에서 000 000 000으로 변한다.

⑥ 11행에서 201은 29행에서 000 000 000으로 변한다.

⑦ $\{a_n\}$: 5, 11, 29, 83, ⋯. $\{b_n\}$: 6, 18, 54, ⋯

⑧ $\{b_n\}$은 첫째항이 6, 공비가 3인 등비수열이다. 일반항은 $b_n = 6 \cdot 3^{n-1}$이다.

⑨ $a_n = a_1 + \sum_{k=1}^{n-1} b_k = a_1 + \frac{a(r^{n-1}-1)}{r-1} = 5 + \frac{6(3^{n-1}-1)}{2} = 5 + 3(3^{n-1}-1)$

따라서 $a_n = 3^n + 2$이다.

(7) 6, 12, 30, 84행을 살펴보자.

행	순환마디	주기
6	121 000 212	9
12	121121121 000000000 212212212	27
30	121121121121121121121121121 000000000000000000000000000 212212212212212212212212212	81
84	121121121121121121121121121 121121121121121121121121121 121121121121121121121121121 000000000000000000000000000 000000000000000000000000000 000000000000000000000000000 212212212212212212212212212 212212212212212212212212212 212212212212212212212212212	243

① 6행에서 121는 12행에서 121 121 121로 변한다.

② 6행에서 000은 12행에서 000 000 000으로 변한다.

③ 6행에서 212는 12행에서 212 212 212로 변한다.

④ 12행에서 121은 30행에서 121 121 121로 변한다.

⑤ 12행에서 000은 30행에서 000 000 000으로 변한다.

⑥ 12행에서 212는 30행에서 212 212 212로 변한다.

⑦ $\{a_n\}$: 5, 11, 29, 83에서 $a_n = 3^n + 2$이다.

⑧ 6, 12, 30, 84 는 $a_n = 3^n + 3$이다.

(8) 각 행을 살펴보자.

① 2, 5, 8, 11, 14, 17, ⋯ 행은 102로 시작한다.

② 3, 6, 9, 12, 15, 18, ⋯ 행은 122로 시작한다.

③ 4, 7, 10, 13, 16, 19, ⋯ 행은 111로 시작한다.

④ 12행에서 121은 30행에서 121 121 121로 변한다.

⑤ 12행에서 000은 30행에서 000 000 000으로 변한다.

⑥ 12행에서 212는 30행에서 212 212 212로 변한다.

(9) 1행에서 81행까지 살펴보자.

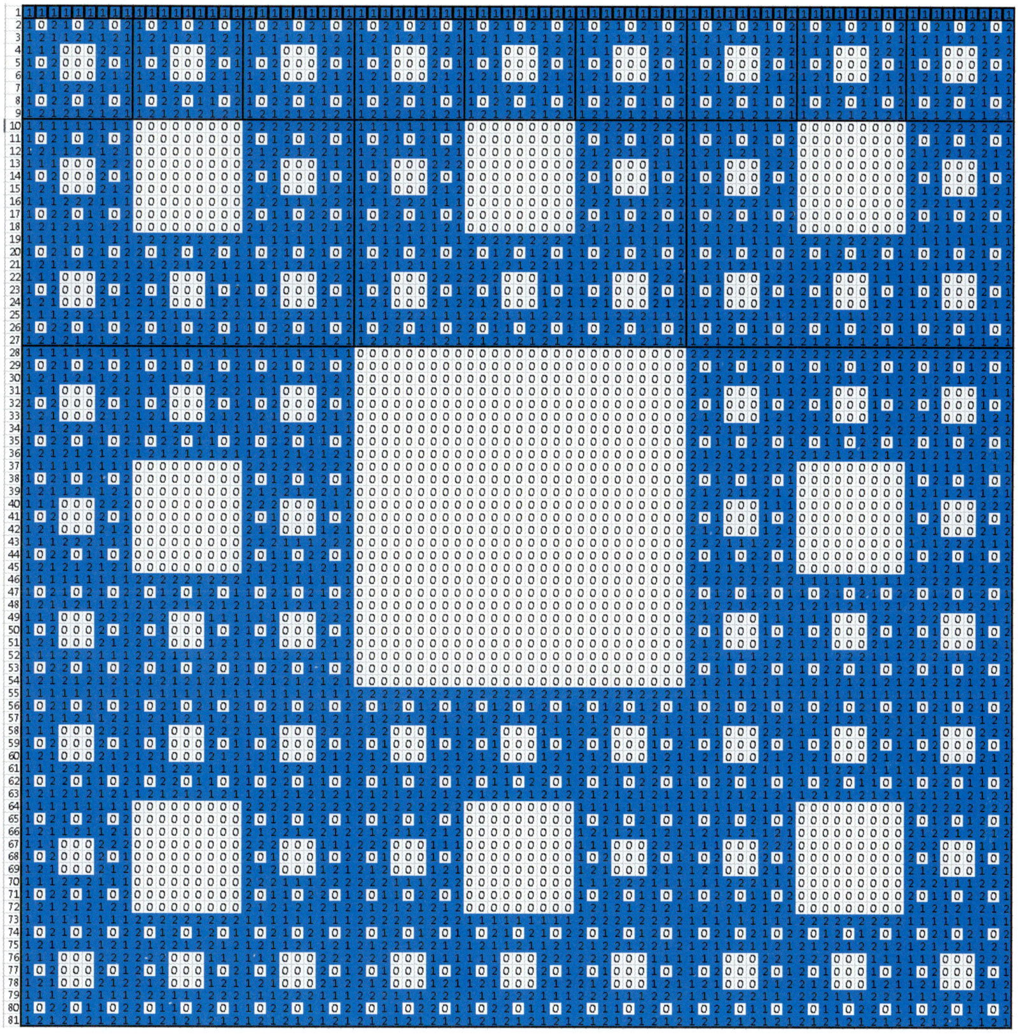

① 1행은 1주기를 가진다.

② 2행에서 9행은 9$(=3^2)$주기를 가진다.

③ 10행에서 27행은 27$(=3^3)$주기를 가진다.

④ 28행에서 81행은 81$(=3^4)$주기를 가진다.

⑤ 82행에서 243행은 243$(=3^5)$주기를 가진다.

⑥ 3^n+1행에서 3^{n+1}행까지는 3^{n+1}의 주기를 가진다.

(10) 주기의 일반형을 구해보자.

① n행의 주기를 y라고 하면, $y=3^{R(\log(n,3),0))}$ 이다. R은 Roundup함수로 올림 함수이다.

② x축은 행을 나타내고, y축은 주기를 나타낸다.

x	1	2	3	4	5	6	7	8	9	10	11	12	13	14	15	16
y	1	3	3	9	9	9	9	9	9	27	27	27	27	27	27	27

x	17	18	19	20	21	22	23	24	25	26	27	28	29	30	31	32
y	27	27	27	27	27	27	27	27	27	27	27	81	81	81	81	81

x	33	34	35	36	37	38	39	40	41	42	43	44	45	46	47	48
y	81	81	81	81	81	81	81	81	81	81	81	81	81	81	81	81

x	49	50	51	52	53	54	55	56	57	58	59	60	61	62	63	64
y	81	81	81	81	81	81	81	81	81	81	81	81	81	81	81	81

x	65	66	67	68	69	70	71	72	73	74	75	76	77	78	79	80
y	81	81	81	81	81	81	81	81	81	81	81	81	81	81	81	81

x	81	82	83	84	85	86	87	88	89	90	91	92	93	94	95	96
y	81	243	243	243	243	243	243	243	243	243	243	243	243	243	243	243

③ 행에 대한 주기를 그래프로 나타내었다.

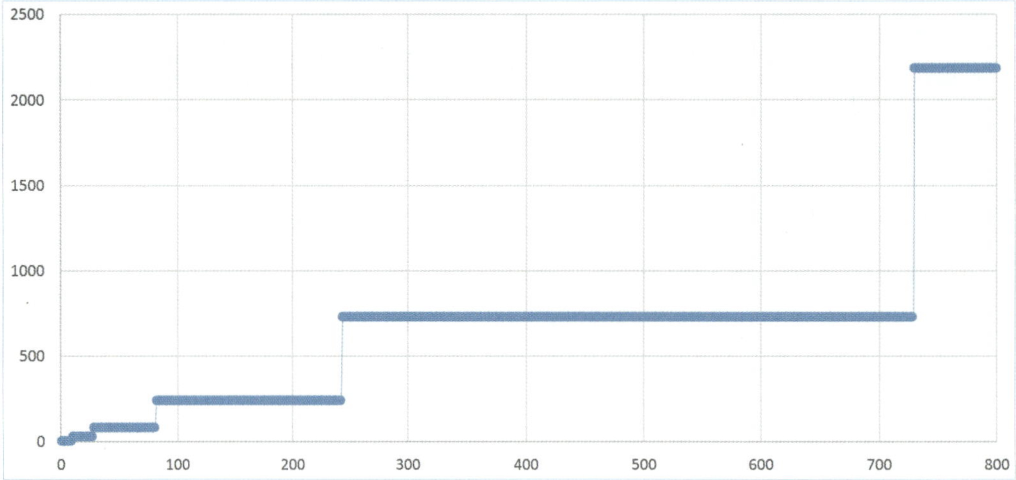

2 두 수의 덧셈을 2로 나누는 디자인

$2 = 1.\dot{9} = 1.999\cdots$ 를 3으로 나누었을 때 행을 관찰해 보자. 행의 값은 0, 1, 2 로 나타난다. 각행을 1행, 1열에 입력한다. 두수의 합을 구하고 2로 나누어 보자. 나머지는 0과 1로 나타난다.

(1) $a_n = 81n - 73$, 8행, 89행, 170행, 251행, 332행, … 은 81열까지 같다.

행	순환마디	주기
8	102 201 102	9
89	102201102102201102102201102102201102102201102102201102102201102102201102102201102 000000000000000000000000000000000000000000000000000000000000000000000000000000000 201102201201102201201102201201102201201102201201102201201102201201102201201102201	243
170	102201102102201102102201102102201102102201102102201102102201102102201102102201102 201102201201102201201102201201102201201102201201102201201102201201102201201102201 102201102102201102102201102102201102102201102102201102102201102102201102102201102	243

① 1단계	② 2단계
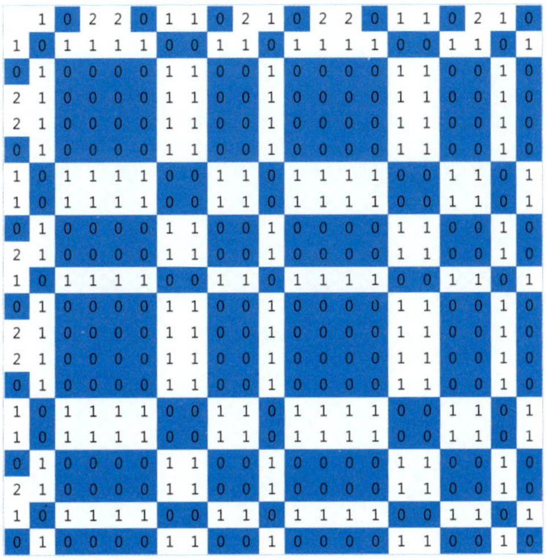	

(2) 9행, 90행, 171행, 252행, 333행

$a_n = 81n - 72$, 9행, 90행, 171행, 252행, 333행은 81열까지 같다.

행	순환마디	주기
9	121 212 121	9
90	121212121121212121121212121121212121121212121121212121121212121121212121121212121 00000000000000000000000000000000000000000000000000000000000000000 0000000000000000 212121212212121212212121212212121212212121212212121212212121212212121212212121212	243
171	121212121121212121121212121121212121121212121121212121121212121121212121121212121 212121212212121212212121212212121212212121212212121212212121212212121212212121212 121212121121212121121212121121212121121212121121212121121212121121212121121212121	243
252	121212121121212121121212121121212121121212121121212121121212121121212121121212121 121212121121212121121212121121212121121212121121212121121212121121212121121212121 121212121121212121121212121121212121121212121121212121121212121121212121121212121	243
333	121212121121212121121212121121212121121212121121212121121212121121212121121212121 00000000000000000000000000000000000000000000000000000000000000000 0000000000000000 212121212212121212212121212212121212212121212212121212212121212212121212212121212	729

① 1단계

	1	2	1	2	1	2	1	2	1	1	2	1	2	1	2	1	2	1	1	2
1	0	1	0	1	0	1	0	1	0	0	1	0	1	0	1	0	1	0	0	1
2	1	0	1	0	1	0	1	0	1	1	0	1	0	1	0	1	0	1	1	0
1	0	1	0	1	0	1	0	1	0	0	1	0	1	0	1	0	1	0	0	1
2	1	0	1	0	1	0	1	0	1	1	0	1	0	1	0	1	0	1	1	0
1	0	1	0	1	0	1	0	1	0	0	1	0	1	0	1	0	1	0	0	1
2	1	0	1	0	1	0	1	0	1	1	0	1	0	1	0	1	0	1	1	0
1	0	1	0	1	0	1	0	1	0	0	1	0	1	0	1	0	1	0	0	1
2	1	0	1	0	1	0	1	0	1	1	0	1	0	1	0	1	0	1	1	0
1	0	1	0	1	0	1	0	1	0	0	1	0	1	0	1	0	1	0	0	1
1	0	1	0	1	0	1	0	1	0	0	1	0	1	0	1	0	1	0	0	1
2	1	0	1	0	1	0	1	0	1	1	0	1	0	1	0	1	0	1	1	0
1	0	1	0	1	0	1	0	1	0	0	1	0	1	0	1	0	1	0	0	1
2	1	0	1	0	1	0	1	0	1	1	0	1	0	1	0	1	0	1	1	0
1	0	1	0	1	0	1	0	1	0	0	1	0	1	0	1	0	1	0	0	1
2	1	0	1	0	1	0	1	0	1	1	0	1	0	1	0	1	0	1	1	0
1	0	1	0	1	0	1	0	1	0	0	1	0	1	0	1	0	1	0	0	1
2	1	0	1	0	1	0	1	0	1	1	0	1	0	1	0	1	0	1	1	0
1	0	1	0	1	0	1	0	1	0	0	1	0	1	0	1	0	1	0	0	1
1	0	1	0	1	0	1	0	1	0	0	1	0	1	0	1	0	1	0	0	1
2	1	0	1	0	1	0	1	0	1	1	0	1	0	1	0	1	0	1	1	0

② 2단계

(3) 11행, 92행, 173, 254, 335행은 81열까지 같다.

11행은 102102102 000000000 201201201의 반복이다. 오른쪽 그림은 x, y, z축에 수를 입력한 후 합을 구하고, 3으로 나누었들 때, 나머지 0에 색칠하였다.

① 1단계	② 2단계
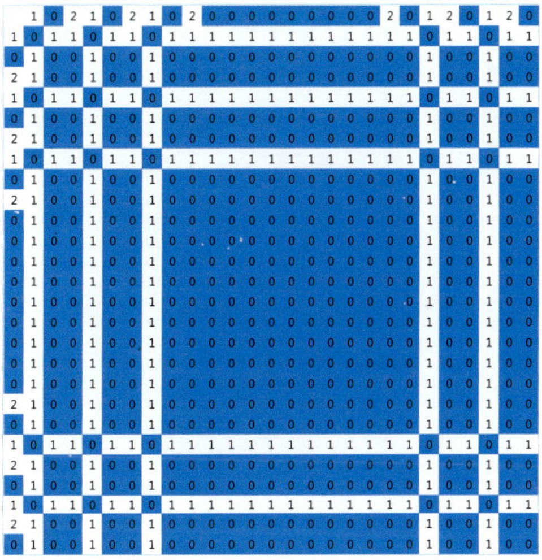	

(4) 12행, 93행, 174행, 255행, 336행은 81열까지 같다.

12행은 121121121 000000000 212212212의 반복이다.

① 1단계	② 2단계
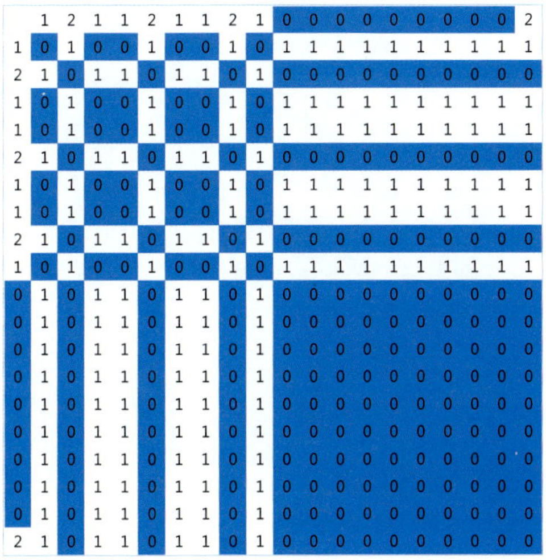	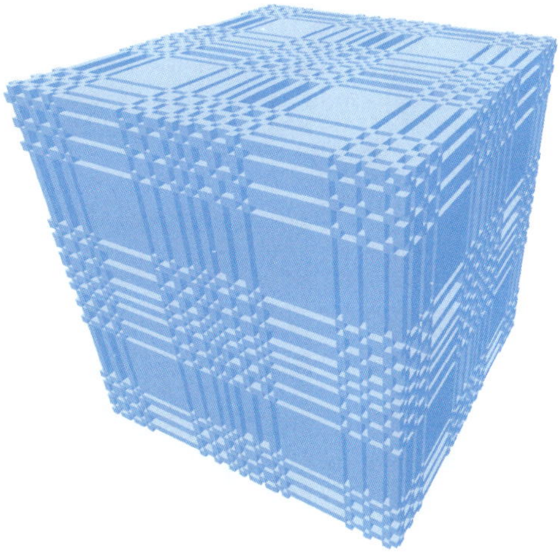

(5) 14행, 95행, 176, 257행, 338행은 81열까지 같다.

14행은 102000201 000000000 201000102의 반복이다.

① 1단계	② 2단계

	1	0	2	0	0	0	2	0	1	0	0	0	0	0	0	0	0	0	2	0	1
1	0	1	1	1	1	1	1	1	0	1	1	1	1	1	1	1	1	1	1	1	0
0	1	0	0	0	0	0	0	0	1	0	0	0	0	0	0	0	0	0	0	0	1
2	1	0	0	0	0	0	0	0	1	0	0	0	0	0	0	0	0	0	0	0	1
0	1	0	0	0	0	0	0	0	1	0	0	0	0	0	0	0	0	0	0	0	1
0	1	0	0	0	0	0	0	0	1	0	0	0	0	0	0	0	0	0	0	0	1
0	1	0	0	0	0	0	0	0	1	0	0	0	0	0	0	0	0	0	0	0	1
2	1	0	0	0	0	0	0	0	1	0	0	0	0	0	0	0	0	0	0	0	1
0	1	0	0	0	0	0	0	0	1	0	0	0	0	0	0	0	0	0	0	0	1
1	0	1	1	1	1	1	1	1	0	1	1	1	1	1	1	1	1	1	1	1	0
0	1	0	0	0	0	0	0	0	1	0	0	0	0	0	0	0	0	0	0	0	1
0	1	0	0	0	0	0	0	0	1	0	0	0	0	0	0	0	0	0	0	0	1
0	1	0	0	0	0	0	0	0	1	0	0	0	0	0	0	0	0	0	0	0	1
0	1	0	0	0	0	0	0	0	1	0	0	0	0	0	0	0	0	0	0	0	1
0	1	0	0	0	0	0	0	0	1	0	0	0	0	0	0	0	0	0	0	0	1
0	1	0	0	0	0	0	0	0	1	0	0	0	0	0	0	0	0	0	0	0	1
0	1	0	0	0	0	0	0	0	1	0	0	0	0	0	0	0	0	0	0	0	1
0	1	0	0	0	0	0	0	0	1	0	0	0	0	0	0	0	0	0	0	0	1
0	1	0	0	0	0	0	0	0	1	0	0	0	0	0	0	0	0	0	0	0	1
2	1	0	0	0	0	0	0	0	1	0	0	0	0	0	0	0	0	0	0	0	1
0	1	0	0	0	0	0	0	0	1	0	0	0	0	0	0	0	0	0	0	0	1
1	0	1	1	1	1	1	1	1	0	1	1	1	1	1	1	1	1	1	1	1	0

(7) 16행, 97행, 178행, 259행, 340행은 81열까지 같다.

16행은 111222111 000000000 222111222의 반복이다.

① 1단계	② 2단계

	1	1	1	2	2	2	1	1	1	0	0	0	0	0	0	0	0	0	2	2	2
1	0	0	0	1	1	1	0	0	0	1	1	1	1	1	1	1	1	1	1	1	1
1	0	0	0	1	1	1	0	0	0	1	1	1	1	1	1	1	1	1	1	1	1
1	0	0	0	1	1	1	0	0	0	1	1	1	1	1	1	1	1	1	1	1	1
2	1	1	1	0	0	0	1	1	1	0	0	0	0	0	0	0	0	0	0	0	0
2	1	1	1	0	0	0	1	1	1	0	0	0	0	0	0	0	0	0	0	0	0
2	1	1	1	0	0	0	1	1	1	0	0	0	0	0	0	0	0	0	0	0	0
1	0	0	0	1	1	1	0	0	0	1	1	1	1	1	1	1	1	1	1	1	1
1	0	0	0	1	1	1	0	0	0	1	1	1	1	1	1	1	1	1	1	1	1
1	0	0	0	1	1	1	0	0	0	1	1	1	1	1	1	1	1	1	1	1	1
0	1	1	1	0	0	0	1	1	1	0	0	0	0	0	0	0	0	0	0	0	0
0	1	1	1	0	0	0	1	1	1	0	0	0	0	0	0	0	0	0	0	0	0
0	1	1	1	0	0	0	1	1	1	0	0	0	0	0	0	0	0	0	0	0	0
0	1	1	1	0	0	0	1	1	1	0	0	0	0	0	0	0	0	0	0	0	0
0	1	1	1	0	0	0	1	1	1	0	0	0	0	0	0	0	0	0	0	0	0
0	1	1	1	0	0	0	1	1	1	0	0	0	0	0	0	0	0	0	0	0	0
0	1	1	1	0	0	0	1	1	1	0	0	0	0	0	0	0	0	0	0	0	0
0	1	1	1	0	0	0	1	1	1	0	0	0	0	0	0	0	0	0	0	0	0
0	1	1	1	0	0	0	1	1	1	0	0	0	0	0	0	0	0	0	0	0	0
2	1	1	1	0	0	0	1	1	1	0	0	0	0	0	0	0	0	0	0	0	0
2	1	1	1	0	0	0	1	1	1	0	0	0	0	0	0	0	0	0	0	0	0
2	1	1	1	0	0	0	1	1	1	0	0	0	0	0	0	0	0	0	0	0	0

(8) 17행, 98행, 179행, 260행, 341행은 81열까지 같다.

17행은 102201102 000000000 201102201의 반복이다.

① 1단계

	1	0	2	2	0	1	1	0	2	0	0	0	0	0	0	0	0	0	2	0
1	0	1	1	1	1	0	0	1	1	1	1	1	1	1	1	1	1	1	1	1
0	1	0	0	0	0	1	1	0	0	0	0	0	0	0	0	0	0	0	0	0
2	1	0	0	0	0	1	1	0	0	0	0	0	0	0	0	0	0	0	0	0
2	1	0	0	0	0	1	1	0	0	0	0	0	0	0	0	0	0	0	0	0
0	1	0	0	0	0	1	1	0	0	0	0	0	0	0	0	0	0	0	0	0
1	0	1	1	1	1	0	0	1	1	1	1	1	1	1	1	1	1	1	1	1
1	0	1	1	1	1	0	0	1	1	1	1	1	1	1	1	1	1	1	1	1
0	1	0	0	0	0	1	1	0	0	0	0	0	0	0	0	0	0	0	0	0
2	1	0	0	0	0	1	1	0	0	0	0	0	0	0	0	0	0	0	0	0
0	1	0	0	0	0	1	1	0	0	0	0	0	0	0	0	0	0	0	0	0
0	1	0	0	0	0	1	1	0	0	0	0	0	0	0	0	0	0	0	0	0
0	1	0	0	0	0	1	1	0	0	0	0	0	0	0	0	0	0	0	0	0
0	1	0	0	0	0	1	1	0	0	0	0	0	0	0	0	0	0	0	0	0
0	1	0	0	0	0	1	1	0	0	0	0	0	0	0	0	0	0	0	0	0
0	1	0	0	0	0	1	1	0	0	0	0	0	0	0	0	0	0	0	0	0
0	1	0	0	0	0	1	1	0	0	0	0	0	0	0	0	0	0	0	0	0
0	1	0	0	0	0	1	1	0	0	0	0	0	0	0	0	0	0	0	0	0
0	1	0	0	0	0	1	1	0	0	0	0	0	0	0	0	0	0	0	0	0
2	1	0	0	0	0	1	1	0	0	0	0	0	0	0	0	0	0	0	0	0
0	1	0	0	0	0	1	1	0	0	0	0	0	0	0	0	0	0	0	0	0

② 2단계

(9) 18행, 99행, 180행, 261행, 342행은 81열까지 같다.

18행은 121212121 000000000 212121212의 반복이다.

① 1단계

	1	2	1	2	1	2	1	2	1	0	0	0	0	0	0	0	0	0	2
1	0	1	0	1	0	1	0	1	0	1	1	1	1	1	1	1	1	1	1
2	1	0	1	0	1	0	1	0	1	0	0	0	0	0	0	0	0	0	0
1	0	1	0	1	0	1	0	1	0	1	1	1	1	1	1	1	1	1	1
2	1	0	1	0	1	0	1	0	1	0	0	0	0	0	0	0	0	0	0
1	0	1	0	1	0	1	0	1	0	1	1	1	1	1	1	1	1	1	1
2	1	0	1	0	1	0	1	0	1	0	0	0	0	0	0	0	0	0	0
1	0	1	0	1	0	1	0	1	0	1	1	1	1	1	1	1	1	1	1
2	1	0	1	0	1	0	1	0	1	0	0	0	0	0	0	0	0	0	0
1	0	1	0	1	0	1	0	1	0	1	1	1	1	1	1	1	1	1	1
0	1	0	1	0	1	0	1	0	1	0	0	0	0	0	0	0	0	0	0
0	1	0	1	0	1	0	1	0	1	0	0	0	0	0	0	0	0	0	0
0	1	0	1	0	1	0	1	0	1	0	0	0	0	0	0	0	0	0	0
0	1	0	1	0	1	0	1	0	1	0	0	0	0	0	0	0	0	0	0
0	1	0	1	0	1	0	1	0	1	0	0	0	0	0	0	0	0	0	0
0	1	0	1	0	1	0	1	0	1	0	0	0	0	0	0	0	0	0	0
0	1	0	1	0	1	0	1	0	1	0	0	0	0	0	0	0	0	0	0
0	1	0	1	0	1	0	1	0	1	0	0	0	0	0	0	0	0	0	0
0	1	0	1	0	1	0	1	0	1	0	0	0	0	0	0	0	0	0	0
2	1	0	1	0	1	0	1	0	1	0	0	0	0	0	0	0	0	0	0

② 2단계

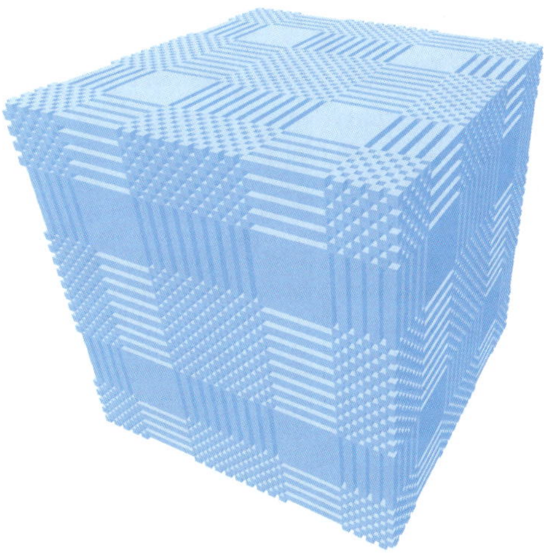

(10) 23행, 104행, 185행, 266행, 347행은 81열까지 같다.
23행은 102000201 201000102 102000201의 반복이다.

① 1단계	② 2단계
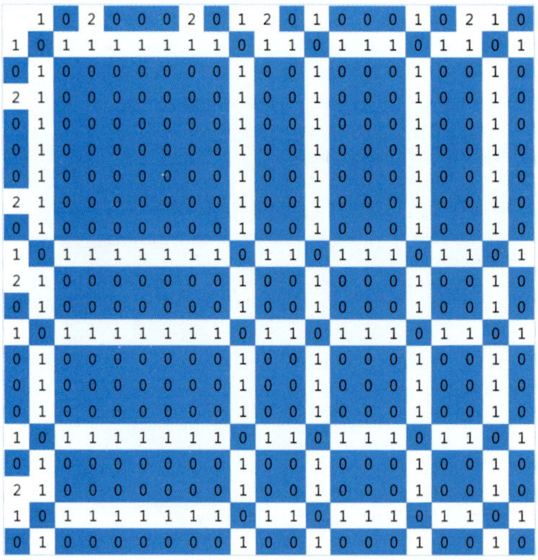	

(11) 24행, 105행, 186행, 267행, 348행은 81열까지 같다. 24행은 121000212 212000121 121000212의 반복이다.

① 1단계	② 2단계
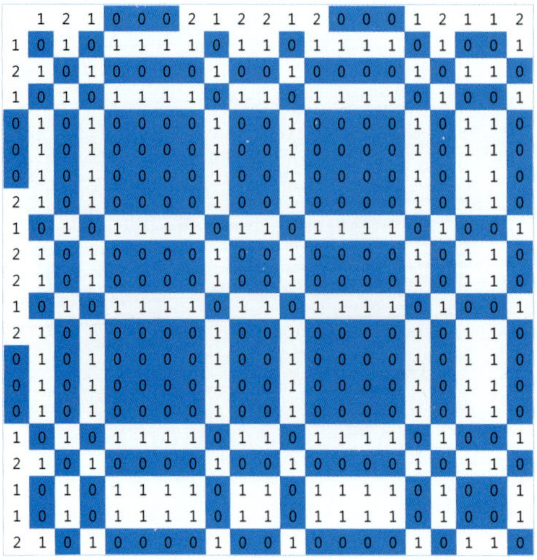	

(12) 30행, 111행, 192행, 273행, 354행은 81열까지 같다.

30행은 121121121121121121121121121 000000000000000000000000000 212212212212212212212212212의 반복이다.

① 1단계	② 2단계

	1	2	1	1	2	1	1	2	1	1	2	1	1	2	1	1	2	1	1	2
1	0	1	0	0	1	0	0	1	0	0	1	0	0	1	0	0	1	0	0	1
2	1	0	1	1	0	1	1	0	1	1	0	1	1	0	1	1	0	1	1	0
1	0	1	0	0	1	0	0	1	0	0	1	0	0	1	0	0	1	0	0	1
1	0	1	0	0	1	0	0	1	0	0	1	0	0	1	0	0	1	0	0	1
2	1	0	1	1	0	1	1	0	1	1	0	1	1	0	1	1	0	1	1	0
1	0	1	0	0	1	0	0	1	0	0	1	0	0	1	0	0	1	0	0	1
1	0	1	0	0	1	0	0	1	0	0	1	0	0	1	0	0	1	0	0	1
2	1	0	1	1	0	1	1	0	1	1	0	1	1	0	1	1	0	1	1	0
1	0	1	0	0	1	0	0	1	0	0	1	0	0	1	0	0	1	0	0	1
1	0	1	0	0	1	0	0	1	0	0	1	0	0	1	0	0	1	0	0	1
2	1	0	1	1	0	1	1	0	1	1	0	1	1	0	1	1	0	1	1	0
1	0	1	0	0	1	0	0	1	0	0	1	0	0	1	0	0	1	0	0	1
1	0	1	0	0	1	0	0	1	0	0	1	0	0	1	0	0	1	0	0	1
2	1	0	1	1	0	1	1	0	1	1	0	1	1	0	1	1	0	1	1	0
1	0	1	0	0	1	0	0	1	0	0	1	0	0	1	0	0	1	0	0	1
1	0	1	0	0	1	0	0	1	0	0	1	0	0	1	0	0	1	0	0	1
2	1	0	1	1	0	1	1	0	1	1	0	1	1	0	1	1	0	1	1	0
1	0	1	0	0	1	0	0	1	0	0	1	0	0	1	0	0	1	0	0	1
1	0	1	0	0	1	0	0	1	0	0	1	0	0	1	0	0	1	0	0	1
2	1	0	1	1	0	1	1	0	1	1	0	1	1	0	1	1	0	1	1	0

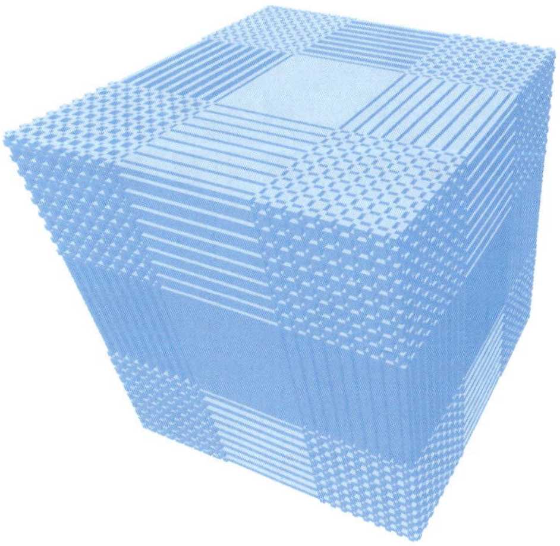

(13) 31행, 112행, 193행, 274행, 355행은 81열까지 같다.

31행은 111000222111000222111000222 000000000000000000000000000 222000111222000111222000111의 반복이다.

① 1단계	② 2단계

	1	1	1	0	0	0	2	2	2	1	1	1	0	0	0	2	2	2	1	1
1	0	0	0	1	1	1	1	1	1	0	0	0	1	1	1	1	1	1	0	0
1	0	0	0	1	1	1	1	1	1	0	0	0	1	1	1	1	1	1	0	0
1	0	0	0	1	1	1	1	1	1	0	0	0	1	1	1	1	1	1	0	0
0	1	1	1	0	0	0	0	0	0	1	1	1	0	0	0	0	0	0	1	1
0	1	1	1	0	0	0	0	0	0	1	1	1	0	0	0	0	0	0	1	1
0	1	1	1	0	0	0	0	0	0	1	1	1	0	0	0	0	0	0	1	1
2	1	1	1	0	0	0	0	0	0	1	1	1	0	0	0	0	0	0	1	1
2	1	1	1	0	0	0	0	0	0	1	1	1	0	0	0	0	0	0	1	1
2	1	1	1	0	0	0	0	0	0	1	1	1	0	0	0	0	0	0	1	1
1	0	0	0	1	1	1	1	1	1	0	0	0	1	1	1	1	1	1	0	0
1	0	0	0	1	1	1	1	1	1	0	0	0	1	1	1	1	1	1	0	0
1	0	0	0	1	1	1	1	1	1	0	0	0	1	1	1	1	1	1	0	0
0	1	1	1	0	0	0	0	0	0	1	1	1	0	0	0	0	0	0	1	1
0	1	1	1	0	0	0	0	0	0	1	1	1	0	0	0	0	0	0	1	1
0	1	1	1	0	0	0	0	0	0	1	1	1	0	0	0	0	0	0	1	1
2	1	1	1	0	0	0	0	0	0	1	1	1	0	0	0	0	0	0	1	1
2	1	1	1	0	0	0	0	0	0	1	1	1	0	0	0	0	0	0	1	1
2	1	1	1	0	0	0	0	0	0	1	1	1	0	0	0	0	0	0	1	1
1	0	0	0	1	1	1	1	1	1	0	0	0	1	1	1	1	1	1	0	0
1	0	0	0	1	1	1	1	1	1	0	0	0	1	1	1	1	1	1	0	0

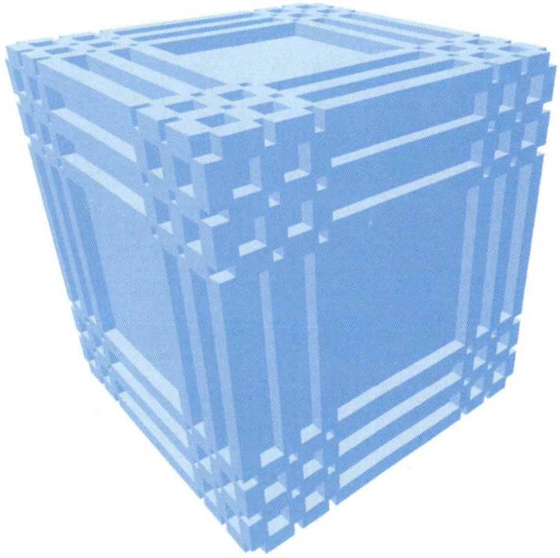

(14) 39행, 120행, 201행, 282행, 363행은 81열까지 같다.

① 1단계

	1	2	1	1	2	1	1	2	1	0
1	0	1	0	0	1	0	0	1	0	1
2	1	0	1	1	0	1	1	0	1	0
1	0	1	0	0	1	0	0	1	0	1
1	0	1	0	0	1	0	0	1	0	1
2	1	0	1	1	0	1	1	0	1	0
1	0	1	0	0	1	0	0	1	0	1
1	0	1	0	0	1	0	0	1	0	1
2	1	0	1	1	0	1	1	0	1	0
1	0	1	0	0	1	0	0	1	0	1
0	1	0	1	1	0	1	1	0	1	0

② 2단계

	1	2	1	1	2	1	1	2	1	0	0	0	0	0	0	0	0	0	2	1
1	0	1	0	0	1	0	0	1	0	1	1	1	1	1	1	1	1	1	1	0
2	1	0	1	1	0	1	1	0	1	0	0	0	0	0	0	0	0	0	0	1
1	0	1	0	0	1	0	0	1	0	1	1	1	1	1	1	1	1	1	1	0
1	0	1	0	0	1	0	0	1	0	1	1	1	1	1	1	1	1	1	1	0
2	1	0	1	1	0	1	1	0	1	0	0	0	0	0	0	0	0	0	0	1
1	0	1	0	0	1	0	0	1	0	1	1	1	1	1	1	1	1	1	1	0
1	0	1	0	0	1	0	0	1	0	1	1	1	1	1	1	1	1	1	1	0
2	1	0	1	1	0	1	1	0	1	0	0	0	0	0	0	0	0	0	0	1
1	0	1	0	0	1	0	0	1	0	1	1	1	1	1	1	1	1	1	1	0
0	1	0	1	1	0	1	1	0	1	0	0	0	0	0	0	0	0	0	0	1
0	1	0	1	1	0	1	1	0	1	0	0	0	0	0	0	0	0	0	0	1
0	1	0	1	1	0	1	1	0	1	0	0	0	0	0	0	0	0	0	0	1
0	1	0	1	1	0	1	1	0	1	0	0	0	0	0	0	0	0	0	0	1
0	1	0	1	1	0	1	1	0	1	0	0	0	0	0	0	0	0	0	0	1
0	1	0	1	1	0	1	1	0	1	0	0	0	0	0	0	0	0	0	0	1
0	1	0	1	1	0	1	1	0	1	0	0	0	0	0	0	0	0	0	0	1
0	1	0	1	1	0	1	1	0	1	0	0	0	0	0	0	0	0	0	0	1
0	1	0	1	1	0	1	1	0	1	0	0	0	0	0	0	0	0	0	0	1
2	1	0	1	1	0	1	1	0	1	0	0	0	0	0	0	0	0	0	0	1
1	0	1	0	0	1	0	0	1	0	1	1	1	1	1	1	1	1	1	1	0

③ 3단계

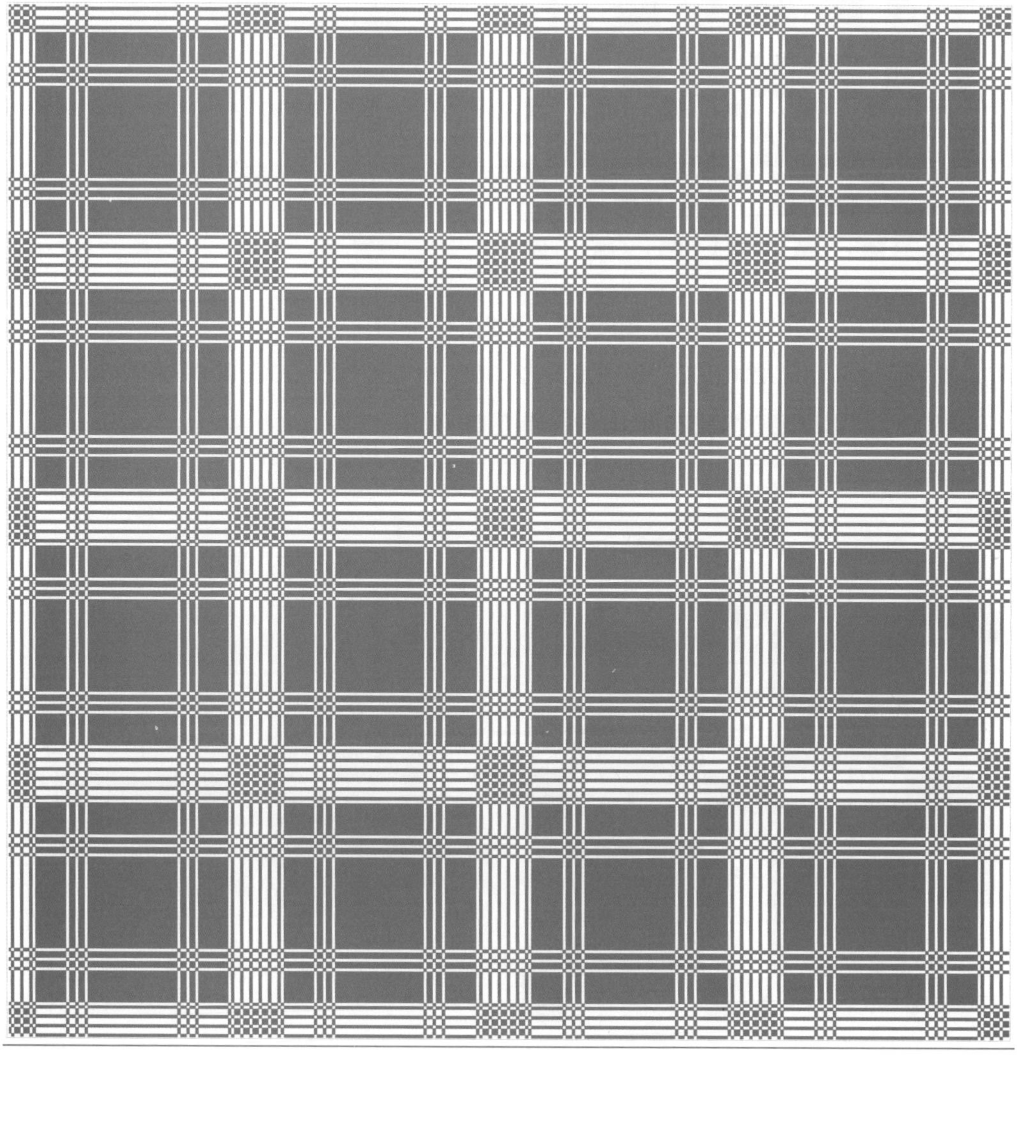

(15) 42행, 123행, 204행, 285행, 366행은 81열까지 같다.

① 1단계

	1	2	1	0	0	0	2	1	2	0
1	0	1	0	1	1	1	1	0	1	1
2	1	0	1	0	0	0	0	1	0	0
1	0	1	0	1	1	1	1	0	1	1
0	1	0	1	0	0	0	0	1	0	0
0	1	0	1	0	0	0	0	1	0	0
0	1	0	1	0	0	0	0	1	0	0
2	1	0	1	0	0	0	0	1	0	0
1	0	1	0	1	1	1	1	0	1	1
2	1	0	1	0	0	0	0	1	0	0
0	1	0	1	0	0	0	0	1	0	0

② 2단계

	1	2	1	0	0	0	2	1	2	0	0	0	0	0	0	0	0	0	2	1
1	0	1	0	1	1	1	1	0	1	1	1	1	1	1	1	1	1	1	1	0
2	1	0	1	0	0	0	0	1	0	0	0	0	0	0	0	0	0	0	0	1
1	0	1	0	1	1	1	1	0	1	1	1	1	1	1	1	1	1	1	1	0
0	1	0	1	0	0	0	0	1	0	0	0	0	0	0	0	0	0	0	0	1
0	1	0	1	0	0	0	0	1	0	0	0	0	0	0	0	0	0	0	0	1
0	1	0	1	0	0	0	0	1	0	0	0	0	0	0	0	0	0	0	0	1
2	1	0	1	0	0	0	0	1	0	0	0	0	0	0	0	0	0	0	0	1
1	0	1	0	1	1	1	1	0	1	1	1	1	1	1	1	1	1	1	1	0
2	1	0	1	0	0	0	0	1	0	0	0	0	0	0	0	0	0	0	0	1
0	1	0	1	0	0	0	0	1	0	0	0	0	0	0	0	0	0	0	0	1
0	1	0	1	0	0	0	0	1	0	0	0	0	0	0	0	0	0	0	0	1
0	1	0	1	0	0	0	0	1	0	0	0	0	0	0	0	0	0	0	0	1
0	1	0	1	0	0	0	0	1	0	0	0	0	0	0	0	0	0	0	0	1
0	1	0	1	0	0	0	0	1	0	0	0	0	0	0	0	0	0	0	0	1
0	1	0	1	0	0	0	0	1	0	0	0	0	0	0	0	0	0	0	0	1
0	1	0	1	0	0	0	0	1	0	0	0	0	0	0	0	0	0	0	0	1
0	1	0	1	0	0	0	0	1	0	0	0	0	0	0	0	0	0	0	0	1
0	1	0	1	0	0	0	0	1	0	0	0	0	0	0	0	0	0	0	0	1
2	1	0	1	0	0	0	0	1	0	0	0	0	0	0	0	0	0	0	0	1
1	0	1	0	1	1	1	1	0	1	1	1	1	1	1	1	1	1	1	1	0

③ 3단계

(16) 50행, 131행, 212행, 293행은 81열까지 같다.

① 1단계

	1	0	2	0	0	0	2	0	1	2
1	0	1	1	1	1	1	1	1	0	1
0	1	0	0	0	0	0	0	0	1	0
2	1	0	0	0	0	0	0	0	1	0
0	1	0	0	0	0	0	0	0	1	0
0	1	0	0	0	0	0	0	0	1	0
0	1	0	0	0	0	0	0	0	1	0
2	1	0	0	0	0	0	0	0	1	0
0	1	0	0	0	0	0	0	0	1	0
1	0	1	1	1	1	1	1	1	0	1
2	1	0	0	0	0	0	0	0	1	0

② 2단계

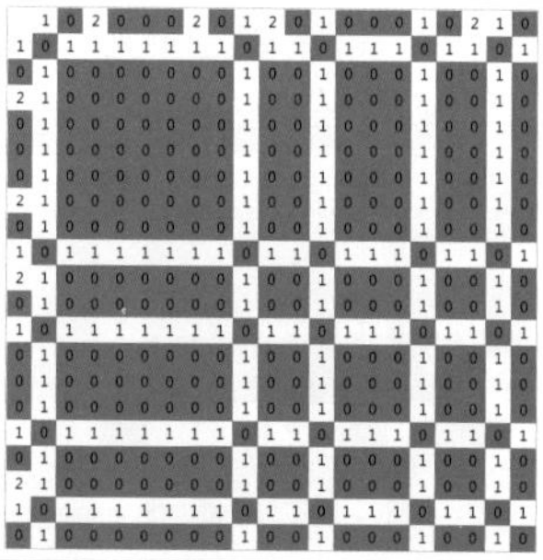

③ 3단계

(17) 51행, 132행, 213행, 294행은 81열까지 같다.

① 1단계

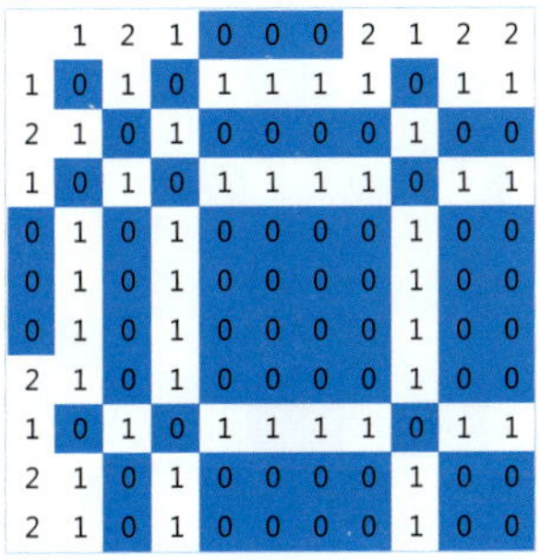

② 2단계

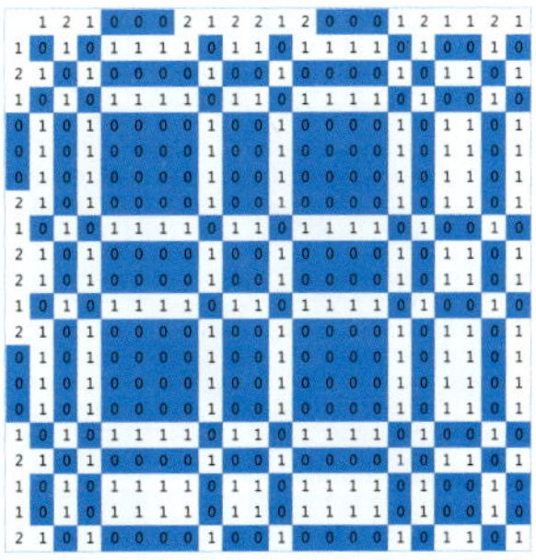

③ 3단계

(18) 53행, 134행, 215행, 296행은 81열까지 같다.

(19) 59행, 140행, 221행, 302행은 81열까지 같다.

① 1단계

	1	0	2	0	0	0	2	0	1	1
1	0	1	1	1	1	1	1	1	0	0
0	1	0	0	0	0	0	0	0	1	1
2	1	0	0	0	0	0	0	0	1	1
0	1	0	0	0	0	0	0	0	1	1
0	1	0	0	0	0	0	0	0	1	1
0	1	0	0	0	0	0	0	0	1	1
2	1	0	0	0	0	0	0	0	1	1
0	1	0	0	0	0	0	0	0	1	1
1	0	1	1	1	1	1	1	1	0	0
1	0	1	1	1	1	1	1	1	0	0

② 2단계

	1	0	2	0	0	0	2	0	1	1	0	2	0	0	0	2	0	1	1	0
1	0	1	1	1	1	1	1	1	0	0	1	1	1	1	1	1	1	0	0	1
0	1	0	0	0	0	0	0	0	1	1	0	0	0	0	0	0	0	1	1	0
2	1	0	0	0	0	0	0	0	1	1	0	0	0	0	0	0	0	1	1	0
0	1	0	0	0	0	0	0	0	1	1	0	0	0	0	0	0	0	1	1	0
0	1	0	0	0	0	0	0	0	1	1	0	0	0	0	0	0	0	1	1	0
0	1	0	0	0	0	0	0	0	1	1	0	0	0	0	0	0	0	1	1	0
2	1	0	0	0	0	0	0	0	1	1	0	0	0	0	0	0	0	1	1	0
0	1	0	0	0	0	0	0	0	1	1	0	0	0	0	0	0	0	1	1	0
1	0	1	1	1	1	1	1	1	0	0	1	1	1	1	1	1	1	0	0	1
1	0	1	1	1	1	1	1	1	0	0	1	1	1	1	1	1	1	0	0	1
0	1	0	0	0	0	0	0	0	1	1	0	0	0	0	0	0	0	1	1	0
2	1	0	0	0	0	0	0	0	1	1	0	0	0	0	0	0	0	1	1	0
0	1	0	0	0	0	0	0	0	1	1	0	0	0	0	0	0	0	1	1	0
0	1	0	0	0	0	0	0	0	1	1	0	0	0	0	0	0	0	1	1	0
0	1	0	0	0	0	0	0	0	1	1	0	0	0	0	0	0	0	1	1	0
2	1	0	0	0	0	0	0	0	1	1	0	0	0	0	0	0	0	1	1	0
0	1	0	0	0	0	0	0	0	1	1	0	0	0	0	0	0	0	1	1	0
1	0	1	1	1	1	1	1	1	0	0	1	1	1	1	1	1	1	0	0	1
1	0	1	1	1	1	1	1	1	0	0	1	1	1	1	1	1	1	0	0	1
0	1	0	0	0	0	0	0	0	1	1	0	0	0	0	0	0	0	1	1	0

③ 3단계

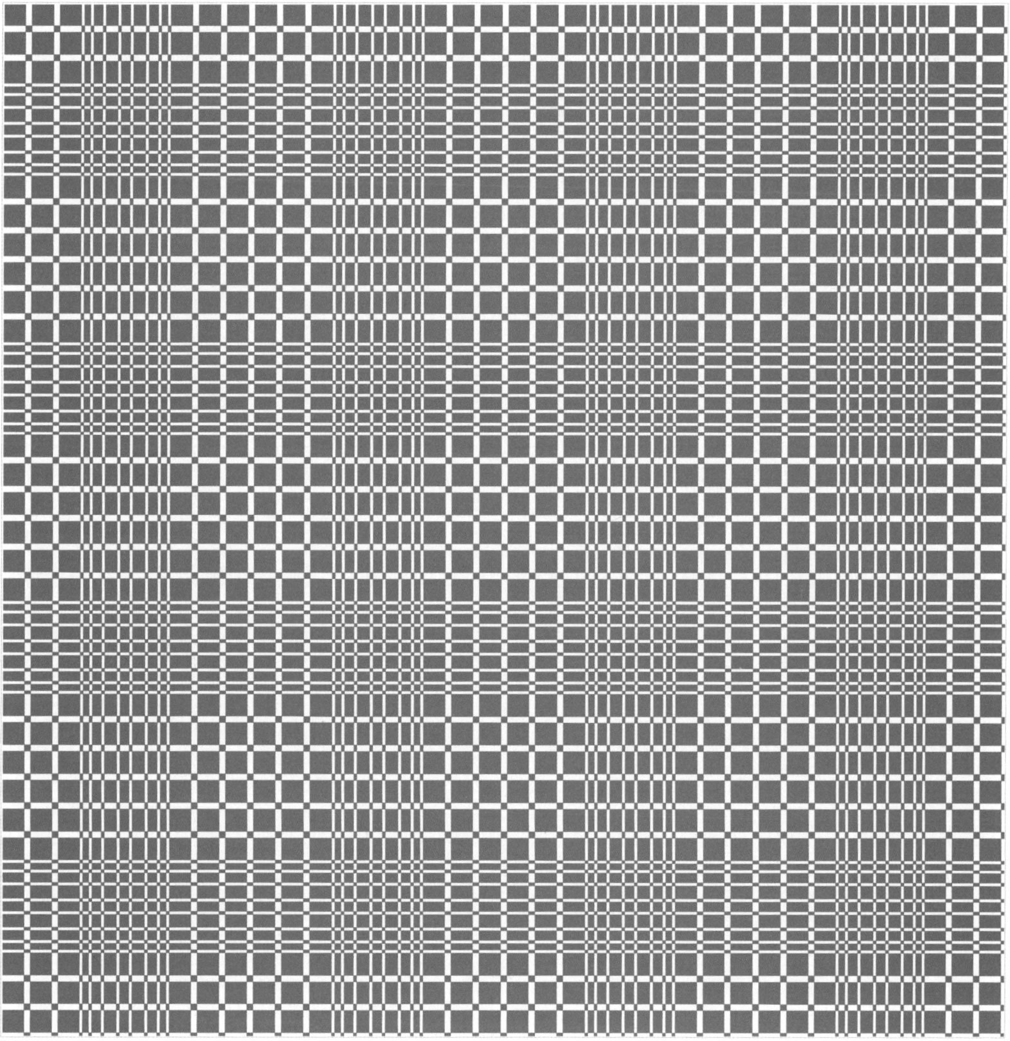

(21) 66행, 147행, 228행, 309행은 81열까지 같다.

① 1단계

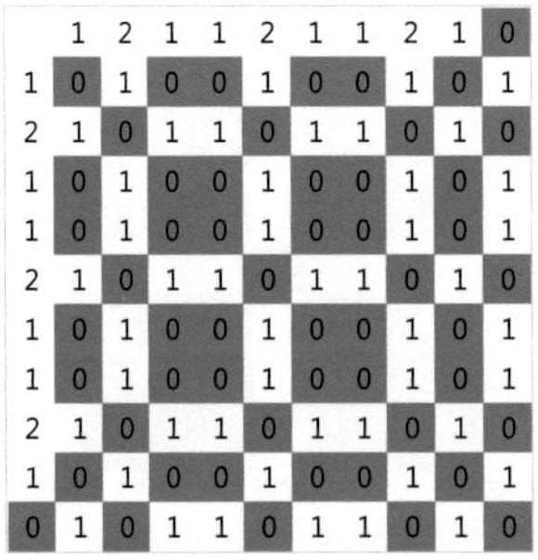

② 2단계

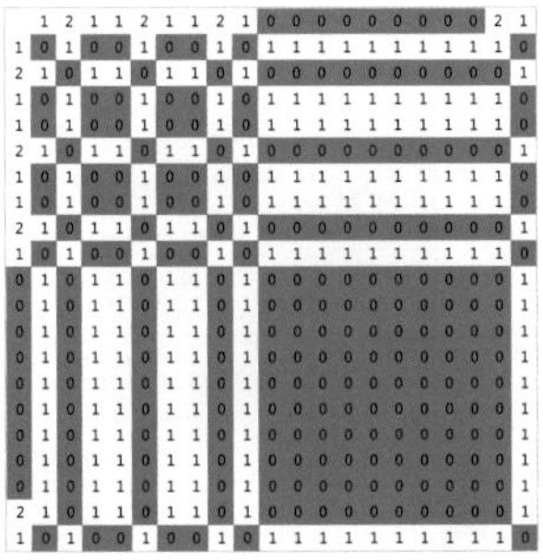

③ 3단계

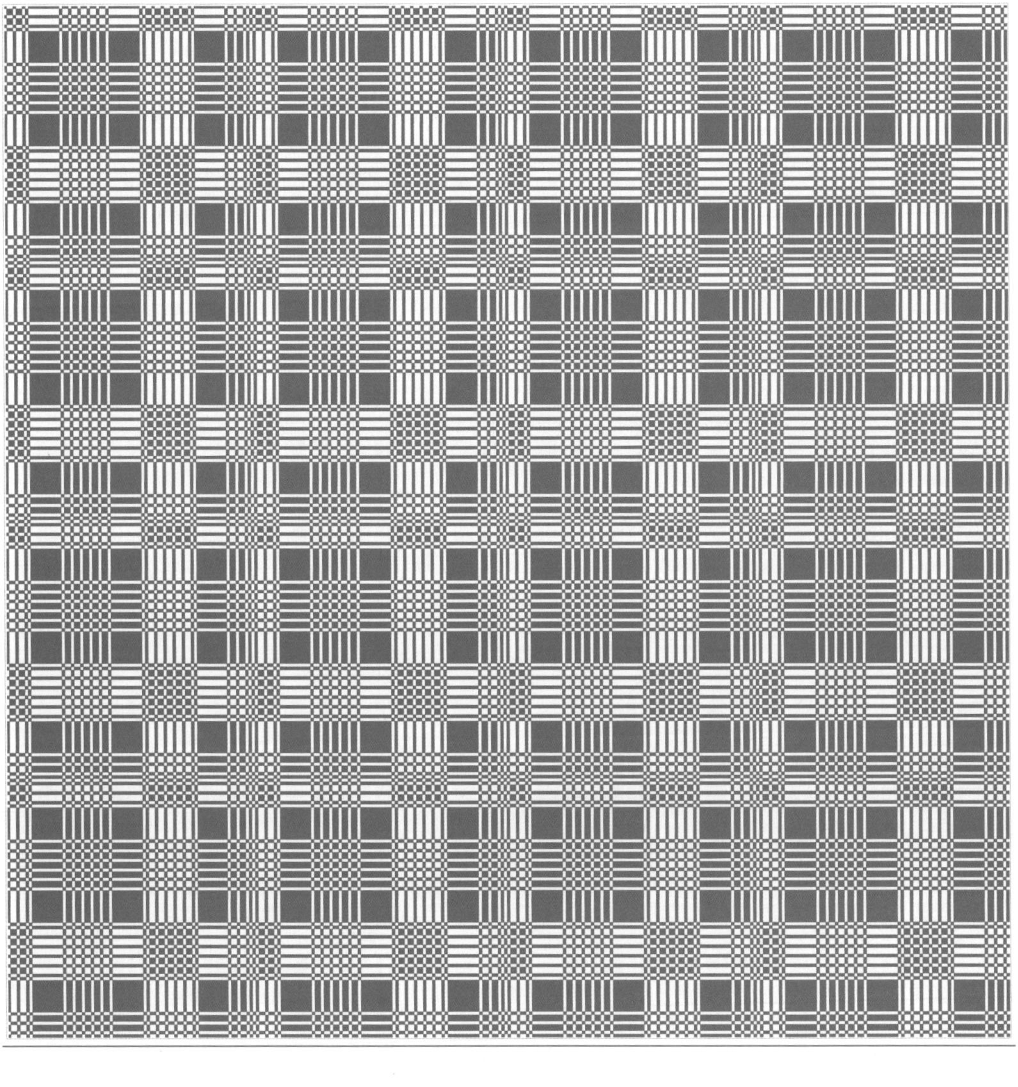

(22) 68행, 149행, 230행, 311행은 81열까지 같다.

① 1단계

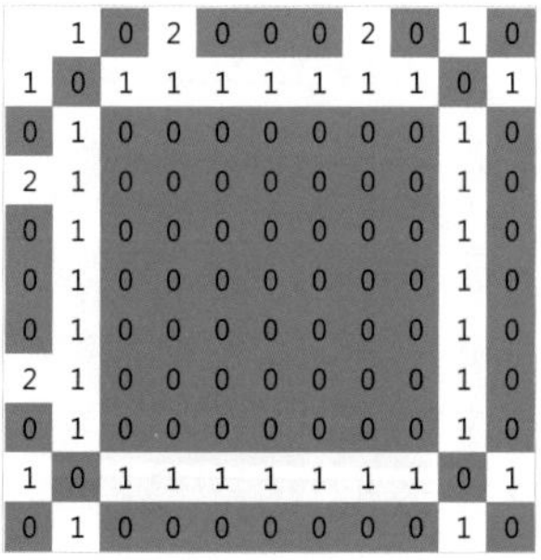

② 2단계

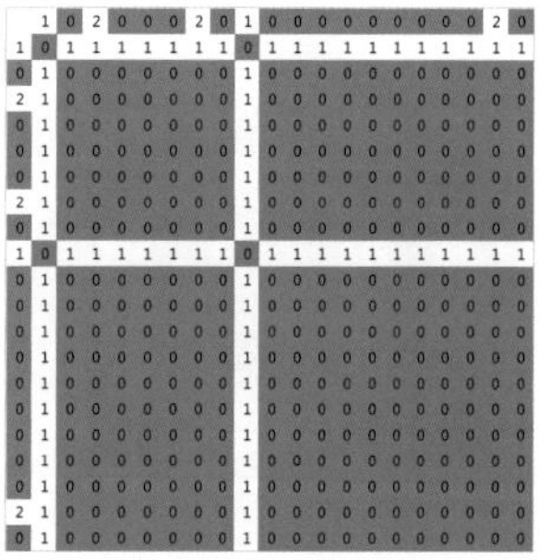

③ 3단계

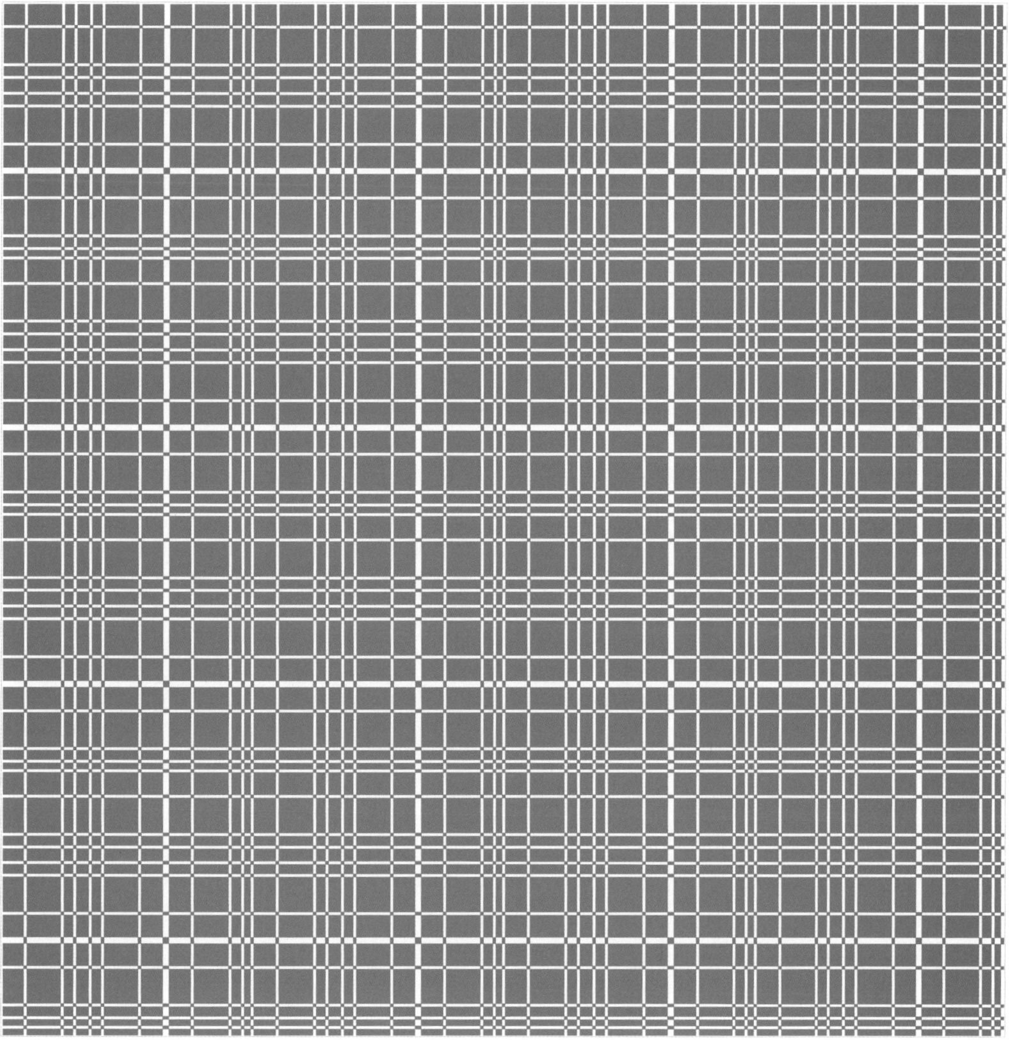

(23) 69행, 150행, 231행, 312행은 81열까지 같다.

① 1단계

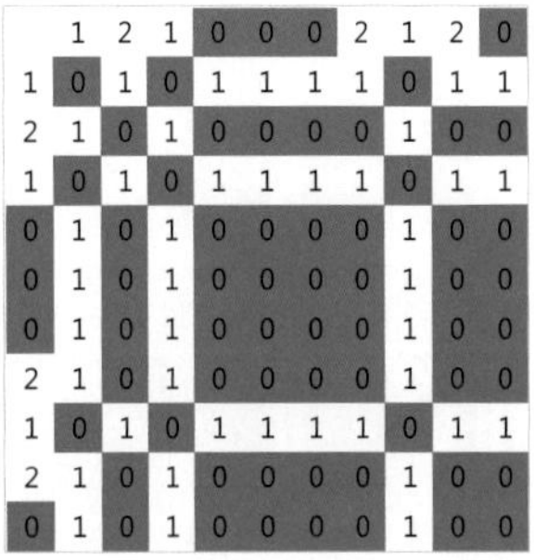

② 2단계

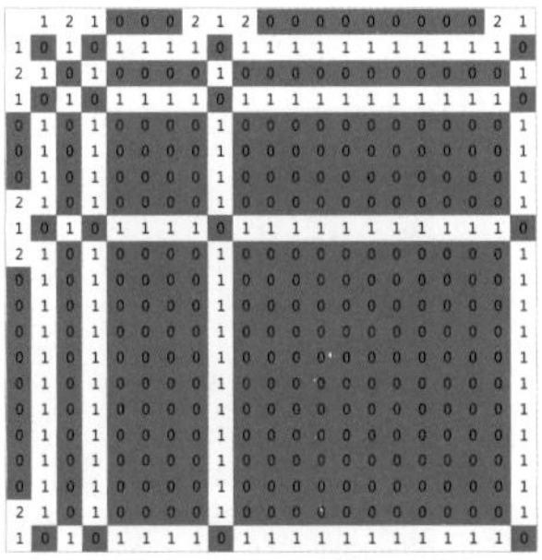

③ 3단계

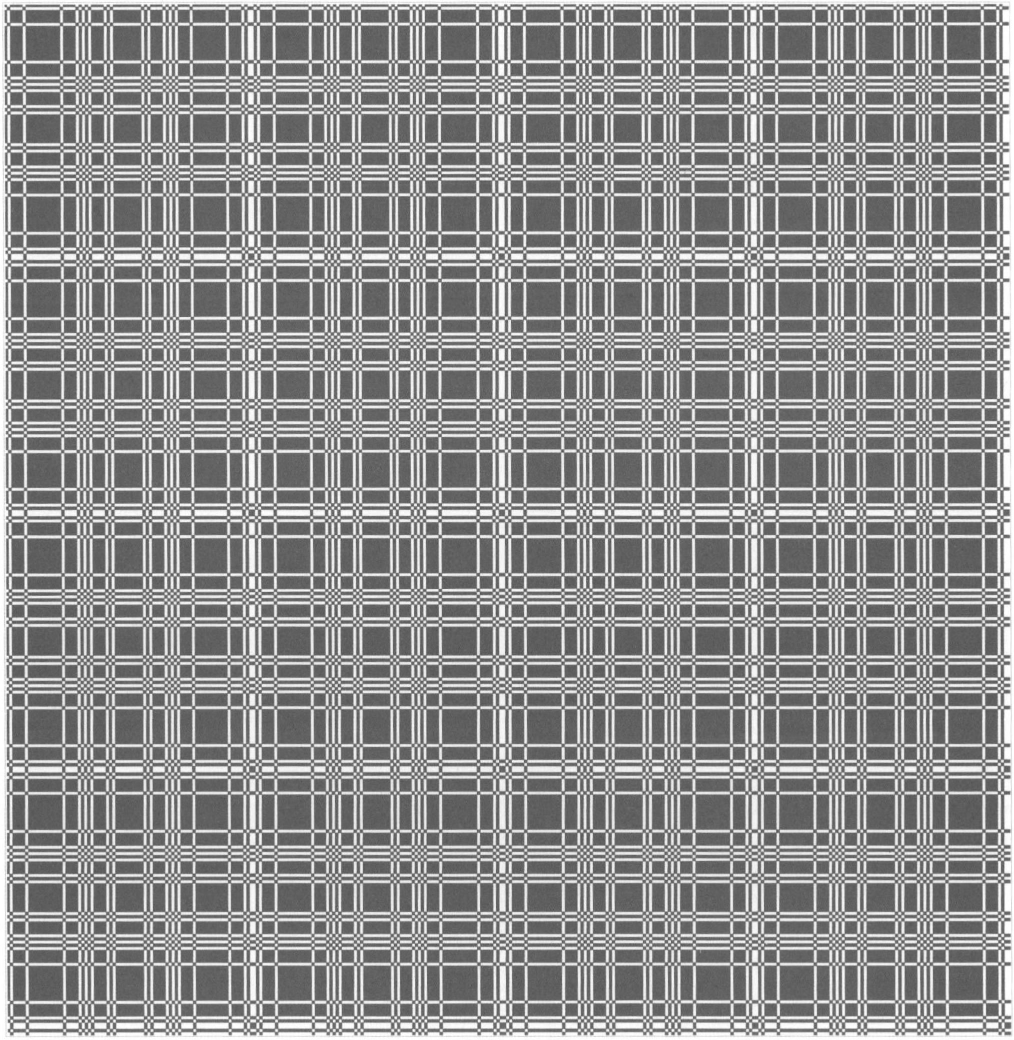

(24) 70행, 151행, 232행, 313행은 81열까지 같다.

① 1단계

	1	1	1	2	2	2	1	1	1	0
1	0	0	0	1	1	1	0	0	0	1
1	0	0	0	1	1	1	0	0	0	1
1	0	0	0	1	1	1	0	0	0	1
2	1	1	1	0	0	0	1	1	1	0
2	1	1	1	0	0	0	1	1	1	0
2	1	1	1	0	0	0	1	1	1	0
1	0	0	0	1	1	1	0	0	0	1
1	0	0	0	1	1	1	0	0	0	1
1	0	0	0	1	1	1	0	0	0	1
0	1	1	1	0	0	0	1	1	1	0

② 2단계

	1	1	1	2	2	2	1	1	1	0	0	0	0	0	0	0	0	0	2	2
1	0	0	0	1	1	1	0	0	0	1	1	1	1	1	1	1	1	1	1	1
1	0	0	0	1	1	1	0	0	0	1	1	1	1	1	1	1	1	1	1	1
1	0	0	0	1	1	1	0	0	0	1	1	1	1	1	1	1	1	1	1	1
2	1	1	1	0	0	0	1	1	1	0	0	0	0	0	0	0	0	0	0	0
2	1	1	1	0	0	0	1	1	1	0	0	0	0	0	0	0	0	0	0	0
2	1	1	1	0	0	0	1	1	1	0	0	0	0	0	0	0	0	0	0	0
1	0	0	0	1	1	1	0	0	0	1	1	1	1	1	1	1	1	1	1	1
1	0	0	0	1	1	1	0	0	0	1	1	1	1	1	1	1	1	1	1	1
1	0	0	0	1	1	1	0	0	0	1	1	1	1	1	1	1	1	1	1	1
0	1	1	1	0	0	0	1	1	1	0	0	0	0	0	0	0	0	0	0	0
0	1	1	1	0	0	0	1	1	1	0	0	0	0	0	0	0	0	0	0	0
0	1	1	1	0	0	0	1	1	1	0	0	0	0	0	0	0	0	0	0	0
0	1	1	1	0	0	0	1	1	1	0	0	0	0	0	0	0	0	0	0	0
0	1	1	1	0	0	0	1	1	1	0	0	0	0	0	0	0	0	0	0	0
0	1	1	1	0	0	0	1	1	1	0	0	0	0	0	0	0	0	0	0	0
0	1	1	1	0	0	0	1	1	1	0	0	0	0	0	0	0	0	0	0	0
0	1	1	1	0	0	0	1	1	1	0	0	0	0	0	0	0	0	0	0	0
0	1	1	1	0	0	0	1	1	1	0	0	0	0	0	0	0	0	0	0	0
2	1	1	1	0	0	0	1	1	1	0	0	0	0	0	0	0	0	0	0	0
2	1	1	1	0	0	0	1	1	1	0	0	0	0	0	0	0	0	0	0	0

③ 3단계

(25) 71행, 152행, 232행, 313행은 81열까지 같다.

① 1단계

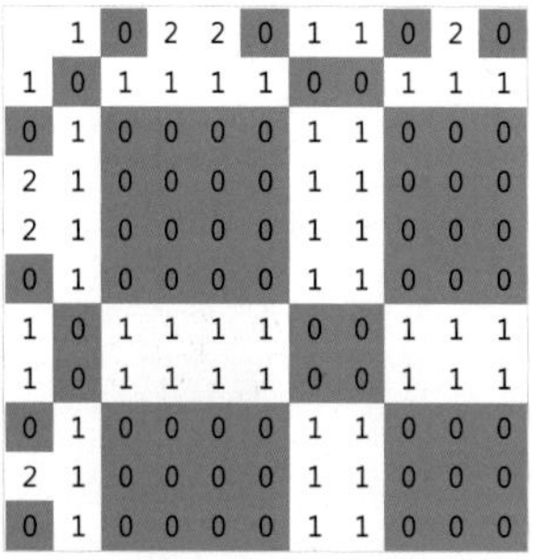

② 2단계

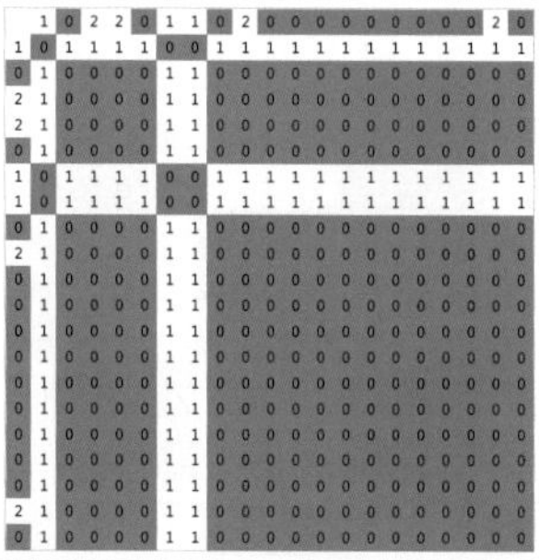

③ 3단계

(26) 76행, 157행, 238행, 319행은 81열까지 같다.

① 1단계

	1	1	1	0	0	0	2	2	2	2
1	0	0	0	1	1	1	1	1	1	1
1	0	0	0	1	1	1	1	1	1	1
1	0	0	0	1	1	1	1	1	1	1
0	1	1	1	0	0	0	0	0	0	0
0	1	1	1	0	0	0	0	0	0	0
0	1	1	1	0	0	0	0	0	0	0
2	1	1	1	0	0	0	0	0	0	0
2	1	1	1	0	0	0	0	0	0	0
2	1	1	1	0	0	0	0	0	0	0
2	1	1	1	0	0	0	0	0	0	0

② 2단계

	1	1	1	0	0	0	2	2	2	2	2	2	0	0	0	1	1	1	1	1
1	0	0	0	1	1	1	1	1	1	1	1	1	1	1	1	0	0	0	0	0
1	0	0	0	1	1	1	1	1	1	1	1	1	1	1	1	0	0	0	0	0
1	0	0	0	1	1	1	1	1	1	1	1	1	1	1	1	0	0	0	0	0
0	1	1	1	0	0	0	0	0	0	0	0	0	0	0	0	1	1	1	1	1
0	1	1	1	0	0	0	0	0	0	0	0	0	0	0	0	1	1	1	1	1
0	1	1	1	0	0	0	0	0	0	0	0	0	0	0	0	1	1	1	1	1
2	1	1	1	0	0	0	0	0	0	0	0	0	0	0	0	1	1	1	1	1
2	1	1	1	0	0	0	0	0	0	0	0	0	0	0	0	1	1	1	1	1
2	1	1	1	0	0	0	0	0	0	0	0	0	0	0	0	1	1	1	1	1
2	1	1	1	0	0	0	0	0	0	0	0	0	0	0	0	1	1	1	1	1
2	1	1	1	0	0	0	0	0	0	0	0	0	0	0	0	1	1	1	1	1
2	1	1	1	0	0	0	0	0	0	0	0	0	0	0	0	1	1	1	1	1
0	1	1	1	0	0	0	0	0	0	0	0	0	0	0	0	1	1	1	1	1
0	1	1	1	0	0	0	0	0	0	0	0	0	0	0	0	1	1	1	1	1
0	1	1	1	0	0	0	0	0	0	0	0	0	0	0	0	1	1	1	1	1
1	0	0	0	1	1	1	1	1	1	1	1	1	1	1	1	0	0	0	0	0
1	0	0	0	1	1	1	1	1	1	1	1	1	1	1	1	0	0	0	0	0
1	0	0	0	1	1	1	1	1	1	1	1	1	1	1	1	0	0	0	0	0
1	0	0	0	1	1	1	1	1	1	1	1	1	1	1	1	0	0	0	0	0
1	0	0	0	1	1	1	1	1	1	1	1	1	1	1	1	0	0	0	0	0

③ 3단계

(27) 77행, 158행, 239행, 320행은 81열까지 같다.

① 1단계

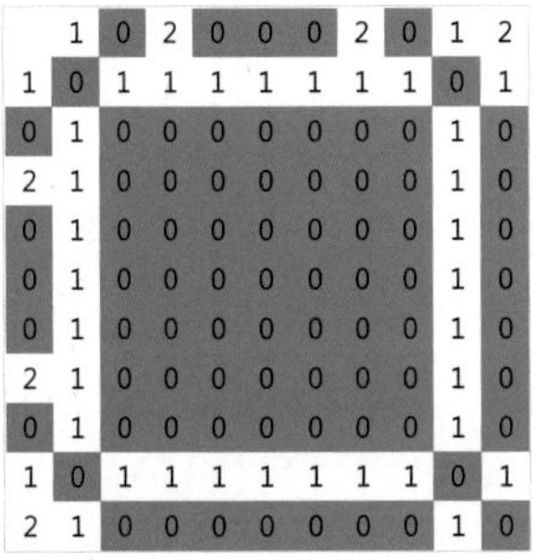

② 2단계

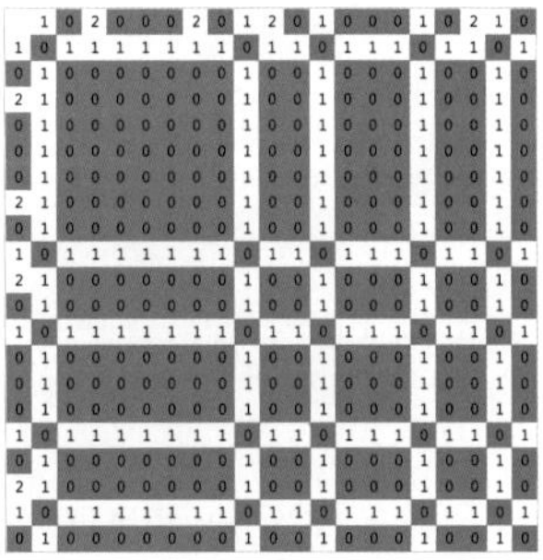

③ 3단계

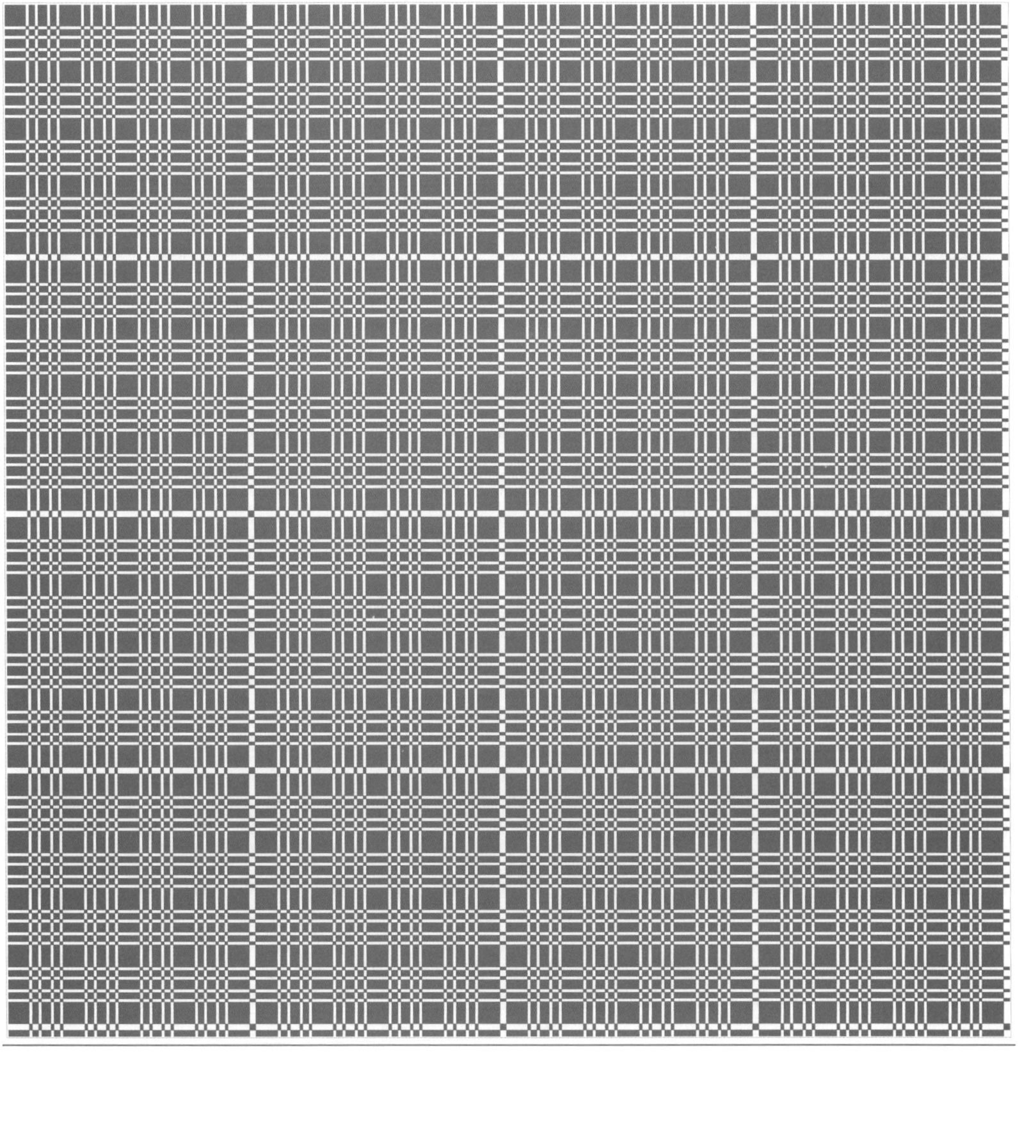

(28) 78행, 159행, 230행, 321행은 81열까지 같다.

① 1단계

	1	2	1	0	0	0	2	1	2	2
1	0	1	0	1	1	1	1	0	1	1
2	1	0	1	0	0	0	0	1	0	0
1	0	1	0	1	1	1	1	0	1	1
0	1	0	1	0	0	0	0	1	0	0
0	1	0	1	0	0	0	0	1	0	0
0	1	0	1	0	0	0	0	1	0	0
2	1	0	1	0	0	0	0	1	0	0
1	0	1	0	1	1	1	1	0	1	1
2	1	0	1	0	0	0	0	1	0	0
2	1	0	1	0	0	0	0	1	0	0

② 2단계

	1	2	1	0	0	0	2	1	2	2	1	2	0	0	0	1	2	1	1	2
1	0	1	0	1	1	1	1	0	1	1	0	1	1	1	1	0	1	0	0	1
2	1	0	1	0	0	0	0	1	0	0	1	0	0	0	0	1	0	1	1	0
1	0	1	0	1	1	1	1	0	1	1	0	1	1	1	1	0	1	0	0	1
0	1	0	1	0	0	0	0	1	0	0	1	0	0	0	0	1	0	1	1	0
0	1	0	1	0	0	0	0	1	0	0	1	0	0	0	0	1	0	1	1	0
0	1	0	1	0	0	0	0	1	0	0	1	0	0	0	0	1	0	1	1	0
2	1	0	1	0	0	0	0	1	0	0	1	0	0	0	0	1	0	1	1	0
1	0	1	0	1	1	1	1	0	1	1	0	1	1	1	1	0	1	0	0	1
2	1	0	1	0	0	0	0	1	0	0	1	0	0	0	0	1	0	1	1	0
2	1	0	1	0	0	0	0	1	0	0	1	0	0	0	0	1	0	1	1	0
1	0	1	0	1	1	1	1	0	1	1	0	1	1	1	1	0	1	0	0	1
2	1	0	1	0	0	0	0	1	0	0	1	0	0	0	0	1	0	1	1	0
0	1	0	1	0	0	0	0	1	0	0	1	0	0	0	0	1	0	1	1	0
0	1	0	1	0	0	0	0	1	0	0	1	0	0	0	0	1	0	1	1	0
0	1	0	1	0	0	0	0	1	0	0	1	0	0	0	0	1	0	1	1	0
1	0	1	0	1	1	1	1	0	1	1	0	1	1	1	1	0	1	0	0	1
2	1	0	1	0	0	0	0	1	0	0	1	0	0	0	0	1	0	1	1	0
1	0	1	0	1	1	1	1	0	1	1	0	1	1	1	1	0	1	0	0	1
1	0	1	0	1	1	1	1	0	1	1	0	1	1	1	1	0	1	0	0	1
2	1	0	1	0	0	0	0	1	0	0	1	0	0	0	0	1	0	1	1	0

③ 3단계

(29) 39행, 120행, 201행, 282행은 81열까지 같다.

① 1단계

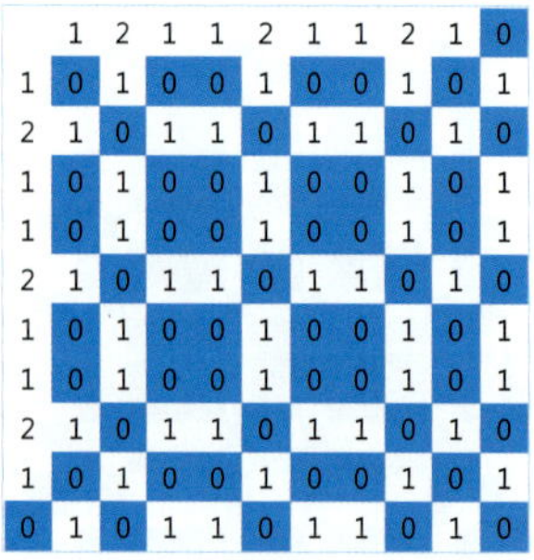

② 2단계

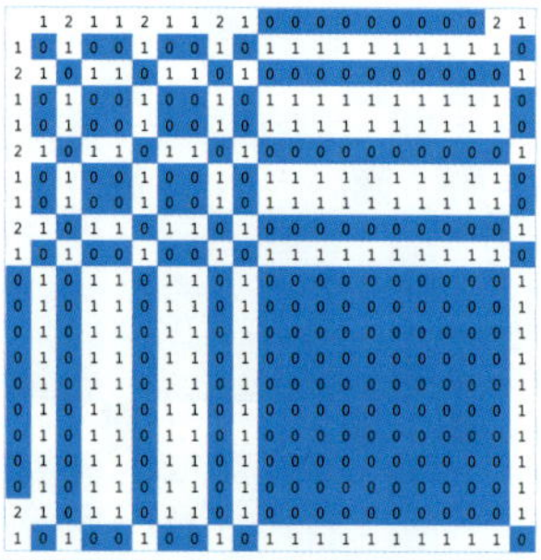

③ 3단계

(30) 40행, 121행, 202행, 283행은 81열까지 같다.

① 1단계

	1	1	1	0	0	0	2	2	2	0
1	0	0	0	1	1	1	1	1	1	1
1	0	0	0	1	1	1	1	1	1	1
1	0	0	0	1	1	1	1	1	1	1
0	1	1	1	0	0	0	0	0	0	0
0	1	1	1	0	0	0	0	0	0	0
0	1	1	1	0	0	0	0	0	0	0
2	1	1	1	0	0	0	0	0	0	0
2	1	1	1	0	0	0	0	0	0	0
2	1	1	1	0	0	0	0	0	0	0
0	1	1	1	0	0	0	0	0	0	0

② 2단계

	1	1	1	0	0	0	2	2	2	0	0	0	0	0	0	0	0	0	2	2
1	0	0	0	1	1	1	1	1	1	1	1	1	1	1	1	1	1	1	1	1
1	0	0	0	1	1	1	1	1	1	1	1	1	1	1	1	1	1	1	1	1
1	0	0	0	1	1	1	1	1	1	1	1	1	1	1	1	1	1	1	1	1
0	1	1	1	0	0	0	0	0	0	0	0	0	0	0	0	0	0	0	0	0
0	1	1	1	0	0	0	0	0	0	0	0	0	0	0	0	0	0	0	0	0
0	1	1	1	0	0	0	0	0	0	0	0	0	0	0	0	0	0	0	0	0
2	1	1	1	0	0	0	0	0	0	0	0	0	0	0	0	0	0	0	0	0
2	1	1	1	0	0	0	0	0	0	0	0	0	0	0	0	0	0	0	0	0
2	1	1	1	0	0	0	0	0	0	0	0	0	0	0	0	0	0	0	0	0
0	1	1	1	0	0	0	0	0	0	0	0	0	0	0	0	0	0	0	0	0
0	1	1	1	0	0	0	0	0	0	0	0	0	0	0	0	0	0	0	0	0
0	1	1	1	0	0	0	0	0	0	0	0	0	0	0	0	0	0	0	0	0
0	1	1	1	0	0	0	0	0	0	0	0	0	0	0	0	0	0	0	0	0
0	1	1	1	0	0	0	0	0	0	0	0	0	0	0	0	0	0	0	0	0
0	1	1	1	0	0	0	0	0	0	0	0	0	0	0	0	0	0	0	0	0
0	1	1	1	0	0	0	0	0	0	0	0	0	0	0	0	0	0	0	0	0
0	1	1	1	0	0	0	0	0	0	0	0	0	0	0	0	0	0	0	0	0
0	1	1	1	0	0	0	0	0	0	0	0	0	0	0	0	0	0	0	0	0
2	1	1	1	0	0	0	0	0	0	0	0	0	0	0	0	0	0	0	0	0
2	1	1	1	0	0	0	0	0	0	0	0	0	0	0	0	0	0	0	0	0

③ 3단계

(31) 43행, 124행, 205행, 286행은 81열까지 같다.

① 1단계

	1	1	1	2	2	2	1	1	1	0
1	0	0	0	1	1	1	0	0	0	1
1	0	0	0	1	1	1	0	0	0	1
1	0	0	0	1	1	1	0	0	0	1
2	1	1	1	0	0	0	1	1	1	0
2	1	1	1	0	0	0	1	1	1	0
2	1	1	1	0	0	0	1	1	1	0
1	0	0	0	1	1	1	0	0	0	1
1	0	0	0	1	1	1	0	0	0	1
1	0	0	0	1	1	1	0	0	0	1
0	1	1	1	0	0	0	1	1	1	0

② 2단계

	1	1	1	2	2	2	1	1	1	0	0	0	0	0	0	0	0	0	2	2
1	0	0	0	1	1	1	0	0	0	1	1	1	1	1	1	1	1	1	1	1
1	0	0	0	1	1	1	0	0	0	1	1	1	1	1	1	1	1	1	1	1
1	0	0	0	1	1	1	0	0	0	1	1	1	1	1	1	1	1	1	1	1
2	1	1	1	0	0	0	1	1	1	0	0	0	0	0	0	0	0	0	0	0
2	1	1	1	0	0	0	1	1	1	0	0	0	0	0	0	0	0	0	0	0
2	1	1	1	0	0	0	1	1	1	0	0	0	0	0	0	0	0	0	0	0
1	0	0	0	1	1	1	0	0	0	1	1	1	1	1	1	1	1	1	1	1
1	0	0	0	1	1	1	0	0	0	1	1	1	1	1	1	1	1	1	1	1
1	0	0	0	1	1	1	0	0	0	1	1	1	1	1	1	1	1	1	1	1
0	1	1	1	0	0	0	1	1	1	0	0	0	0	0	0	0	0	0	0	0
0	1	1	1	0	0	0	1	1	1	0	0	0	0	0	0	0	0	0	0	0
0	1	1	1	0	0	0	1	1	1	0	0	0	0	0	0	0	0	0	0	0
0	1	1	1	0	0	0	1	1	1	0	0	0	0	0	0	0	0	0	0	0
0	1	1	1	0	0	0	1	1	1	0	0	0	0	0	0	0	0	0	0	0
0	1	1	1	0	0	0	1	1	1	0	0	0	0	0	0	0	0	0	0	0
0	1	1	1	0	0	0	1	1	1	0	0	0	0	0	0	0	0	0	0	0
0	1	1	1	0	0	0	1	1	1	0	0	0	0	0	0	0	0	0	0	0
0	1	1	1	0	0	0	1	1	1	0	0	0	0	0	0	0	0	0	0	0
2	1	1	1	0	0	0	1	1	1	0	0	0	0	0	0	0	0	0	0	0
2	1	1	1	0	0	0	1	1	1	0	0	0	0	0	0	0	0	0	0	0

③ 3단계

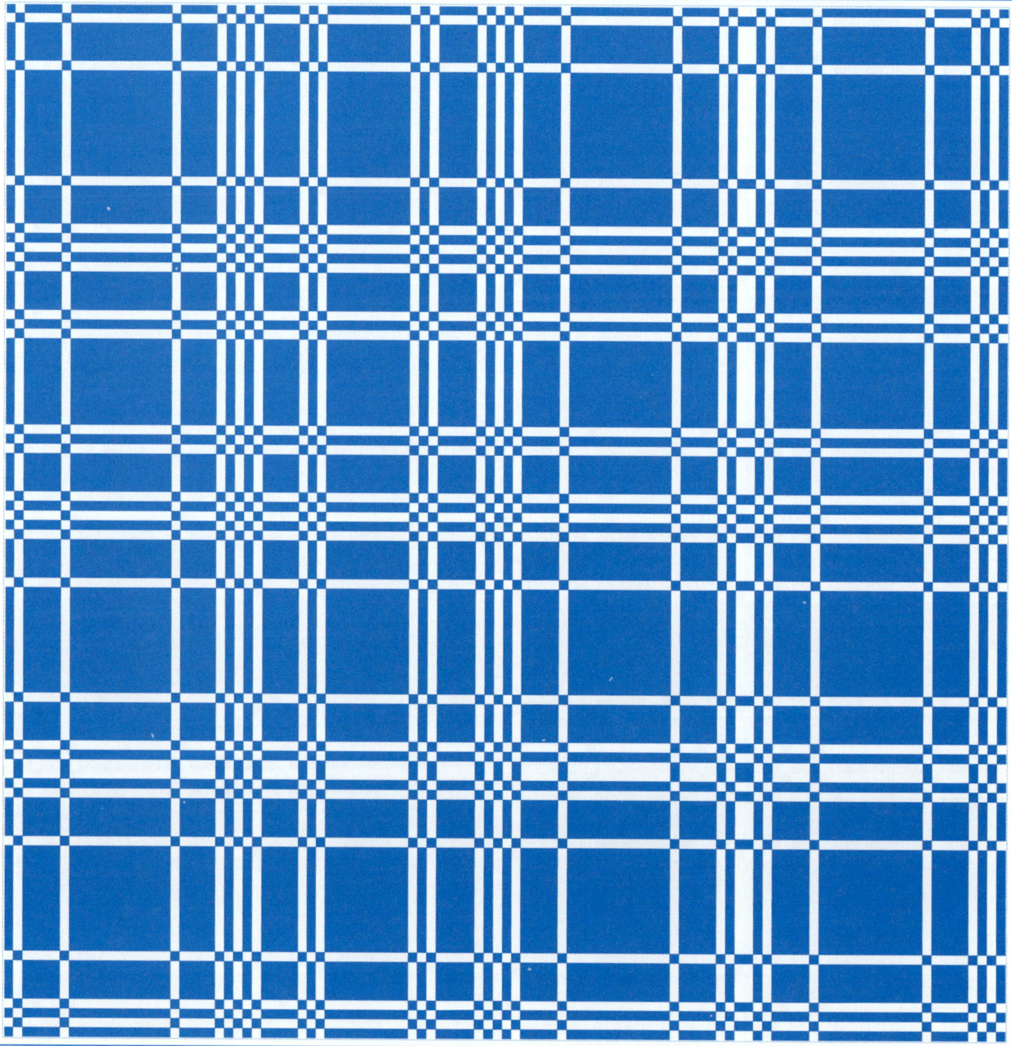

(32) 66행, 147행, 228행, 309행은 81열까지 같다.

① 1단계

	1	2	1	1	2	1	1	2	1	0
1	0	1	0	0	1	0	0	1	0	1
2	1	0	1	1	0	1	1	0	1	0
1	0	1	0	0	1	0	0	1	0	1
1	0	1	0	0	1	0	0	1	0	1
2	1	0	1	1	0	1	1	0	1	0
1	0	1	0	0	1	0	0	1	0	1
1	0	1	0	0	1	0	0	1	0	1
2	1	0	1	1	0	1	1	0	1	0
1	0	1	0	0	1	0	0	1	0	1
0	1	0	1	1	0	1	1	0	1	0

② 2단계

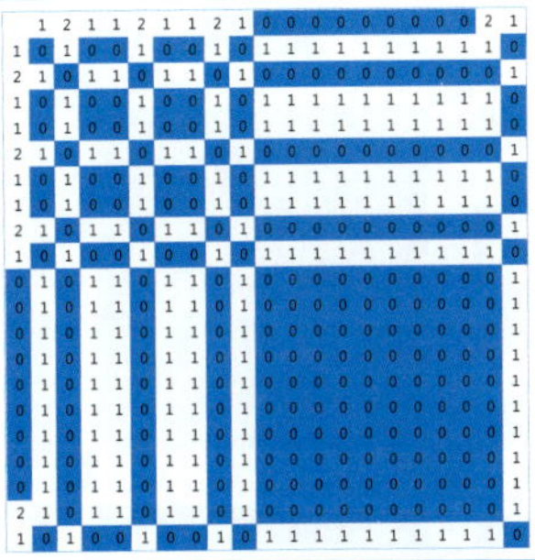

③ 3단계

(33) 68행, 149행, 230행, 311행은 81열까지 같다.

① 1단계

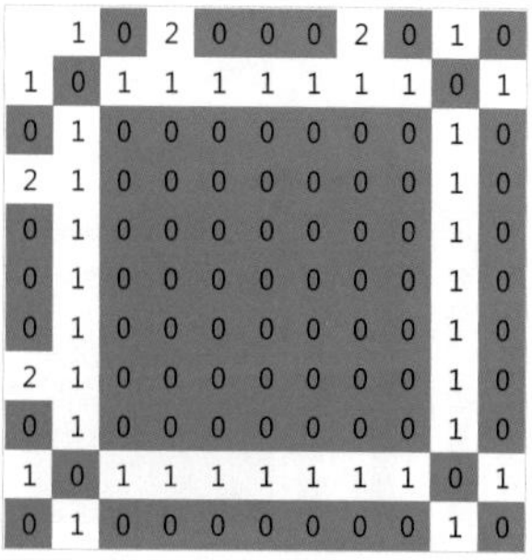

② 2단계

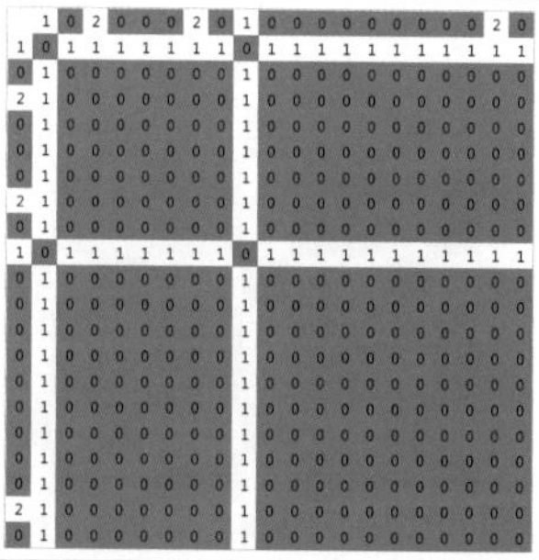

③ 3단계

(34) 71행, 152행, 233행, 314행은 81열까지 같다.

① 1단계

	1	0	2	2	0	1	1	0	2	0
1	0	1	1	1	1	0	0	1	1	1
0	1	0	0	0	0	1	1	0	0	0
2	1	0	0	0	0	1	1	0	0	0
2	1	0	0	0	0	1	1	0	0	0
0	1	0	0	0	0	1	1	0	0	0
1	0	1	1	1	1	0	0	1	1	1
1	0	1	1	1	1	0	0	1	1	1
0	1	0	0	0	0	1	1	0	0	0
2	1	0	0	0	0	1	1	0	0	0
0	1	0	0	0	0	1	1	0	0	0

② 2단계

	1	0	2	2	0	1	1	0	2	0	0	0	0	0	0	0	0	0	2	0
1	0	1	1	1	1	0	0	1	1	1	1	1	1	1	1	1	1	1	1	1
0	1	0	0	0	0	1	1	0	0	0	0	0	0	0	0	0	0	0	0	0
2	1	0	0	0	0	1	1	0	0	0	0	0	0	0	0	0	0	0	0	0
2	1	0	0	0	0	1	1	0	0	0	0	0	0	0	0	0	0	0	0	0
0	1	0	0	0	0	1	1	0	0	0	0	0	0	0	0	0	0	0	0	0
1	0	1	1	1	1	0	0	1	1	1	1	1	1	1	1	1	1	1	1	1
1	0	1	1	1	1	0	0	1	1	1	1	1	1	1	1	1	1	1	1	1
0	1	0	0	0	0	1	1	0	0	0	0	0	0	0	0	0	0	0	0	0
2	1	0	0	0	0	1	1	0	0	0	0	0	0	0	0	0	0	0	0	0
0	1	0	0	0	0	1	1	0	0	0	0	0	0	0	0	0	0	0	0	0
0	1	0	0	0	0	1	1	0	0	0	0	0	0	0	0	0	0	0	0	0
0	1	0	0	0	0	1	1	0	0	0	0	0	0	0	0	0	0	0	0	0
0	1	0	0	0	0	1	1	0	0	0	0	0	0	0	0	0	0	0	0	0
0	1	0	0	0	0	1	1	0	0	0	0	0	0	0	0	0	0	0	0	0
0	1	0	0	0	0	1	1	0	0	0	0	0	0	0	0	0	0	0	0	0
0	1	0	0	0	0	1	1	0	0	0	0	0	0	0	0	0	0	0	0	0
0	1	0	0	0	0	1	1	0	0	0	0	0	0	0	0	0	0	0	0	0
0	1	0	0	0	0	1	1	0	0	0	0	0	0	0	0	0	0	0	0	0
2	1	0	0	0	0	1	1	0	0	0	0	0	0	0	0	0	0	0	0	0
0	1	0	0	0	0	1	1	0	0	0	0	0	0	0	0	0	0	0	0	0

③ 3단계

(35) 72행, 153행, 234행, 315행은 81열까지 같다.

① 1단계	② 2단계
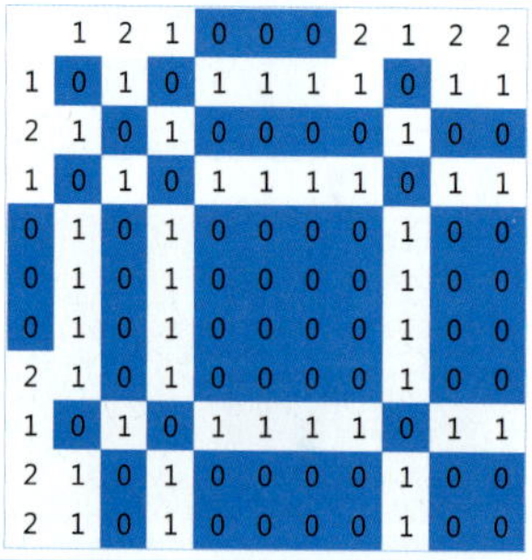	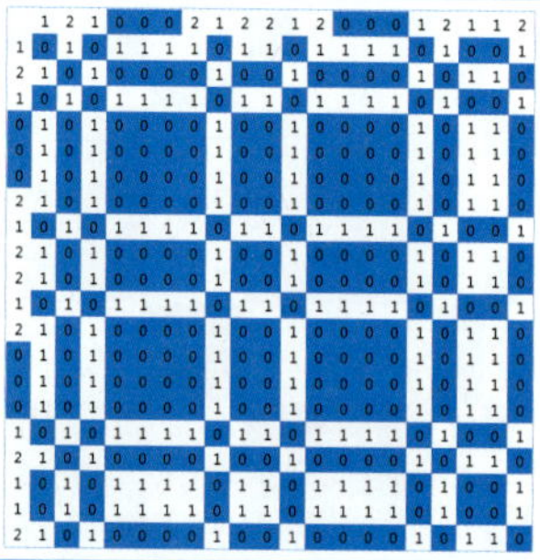

③ 3단계

(36) 48행, 129행, 210행, 291행은 81열까지 같다.

① 1단계

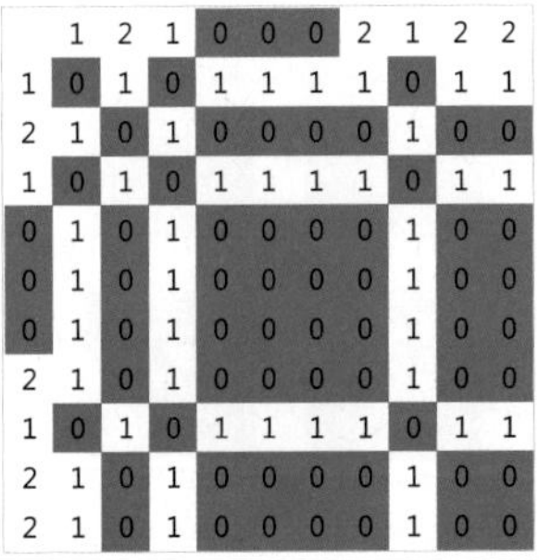

② 2단계

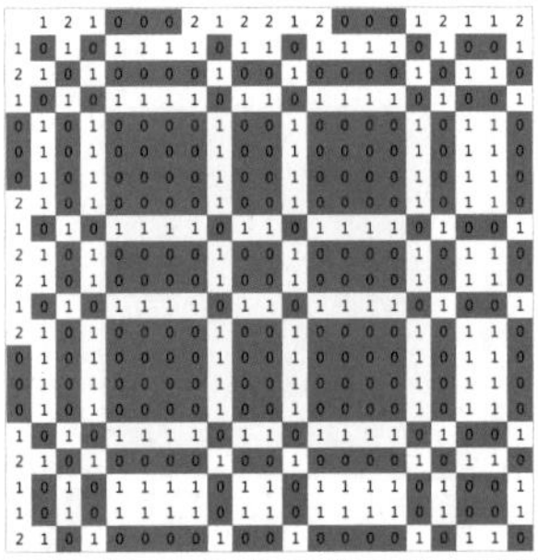

③ 3단계

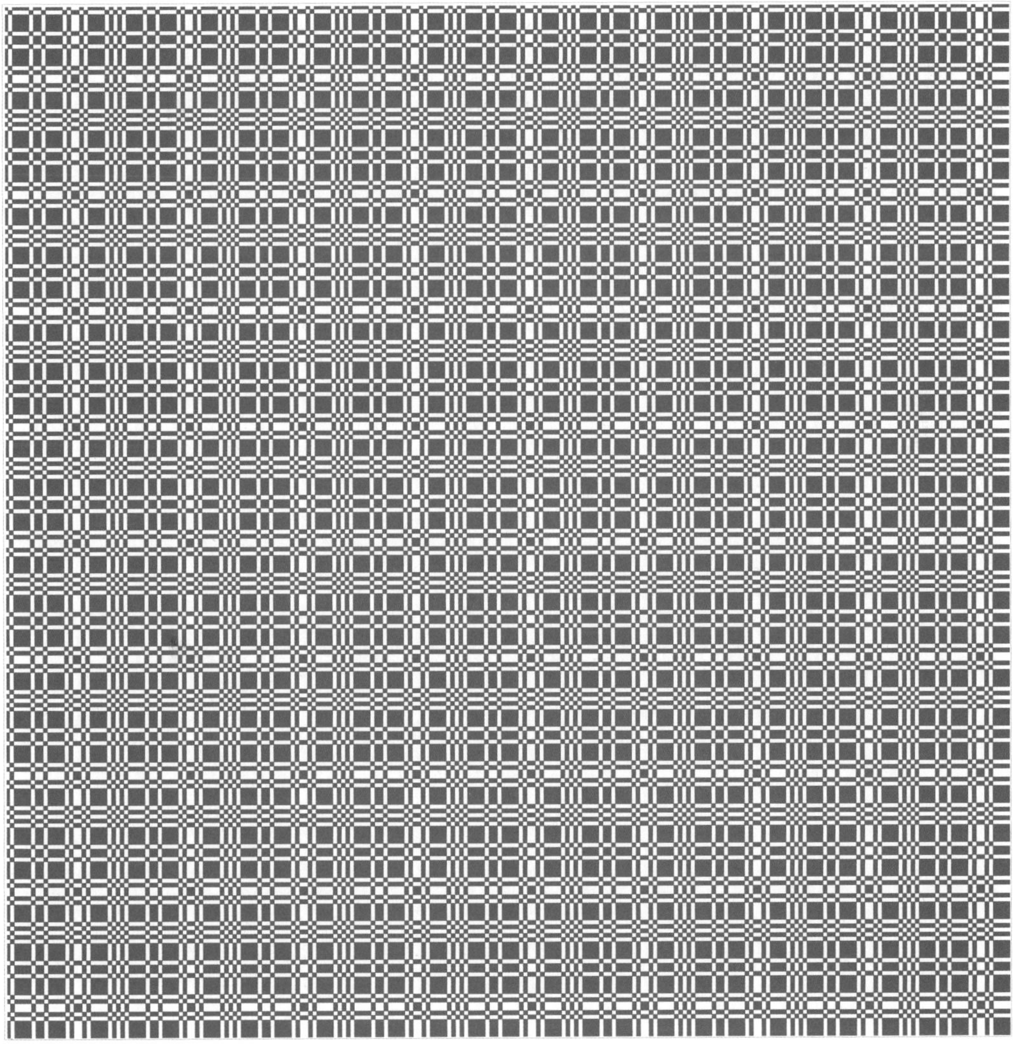

(37) 59행, 140행, 221행, 302행은 81열까지 같다.

① 1단계	② 2단계
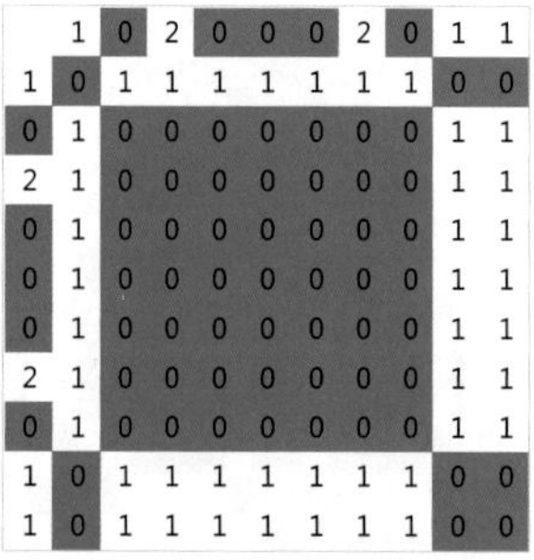	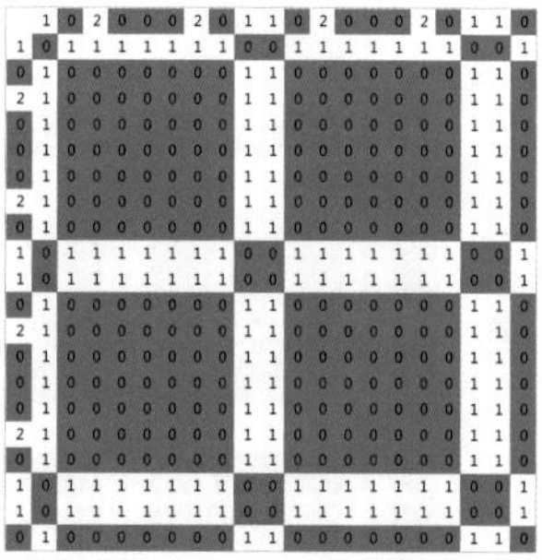

③ 3단계

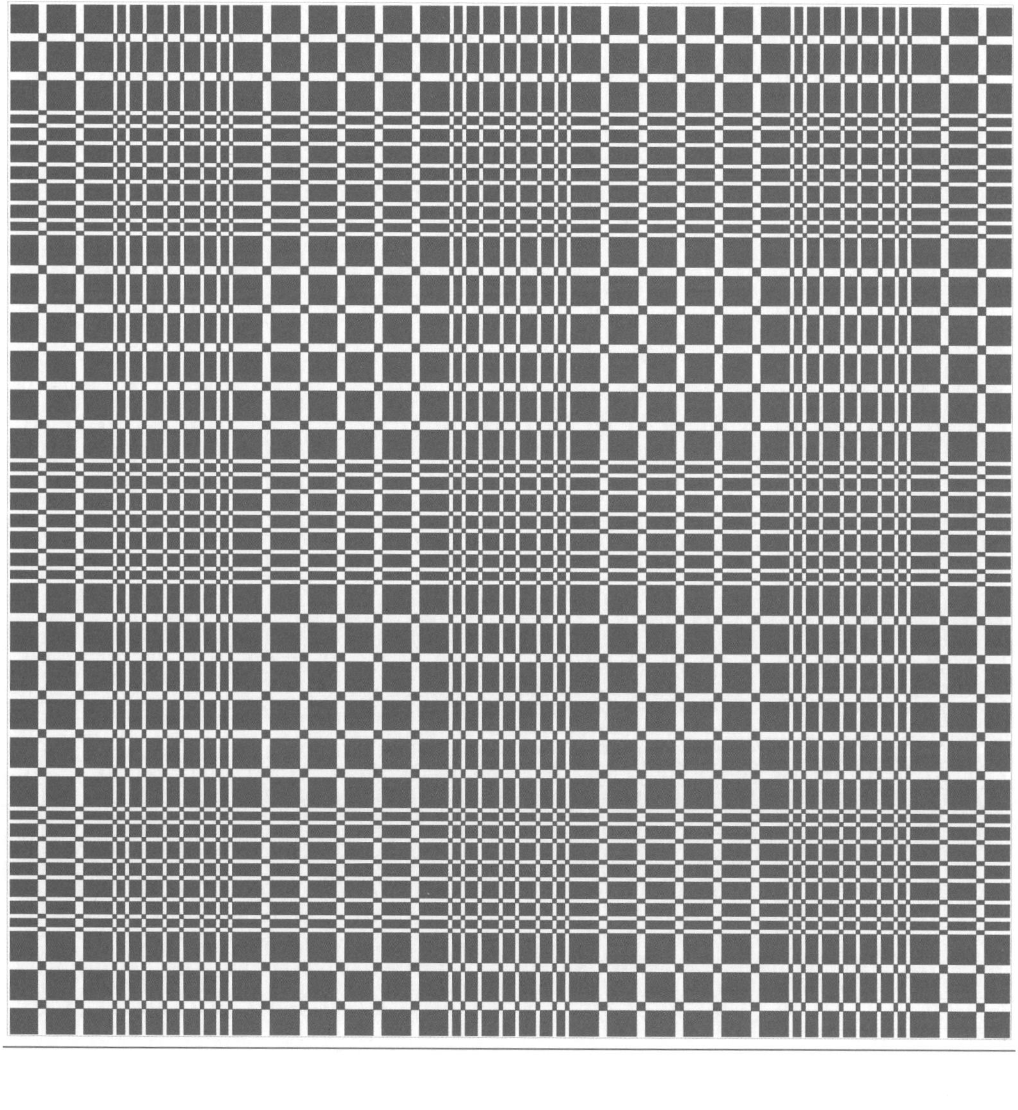

(38) 66행, 147행, 228행, 309행은 81열까지 같다.

① 1단계

	1	2	1	1	2	1	1	2	1	0
1	0	1	0	0	1	0	0	1	0	1
2	1	0	1	1	0	1	1	0	1	0
1	0	1	0	0	1	0	0	1	0	1
1	0	1	0	0	1	0	0	1	0	1
2	1	0	1	1	0	1	1	0	1	0
1	0	1	0	0	1	0	0	1	0	1
1	0	1	0	0	1	0	0	1	0	1
2	1	0	1	1	0	1	1	0	1	0
1	0	1	0	0	1	0	0	1	0	1
0	1	0	1	1	0	1	1	0	1	0

② 2단계

	1	2	1	1	2	1	1	2	1	0	0	0	0	0	0	0	0	0	2	1
1	0	1	0	0	1	0	0	1	0	1	1	1	1	1	1	1	1	1	1	0
2	1	0	1	1	0	1	1	0	1	0	0	0	0	0	0	0	0	0	0	1
1	0	1	0	0	1	0	0	1	0	1	1	1	1	1	1	1	1	1	1	0
1	0	1	0	0	1	0	0	1	0	1	1	1	1	1	1	1	1	1	1	0
2	1	0	1	1	0	1	1	0	1	0	0	0	0	0	0	0	0	0	0	1
1	0	1	0	0	1	0	0	1	0	1	1	1	1	1	1	1	1	1	1	0
1	0	1	0	0	1	0	0	1	0	1	1	1	1	1	1	1	1	1	1	0
2	1	0	1	1	0	1	1	0	1	0	0	0	0	0	0	0	0	0	0	1
1	0	1	0	0	1	0	0	1	0	1	1	1	1	1	1	1	1	1	1	0
0	1	0	1	1	0	1	1	0	1	0	0	0	0	0	0	0	0	0	0	1
0	1	0	1	1	0	1	1	0	1	0	0	0	0	0	0	0	0	0	0	1
0	1	0	1	1	0	1	1	0	1	0	0	0	0	0	0	0	0	0	0	1
0	1	0	1	1	0	1	1	0	1	0	0	0	0	0	0	0	0	0	0	1
0	1	0	1	1	0	1	1	0	1	0	0	0	0	0	0	0	0	0	0	1
0	1	0	1	1	0	1	1	0	1	0	0	0	0	0	0	0	0	0	0	1
0	1	0	1	1	0	1	1	0	1	0	0	0	0	0	0	0	0	0	0	1
0	1	0	1	1	0	1	1	0	1	0	0	0	0	0	0	0	0	0	0	1
0	1	0	1	1	0	1	1	0	1	0	0	0	0	0	0	0	0	0	0	1
2	1	0	1	1	0	1	1	0	1	0	0	0	0	0	0	0	0	0	0	1
1	0	1	0	0	1	0	0	1	0	1	1	1	1	1	1	1	1	1	1	0

③ 3단계

(39) 77행, 158행, 239행, 320행은 81열까지 같다.

① 1단계

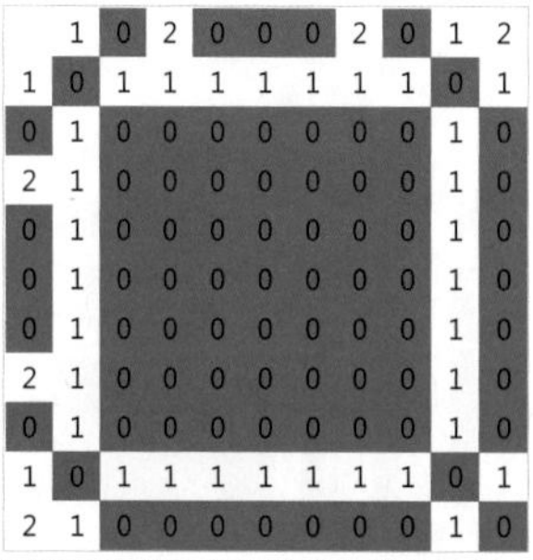

② 2단계

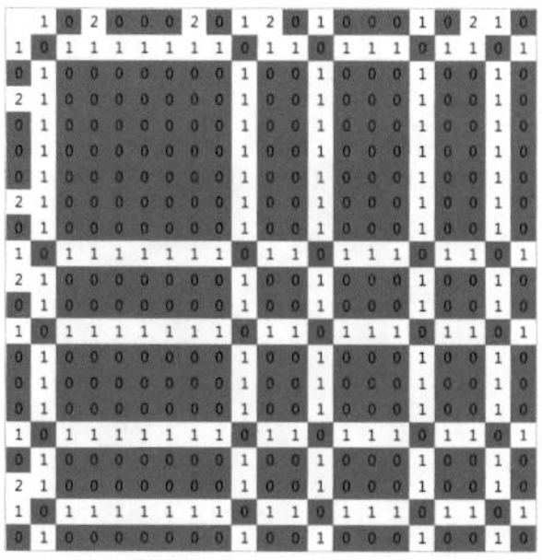

③ 3단계

3 두 수의 덧셈을 3으로 나누는 디자인

$2 = 1.\dot{9} = 1.999\cdots$를 1행과 1열에 입력한 후, 합을 구한다. 합을 3으로 나누어 보자. 0, 1, 2의 나머지가 생긴다. 각 행을 3으로 나누어 보자.

(1) 5행, 86행, 167행, 248행은 81열까지 같다. 5행은 102 000 201의 9주기를 가진다.

① 1단계

	1	0	2	0	0	0	2	0	1	1	0	2	0	0	0	2	0	1	1	0
1	2	1	0	1	1	1	0	1	2	2	1	0	1	1	1	0	1	2	2	1
0	1	0	2	0	0	0	2	0	1	1	0	2	0	0	0	2	0	1	1	0
2	0	2	1	2	2	2	1	2	0	0	2	1	2	2	2	1	2	0	0	2
0	1	0	2	0	0	0	2	0	1	1	0	2	0	0	0	2	0	1	1	0
0	1	0	2	0	0	0	2	0	1	1	0	2	0	0	0	2	0	1	1	0
0	1	0	2	0	0	0	2	0	1	1	0	2	0	0	0	2	0	1	1	0
2	0	2	1	2	2	2	1	2	0	0	2	1	2	2	2	1	2	0	0	2
0	1	0	2	0	0	0	2	0	1	1	0	2	0	0	0	2	0	1	1	0
1	2	1	0	1	1	1	0	1	2	2	1	0	1	1	1	0	1	2	2	1
1	2	1	0	1	1	1	0	1	2	2	1	0	1	1	1	0	1	2	2	1
0	1	0	2	0	0	0	2	0	1	1	0	2	0	0	0	2	0	1	1	0
2	0	2	1	2	2	2	1	2	0	0	2	1	2	2	2	1	2	0	0	2
0	1	0	2	0	0	0	2	0	1	1	0	2	0	0	0	2	0	1	1	0
0	1	0	2	0	0	0	2	0	1	1	0	2	0	0	0	2	0	1	1	0
0	1	0	2	0	0	0	2	0	1	1	0	2	0	0	0	2	0	1	1	0
2	0	2	1	2	2	2	1	2	0	0	2	1	2	2	2	1	2	0	0	2
0	1	0	2	0	0	0	2	0	1	1	0	2	0	0	0	2	0	1	1	0
1	2	1	0	1	1	1	0	1	2	2	1	0	1	1	1	0	1	2	2	1
1	2	1	0	1	1	1	0	1	2	2	1	0	1	1	1	0	1	2	2	1
0	1	0	2	0	0	0	2	0	1	1	0	2	0	0	0	2	0	1	1	0

② 2단계

(2) 14행, 95행, 176행, 257행, 338행은 81열까지 같다.

14행은 102000201 000000000 201000102은 27주기를 가진다.

① 1단계

	1	0	2	0	0	0	2	0	1	0	0	0	0	0	0	0	0	0	2	0
1	2	1	0	1	1	1	0	1	2	1	1	1	1	1	1	1	1	1	0	1
0	1	0	2	0	0	0	2	0	1	0	0	0	0	0	0	0	0	0	2	0
2	0	2	1	2	2	2	1	2	0	2	2	2	2	2	2	2	2	2	1	2
0	1	0	2	0	0	0	2	0	1	0	0	0	0	0	0	0	0	0	2	0
0	1	0	2	0	0	0	2	0	1	0	0	0	0	0	0	0	0	0	2	0
0	1	0	2	0	0	0	2	0	1	0	0	0	0	0	0	0	0	0	2	0
2	0	2	1	2	2	2	1	2	0	2	2	2	2	2	2	2	2	2	1	2
0	1	0	2	0	0	0	2	0	1	0	0	0	0	0	0	0	0	0	2	0
1	2	1	0	1	1	1	0	1	2	1	1	1	1	1	1	1	1	1	0	1
0	1	0	2	0	0	0	2	0	1	0	0	0	0	0	0	0	0	0	2	0
0	1	0	2	0	0	0	2	0	1	0	0	0	0	0	0	0	0	0	2	0
0	1	0	2	0	0	0	2	0	1	0	0	0	0	0	0	0	0	0	2	0
0	1	0	2	0	0	0	2	0	1	0	0	0	0	0	0	0	0	0	2	0
0	1	0	2	0	0	0	2	0	1	0	0	0	0	0	0	0	0	0	2	0
0	1	0	2	0	0	0	2	0	1	0	0	0	0	0	0	0	0	0	2	0
0	1	0	2	0	0	0	2	0	1	0	0	0	0	0	0	0	0	0	2	0
0	1	0	2	0	0	0	2	0	1	0	0	0	0	0	0	0	0	0	2	0
0	1	0	2	0	0	0	2	0	1	0	0	0	0	0	0	0	0	0	2	0
2	0	2	1	2	2	2	1	2	0	2	2	2	2	2	2	2	2	2	1	2
0	1	0	2	0	0	0	2	0	1	0	0	0	0	0	0	0	0	0	2	0

② 2단계

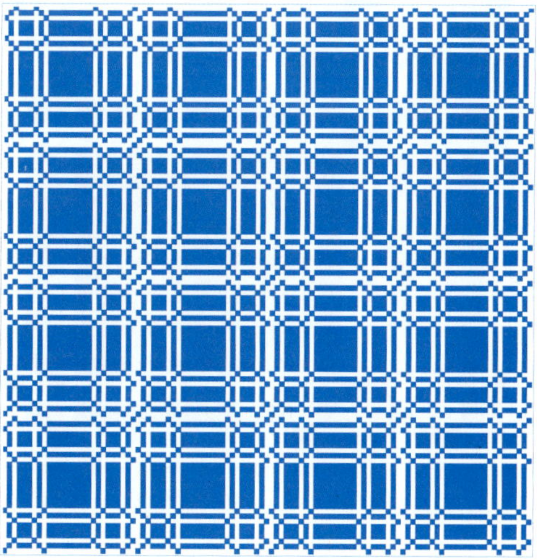

(3) 15행, 96행, 177행, 258행, 339행은 81열까지 같다.

15행은 121000212 000000000 212000121의 27주기를 가진다.

① 1단계

	1	2	1	0	0	0	2	1	2	0	0	0	0	0	0	0	0	0	2	1	2
1	2	0	2	1	1	1	0	2	0	1	1	1	1	1	1	1	1	1	0	2	0
2	0	1	0	2	2	2	1	0	1	2	2	2	2	2	2	2	2	2	1	0	1
1	2	0	2	1	1	1	0	2	0	1	1	1	1	1	1	1	1	1	0	2	0
0	1	2	1	0	0	0	2	1	2	0	0	0	0	0	0	0	0	0	2	1	2
0	1	2	1	0	0	0	2	1	2	0	0	0	0	0	0	0	0	0	2	1	2
0	1	2	1	0	0	0	2	1	2	0	0	0	0	0	0	0	0	0	2	1	2
2	0	1	0	2	2	2	1	0	1	2	2	2	2	2	2	2	2	2	1	0	1
1	2	0	2	1	1	1	0	2	0	1	1	1	1	1	1	1	1	1	0	2	0
2	0	1	0	2	2	2	1	0	1	2	2	2	2	2	2	2	2	2	1	0	1
0	1	2	1	0	0	0	2	1	2	0	0	0	0	0	0	0	0	0	2	1	2
0	1	2	1	0	0	0	2	1	2	0	0	0	0	0	0	0	0	0	2	1	2
0	1	2	1	0	0	0	2	1	2	0	0	0	0	0	0	0	0	0	2	1	2
0	1	2	1	0	0	0	2	1	2	0	0	0	0	0	0	0	0	0	2	1	2
0	1	2	1	0	0	0	2	1	2	0	0	0	0	0	0	0	0	0	2	1	2
0	1	2	1	0	0	0	2	1	2	0	0	0	0	0	0	0	0	0	2	1	2
0	1	2	1	0	0	0	2	1	2	0	0	0	0	0	0	0	0	0	2	1	2
0	1	2	1	0	0	0	2	1	2	0	0	0	0	0	0	0	0	0	2	1	2
0	1	2	1	0	0	0	2	1	2	0	0	0	0	0	0	0	0	0	2	1	2
2	0	1	0	2	2	2	1	0	1	2	2	2	2	2	2	2	2	2	1	0	1
1	2	0	2	1	1	1	0	2	0	1	1	1	1	1	1	1	1	1	0	2	0
2	0	1	0	2	2	2	1	0	1	2	2	2	2	2	2	2	2	2	1	0	1

② 2단계

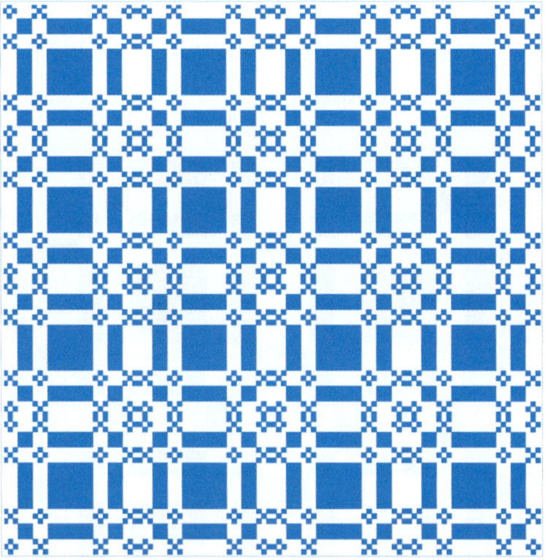

(4) 17행, 98행, 179행, 260행, 341행은 81열까지 같다.

① 1단계

	1	0	2	2	0	1	1	0	2	0	0	0	0	0	0	0	0	0	2	0	1
1	2	1	0	0	1	2	2	1	0	1	1	1	1	1	1	1	1	1	0	1	2
0	1	0	2	2	0	1	1	0	2	0	0	0	0	0	0	0	0	0	2	0	1
2	0	2	1	1	2	0	0	2	1	2	2	2	2	2	2	2	2	2	1	2	0
2	0	2	1	1	2	0	0	2	1	2	2	2	2	2	2	2	2	2	1	2	0
0	1	0	2	2	0	1	1	0	2	0	0	0	0	0	0	0	0	0	2	0	1
1	2	1	0	0	1	2	2	1	0	1	1	1	1	1	1	1	1	1	0	1	2
1	2	1	0	0	1	2	2	1	0	1	1	1	1	1	1	1	1	1	0	1	2
0	1	0	2	2	0	1	1	0	2	0	0	0	0	0	0	0	0	0	2	0	1
2	0	2	1	1	2	0	0	2	1	2	2	2	2	2	2	2	2	2	1	2	0
0	1	0	2	2	0	1	1	0	2	0	0	0	0	0	0	0	0	0	2	0	1
0	1	0	2	2	0	1	1	0	2	0	0	0	0	0	0	0	0	0	2	0	1
0	1	0	2	2	0	1	1	0	2	0	0	0	0	0	0	0	0	0	2	0	1
0	1	0	2	2	0	1	1	0	2	0	0	0	0	0	0	0	0	0	2	0	1
0	1	0	2	2	0	1	1	0	2	0	0	0	0	0	0	0	0	0	2	0	1
0	1	0	2	2	0	1	1	0	2	0	0	0	0	0	0	0	0	0	2	0	1
0	1	0	2	2	0	1	1	0	2	0	0	0	0	0	0	0	0	0	2	0	1
0	1	0	2	2	0	1	1	0	2	0	0	0	0	0	0	0	0	0	2	0	1
0	1	0	2	2	0	1	1	0	2	0	0	0	0	0	0	0	0	0	2	0	1
2	0	2	1	1	2	0	0	2	1	2	2	2	2	2	2	2	2	2	1	2	0
0	1	0	2	2	0	1	1	0	2	0	0	0	0	0	0	0	0	0	2	0	1
1	2	1	0	0	1	2	2	1	0	1	1	1	1	1	1	1	1	1	0	1	2

② 2단계

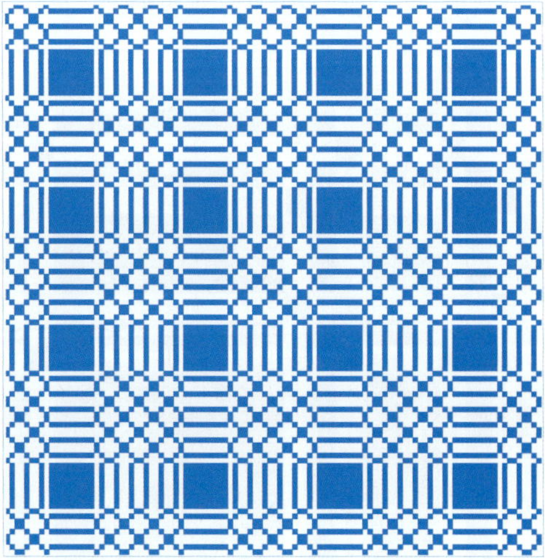

(5) 21행, 102행, 183행, 264행, 345행은 81열까지 같다.
21행은 121121121 212212212 121121121의 21주기를 가진다.

① 1단계

	1	0	2	1	0	2	1	0	2	2	0	1	2	0	1	2	0	1	1	0	2
1	2	1	0	2	1	0	2	1	0	0	1	2	0	1	2	0	1	2	2	1	0
0	1	0	2	1	0	2	1	0	2	2	0	1	2	0	1	2	0	1	1	0	2
2	0	2	1	0	2	1	0	2	1	1	2	0	1	2	0	1	2	0	0	2	1
1	2	1	0	2	1	0	2	1	0	0	1	2	0	1	2	0	1	2	2	1	0
0	1	0	2	1	0	2	1	0	2	2	0	1	2	0	1	2	0	1	1	0	2
2	0	2	1	0	2	1	0	2	1	1	2	0	1	2	0	1	2	0	0	2	1
1	2	1	0	2	1	0	2	1	0	0	1	2	0	1	2	0	1	2	2	1	0
0	1	0	2	1	0	2	1	0	2	2	0	1	2	0	1	2	0	1	1	0	2
2	0	2	1	0	2	1	0	2	1	1	2	0	1	2	0	1	2	0	0	2	1
2	0	2	1	0	2	1	0	2	1	1	2	0	1	2	0	1	2	0	0	2	1
0	1	0	2	1	0	2	1	0	2	2	0	1	2	0	1	2	0	1	1	0	2
1	2	1	0	2	1	0	2	1	0	0	1	2	0	1	2	0	1	2	2	1	0
2	0	2	1	0	2	1	0	2	1	1	2	0	1	2	0	1	2	0	0	2	1
0	1	0	2	1	0	2	1	0	2	2	0	1	2	0	1	2	0	1	1	0	2
1	2	1	0	2	1	0	2	1	0	0	1	2	0	1	2	0	1	2	2	1	0
2	0	2	1	0	2	1	0	2	1	1	2	0	1	2	0	1	2	0	0	2	1
0	1	0	2	1	0	2	1	0	2	2	0	1	2	0	1	2	0	1	1	0	2
1	2	1	0	2	1	0	2	1	0	0	1	2	0	1	2	0	1	2	2	1	0
1	2	1	0	2	1	0	2	1	0	0	1	2	0	1	2	0	1	2	2	1	0
0	1	0	2	1	0	2	1	0	2	2	0	1	2	0	1	2	0	1	1	0	2
2	0	2	1	0	2	1	0	2	1	1	2	0	1	2	0	1	2	0	0	2	1

② 2단계

(6) 26행, 107행, 188행, 269행, 350행은 81열까지 같다. 26행은 102201102 201102201 102201102의 27주기를 가진다.

① 1단계

	1	0	2	2	0	1	1	0	2	2	0	1	1	0	2	2	0	1	1	0	2
1	2	1	0	0	1	2	2	1	0	0	1	2	2	1	0	0	1	2	2	1	0
0	1	0	2	2	0	1	1	0	2	2	0	1	1	0	2	2	0	1	1	0	2
2	0	2	1	1	2	0	0	2	1	1	2	0	0	2	1	1	2	0	0	2	1
2	0	2	1	1	2	0	0	2	1	1	2	0	0	2	1	1	2	0	0	2	1
0	1	0	2	2	0	1	1	0	2	2	0	1	1	0	2	2	0	1	1	0	2
1	2	1	0	0	1	2	2	1	0	0	1	2	2	1	0	0	1	2	2	1	0
1	2	1	0	0	1	2	2	1	0	0	1	2	2	1	0	0	1	2	2	1	0
0	1	0	2	2	0	1	1	0	2	2	0	1	1	0	2	2	0	1	1	0	2
2	0	2	1	1	2	0	0	2	1	1	2	0	0	2	1	1	2	0	0	2	1
2	0	2	1	1	2	0	0	2	1	1	2	0	0	2	1	1	2	0	0	2	1
0	1	0	2	2	0	1	1	0	2	2	0	1	1	0	2	2	0	1	1	0	2
1	2	1	0	0	1	2	2	1	0	0	1	2	2	1	0	0	1	2	2	1	0
1	2	1	0	0	1	2	2	1	0	0	1	2	2	1	0	0	1	2	2	1	0
0	1	0	2	2	0	1	1	0	2	2	0	1	1	0	2	2	0	1	1	0	2
2	0	2	1	1	2	0	0	2	1	1	2	0	0	2	1	1	2	0	0	2	1
2	0	2	1	1	2	0	0	2	1	1	2	0	0	2	1	1	2	0	0	2	1
0	1	0	2	2	0	1	1	0	2	2	0	1	1	0	2	2	0	1	1	0	2
1	2	1	0	0	1	2	2	1	0	0	1	2	2	1	0	0	1	2	2	1	0
1	2	1	0	0	1	2	2	1	0	0	1	2	2	1	0	0	1	2	2	1	0
0	1	0	2	2	0	1	1	0	2	2	0	1	1	0	2	2	0	1	1	0	2
2	0	2	1	1	2	0	0	2	1	1	2	0	0	2	1	1	2	0	0	2	1

② 2단계

(7) 33행, 114행, 195행, 276행은 81열까지 같다.

33행은 121000212121000212121000212 000000000000000000000000000 212000121212000121212000121의 81주기를 가진다.

① 1단계

	1	2	1	0	0	0	2	1	2	1	2	1	0	0	0	2	1	2	1	2	1
1	2	0	2	1	1	1	0	2	0	2	0	2	1	1	1	0	2	0	2	0	2
2	0	1	0	2	2	2	1	0	1	0	1	0	2	2	2	1	0	1	0	1	0
1	2	0	2	1	1	1	0	2	0	2	0	2	1	1	1	0	2	0	2	0	2
0	1	2	1	0	0	0	2	1	2	1	2	1	0	0	0	2	1	2	1	2	1
0	1	2	1	0	0	0	2	1	2	1	2	1	0	0	0	2	1	2	1	2	1
0	1	2	1	0	0	0	2	1	2	1	2	1	0	0	0	2	1	2	1	2	1
2	0	1	0	2	2	2	1	0	1	0	1	0	2	2	2	1	0	1	0	1	0
1	2	0	2	1	1	1	0	2	0	2	0	2	1	1	1	0	2	0	2	0	2
2	0	1	0	2	2	2	1	0	1	0	1	0	2	2	2	1	0	1	0	1	0
1	2	0	2	1	1	1	0	2	0	2	0	2	1	1	1	0	2	0	2	0	2
2	0	1	0	2	2	2	1	0	1	0	1	0	2	2	2	1	0	1	0	1	0
1	2	0	2	1	1	1	0	2	0	2	0	2	1	1	1	0	2	0	2	0	2
0	1	2	1	0	0	0	2	1	2	1	2	1	0	0	0	2	1	2	1	2	1
0	1	2	1	0	0	0	2	1	2	1	2	1	0	0	0	2	1	2	1	2	1
0	1	2	1	0	0	0	2	1	2	1	2	1	0	0	0	2	1	2	1	2	1
2	0	1	0	2	2	2	1	0	1	0	1	0	2	2	2	1	0	1	0	1	0
1	2	0	2	1	1	1	0	2	0	2	0	2	1	1	1	0	2	0	2	0	2
2	0	1	0	2	2	2	1	0	1	0	1	0	2	2	2	1	0	1	0	1	0
1	2	0	2	1	1	1	0	2	0	2	0	2	1	1	1	0	2	0	2	0	2
2	0	1	0	2	2	2	1	0	1	0	1	0	2	2	2	1	0	1	0	1	0
1	2	0	2	1	1	1	0	2	0	2	0	2	1	1	1	0	2	0	2	0	2

② 2단계

(8) 34행, 115행, 196행, 277행은 81열까지 같다.

34행은 111222111111222111111222111 000000000000000000000000000 222111222222111222222111222의 81주기를 가진다.

① 1단계

	1	1	1	2	2	2	1	1	1	1	1	1	2	2	2	1	1	1	1	1	1
1	2	2	2	0	0	0	2	2	2	2	2	2	0	0	0	2	2	2	2	2	2
1	2	2	2	0	0	0	2	2	2	2	2	2	0	0	0	2	2	2	2	2	2
1	2	2	2	0	0	0	2	2	2	2	2	2	0	0	0	2	2	2	2	2	2
2	0	0	0	1	1	1	0	0	0	0	0	0	1	1	1	0	0	0	0	0	0
2	0	0	0	1	1	1	0	0	0	0	0	0	1	1	1	0	0	0	0	0	0
2	0	0	0	1	1	1	0	0	0	0	0	0	1	1	1	0	0	0	0	0	0
1	2	2	2	0	0	0	2	2	2	2	2	2	0	0	0	2	2	2	2	2	2
1	2	2	2	0	0	0	2	2	2	2	2	2	0	0	0	2	2	2	2	2	2
1	2	2	2	0	0	0	2	2	2	2	2	2	0	0	0	2	2	2	2	2	2
1	2	2	2	0	0	0	2	2	2	2	2	2	0	0	0	2	2	2	2	2	2
1	2	2	2	0	0	0	2	2	2	2	2	2	0	0	0	2	2	2	2	2	2
1	2	2	2	0	0	0	2	2	2	2	2	2	0	0	0	2	2	2	2	2	2
2	0	0	0	1	1	1	0	0	0	0	0	0	1	1	1	0	0	0	0	0	0
2	0	0	0	1	1	1	0	0	0	0	0	0	1	1	1	0	0	0	0	0	0
2	0	0	0	1	1	1	0	0	0	0	0	0	1	1	1	0	0	0	0	0	0
1	2	2	2	0	0	0	2	2	2	2	2	2	0	0	0	2	2	2	2	2	2
1	2	2	2	0	0	0	2	2	2	2	2	2	0	0	0	2	2	2	2	2	2
1	2	2	2	0	0	0	2	2	2	2	2	2	0	0	0	2	2	2	2	2	2
1	2	2	2	0	0	0	2	2	2	2	2	2	0	0	0	2	2	2	2	2	2
1	2	2	2	0	0	0	2	2	2	2	2	2	0	0	0	2	2	2	2	2	2
1	2	2	2	0	0	0	2	2	2	2	2	2	0	0	0	2	2	2	2	2	2

② 2단계

(9) 39행, 120행, 201행, 282행은 81열까지 같다.

39행은 121121121000000000212212212 000000000000000000000000000 212212212000000000121121121의 81주기를 가진다.

① 1단계

	1	2	1	1	2	1	1	2	1	0	0	0	0	0	0	0	0	0	2	1	2
1	2	0	2	2	0	2	2	0	2	1	1	1	1	1	1	1	1	1	0	2	0
2	0	1	0	0	1	0	0	1	0	2	2	2	2	2	2	2	2	2	1	0	1
1	2	0	2	2	0	2	2	0	2	1	1	1	1	1	1	1	1	1	0	2	0
1	2	0	2	2	0	2	2	0	2	1	1	1	1	1	1	1	1	1	0	2	0
2	0	1	0	0	1	0	0	1	0	2	2	2	2	2	2	2	2	2	1	0	1
1	2	0	2	2	0	2	2	0	2	1	1	1	1	1	1	1	1	1	0	2	0
1	2	0	2	2	0	2	2	0	2	1	1	1	1	1	1	1	1	1	0	2	0
2	0	1	0	0	1	0	0	1	0	2	2	2	2	2	2	2	2	2	1	0	1
1	2	0	2	2	0	2	2	0	2	1	1	1	1	1	1	1	1	1	0	2	0
0	1	2	1	1	2	1	1	2	1	0	0	0	0	0	0	0	0	0	2	1	2
0	1	2	1	1	2	1	1	2	1	0	0	0	0	0	0	0	0	0	2	1	2
0	1	2	1	1	2	1	1	2	1	0	0	0	0	0	0	0	0	0	2	1	2
0	1	2	1	1	2	1	1	2	1	0	0	0	0	0	0	0	0	0	2	1	2
0	1	2	1	1	2	1	1	2	1	0	0	0	0	0	0	0	0	0	2	1	2
0	1	2	1	1	2	1	1	2	1	0	0	0	0	0	0	0	0	0	2	1	2
0	1	2	1	1	2	1	1	2	1	0	0	0	0	0	0	0	0	0	2	1	2
0	1	2	1	1	2	1	1	2	1	0	0	0	0	0	0	0	0	0	2	1	2
0	1	2	1	1	2	1	1	2	1	0	0	0	0	0	0	0	0	0	2	1	2
2	0	1	0	0	1	0	0	1	0	2	2	2	2	2	2	2	2	2	1	0	1
1	2	0	2	2	0	2	2	0	2	1	1	1	1	1	1	1	1	1	0	2	0
2	0	1	0	0	1	0	0	1	0	2	2	2	2	2	2	2	2	2	1	0	1

② 2단계

(10) 40행, 121행, 202행, 282행은 81열까지 같다.

40행은 111000222000000000222000111 000000000000000000000000000 222000111000000000111000222의 81주기를 가진다.

① 1단계

	1	1	1	0	0	0	2	2	2	0	0	0	0	0	0	0	0	0	2	2	2
1	2	2	2	1	1	1	0	0	0	1	1	1	1	1	1	1	1	1	0	0	0
1	2	2	2	1	1	1	0	0	0	1	1	1	1	1	1	1	1	1	0	0	0
1	2	2	2	1	1	1	0	0	0	1	1	1	1	1	1	1	1	1	0	0	0
0	1	1	1	0	0	0	2	2	2	0	0	0	0	0	0	0	0	0	2	2	2
0	1	1	1	0	0	0	2	2	2	0	0	0	0	0	0	0	0	0	2	2	2
0	1	1	1	0	0	0	2	2	2	0	0	0	0	0	0	0	0	0	2	2	2
2	0	0	0	2	2	2	1	1	1	2	2	2	2	2	2	2	2	2	1	1	1
2	0	0	0	2	2	2	1	1	1	2	2	2	2	2	2	2	2	2	1	1	1
2	0	0	0	2	2	2	1	1	1	2	2	2	2	2	2	2	2	2	1	1	1
0	1	1	1	0	0	0	2	2	2	0	0	0	0	0	0	0	0	0	2	2	2
0	1	1	1	0	0	0	2	2	2	0	0	0	0	0	0	0	0	0	2	2	2
0	1	1	1	0	0	0	2	2	2	0	0	0	0	0	0	0	0	0	2	2	2
0	1	1	1	0	0	0	2	2	2	0	0	0	0	0	0	0	0	0	2	2	2
0	1	1	1	0	0	0	2	2	2	0	0	0	0	0	0	0	0	0	2	2	2
0	1	1	1	0	0	0	2	2	2	0	0	0	0	0	0	0	0	0	2	2	2
0	1	1	1	0	0	0	2	2	2	0	0	0	0	0	0	0	0	0	2	2	2
0	1	1	1	0	0	0	2	2	2	0	0	0	0	0	0	0	0	0	2	2	2
0	1	1	1	0	0	0	2	2	2	0	0	0	0	0	0	0	0	0	2	2	2
2	0	0	0	2	2	2	1	1	1	2	2	2	2	2	2	2	2	2	1	1	1
2	0	0	0	2	2	2	1	1	1	2	2	2	2	2	2	2	2	2	1	1	1
2	0	0	0	2	2	2	1	1	1	2	2	2	2	2	2	2	2	2	1	1	1

② 2단계

(11) 41행, 122행, 203행, 284행은 81열까지 같다.

① 1단계

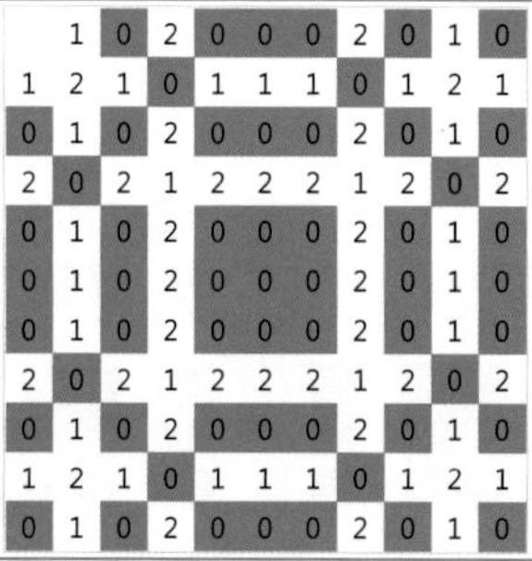

② 2단계

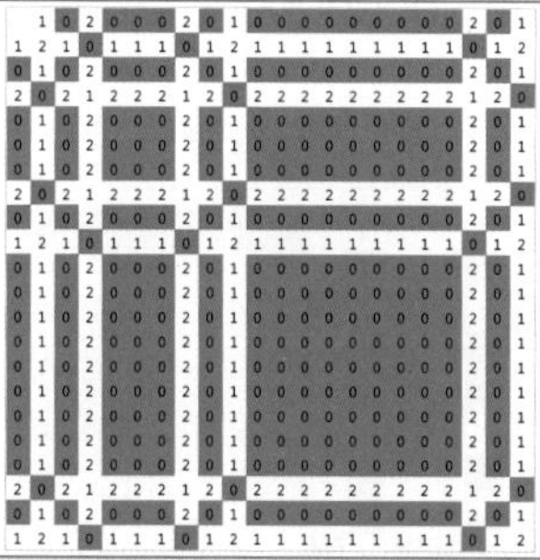

③ 3단계

(12) 42행, 123행, 204행, 285행은 81열까지 같다.

42행은 121000212000000000212000121 000000000000000000000000000 212000121000000000121000212로 81주기를 가진다.

① 1단계

	1	2	1	0	0	0	2	1	2	0	0	0	0	0	0	0	0	0	2	1	2
1	2	0	2	1	1	1	0	2	0	1	1	1	1	1	1	1	1	1	0	2	0
2	0	1	0	2	2	2	1	0	1	2	2	2	2	2	2	2	2	2	1	0	1
1	2	0	2	1	1	1	0	2	0	1	1	1	1	1	1	1	1	1	0	2	0
0	1	2	1	0	0	0	2	1	2	0	0	0	0	0	0	0	0	0	2	1	2
0	1	2	1	0	0	0	2	1	2	0	0	0	0	0	0	0	0	0	2	1	2
0	1	2	1	0	0	0	2	1	2	0	0	0	0	0	0	0	0	0	2	1	2
2	0	1	0	2	2	2	1	0	1	2	2	2	2	2	2	2	2	2	1	0	1
1	2	0	2	1	1	1	0	2	0	1	1	1	1	1	1	1	1	1	0	2	0
2	0	1	0	2	2	2	1	0	1	2	2	2	2	2	2	2	2	2	1	0	1
0	1	2	1	0	0	0	2	1	2	0	0	0	0	0	0	0	0	0	2	1	2
0	1	2	1	0	0	0	2	1	2	0	0	0	0	0	0	0	0	0	2	1	2
0	1	2	1	0	0	0	2	1	2	0	0	0	0	0	0	0	0	0	2	1	2
0	1	2	1	0	0	0	2	1	2	0	0	0	0	0	0	0	0	0	2	1	2
0	1	2	1	0	0	0	2	1	2	0	0	0	0	0	0	0	0	0	2	1	2
0	1	2	1	0	0	0	2	1	2	0	0	0	0	0	0	0	0	0	2	1	2
0	1	2	1	0	0	0	2	1	2	0	0	0	0	0	0	0	0	0	2	1	2
0	1	2	1	0	0	0	2	1	2	0	0	0	0	0	0	0	0	0	2	1	2
0	1	2	1	0	0	0	2	1	2	0	0	0	0	0	0	0	0	0	2	1	2
2	0	1	0	2	2	2	1	0	1	2	2	2	2	2	2	2	2	2	1	0	1
1	2	0	2	1	1	1	0	2	0	1	1	1	1	1	1	1	1	1	0	2	0
2	0	1	0	2	2	2	1	0	1	2	2	2	2	2	2	2	2	2	1	0	1

② 2단계

(13) 43행, 124행, 205행, 286행은 81열까지 같다.

43행은 111222111000000000222111222 000000000000000000000000000 222111222000000000111222111의 81주기를 가진다.

① 1단계

	1	1	1	2	2	2	1	1	1	0	0	0	0	0	0	0	0	0	2	2	2
1	2	2	2	0	0	0	2	2	2	1	1	1	1	1	1	1	1	1	0	0	0
1	2	2	2	0	0	0	2	2	2	1	1	1	1	1	1	1	1	1	0	0	0
1	2	2	2	0	0	0	2	2	2	1	1	1	1	1	1	1	1	1	0	0	0
2	0	0	0	1	1	1	0	0	0	2	2	2	2	2	2	2	2	2	1	1	1
2	0	0	0	1	1	1	0	0	0	2	2	2	2	2	2	2	2	2	1	1	1
2	0	0	0	1	1	1	0	0	0	2	2	2	2	2	2	2	2	2	1	1	1
1	2	2	2	0	0	0	2	2	2	1	1	1	1	1	1	1	1	1	0	0	0
1	2	2	2	0	0	0	2	2	2	1	1	1	1	1	1	1	1	1	0	0	0
1	2	2	2	0	0	0	2	2	2	1	1	1	1	1	1	1	1	1	0	0	0
0	1	1	1	2	2	2	1	1	1	0	0	0	0	0	0	0	0	0	2	2	2
0	1	1	1	2	2	2	1	1	1	0	0	0	0	0	0	0	0	0	2	2	2
0	1	1	1	2	2	2	1	1	1	0	0	0	0	0	0	0	0	0	2	2	2
0	1	1	1	2	2	2	1	1	1	0	0	0	0	0	0	0	0	0	2	2	2
0	1	1	1	2	2	2	1	1	1	0	0	0	0	0	0	0	0	0	2	2	2
0	1	1	1	2	2	2	1	1	1	0	0	0	0	0	0	0	0	0	2	2	2
0	1	1	1	2	2	2	1	1	1	0	0	0	0	0	0	0	0	0	2	2	2
0	1	1	1	2	2	2	1	1	1	0	0	0	0	0	0	0	0	0	2	2	2
0	1	1	1	2	2	2	1	1	1	0	0	0	0	0	0	0	0	0	2	2	2
2	0	0	0	1	1	1	0	0	0	2	2	2	2	2	2	2	2	2	1	1	1
2	0	0	0	1	1	1	0	0	0	2	2	2	2	2	2	2	2	2	1	1	1
2	0	0	0	1	1	1	0	0	0	2	2	2	2	2	2	2	2	2	1	1	1

② 2단계

(14) 44행, 125행, 206행, 287행은 81열까지 같다.

44행은 102201102000000000201102201 000000000000000000000000000 201102201000000000102201102의 81주기를 가진다.

① 1단계	② 2단계
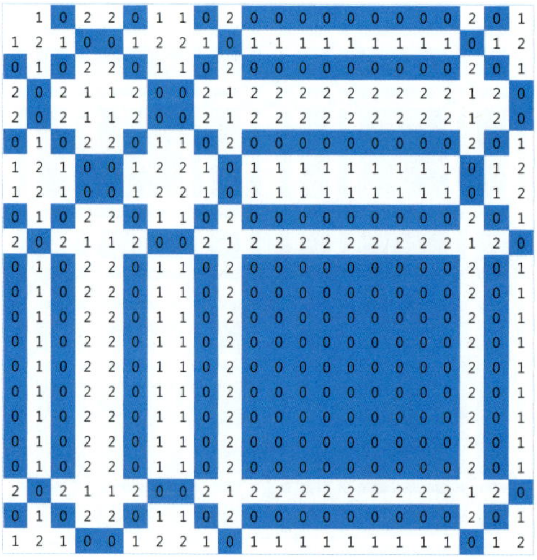	

(15) 47행, 128행, 209행, 290행은 81열까지 같다.

47행은 102102102201201201102102102 000000000000000000000000000 201201201102102102201201201의 81주기를 가진다.

① 1단계	② 2단계
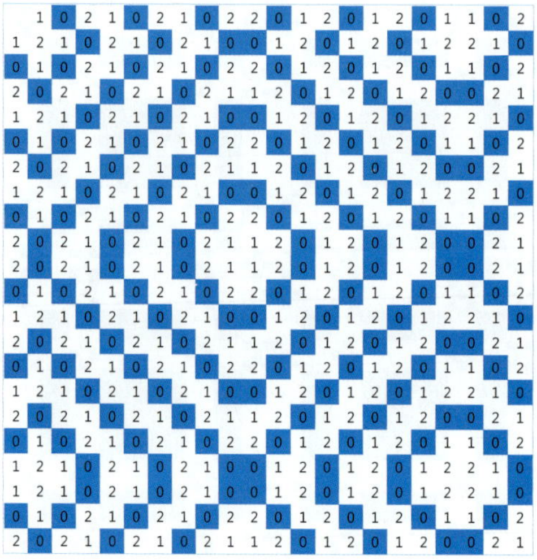	

(16) 50행, 131행, 212행, 293행은 81열까지 같다.

50행은 102000201201000102102000201 000000000000000000000000000 201000102102000201201000102의 81주기를 가진다.

① 1단계

	1	0	2	0	0	0	2	0	1	2	0	1	0	0	0	1	0	2	1	0	2
1	2	1	0	1	1	1	0	1	2	0	1	2	1	1	1	2	1	0	2	1	0
0	1	0	2	0	0	0	2	0	1	2	0	1	0	0	0	1	0	2	1	0	2
2	0	2	1	2	2	2	1	2	0	1	2	0	2	2	2	0	2	1	0	2	1
0	1	0	2	0	0	0	2	0	1	2	0	1	0	0	0	1	0	2	1	0	2
0	1	0	2	0	0	0	2	0	1	2	0	1	0	0	0	1	0	2	1	0	2
0	1	0	2	0	0	0	2	0	1	2	0	1	0	0	0	1	0	2	1	0	2
2	0	2	1	2	2	2	1	2	0	1	2	0	2	2	2	0	2	1	0	2	1
0	1	0	2	0	0	0	2	0	1	2	0	1	0	0	0	1	0	2	1	0	2
1	2	1	0	1	1	1	0	1	2	0	1	2	1	1	1	2	1	0	2	1	0
2	0	2	1	2	2	2	1	2	0	1	2	0	2	2	2	0	2	1	0	2	1
0	1	0	2	0	0	0	2	0	1	2	0	1	0	0	0	1	0	2	1	0	2
1	2	1	0	1	1	1	0	1	2	0	1	2	1	1	1	2	1	0	2	1	0
0	1	0	2	0	0	0	2	0	1	2	0	1	0	0	0	1	0	2	1	0	2
0	1	0	2	0	0	0	2	0	1	2	0	1	0	0	0	1	0	2	1	0	2
0	1	0	2	0	0	0	2	0	1	2	0	1	0	0	0	1	0	2	1	0	2
1	2	1	0	1	1	1	0	1	2	0	1	2	1	1	1	2	1	0	2	1	0
0	1	0	2	0	0	0	2	0	1	2	0	1	0	0	0	1	0	2	1	0	2
2	0	2	1	2	2	2	1	2	0	1	2	0	2	2	2	0	2	1	0	2	1
1	2	1	0	1	1	1	0	1	2	0	1	2	1	1	1	2	1	0	2	1	0
0	1	0	2	0	0	0	2	0	1	2	0	1	0	0	0	1	0	2	1	0	2
2	0	2	1	2	2	2	1	2	0	1	2	0	2	2	2	0	2	1	0	2	1

② 2단계

(17) 51행, 132행, 213행, 294행은 81열까지 같다.

51행은 121000212212000121121000212 000000000000000000000000000 212000121121000212212000121의 81주기를 가진다.

① 1단계

	1	2	1	0	0	0	2	1	2	2	1	2	0	0	0	1	2	1	1	2	1
1	2	0	2	1	1	1	0	2	0	0	2	0	1	1	1	2	0	2	2	0	2
2	0	1	0	2	2	2	1	0	1	1	0	1	2	2	2	0	1	0	0	1	0
1	2	0	2	1	1	1	0	2	0	0	2	0	1	1	1	2	0	2	2	0	2
0	1	2	1	0	0	0	2	1	2	2	1	2	0	0	0	1	2	1	1	2	1
0	1	2	1	0	0	0	2	1	2	2	1	2	0	0	0	1	2	1	1	2	1
0	1	2	1	0	0	0	2	1	2	2	1	2	0	0	0	1	2	1	1	2	1
2	0	1	0	2	2	2	1	0	1	1	0	1	2	2	2	0	1	0	0	1	0
1	2	0	2	1	1	1	0	2	0	0	2	0	1	1	1	2	0	2	2	0	2
2	0	1	0	2	2	2	1	0	1	1	0	1	2	2	2	0	1	0	0	1	0
2	0	1	0	2	2	2	1	0	1	1	0	1	2	2	2	0	1	0	0	1	0
1	2	0	2	1	1	1	0	2	0	0	2	0	1	1	1	2	0	2	2	0	2
2	0	1	0	2	2	2	1	0	1	1	0	1	2	2	2	0	1	0	0	1	0
0	1	2	1	0	0	0	2	1	2	2	1	2	0	0	0	1	2	1	1	2	1
0	1	2	1	0	0	0	2	1	2	2	1	2	0	0	0	1	2	1	1	2	1
0	1	2	1	0	0	0	2	1	2	2	1	2	0	0	0	1	2	1	1	2	1
1	2	0	2	1	1	1	0	2	0	0	2	0	1	1	1	2	0	2	2	0	2
2	0	1	0	2	2	2	1	0	1	1	0	1	2	2	2	0	1	0	0	1	0
1	2	0	2	1	1	1	0	2	0	0	2	0	1	1	1	2	0	2	2	0	2
1	2	0	2	1	1	1	0	2	0	0	2	0	1	1	1	2	0	2	2	0	2
2	0	1	0	2	2	2	1	0	1	1	0	1	2	2	2	0	1	0	0	1	0
1	2	0	2	1	1	1	0	2	0	0	2	0	1	1	1	2	0	2	2	0	2

② 2단계

(18) 53행, 134행, 215행, 296행은 81열까지 같다.

53행은 102201102201102201102201102 000000000000000000000000000 201102201102201102201102201의 81주기를 가진다.

① 1단계	② 2단계
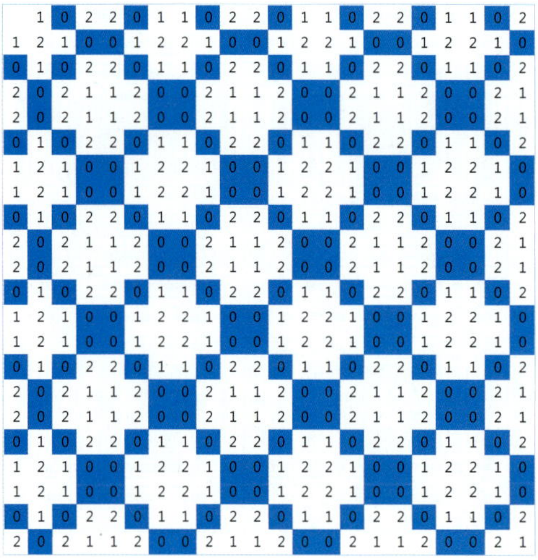	

(19) 57행, 138행, 219행, 300행은 81열까지 같다.

57행은 121121121121121121121121121 212212212212212212212212212 121121121121121121121121121의 81주기를 가진다.

① 1단계	② 2단계
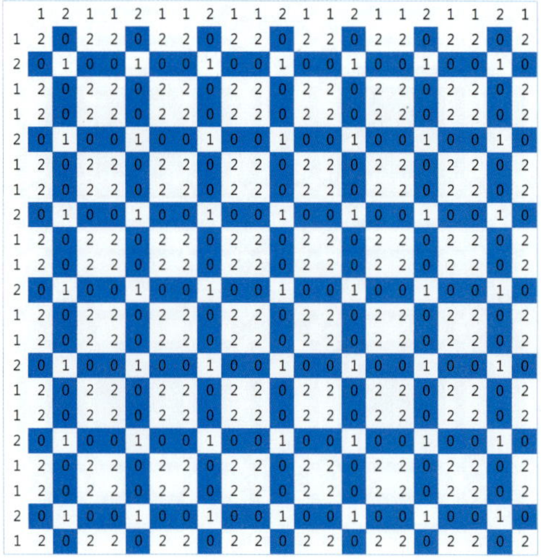	

(20) 60행, 141행, 222행, 303행은 81열까지 같다.

① 1단계

	1	2	1	0	0	0	2	1	2	1
1	2	0	2	1	1	1	0	2	0	2
2	0	1	0	2	2	2	1	0	1	0
1	2	0	2	1	1	1	0	2	0	2
0	1	2	1	0	0	0	2	1	2	1
0	1	2	1	0	0	0	2	1	2	1
0	1	2	1	0	0	0	2	1	2	1
2	0	1	0	2	2	2	1	0	1	0
1	2	0	2	1	1	1	0	2	0	2
2	0	1	0	2	2	2	1	0	1	0
1	2	0	2	1	1	1	0	2	0	2

② 2단계

	1	2	1	0	0	0	2	1	2	1	2	1	0	0	0	2	1	2	1	2	1
1	2	0	2	1	1	1	0	2	0	2	0	2	1	1	1	0	2	0	2	0	2
2	0	1	0	2	2	2	1	0	1	0	1	0	2	2	2	1	0	1	0	1	0
1	2	0	2	1	1	1	0	2	0	2	0	2	1	1	1	0	2	0	2	0	2
0	1	2	1	0	0	0	2	1	2	1	2	1	0	0	0	2	1	2	1	2	1
0	1	2	1	0	0	0	2	1	2	1	2	1	0	0	0	2	1	2	1	2	1
0	1	2	1	0	0	0	2	1	2	1	2	1	0	0	0	2	1	2	1	2	1
2	0	1	0	2	2	2	1	0	1	0	1	0	2	2	2	1	0	1	0	1	0
1	2	0	2	1	1	1	0	2	0	2	0	2	1	1	1	0	2	0	2	0	2
2	0	1	0	2	2	2	1	0	1	0	1	0	2	2	2	1	0	1	0	1	0
1	2	0	2	1	1	1	0	2	0	2	0	2	1	1	1	0	2	0	2	0	2
2	0	1	0	2	2	2	1	0	1	0	1	0	2	2	2	1	0	1	0	1	0
1	2	0	2	1	1	1	0	2	0	2	0	2	1	1	1	0	2	0	2	0	2
0	1	2	1	0	0	0	2	1	2	1	2	1	0	0	0	2	1	2	1	2	1
0	1	2	1	0	0	0	2	1	2	1	2	1	0	0	0	2	1	2	1	2	1
0	1	2	1	0	0	0	2	1	2	1	2	1	0	0	0	2	1	2	1	2	1
2	0	1	0	2	2	2	1	0	1	0	1	0	2	2	2	1	0	1	0	1	0
1	2	0	2	1	1	1	0	2	0	2	0	2	1	1	1	0	2	0	2	0	2
2	0	1	0	2	2	2	1	0	1	0	1	0	2	2	2	1	0	1	0	1	0
1	2	0	2	1	1	1	0	2	0	2	0	2	1	1	1	0	2	0	2	0	2
2	0	1	0	2	2	2	1	0	1	0	1	0	2	2	2	1	0	1	0	1	0
1	2	0	2	1	1	1	0	2	0	2	0	2	1	1	1	0	2	0	2	0	2

③ 3단계

(21) 68행, 149행, 230행, 311행은 81열까지 같다.

① 1단계

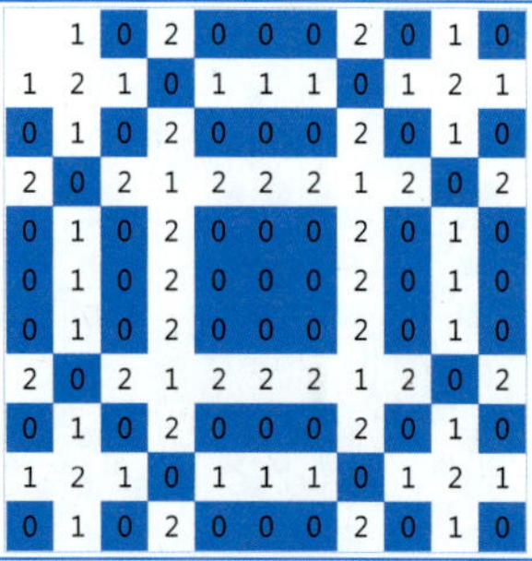

② 2단계

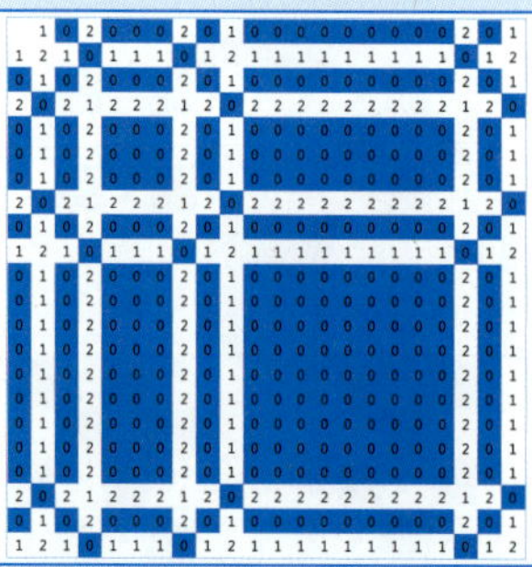

③ 3단계

(22) 69행, 150행, 231행, 312행은 81열까지 같다.

69행은121000212000000000212000121 212000121000000000121000212 121000212000000000212000121의 81주기를 가진다.

① 1단계	② 2단계
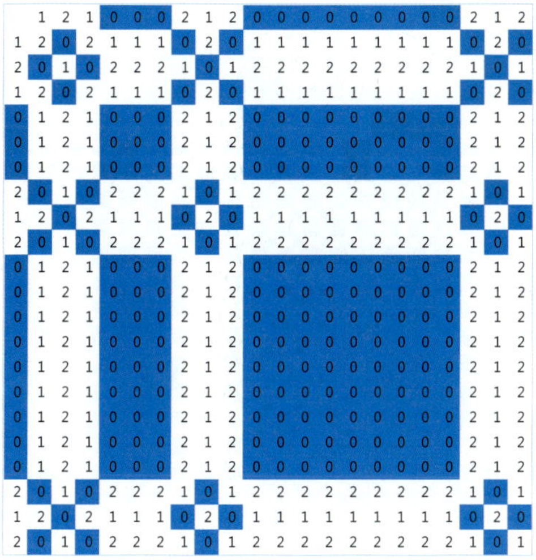	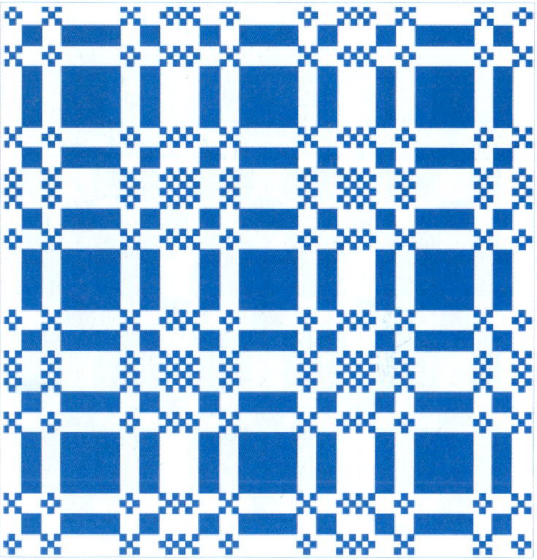

(23) 74행, 155행, 236행, 317행은 81열까지 같다.

102102102201201201102102102 201201201102102102201201201 102102102201201201102102102의 81주기를 가진다.

① 1단계	② 2단계
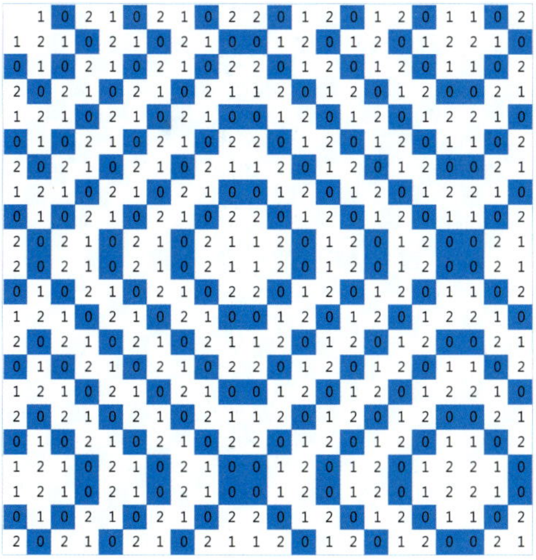	

4 두 수의 뺄셈으로 만드는 디자인

2 = 1.999 ⋯를 1행과 1열에 입력한다. 7쪽을 참고하기 바란다. 각 행을 살펴보자. 1열과 1행에서 서로 대응하는 값을 뺀다. 대각선은 0이 된다.

(1) 3행을 1행과 1열에 입력한다. 3행은 121의 반복이다.

① 1단계

	1	2	1	1	2	1	1	2	1	1	2	1	1	2	1	1
1	0	1	0	0	1	0	0	1	0	0	1	0	0	1	0	0
2	1	0	1	1	0	1	1	0	1	1	0	1	1	0	1	1
1	0	1	0	0	1	0	0	1	0	0	1	0	0	1	0	0
1	0	1	0	0	1	0	0	1	0	0	1	0	0	1	0	0
2	1	0	1	1	0	1	1	0	1	1	0	1	1	0	1	1
1	0	1	0	0	1	0	0	1	0	0	1	0	0	1	0	0
1	0	1	0	0	1	0	0	1	0	0	1	0	0	1	0	0
2	1	0	1	1	0	1	1	0	1	1	0	1	1	0	1	1
1	0	1	0	0	1	0	0	1	0	0	1	0	0	1	0	0
1	0	1	0	0	1	0	0	1	0	0	1	0	0	1	0	0
2	1	0	1	1	0	1	1	0	1	1	0	1	1	0	1	1
1	0	1	0	0	1	0	0	1	0	0	1	0	0	1	0	0
1	0	1	0	0	1	0	0	1	0	0	1	0	0	1	0	0
2	1	0	1	1	0	1	1	0	1	1	0	1	1	0	1	1
1	0	1	0	0	1	0	0	1	0	0	1	0	0	1	0	0
1	0	1	0	0	1	0	0	1	0	0	1	0	0	1	0	0

② 2단계

(2) 4행은 111 000 222의 반복이다.

① 1단계

	1	1	1	0	0	0	2	2	2	1	1	1	0	0	0
1	0	0	0	1	1	1	1	1	1	0	0	0	1	1	1
1	0	0	0	1	1	1	1	1	1	0	0	0	1	1	1
1	0	0	0	1	1	1	1	1	1	0	0	0	1	1	1
0	1	1	1	0	0	0	2	2	2	1	1	1	0	0	0
0	1	1	1	0	0	0	2	2	2	1	1	1	0	0	0
0	1	1	1	0	0	0	2	2	2	1	1	1	0	0	0
2	1	1	1	2	2	2	0	0	0	1	1	1	2	2	2
2	1	1	1	2	2	2	0	0	0	1	1	1	2	2	2
2	1	1	1	2	2	2	0	0	0	1	1	1	2	2	2
1	0	0	0	1	1	1	1	1	1	0	0	0	1	1	1
1	0	0	0	1	1	1	1	1	1	0	0	0	1	1	1
1	0	0	0	1	1	1	1	1	1	0	0	0	1	1	1
0	1	1	1	0	0	0	2	2	2	1	1	1	0	0	0
0	1	1	1	0	0	0	2	2	2	1	1	1	0	0	0
0	1	1	1	0	0	0	2	2	2	1	1	1	0	0	0

② 2단계

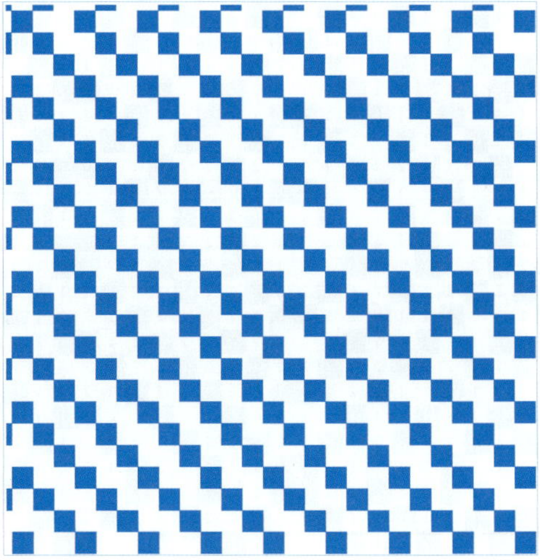

(3) 5행은 102 000 201의 반복이다.

① 1단계

	1	0	2	0	0	0	2	0	1	1	0	2	0	0	0	2
1	0	1	1	1	1	1	1	1	0	0	1	1	1	1	1	1
0	1	0	2	0	0	0	2	0	1	1	0	2	0	0	0	2
2	1	2	0	2	2	2	0	2	1	1	2	0	2	2	2	0
0	1	0	2	0	0	0	2	0	1	1	0	2	0	0	0	2
0	1	0	2	0	0	0	2	0	1	1	0	2	0	0	0	2
0	1	0	2	0	0	0	2	0	1	1	0	2	0	0	0	2
2	1	2	0	2	2	2	0	2	1	1	2	0	2	2	2	0
0	1	0	2	0	0	0	2	0	1	1	0	2	0	0	0	2
1	0	1	1	1	1	1	1	1	0	0	1	1	1	1	1	1
1	0	1	1	1	1	1	1	1	0	0	1	1	1	1	1	1
0	1	0	2	0	0	0	2	0	1	1	0	2	0	0	0	2
2	1	2	0	2	2	2	0	2	1	1	2	0	2	2	2	0
0	1	0	2	0	0	0	2	0	1	1	0	2	0	0	0	2
0	1	0	2	0	0	0	2	0	1	1	0	2	0	0	0	2
0	1	0	2	0	0	0	2	0	1	1	0	2	0	0	0	2
2	1	2	0	2	2	2	0	2	1	1	2	0	2	2	2	0

② 2단계

(4) 6행은 121 000 212의 반복이다.

① 1단계

	1	2	1	0	0	0	2	1	2	1	2	1	0	0	0	2	1	2
1	0	1	0	1	1	1	1	0	1	0	1	0	1	1	1	1	0	1
2	1	0	1	2	2	2	0	1	0	1	0	1	2	2	2	0	1	0
1	0	1	0	1	1	1	1	0	1	0	1	0	1	1	1	1	0	1
0	1	2	1	0	0	0	2	1	2	1	2	1	0	0	0	2	1	2
0	1	2	1	0	0	0	2	1	2	1	2	1	0	0	0	2	1	2
0	1	2	1	0	0	0	2	1	2	1	2	1	0	0	0	2	1	2
2	1	0	1	2	2	2	0	1	0	1	0	1	2	2	2	0	1	0
1	0	1	0	1	1	1	1	0	1	0	1	0	1	1	1	1	0	1
2	1	0	1	2	2	2	0	1	0	1	0	1	2	2	2	0	1	0
1	0	1	0	1	1	1	1	0	1	0	1	0	1	1	1	1	0	1
2	1	0	1	2	2	2	0	1	0	1	0	1	2	2	2	0	1	0
1	0	1	0	1	1	1	1	0	1	0	1	0	1	1	1	1	0	1
0	1	2	1	0	0	0	2	1	2	1	2	1	0	0	0	2	1	2
0	1	2	1	0	0	0	2	1	2	1	2	1	0	0	0	2	1	2
0	1	2	1	0	0	0	2	1	2	1	2	1	0	0	0	2	1	2
2	1	0	1	2	2	2	0	1	0	1	0	1	2	2	2	0	1	0
1	0	1	0	1	1	1	1	0	1	0	1	0	1	1	1	1	0	1
2	1	0	1	2	2	2	0	1	0	1	0	1	2	2	2	0	1	0

② 2단계

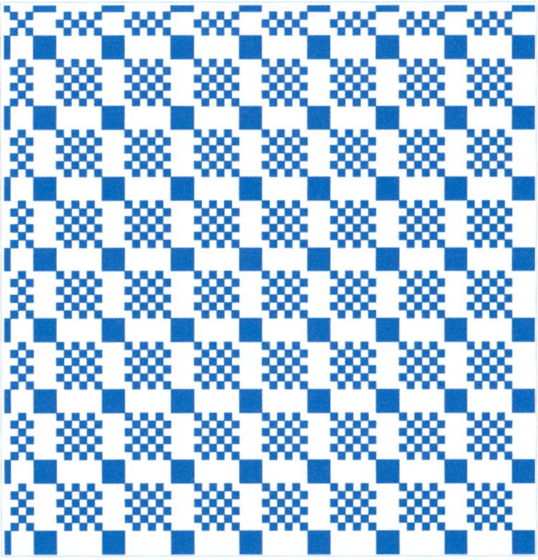

제 **2** 장

유리수로 만드는 디자인

저자는 프랙탈을 16년 정도 공부했다. 수학교육과 석사를 마치고 컴퓨터교육과 석사 과정을 밟으며 프랙탈을 접한 이후 프랙탈에 빠졌다. 박사과정에서도 집중적으로 프랙탈을 공부했다. 그 후 지금까지 거의 매일 프랙탈을 연구했다. 또한 엑셀 공부도 20년 정도 했다. 책마다 나오는 그림은 대부분 엑셀로 그렸다. 엑셀과 프랙탈은 내 삶의 전부이기도 하다. 존재 이유이기도 하다. 나의 삶에서 두 개를 빼 놓으면 남는 게 무엇인지 모르겠다.

융합 시리즈의 책들은 엑셀과 프랙탈의 만남이다. 프랙탈이 엑셀이란 옷을 입고 공연하는 것이다. 프랙탈은 살아 있다. 프랙탈을 통해 수학이 살아 있음을 느낀다. 프랙탈은 나무 한 그루, 풀 한 포기에 대해 생각하는 학문이다. 생명을 다루는 학문이다. 인간을 다루는 학문이다. 이것이 프랙탈을 놓을 수 없는 이유이고, 프랙탈을 소개하고 싶은 이유이다.

4권 '수학의 본질은 디자인이다'에서 숫자 1이 만드는 디자인에 대해 소개했다. 5권에서는 숫자 2가 만드는 디자인과 유리수가 만드는 디자인에 대해 소개한다. 여기에 나오는 그림은 생소하고, 전개 방식도 낯설 것이다. 일반적인 수식이나 수학적 논리로 전개한 것이 아니기 때문이다. 유리수로 만드는 디자인은 프랙탈을 연구하면서, 기존의 프랙탈에 얽매이지 않고 생각한 것을 펼쳐본 것이다.

융합 시리즈의 책은 나와 프랙탈의 만남이다. 일반적으로 소개된 프랙탈 이론은 기하적인 입장이다. 도형을 분할해서 프랙탈 도형을 만드는 과정을 통해 프랙탈을 소개한다. 프랙탈을 공부한지 10년이 지나자 새로운 프랙탈 이론을 만들게 되었다. 1권에서 소개하는 곱셈 프랙탈, 덧셈 프랙탈의 이론을 만들었다. 기하적으로 접근했던 프랙탈 이론을 연산을 통하여 대수적으로 접근했다.

융합 시리즈의 책은 수학과 디자인의 만남이다. 유리수로 만드는 디자인 역시 프랙탈의 세계를 이룬다. 수학으로 디자인과 함께 소통하는 과정을 그리고 있다.

$\frac{1}{6} = 0.1666\cdots$을 1행과 1열에 입력하였다. 세 수의 합을 구하고 3으로 나눈 후 나머지를 관찰한다. 나머지가 0보다 큰 수에 색칠하면 시어핀스키 사각형이 나타난다. 프랙탈 도형을 얻을 수 있다. 또한 디자인의 모양으로 생각할 수도 있다.

$\frac{10}{9} = 1.111\cdots$을 9로 나누는 디자인에서는 수의 아름다움을 체험한다. 세 가지의 패턴이 존재한다. 엄밀하게 프랙탈을 이루는 것은 아니지만, 프랙탈에 얽매이지 않고 수학의 본질적인 균형과 조화의 아름다움을 경험하게 된다.

$\frac{1}{9} = 0.111\cdots$, $\frac{55}{9} = 6.111\cdots$, $\frac{19}{9} = 2.111\cdots$, $\frac{73}{9} = 8.111\cdots$, $\frac{37}{9} = 4.111\cdots$, $\frac{91}{9} = 10.111\cdots$을 12로 나누는 디자인에서 서로를 비교하는 것은 흥미롭다.

$\frac{1}{9}$, $\frac{109}{9}$, $\frac{19}{9}$, $\frac{127}{9}$, $\frac{36}{9}$, $\frac{116}{9}$, $\frac{55}{9}$, $\frac{163}{9}$, $\frac{73}{9}$, $\frac{181}{9}$, $\frac{91}{9}$, $\frac{199}{9}$을 24로 나누는 디자인을 통해서 디자인 서로간의 관계를 살펴볼 수 있다.

1 $\frac{n}{6}$, $\frac{n}{7}$을 3으로 나누는 디자인

(1) $\frac{1}{6} = 0.1666\cdots$을 1행과 1열에 입력, 세 수의 합을 구하고 3으로 나눈 후, 나머지 0이 아닌 값에 색칠

① 1단계	② 2단계
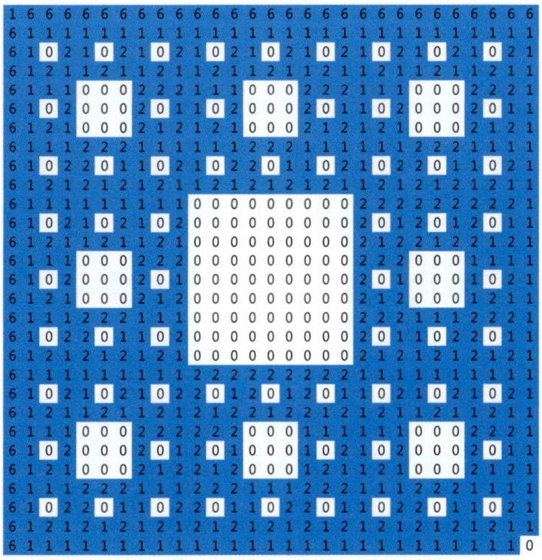	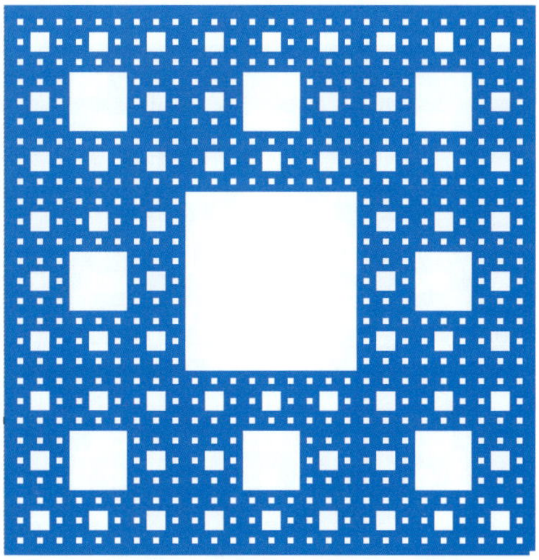

(2) $\frac{5}{6} = 8.3333\cdots$ 을 1행과 1열에 입력, 세 수의 합을 구하고 3으로 나눈다. 0이 아닌 수에 색칠. 프랙탈 도형의 자기닮음 성질이 나타난다.

① 1단계	② 2단계
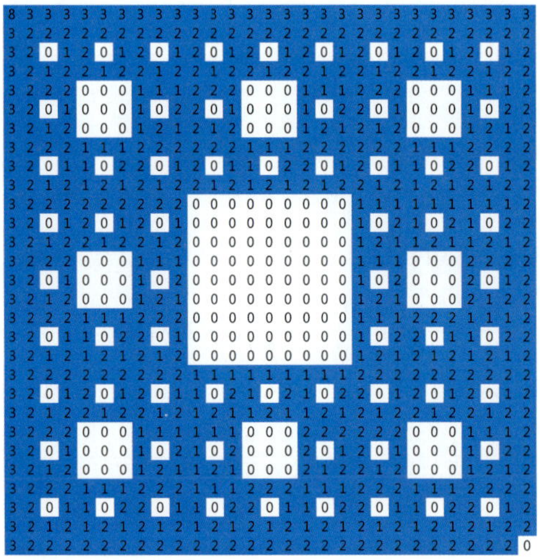	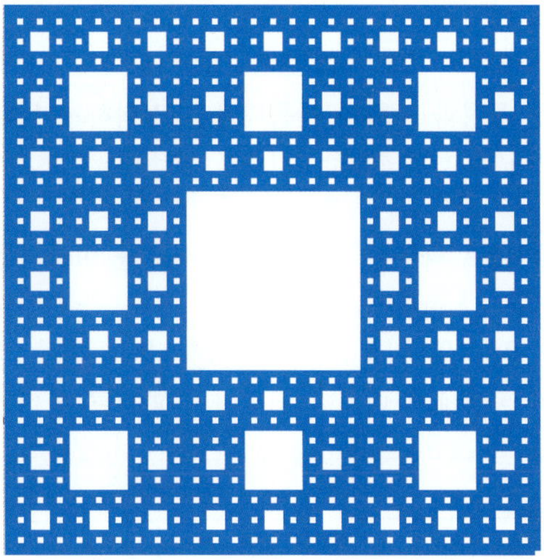

(3) $\frac{1}{7} = 0.\dot{1}4285\dot{7}$ 을 1행과 1열에 입력하고, 세 수의 합을 구하고 3으로 나눈다. 0 이 아닌 수에 색칠. 자기닮음의 성질을 찾아보자.

① 1단계	② 2단계
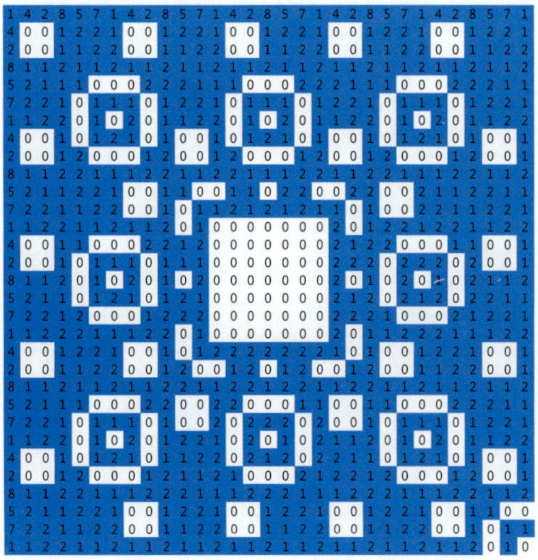	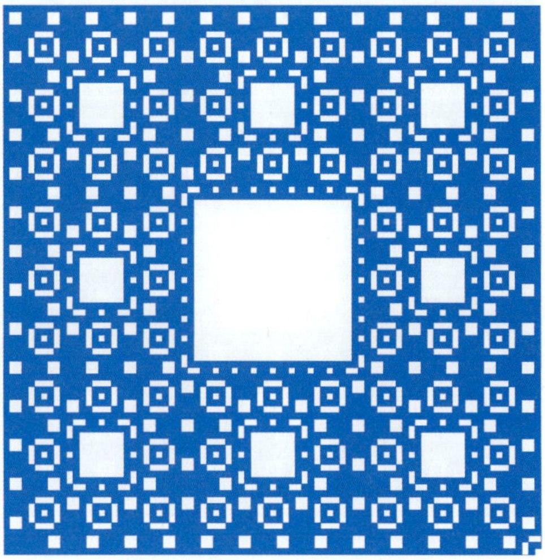

(4) $\frac{2}{7}=0.\dot{2}8571\dot{4}$을 1행과 1열에 입력하고, 세 수의 합을 구하고 3으로 나눈다.

① 1단계	② 2단계
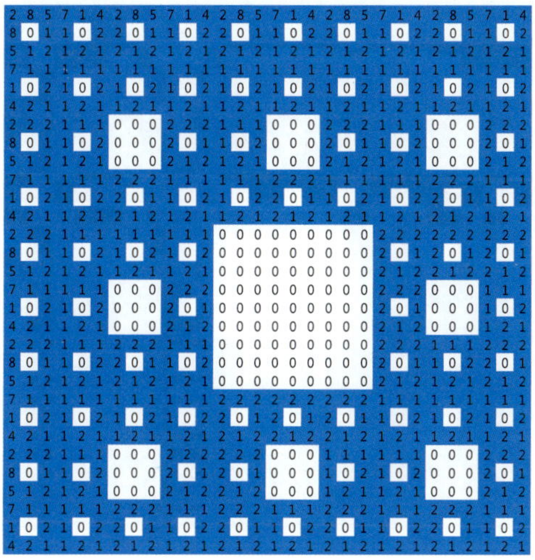	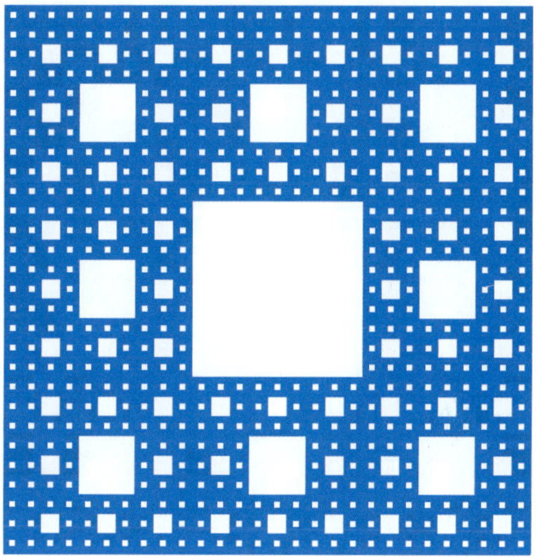

(5) $\frac{3}{7}=0.\dot{4}2857\dot{1}$을 1행과 1열에 입력하고, 세 수의 합을 구하고 3으로 나눈다. 0이 아닌 값에 색칠

① 1단계	② 2단계
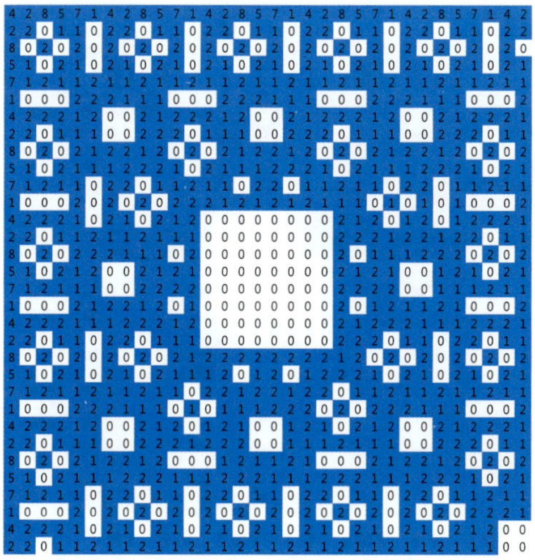	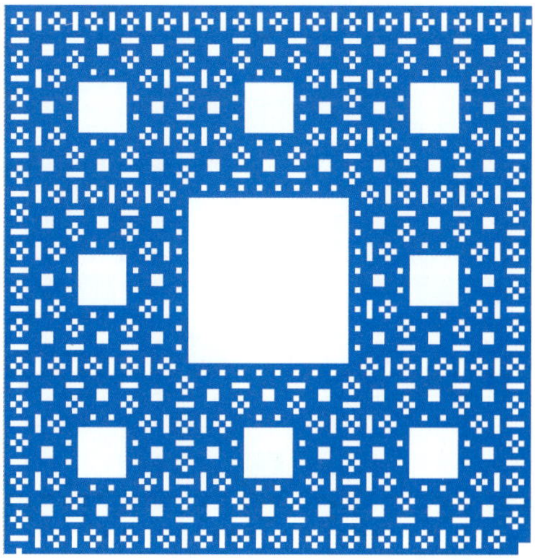

(6) $\frac{4}{7}=0.\dot{5}7241\dot{8}$, 세 수의 합을 구하고 3으로 나눈다. 0이 아닌 값에 색칠. $\frac{3}{7}$과 비교.

① 1단계	② 2단계
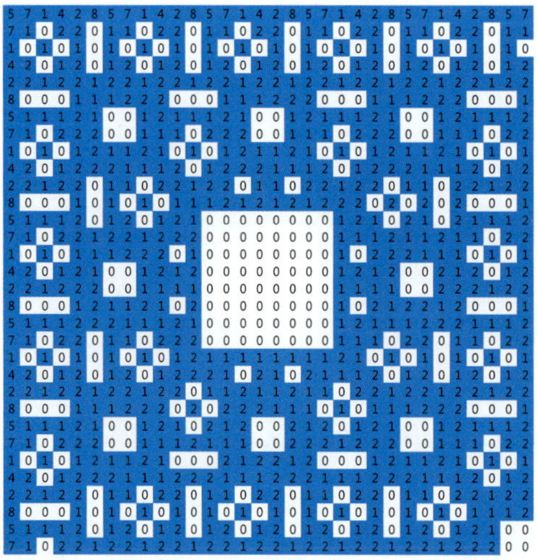	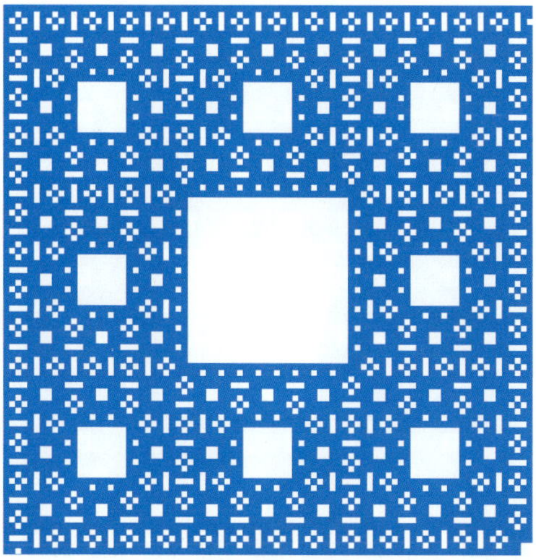

2 $\frac{1}{9}$, $\frac{10}{9}$을 3, 5, 7로 나누는 디자인

(1) $\{a_n\}=\left\{\frac{1}{9}\right\}$: 0,1,1,1 ⋯을 1행과 1열에 입력. 세 수의 합을 구하고 9로 나누고 나머지 0에 색칠

① 1단계	② 2단계
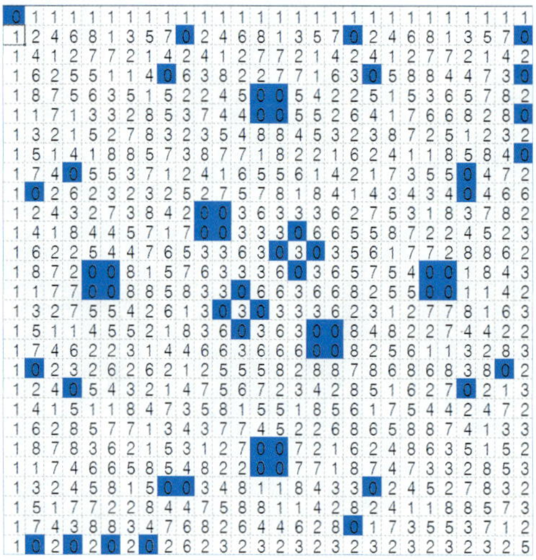	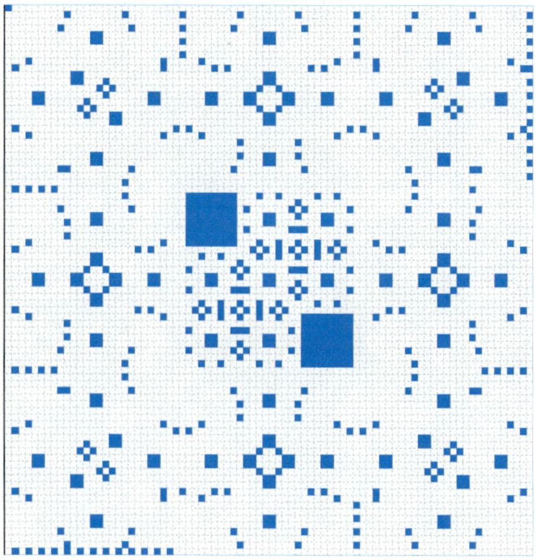

③ 3단계	④ 4단계
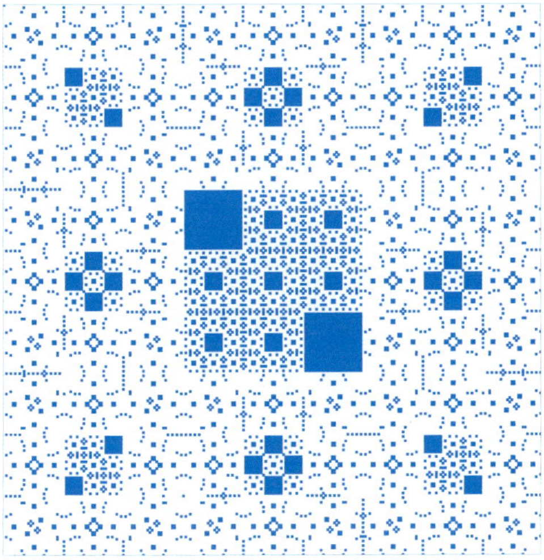	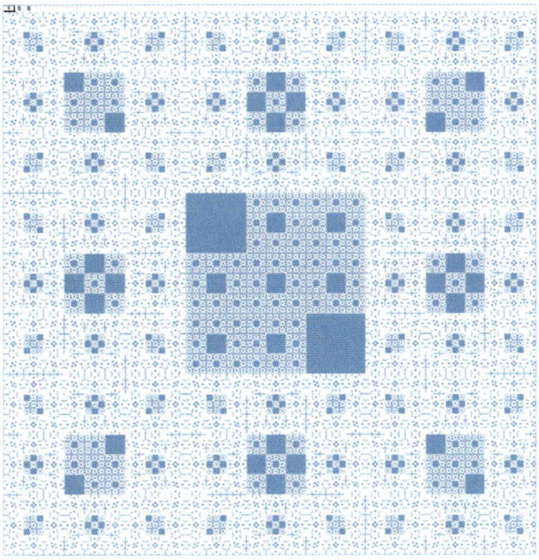

(2) $\{a_n\}=\left\{\frac{10}{9}\right\}$: 1,1,1 ⋯을 1행 1열에 입력, 세 수의 합을 구한 후 3으로 나누고 0에 색칠

① 1단계	② 2단계
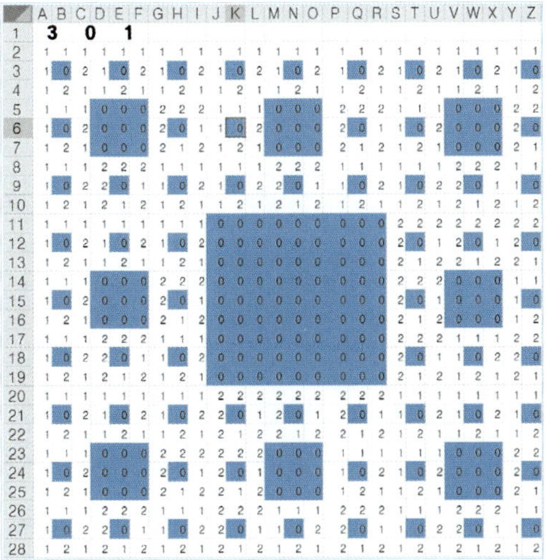	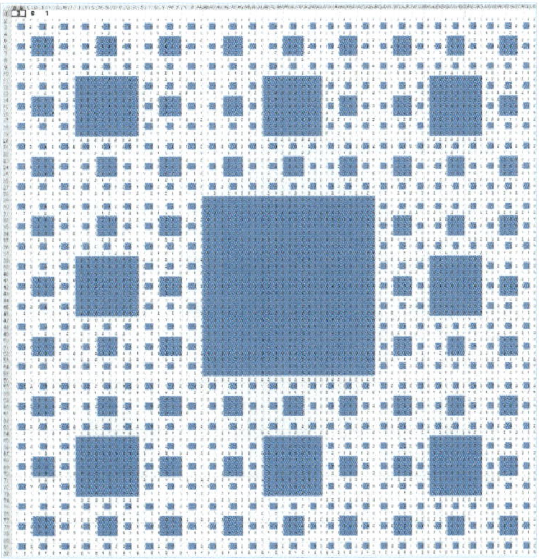

(3) $\{a_n\}=\left\{\frac{10}{9}\right\}$: 1,1,1 ⋯을 1행 1열에 입력한 후, 5로 나누고 나머지 0에 색칠

① 1단계	② 2단계
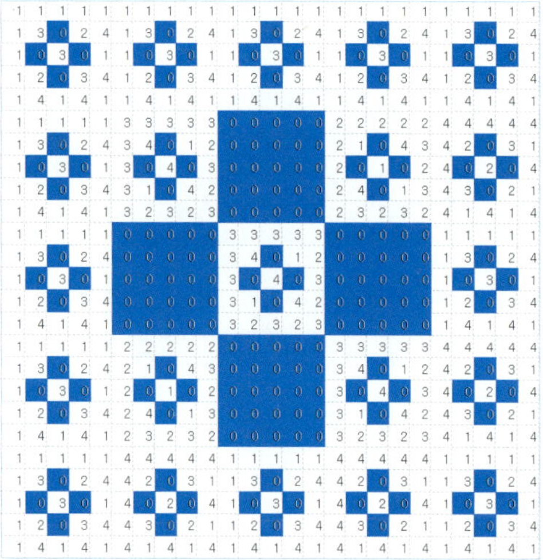	

(4) $\{a_n\}=\left\{\frac{10}{9}\right\}$: 1,1,1 ⋯을 1행 1열에 입력. 세 수의 합을 구한 후, 7로 나누고 나머지 0에 색칠

① 1단계	② 2단계
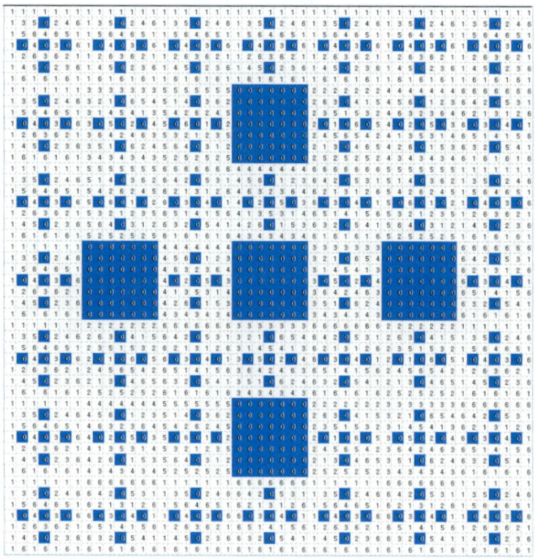	

3 $\frac{10}{9}$을 9로 나누는 디자인

(1) $\{a_n\}=\left\{\frac{10}{9}\right\}$: 1,1,1 ⋯을 1행 1열에 입력한다. 세 수의 합을 구하고 9로 나누었을 때 나머지 0에 색칠한 첫 번째 경우

① 1단계

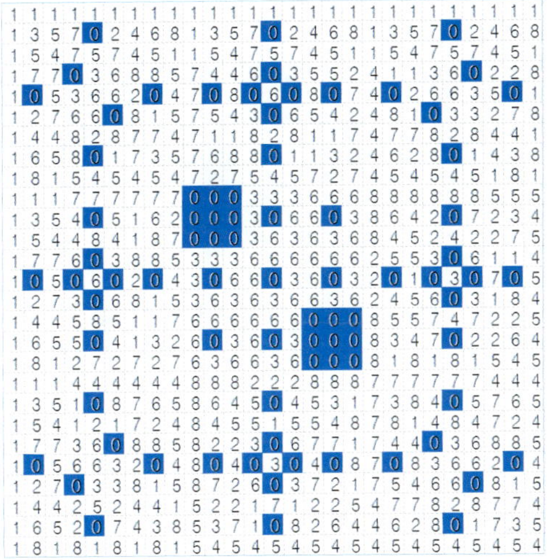

② 2단계

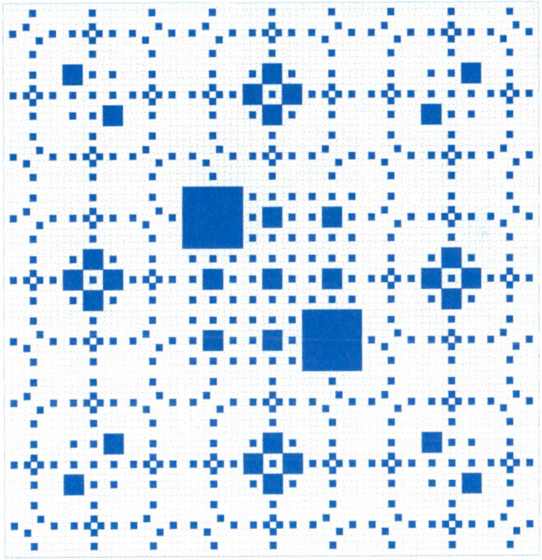

③ 3단계

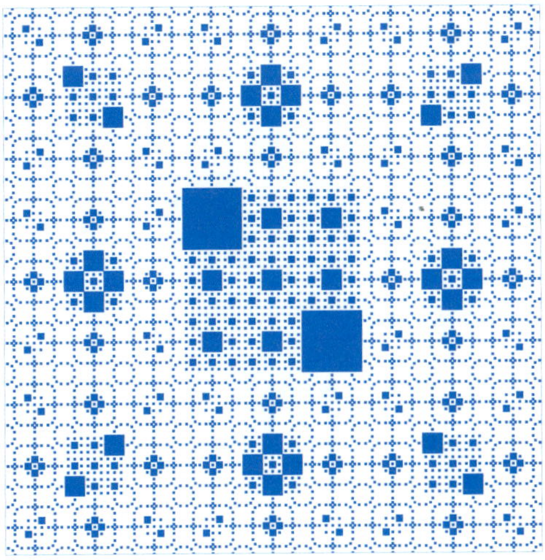

④ 4단계

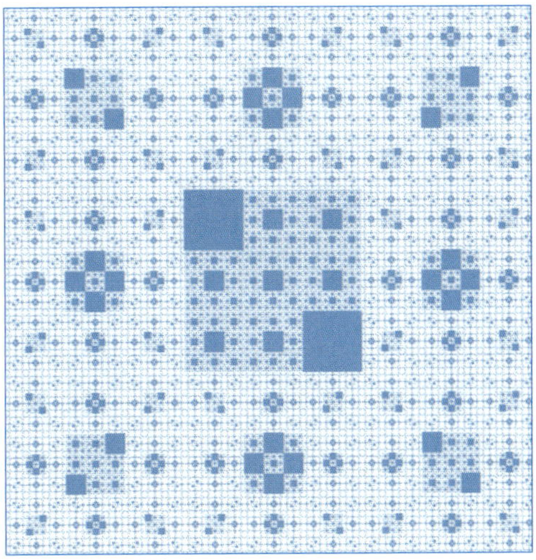

(2) $\{a_n\}=\left\{\dfrac{10}{9}\right\}$: 1,1,1,1⋯ 을 1행 1열에 입력한다. 세 수의 합을 구하고 9로 나누었을 때 나머지 0에 색칠한 두 번째 경우

① 1단계	② 2단계
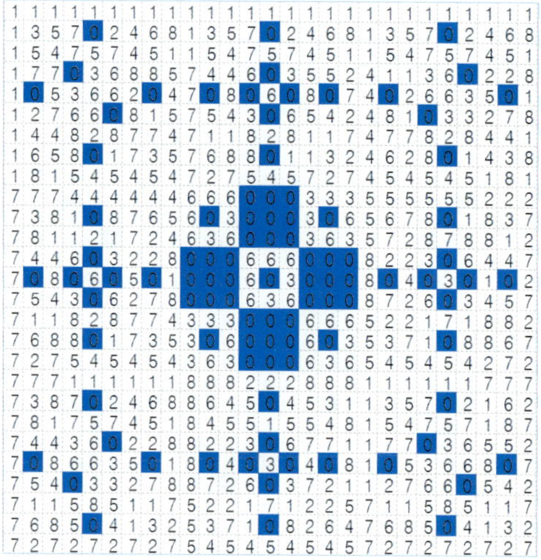	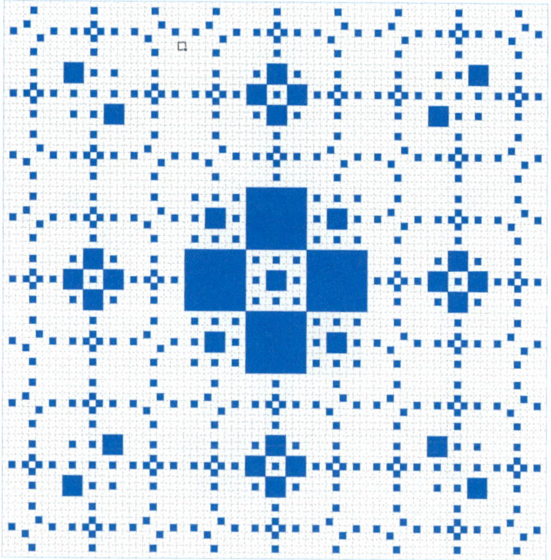

③ 3단계	④ 4단계
	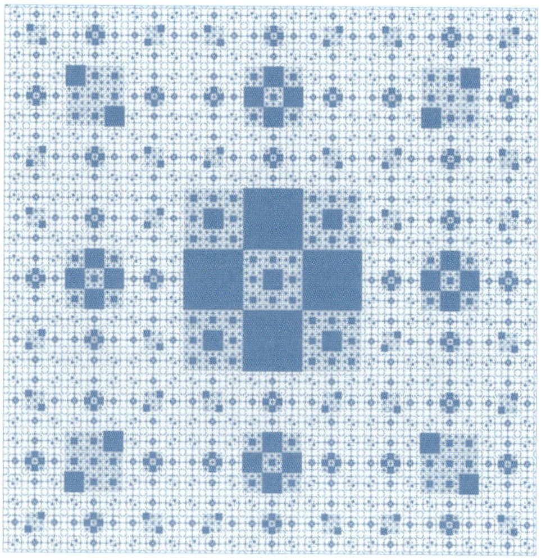

(3) $\{a_n\}=\left\{\dfrac{10}{9}\right\}$: 1,1,1,1⋯을 1행 1열에 입력. 세 수의 합을 구하고 9로 나누었을 때 나머지 0에 색칠한 세 번째 경우

① 1단계	② 2단계
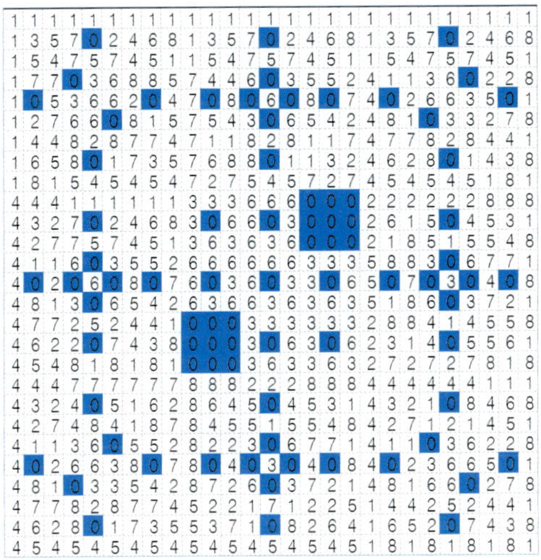	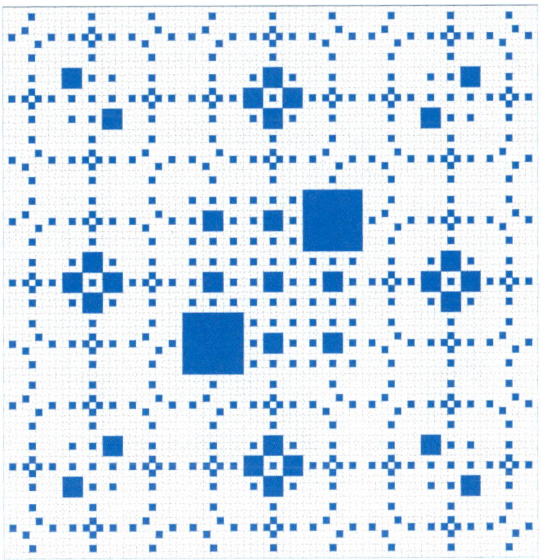

③ 3단계	④ 4단계
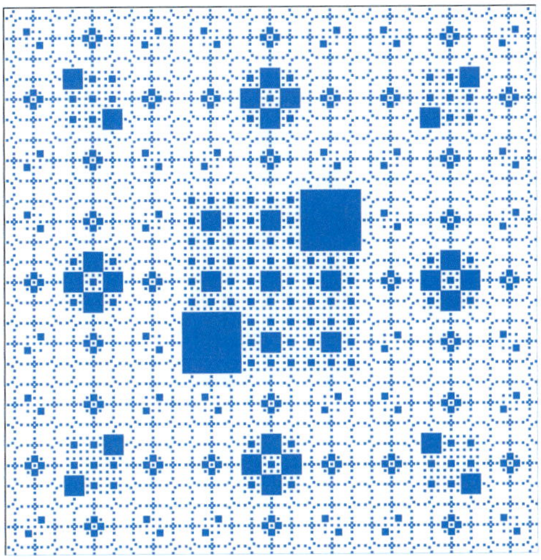	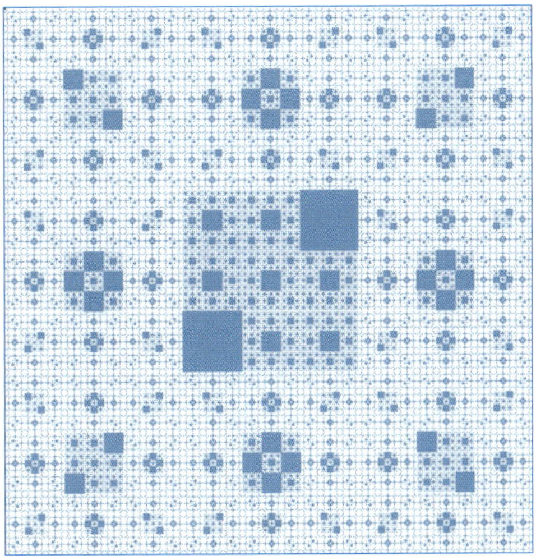

4 $n+\frac{1}{9}$을 9로 나누는 디자인

(1) $\{a_n\}=\left\{\frac{1}{9}\right\}$: 2,1,1,1,1,1 ⋯을 1행 1열에 입력하고, 세 수의 합을 구한 후, 9로 나누고 나머지 0에 색칠

① 1단계

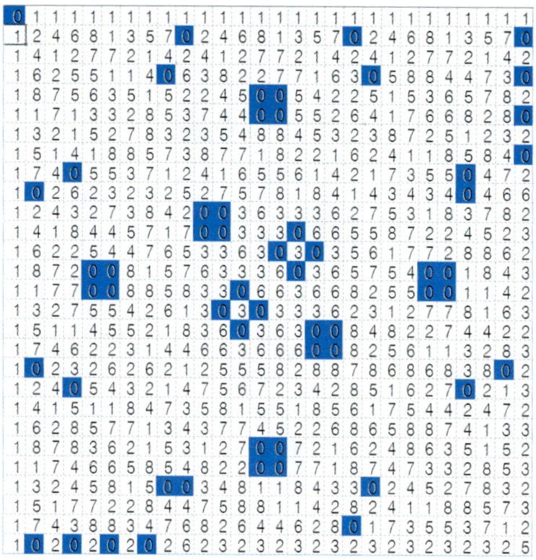

② 2단계

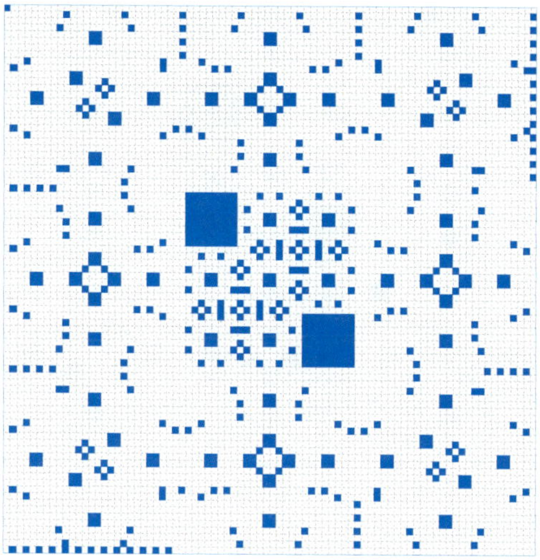

③ 3단계

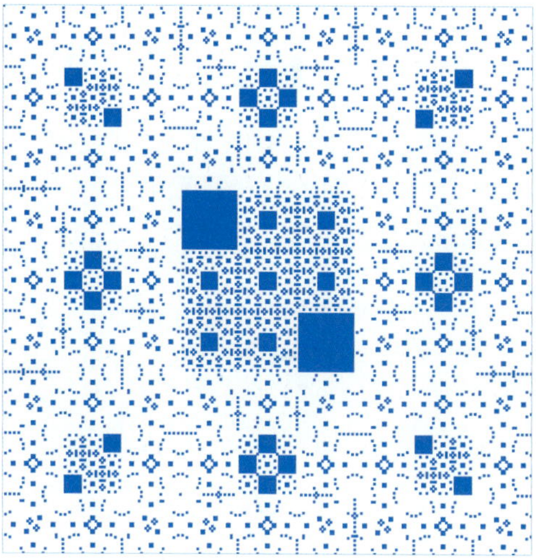

④ 4단계

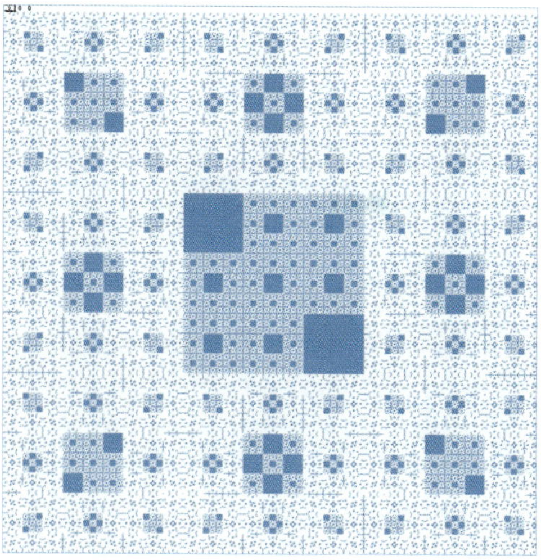

(2) $\{a_n\}=\left\{\dfrac{19}{9}\right\}$: 2,1,1,1,1,1 ⋯을 1행 1열에 입력하고, 세 수의 합을 구한 후, 9로 나누고 나머지 0에 색칠

① 1단계

2	1	1	1	1	1	1	1	1	1	1	1	1	1	1	1	1	1	1	1	1	1	1	1	1	1	1	1
1	4	6	8	1	3	5	7	0	2	4	6	8	1	3	5	7	0	2	4	6	8	1	3	5	7	0	2
1	6	7	3	3	7	6	0	7	0	6	7	3	3	7	6	0	7	0	6	7	3	3	7	6	0	7	0
1	8	3	4	1	2	6	3	1	8	5	0	1	7	8	3	0	7	5	2	6	7	4	5	0	6	4	2
1	1	3	1	6	0	8	8	3	3	7	3	4	3	0	2	5	3	6	4	3	7	0	0	5	2	3	0
1	3	7	2	0	6	5	3	5	2	3	4	2	0	3	5	3	2	2	3	1	2	0	0	5	3	8	2
1	5	6	6	8	5	7	6	5	3	8	6	3	5	8	7	6	2	6	2	6	0	2	2	7	6	8	0
1	7	0	3	8	3	6	1	3	2	4	0	0	8	3	0	4	3	2	1	0	6	8	3	3	7	3	2
1	0	7	1	3	5	5	3	7	3	0	4	4	3	5	8	3	1	6	0	1	7	3	5	2	3	4	0
1	2	0	8	3	2	3	2	3	4	7	2	1	8	7	2	4	8	6	3	4	3	4	3	1	6	4	8
1	4	6	5	7	3	8	4	0	7	0	0	3	3	0	0	6	0	5	5	3	1	8	6	1	8	0	3
1	6	7	0	3	4	6	0	4	2	0	0	3	0	3	3	0	6	2	3	2	6	6	2	0	0	8	2
1	8	3	1	4	2	3	0	4	1	3	3	6	0	3	0	3	0	8	4	0	8	2	1	3	3	2	3
1	1	3	7	3	0	5	8	3	8	3	0	0	6	0	3	6	0	8	2	6	5	6	0	4	1	6	2
1	3	7	8	0	3	8	3	5	7	0	3	3	0	6	0	0	6	5	6	5	7	0	6	1	6	4	3
1	5	6	3	2	5	7	0	8	2	0	3	0	3	0	6	6	3	5	7	0	3	1	7	5	3	4	2
1	7	0	0	5	3	6	4	3	4	6	0	3	6	0	6	0	0	8	2	0	3	7	6	0	8	6	3
1	0	7	7	3	2	2	3	1	8	0	6	0	0	6	3	0	0	8	0	2	5	6	1	7	6	2	2
1	2	0	5	6	2	6	2	6	6	5	2	8	8	5	5	8	8	7	6	8	6	8	6	5	0	8	3
1	4	6	2	4	3	2	1	0	3	5	3	4	2	6	7	2	0	6	1	6	2	7	3	5	1	0	2
1	6	7	6	3	1	6	0	1	4	3	2	0	6	5	0	0	2	8	6	4	3	3	4	3	0	1	3
1	8	3	7	7	2	0	6	7	3	1	6	8	5	7	3	3	5	6	2	3	1	7	5	3	6	7	2
1	1	3	4	0	0	2	8	3	4	8	6	2	6	0	1	7	6	8	7	3	7	6	0	8	8	3	3
1	3	7	5	0	0	2	3	5	3	6	2	1	0	6	7	6	1	6	3	4	5	0	6	5	3	5	2
1	5	6	0	5	5	7	3	2	1	1	0	3	4	1	5	0	7	5	5	3	3	8	5	7	6	5	3
1	7	0	6	2	3	6	7	3	6	8	0	3	1	6	3	8	6	0	1	0	6	8	3	6	1	3	2
1	0	7	4	3	8	8	3	4	4	0	8	2	6	4	4	6	2	8	0	1	7	3	5	5	3	7	3
1	2	0	2	0	2	0	2	0	8	3	2	3	2	3	2	3	2	3	2	3	2	3	2	3	2	3	4

② 2단계

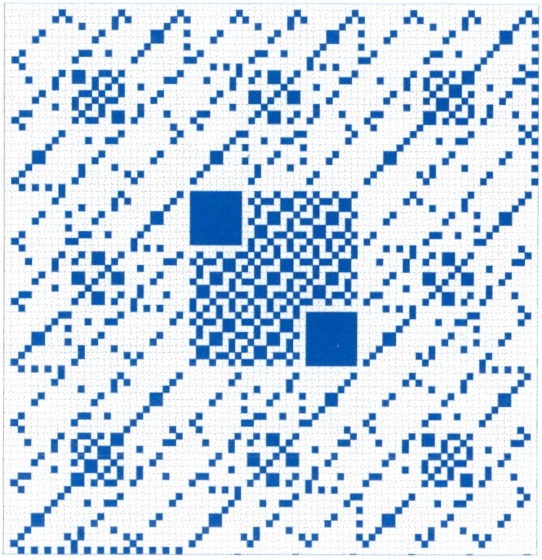

③ 3단계

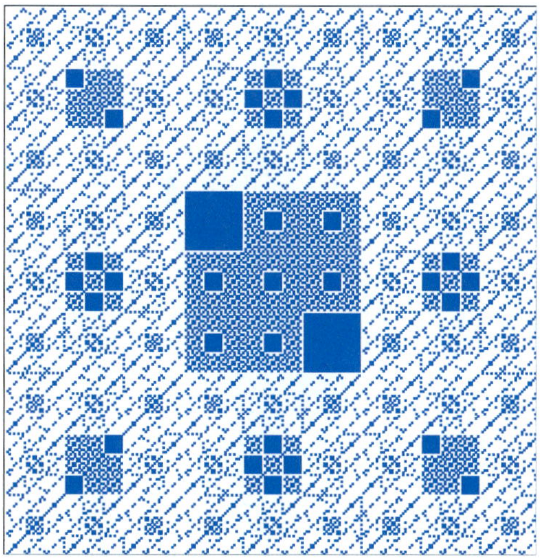

④ 4단계

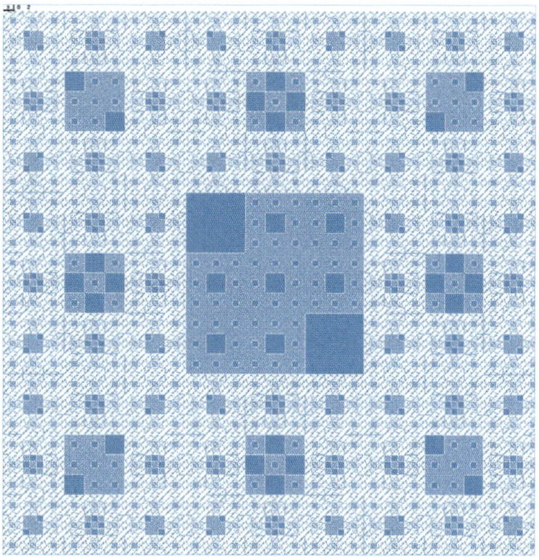

(3) $\{a_n\}=\left\{\frac{28}{9}\right\}$: 3,1,1,1,1,1 ⋯을 1행 1열에 입력하고, 세 수의 합을 구하고, 9로 나누었을 때 나머지 0에 색칠

① 1단계

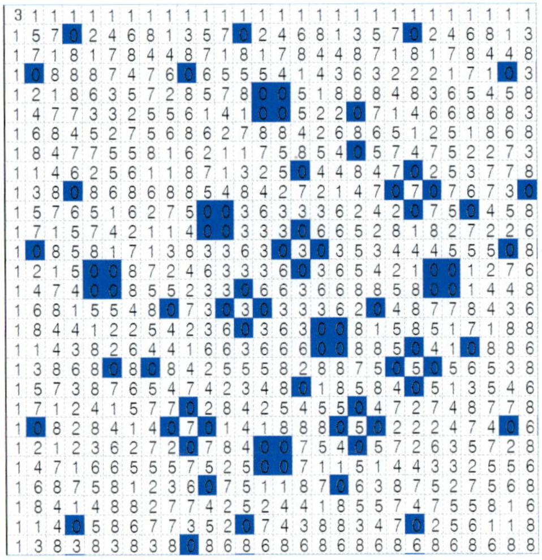

② 2단계

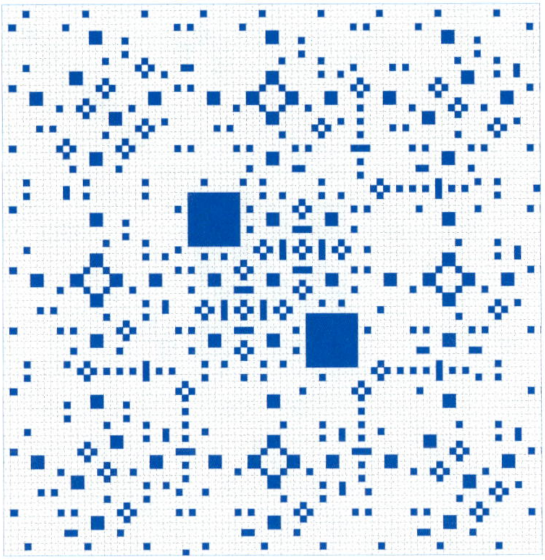

③ 3단계

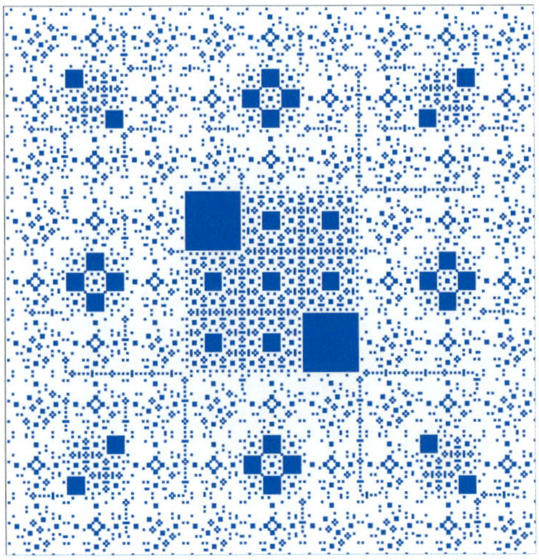

④ 4단계

(3) $\{a_n\}=\left\{\dfrac{37}{9}\right\}$: 4,1,1,1,1,1 ⋯ 을 입력하고, 세 수의 합을 9로 나누었을 때 나머지 0에 색칠

① 1단계	② 2단계
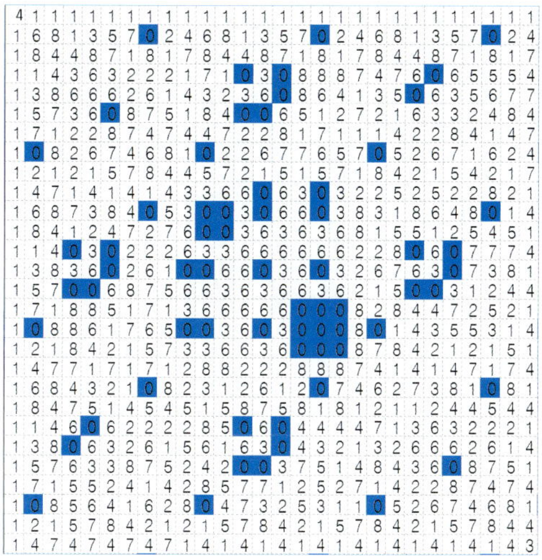	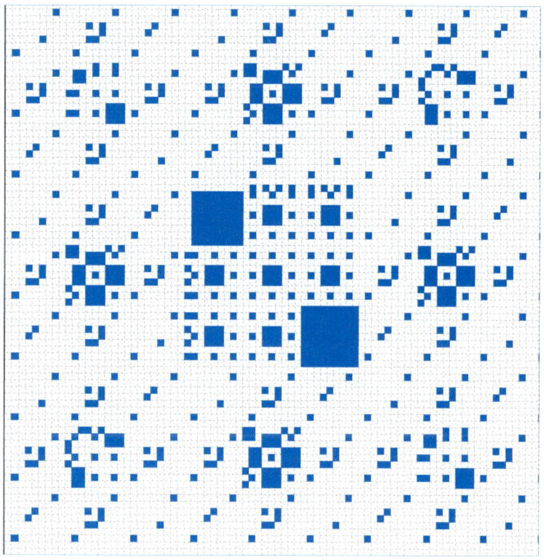

③ 3단계	④ 4단계
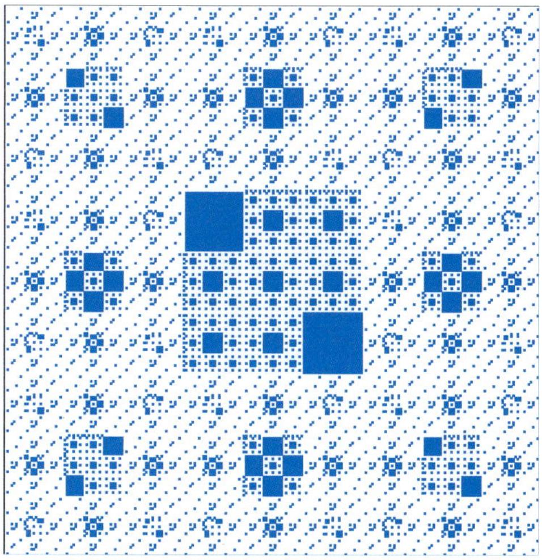	

(4) $\{a_n\}=\left\{\dfrac{46}{9}\right\}$: 5,1,1,1,1,1 ⋯, 9로 나누었을 때 나머지 0에 색칠

① 1단계	② 2단계
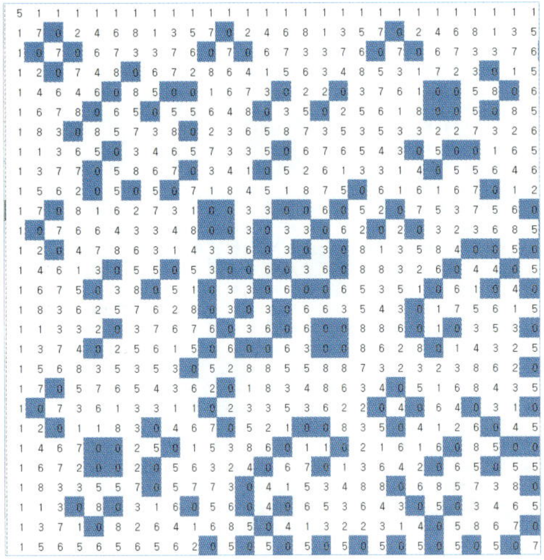	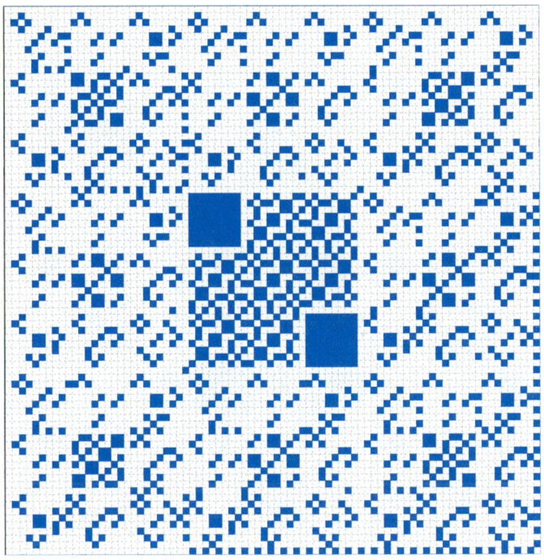

③ 3단계	④ 4단계
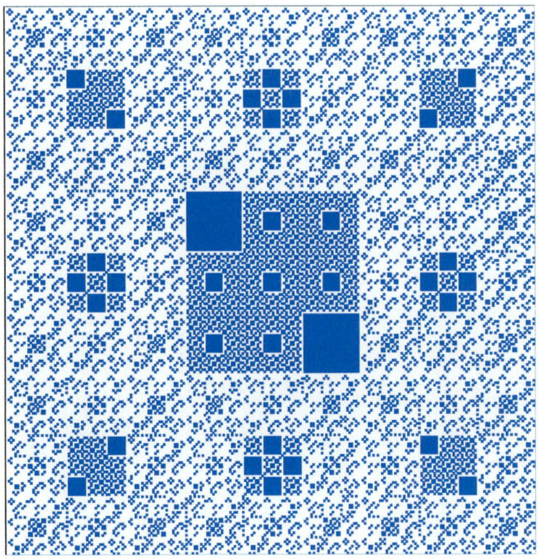	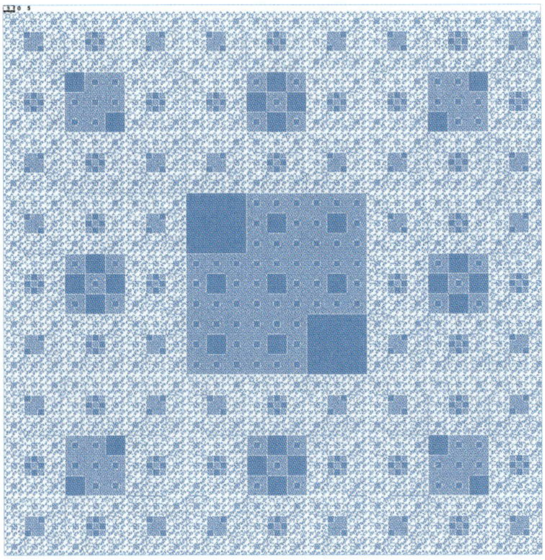

(5) $\{a_n\}=\left\{\dfrac{55}{9}\right\}=\{$ 6.1111⋯ $\}$: 6,1,1,1,1,1 ⋯ , 9로 나누고 나머지 0에 색칠

① 1단계	② 2단계
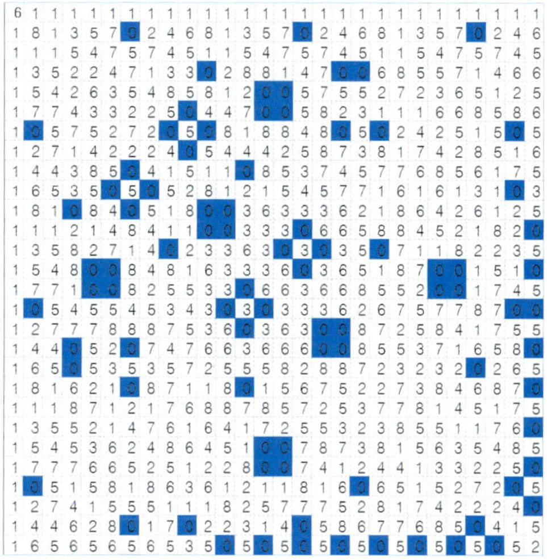	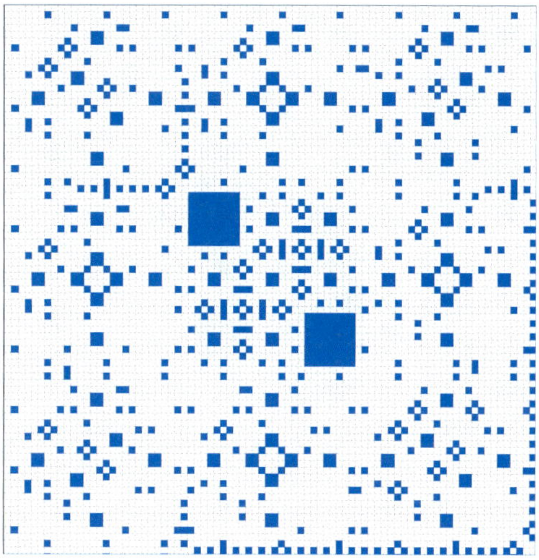

③ 3단계	④ 4단계
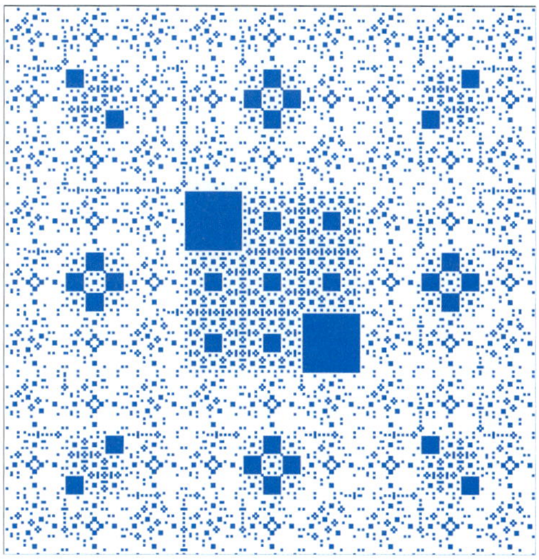	

(6) $\{a_n\}=\left\{\frac{64}{9}\right\}=\{\ 7.1111\cdots\ \}$: 7,1,1,1,1,1 ⋯ , 9로 나누고 나머지 0에 색칠

① 1단계	② 2단계
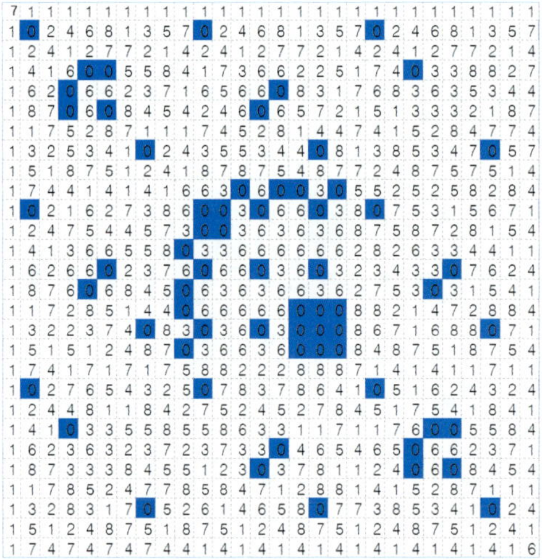	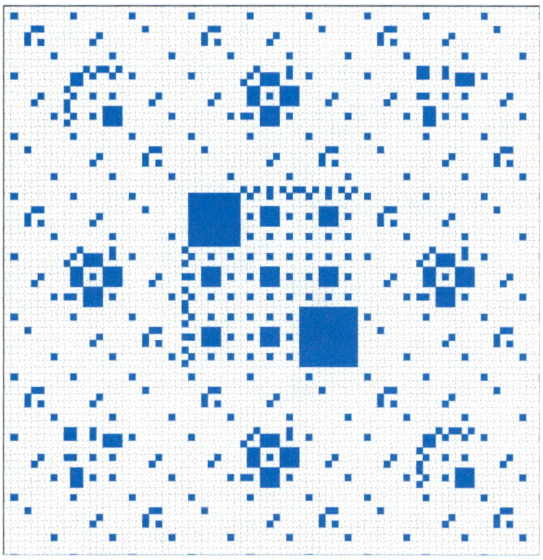

③ 3단계	④ 4단계
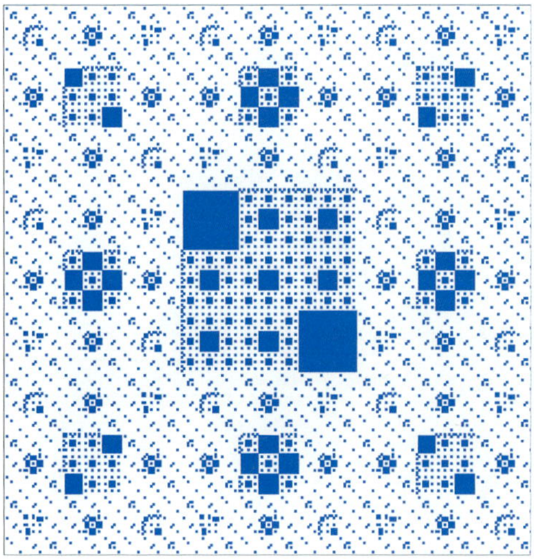	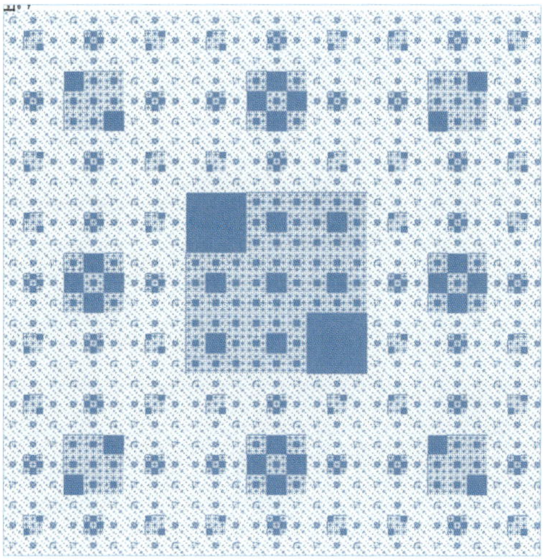

(7) $\{a_n\}=\left\{\dfrac{73}{9}\right\}=\{$ 8.1111⋯ $\}$: 8,1,1,1,1,1 ⋯ , 9로 나누었을 때 나머지 0색칠

① 1단계

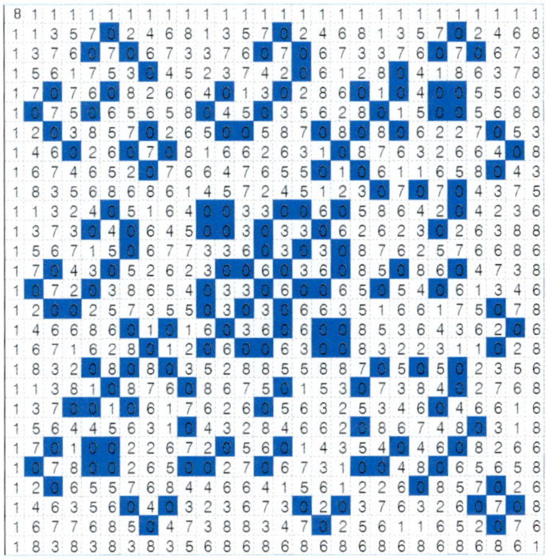

② 2단계

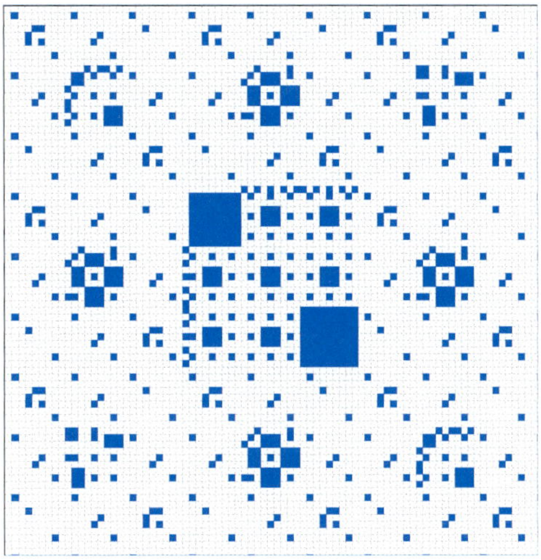

③ 3단계

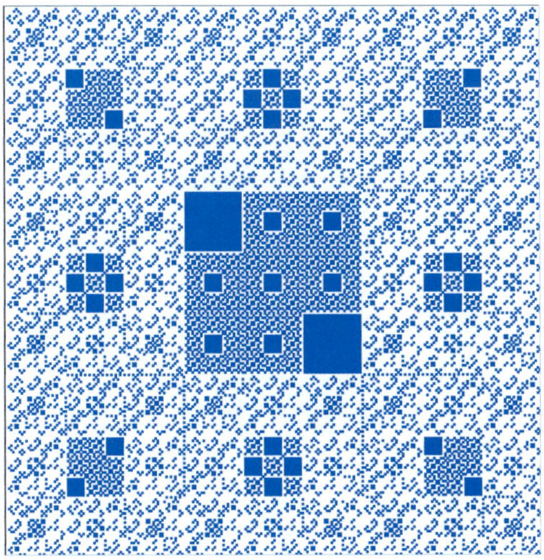

④ 4단계

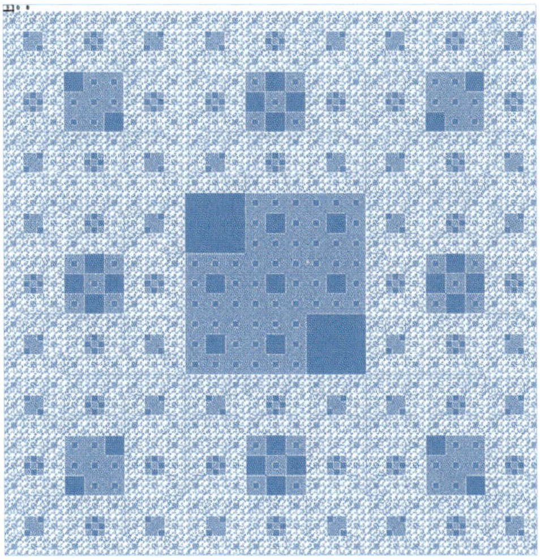

5 $\frac{10}{9}$ 을 12로 나누고, 나머지 3과 9의 비교

(1) $\{a_n\}=\left\{\frac{10}{9}\right\}$: 1,1,1,1,1,1 ⋯을 1행 1열에 입력. 세 수의 합을 구한 후, 12로 나누고 나머지 3에 색칠

① 1단계

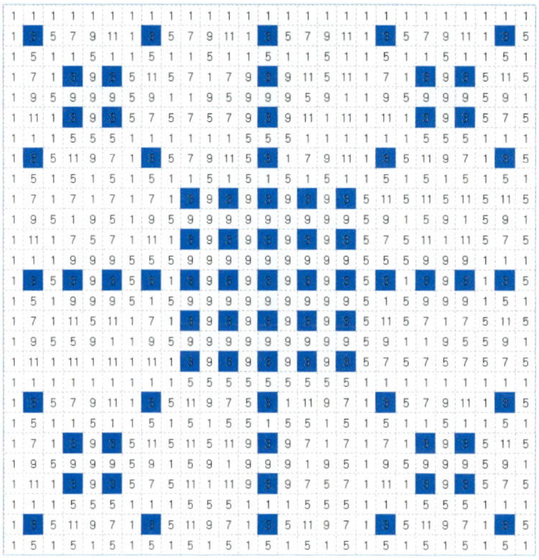

② 2단계

③ 3단계

④ 4단계

(2) $\{a_n\}=\left\{\dfrac{10}{9}\right\}$: 1,1,1,1,1,1 …을 1행 1열에 입력. 세 수의 합을 구한 후, 12로 나누고 나머지 9에 색칠

① 1단계	② 2단계
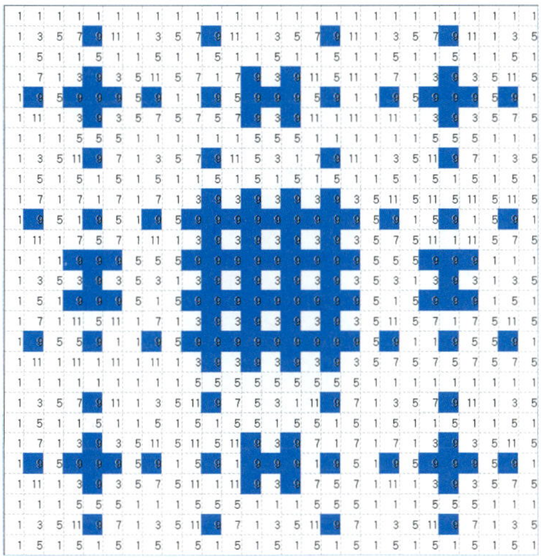	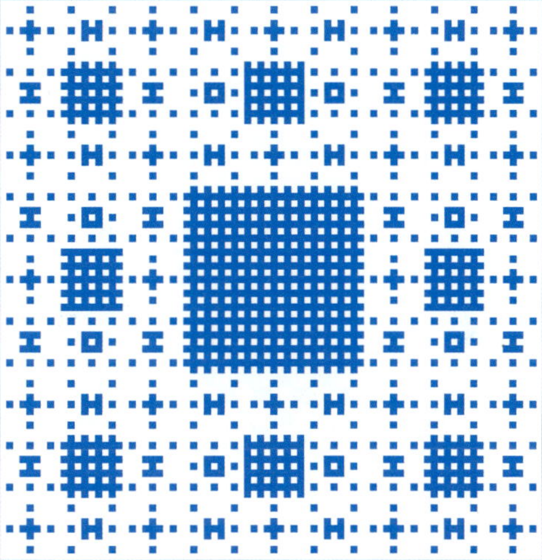

③ 3단계	④ 4단계
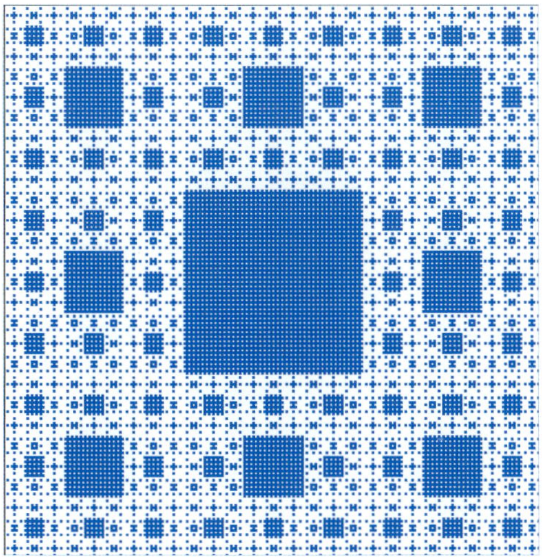	

6 $n+\frac{1}{9}$을 12로 나누는 디자인

$\left\{\frac{1}{9}\right\}, \left\{\frac{55}{9}\right\}, \left\{\frac{19}{9}\right\}, \left\{\frac{73}{9}\right\}, \left\{\frac{37}{9}\right\}, \left\{\frac{91}{9}\right\}$에 대해 살펴보자

(1) $\{a_n\}=\left\{\frac{1}{9}\right\}$: 0,1,1,1,1,1,1 …을 1행 1열에 입력. 12로 나누고 나머지 0에 색칠

① 1단계

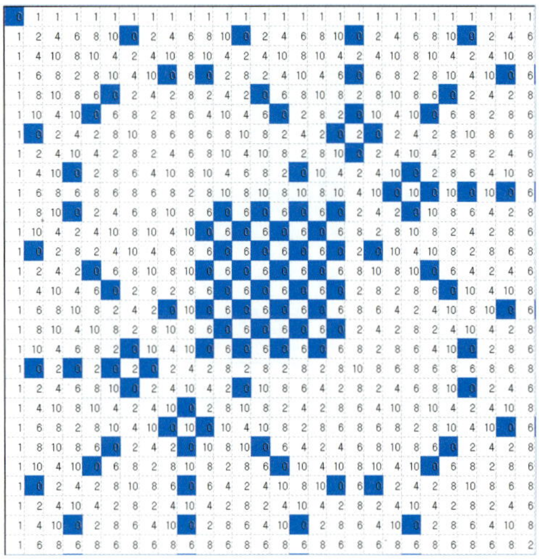

② 2단계

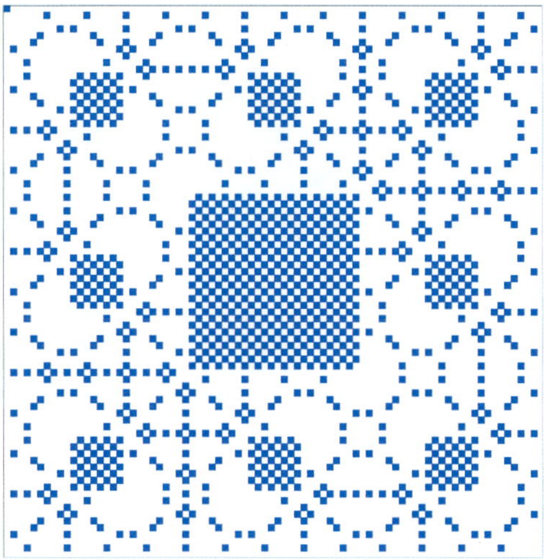

③ 3단계

④ 4단계

(2) $\{a_n\}=\left\{\dfrac{55}{9}\right\}$: 6,1,1,1,1,1 ⋯, 12로 나누고 나머지 0에 색칠

① 1단계	② 2단계
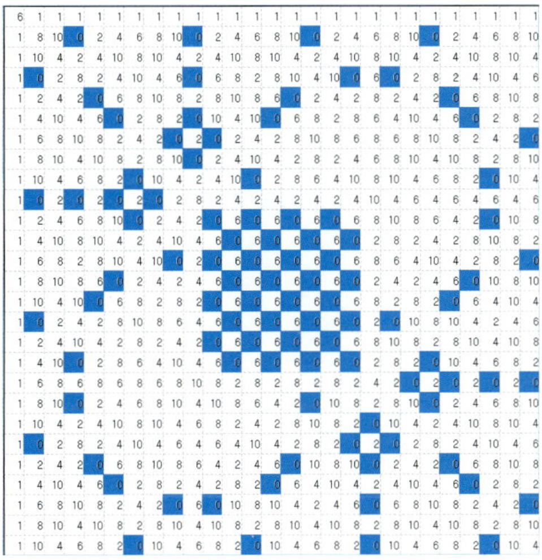	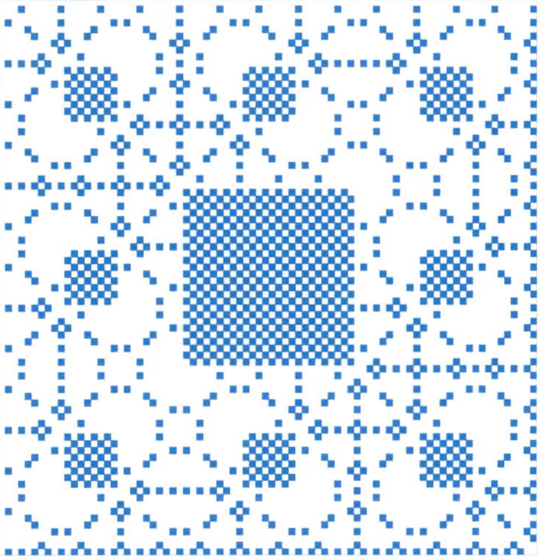

③ 3단계	④ 4단계

(3) $\{a_n\}=\left\{\dfrac{19}{9}\right\}$: 2,1,1,1,1,1 ⋯, 12로 나누고 나머지 0에 색칠

① 1단계	② 2단계
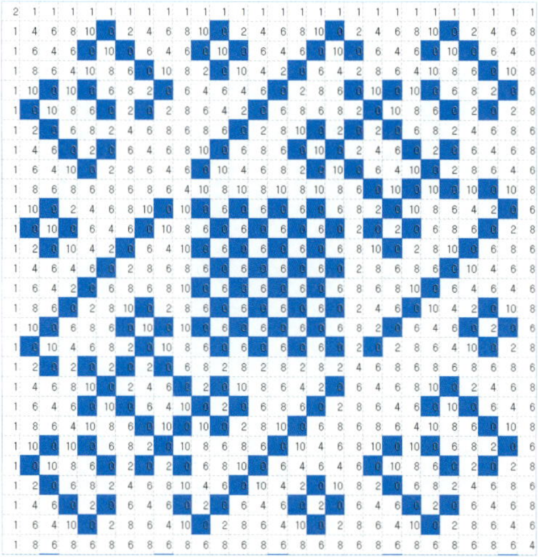	

③ 3단계	④ 4단계

(4) $\{a_n\}=\left\{\dfrac{73}{9}\right\}$: 8,1,1,1,1,1 ⋯, 12로 나누고 나머지 0에 색칠

① 1단계

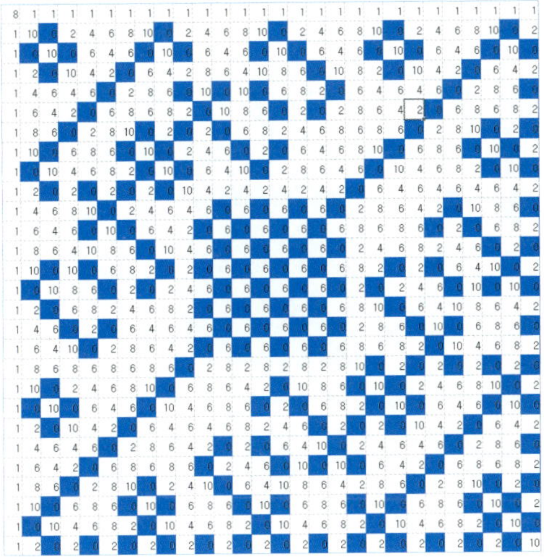

② 2단계

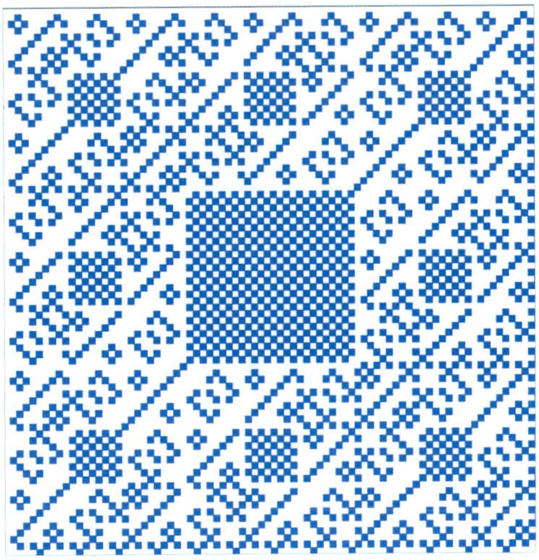

③ 3단계

④ 4단계

(5) $\{a_n\}=\left\{\dfrac{37}{9}\right\}$: 4,1,1,1,1,1 …, 12로 나누고 나머지 0에 색칠

① 1단계	② 2단계
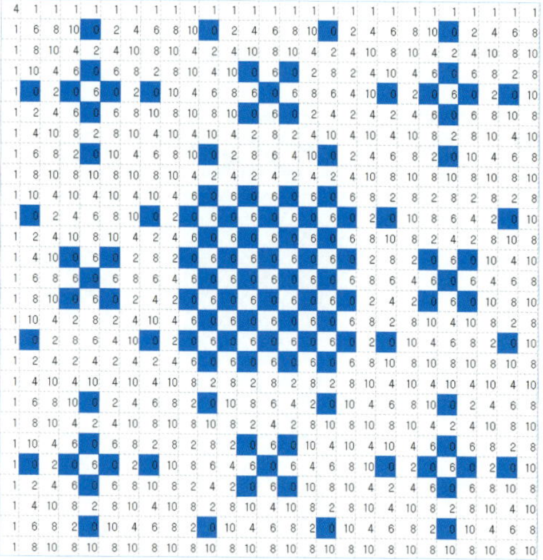	

③ 3단계	④ 4단계

(6) $\{a_n\}=\left\{\frac{91}{9}\right\}$: 1,1,1,1,1,1 ···, 12로 나누고 나머지 0에 색칠

① 1단계	② 2단계
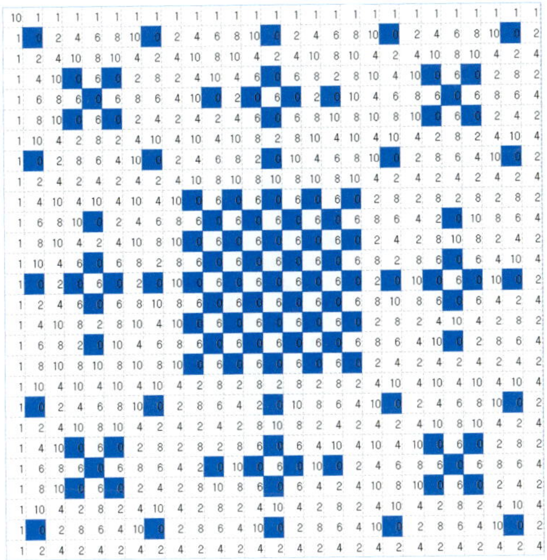	

③ 3단계	④ 4단계

7 $n+\frac{1}{9}$을 24로 나누는 디자인

$\frac{1}{9}$, $\frac{109}{9}$, $\frac{19}{9}$, $\frac{127}{9}$, $\frac{36}{9}$, $\frac{116}{9}$, $\frac{55}{9}$, $\frac{163}{9}$, $\frac{73}{9}$, $\frac{181}{9}$, $\frac{91}{9}$, $\frac{199}{9}$을 살펴보자.

(1) $\{a_n\}=\left\{\frac{1}{9}\right\}$: 0,1,1,1,1,1 ⋯, 24로 나누고 나머지 0에 색칠

① 1단계

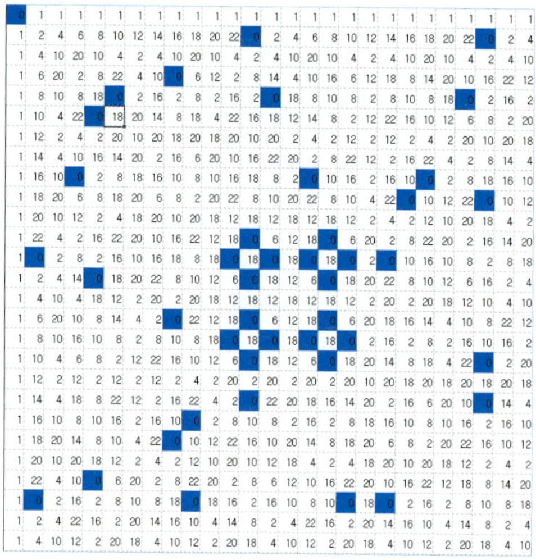

② 2단계

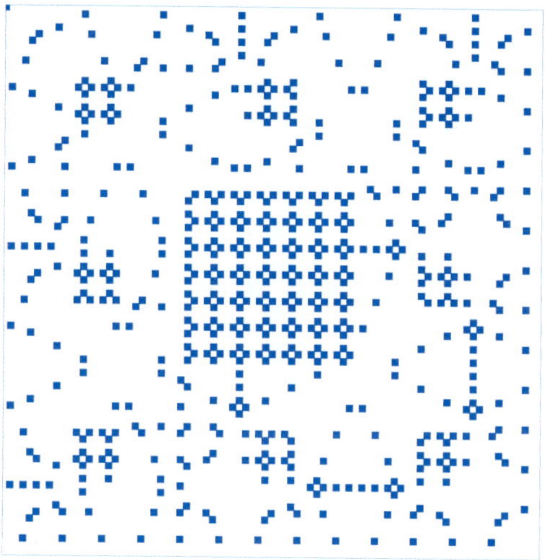

③ 3단계

④ 4단계

(2) $\{a_n\}=\left\{\frac{109}{9}\right\}$: 12,1,1,1,1,1 ⋯, 24로 나누고 나머지 0에 색칠

① 1단계

12	1	1	1	1	1	1	1	1	1	1	1	1	1	1	1	1	1	1	1	1	1	1	1	1	1	1
1	14	16	18	20	22	0	2	4	6	8	10	12	14	16	18	20	22	0	2	4	6	8	10	12	14	16
1	16	22	8	22	16	14	16	22	8	22	16	14	16	22	8	22	16	14	16	22	8	22	16	14	16	22
1	18	8	14	20	10	16	22	12	18	0	14	20	2	16	22	4	18	0	6	20	2	8	22	4	10	0
1	20	22	20	6	12	14	4	14	20	14	4	14	12	6	20	22	20	14	20	22	20	6	12	14	4	14
1	22	16	10	12	6	8	2	20	6	16	10	4	6	0	2	20	14	0	10	4	22	0	18	20	14	8
1	0	14	16	14	8	22	8	6	8	6	8	22	8	14	16	14	0	14	0	14	16	14	8	22	8	6
1	2	16	22	4	2	8	14	4	18	8	22	4	10	8	14	20	10	0	14	4	10	16	14	20	2	16
1	4	22	12	14	20	6	4	22	20	22	4	6	20	14	12	22	4	14	4	22	12	14	20	6	4	22
1	6	8	18	20	6	8	18	20	14	8	10	20	22	8	10	20	22	16	10	12	22	0	10	12	22	0
1	8	22	0	14	16	6	8	22	8	6	0	6	0	6	0	6	0	14	16	14	0	22	8	6	16	14
1	10	16	14	4	10	8	22	4	10	0	6	12	18	0	6	12	18	8	14	20	10	8	14	4	2	8
1	12	14	20	14	4	22	4	6	20	6	12	6	12	6	12	6	12	14	12	22	4	22	20	14	20	6
1	14	16	2	12	6	8	10	20	22	0	18	12	6	0	18	12	6	8	10	20	22	0	18	4	14	16
1	16	22	16	6	0	14	8	14	8	6	0	6	0	6	0	6	0	14	8	14	8	6	0	22	16	22
1	18	8	22	20	2	16	14	12	10	0	6	12	18	0	6	12	18	8	6	4	2	16	22	20	10	0
1	20	22	4	22	20	14	20	22	20	6	12	6	12	6	12	6	12	14	4	14	20	14	4	22	4	14
1	22	16	18	20	14	0	10	4	22	0	18	12	6	0	18	12	6	8	2	20	6	16	10	12	14	8
1	0	14	0	14	0	14	0	14	16	14	8	14	8	14	8	14	8	22	8	6	8	6	8	6	8	6
1	2	16	6	20	10	0	14	4	10	16	14	12	10	8	6	4	2	8	14	4	18	8	22	12	2	16
1	4	22	20	22	4	14	4	22	12	14	20	22	20	14	4	14	20	6	4	22	20	22	4	14	4	22
1	6	8	2	20	22	16	10	12	22	0	10	4	22	8	2	20	6	8	18	20	14	8	10	4	22	0
1	8	22	8	6	0	14	16	14	0	22	8	22	0	6	16	14	16	6	8	22	8	6	0	14	16	14
1	10	16	22	12	18	8	14	20	10	8	14	20	18	0	22	4	10	8	22	4	10	0	6	20	2	8
1	12	14	4	14	20	22	20	6	12	6	4	14	4	22	20	22	12	6	12	14	4	14	20	22	20	6
1	14	16	10	4	14	8	2	4	22	16	2	20	14	16	10	4	14	8	2	4	22	16	2	20	14	16
1	16	22	0	14	8	6	16	22	0	14	8	6	16	22	0	14	8	6	16	22	0	14	8	6	16	22

② 2단계

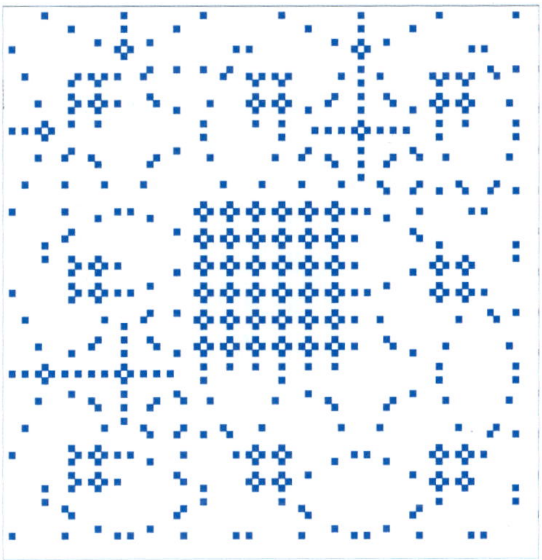

③ 3단계

④ 4단계

(3) $\{a_n\}=\left\{\frac{19}{9}\right\}$: 2,1,1,1,1,1 ⋯, 24로 나누고 나머지 0에 색칠

① 1단계	② 2단계
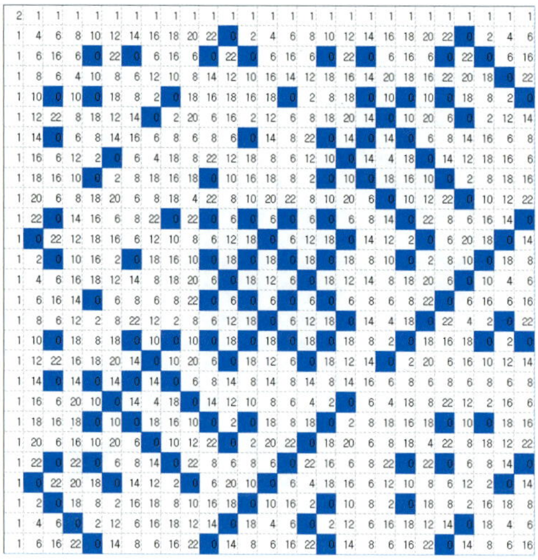	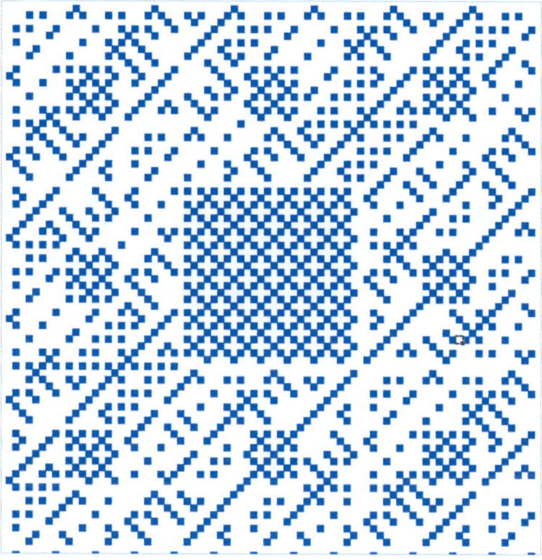

③ 3단계	④ 4단계

(4) $\{a_n\}=\left\{\dfrac{127}{9}\right\}$: 14,1,1,1,1,1 ⋯, 24로 나누고 나머지 0에 색칠

① 1단계	② 2단계
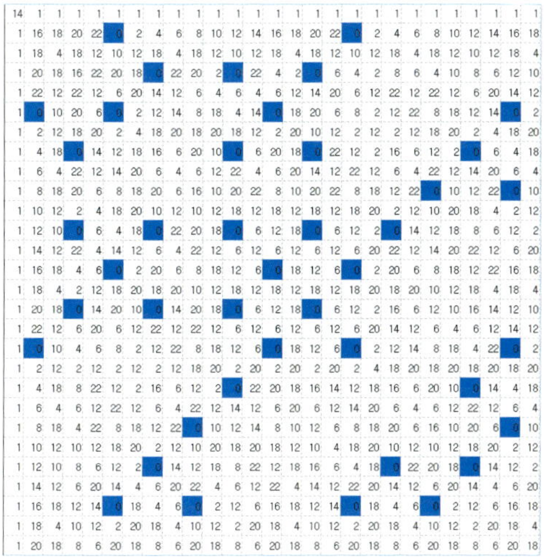	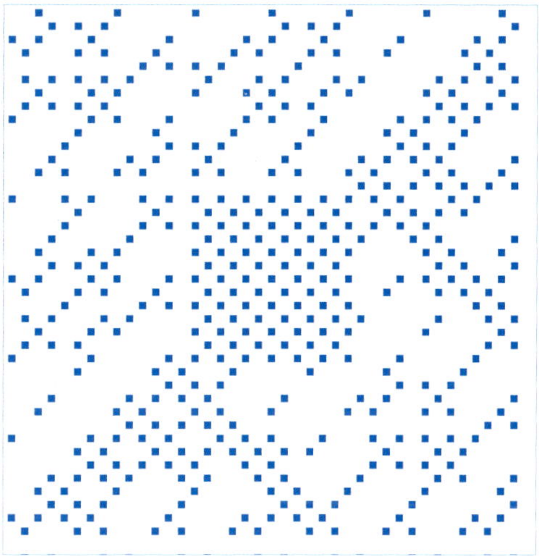

③ 3단계	④ 4단계

(5) $\{a_n\}=\left\{\frac{36}{9}\right\}$: 4,1,1,1,1,1 ⋯, 24로 나누고 나머지 0에 색칠

① 1단계	② 2단계
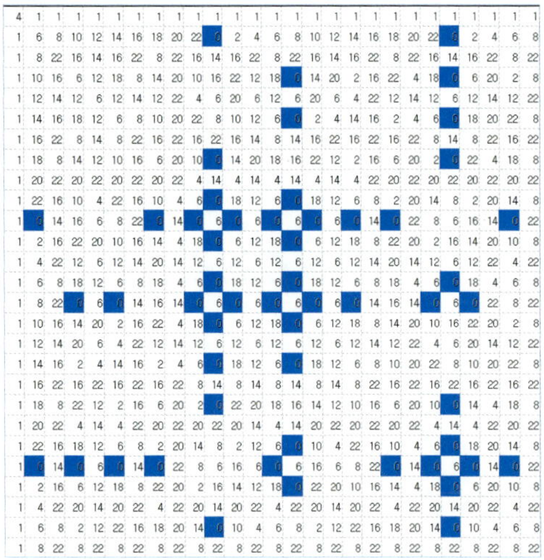	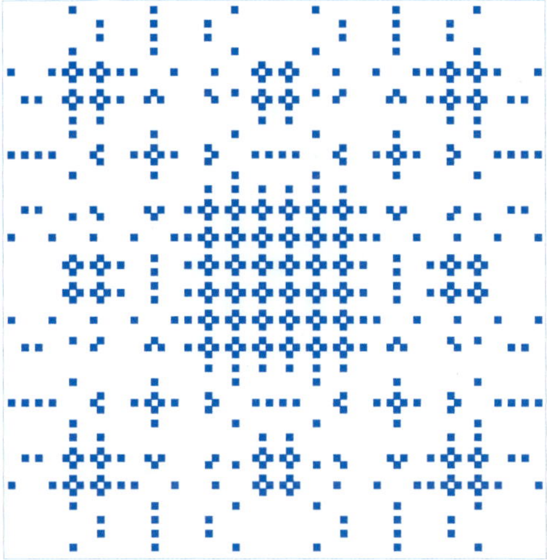

③ 3단계	④ 4단계

(6) $\{a_n\}=\left\{\frac{115}{9}\right\}$: 16,1,1,1,1,1 ⋯, 24로 나누고 나머지 0에 색칠

① 1단계

16	1	1	1	1	1	1	1	1	1	1	1	1	1	1	1	1	1	1	1	1	1	1	1	1	1	1
1	18	20	22	0	2	4	6	8	10	12	14	16	18	20	22	0	2	4	6	8	10	12	14	16	18	20
1	20	10	4	2	4	10	20	10	4	2	4	10	20	10	4	2	4	10	20	10	4	2	4	10	20	10
1	22	4	18	0	6	20	2	8	22	4	10	0	6	12	2	8	14	4	10	16	6	12	18	8	14	20
1	0	2	0	18	0	2	0	10	16	18	8	18	0	18	8	18	16	10	0	2	0	18	0	2	0	10
1	2	4	6	0	18	20	22	8	10	20	22	0	18	12	14	16	2	4	14	16	18	12	6	8	10	20
1	4	10	20	2	20	10	4	10	4	10	4	2	20	2	4	10	4	10	4	10	20	2	20	10	4	10
1	6	20	2	0	22	4	18	8	22	12	2	8	6	4	10	0	14	4	18	8	14	12	10	16	6	20
1	8	10	8	10	8	10	8	10	16	2	16	2	16	2	16	2	16	10	8	10	8	10	8	10	8	10
1	10	4	22	16	10	4	22	16	18	12	6	0	18	12	6	0	18	20	14	8	2	20	14	8	2	20
1	12	2	4	18	20	10	12	2	12	18	12	18	12	18	12	18	12	2	12	10	20	18	4	2	12	10
1	14	4	10	8	22	4	2	16	6	12	18	0	6	12	18	0	6	20	10	8	14	4	2	8	22	20
1	16	10	0	18	0	2	8	2	0	18	0	18	0	18	0	18	0	2	8	2	0	18	0	10	16	10
1	18	20	6	0	18	20	6	16	18	12	6	0	18	12	6	0	18	20	6	16	18	12	6	16	18	20
1	20	10	12	18	12	2	4	2	12	18	12	18	12	18	12	18	12	2	4	2	12	18	12	10	20	10
1	22	4	2	8	14	4	10	16	6	12	18	0	6	12	18	0	6	20	2	8	22	4	10	8	14	20
1	0	2	8	18	16	10	0	2	0	18	0	18	0	18	0	18	0	2	0	10	16	18	8	2	0	10
1	2	4	14	16	2	4	14	16	18	12	6	0	18	12	6	0	18	20	22	8	10	20	22	8	10	20
1	4	10	4	10	4	10	4	10	20	2	20	2	20	2	20	2	20	10	4	10	4	10	4	10	4	10
1	6	20	10	0	14	4	18	8	14	12	10	8	6	4	2	0	22	4	18	8	22	12	2	16	6	20
1	8	10	16	2	16	10	8	10	8	10	8	2	16	2	8	10	8	10	8	10	16	2	16	10	8	10
1	10	4	6	0	18	20	14	8	2	20	14	0	18	12	22	16	10	4	22	16	18	12	6	8	2	20
1	12	2	12	18	12	2	12	10	20	18	4	18	12	18	4	18	20	10	12	2	12	18	12	2	12	10
1	14	4	18	0	6	20	10	8	14	4	2	0	6	12	10	8	22	4	2	16	6	12	18	8	22	20
1	16	10	8	2	8	10	16	10	8	2	8	10	16	10	8	2	8	10	16	10	8	2	8	10	16	10
1	18	20	14	0	10	4	6	8	2	12	22	16	18	20	14	0	10	4	6	8	2	12	22	16	18	20
1	20	10	20	10	20	10	20	10	20	10	20	10	20	10	20	10	20	10	20	10	20	10	20	10	20	10

② 2단계

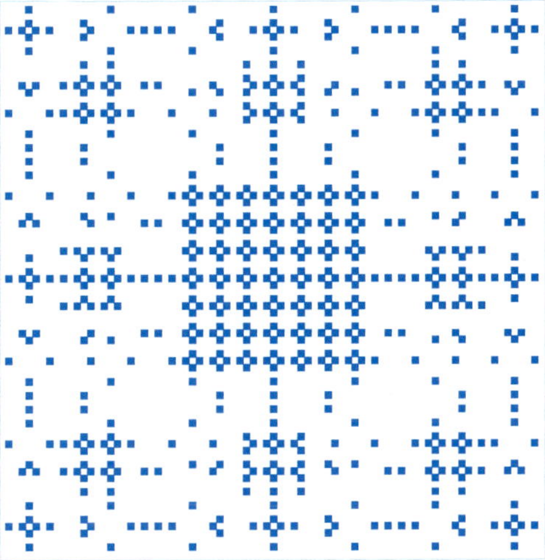

③ 3단계

④ 4단계

(7) $\{a_n\}=\left\{\frac{55}{9}\right\}$: 6,1,1,1,1,1 …, 24로 나누고 나머지 0에 색칠

① 1단계

6	1	1	1	1	1	1	1	1	1	1	1	1	1	1	1	1	1	1	1	1	1	1	1	1	1	1
1	8	10	12	14	16	18	20	22	0	2	4	6	8	10	12	14	16	18	20	22	0	2	4	6	8	10
1	10	4	2	4	10	20	10	4	2	4	10	20	10	4	2	4	10	20	10	4	2	4	10	20	10	4
1	12	2	8	14	4	10	16	6	12	18	8	14	20	10	16	22	12	18	0	14	20	2	16	22	4	18
1	14	4	14	12	6	20	22	20	14	20	22	20	6	12	14	4	14	20	14	4	14	12	6	20	22	20
1	16	10	4	6	0	2	20	14	0	10	4	22	0	18	20	14	8	18	4	22	16	18	12	14	8	2
1	18	20	10	20	2	4	2	12	2	12	2	4	2	20	10	20	18	20	18	20	10	20	2	4	2	12
1	20	10	16	22	20	2	8	22	12	2	16	22	4	2	8	14	4	18	8	22	4	10	8	14	20	10
1	22	4	6	20	14	12	22	4	14	4	22	12	14	20	6	4	22	20	22	4	6	20	14	12	22	4
1	0	2	12	14	0	2	12	14	8	2	4	14	16	2	4	14	16	10	4	6	16	18	4	6	16	18
1	2	4	18	20	10	12	2	4	2	12	18	12	18	12	18	12	18	20	10	20	18	4	2	12	10	20
1	4	10	8	22	4	2	16	22	4	18	0	6	12	18	0	6	12	2	8	14	4	2	8	22	20	2
1	6	20	14	20	22	4	22	12	14	12	6	12	6	12	6	12	6	20	6	4	22	4	14	20	14	12
1	8	10	20	6	0	2	4	14	16	18	12	6	0	18	12	6	0	2	4	14	16	18	12	22	8	10
1	10	4	10	12	18	20	2	20	2	12	18	12	18	12	18	12	18	20	2	20	2	12	18	4	10	4
1	12	2	16	14	20	10	8	6	4	18	0	6	12	18	0	6	12	2	0	22	20	10	16	14	4	18
1	14	4	22	4	14	20	14	4	14	12	6	12	6	12	6	12	6	20	22	20	14	20	22	4	22	20
1	16	10	12	14	8	18	4	22	16	18	12	6	0	18	12	6	0	2	20	14	0	10	4	6	8	2
1	18	20	18	20	18	20	18	20	10	20	2	20	2	20	2	20	2	4	2	12	2	12	2	12	2	12
1	20	10	0	14	4	18	8	22	4	10	8	6	4	2	0	22	20	2	8	22	12	2	16	6	20	10
1	22	4	14	4	22	20	22	4	6	20	14	4	14	20	22	20	14	12	22	4	14	4	22	20	22	4
1	0	2	20	14	16	10	4	6	16	18	4	22	16	2	20	14	0	2	12	14	8	2	4	22	16	18
1	2	4	2	12	18	20	10	20	18	4	2	4	18	12	10	20	10	12	2	4	2	12	18	20	10	20
1	4	10	16	6	12	2	8	14	4	2	8	14	12	18	16	22	4	2	16	22	4	18	0	14	20	2
1	6	20	22	20	14	4	14	12	6	12	22	20	22	4	14	4	6	12	6	20	22	20	14	4	14	12
1	8	10	4	22	8	2	20	22	16	10	20	14	8	10	4	22	8	2	20	22	16	10	20	14	8	10
1	10	4	18	20	2	12	10	4	18	20	2	12	10	4	18	20	2	12	10	4	18	20	2	12	10	4

② 2단계

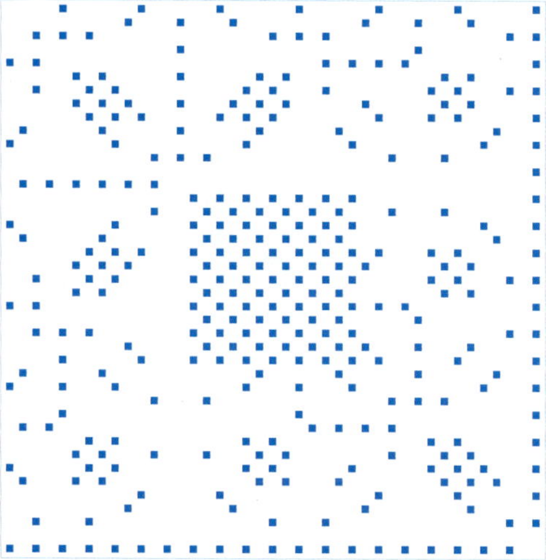

③ 3단계

④ 4단계

(8) $\{a_n\}=\left\{\dfrac{163}{9}\right\}$: 18,1,1,1,1,1 ⋯, 24로 나누고 나머지 0에 색칠

① 1단계	② 2단계
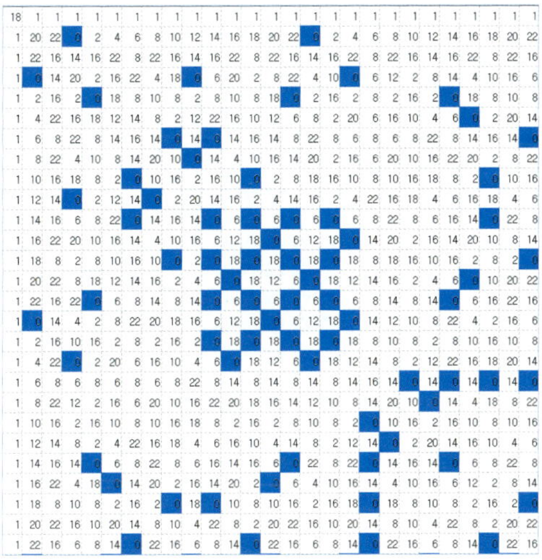	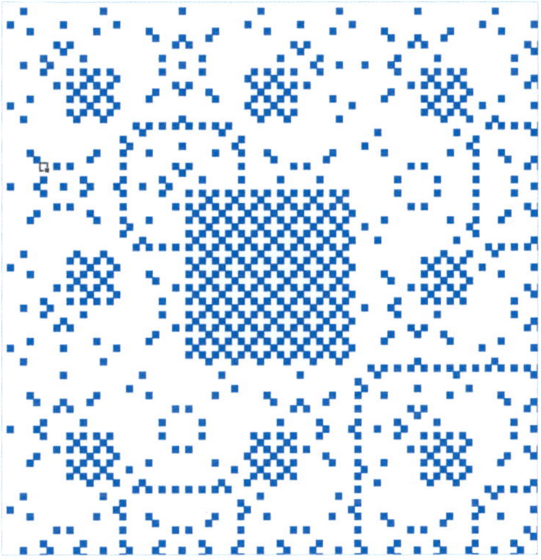

③ 3단계	④ 4단계

(9) $\{a_n\}=\left\{\dfrac{73}{9}\right\}$: 8,1,1,1,1,1 ⋯, 8로 나누고 나머지 0에 색칠

① 1단계	② 2단계
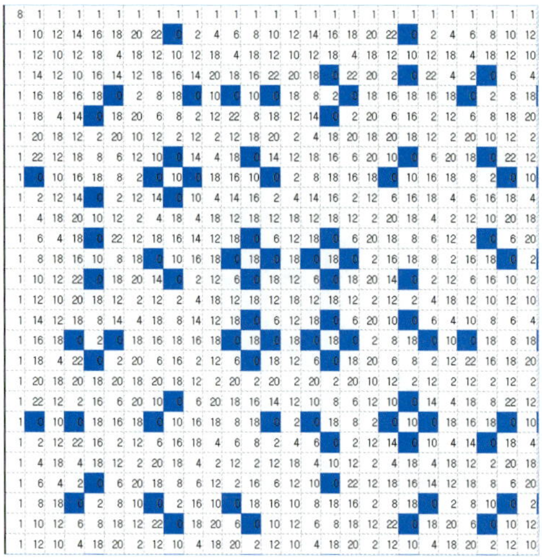	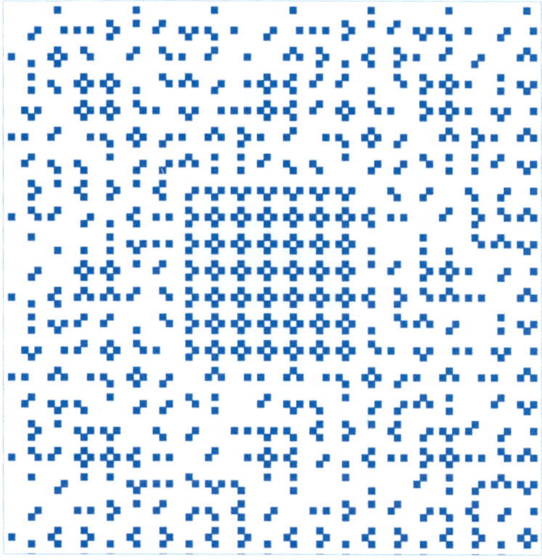

③ 3단계	④ 4단계
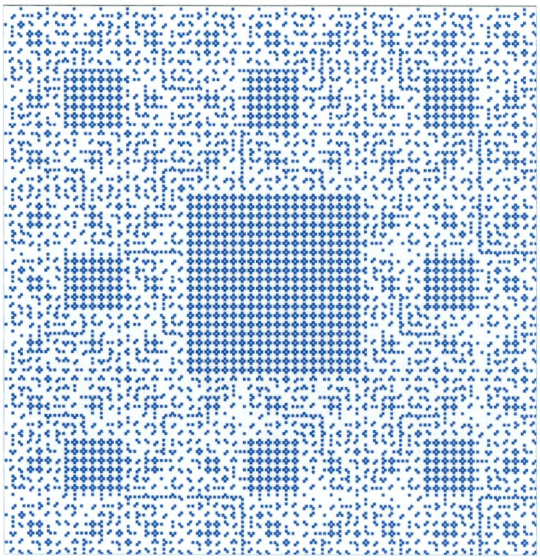	

(10) $\{a_n\}=\left\{\dfrac{181}{9}\right\}$: 20,1,1,1,1,1 ⋯, 24로 나누고 나머지 0에 색칠

① 1단계

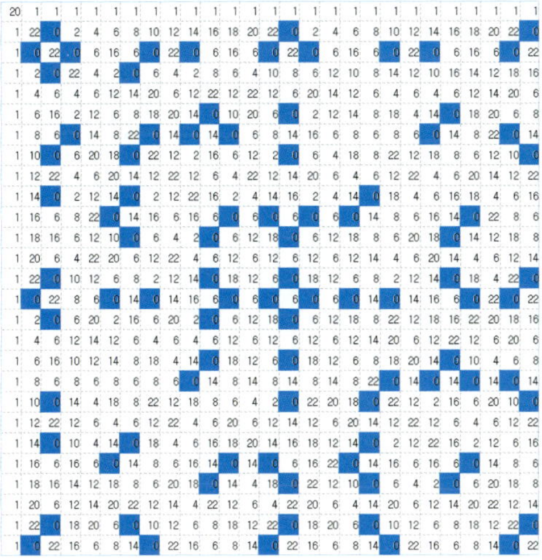

② 2단계

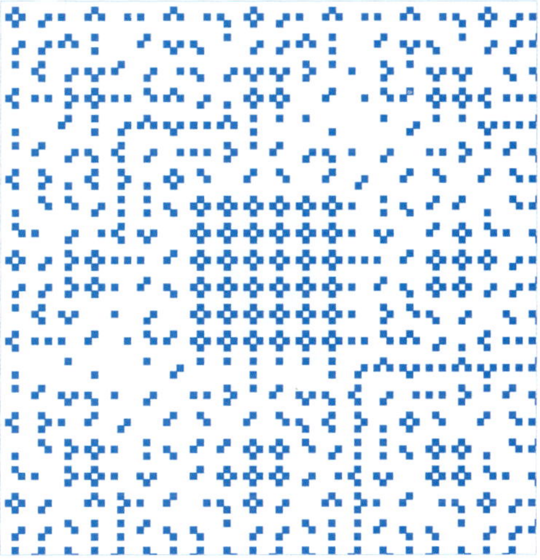

③ 3단계

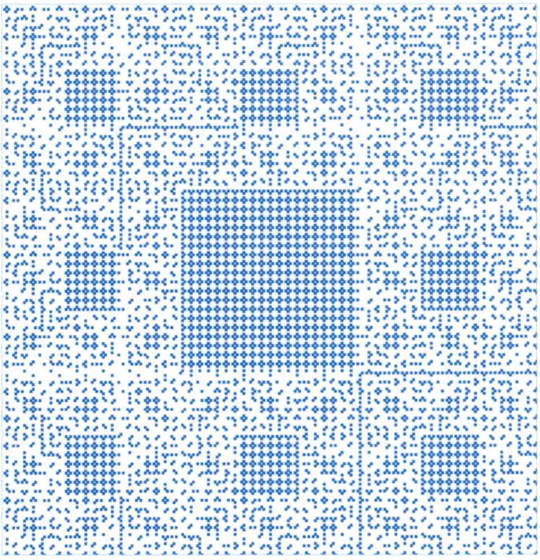

④ 4단계

(11) $\{a_n\}=\left\{\frac{91}{9}\right\}$: 10,1,1,1,1,1 ⋯, 24로 나누고 나머지 0에 색칠

① 1단계	② 2단계
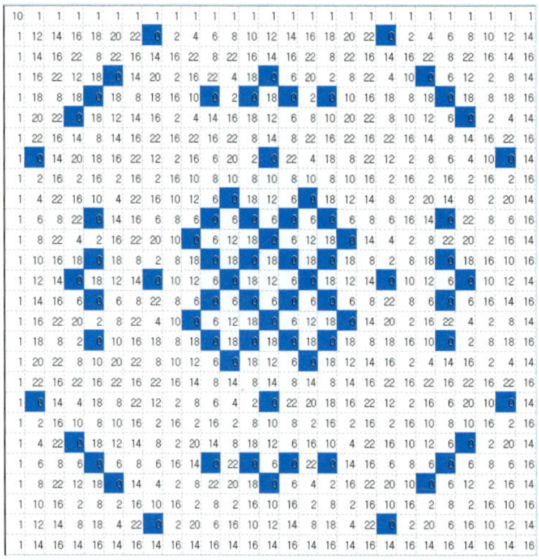	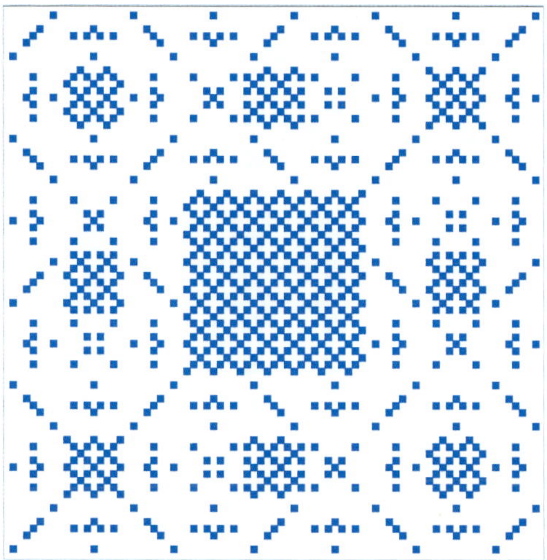

③ 3단계	④ 4단계

(12) $\{a_n\}=\left\{\dfrac{199}{9}\right\}$: 22,1,1,1,1,1 …, 24로 나누고 나머지 0에 색칠

① 1단계	② 2단계
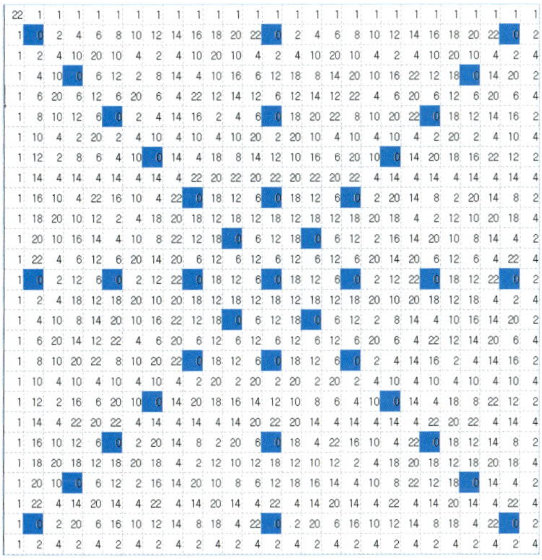	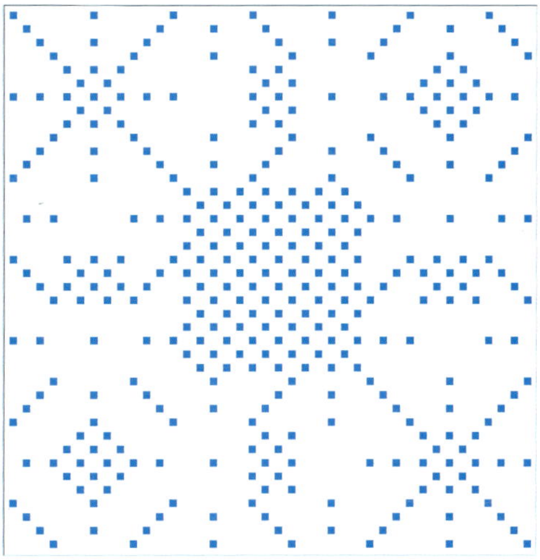

③ 3단계	④ 4단계

8 $\frac{2}{11}$, $\frac{n}{13}$을 3, 4, 6으로 나누는 디자인

(1) $\frac{2}{11} = 0.\dot{1}\dot{8}$을 1행 1열에 입력, 세 수의 합을 구하고, 3으로 나누었을 때, 0아닌 수 색칠

① $\frac{2}{11} = 0.\dot{1}\dot{8}$	② $\frac{3}{11} = 0.\dot{2}\dot{7}$, mod3
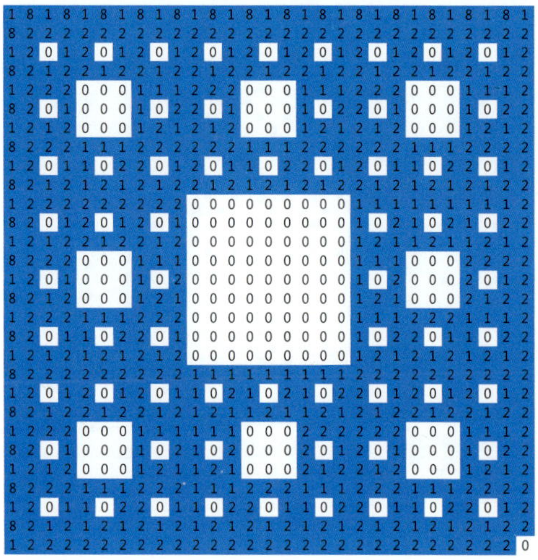	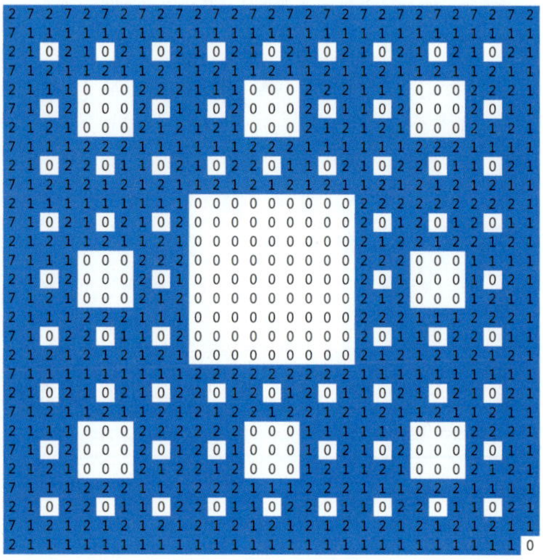

(2) $\frac{1}{13} = 0.\dot{6}9230\dot{7}$, 세 수의 합을 구하고, 3으로 나누었을 때, 나머지 0이 아닌 수 색칠

① 1단계	② 2단계
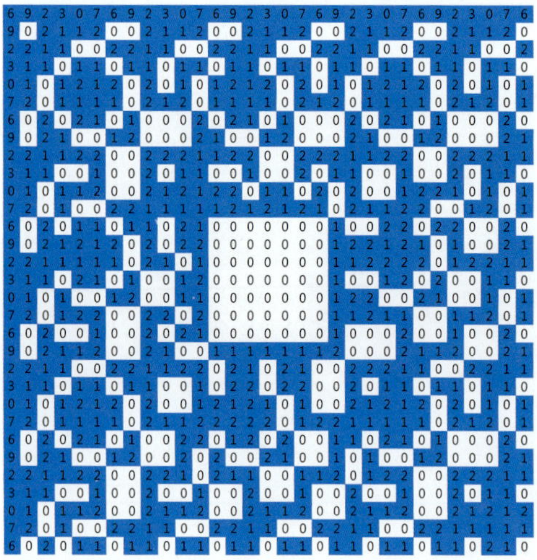	

(2) $\frac{1}{13}=0.\dot{6}9230\dot{7}$, 세 수의 합을 구하고, 4로 나누었을 때, 나머지 0에 색칠

① 1단계	② 2단계
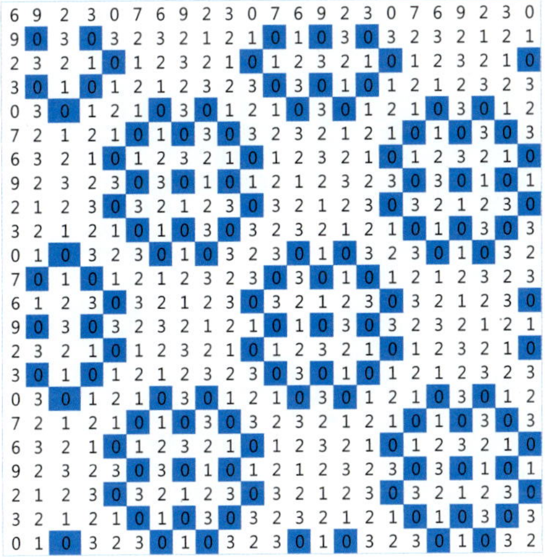	

(4) $\frac{1}{13}=0.\dot{6}9230\dot{7}$, 세 수의 합을 구하고, 6으로 나누었을 때, 나머지 0에 색칠

① 1단계	② 2단계
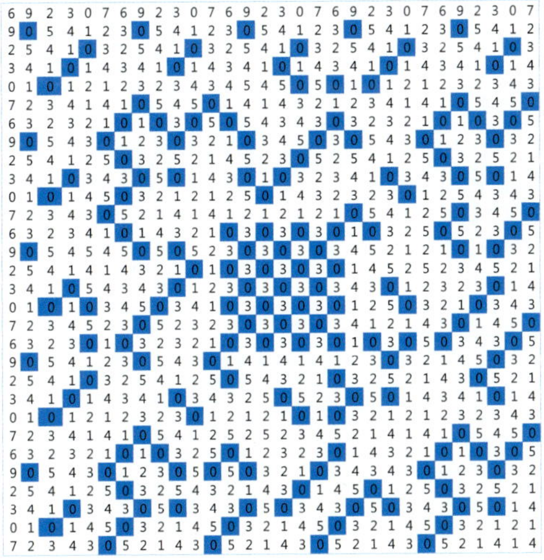	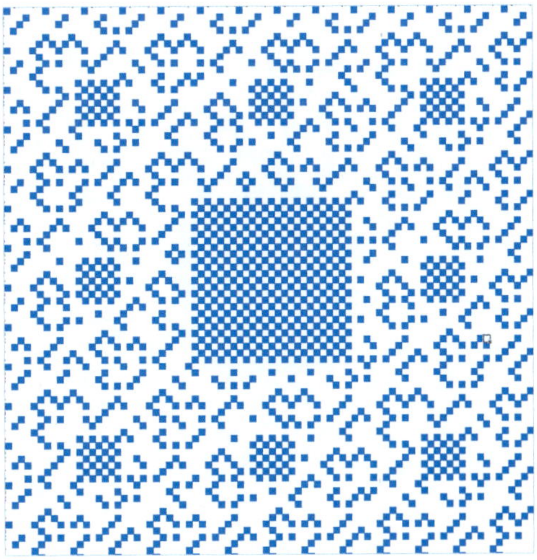

(5) $\frac{2}{13}=0.\dot{1}5384\dot{6}$, 3으로 나누었을 때 나누어지지 않는 수에 색칠

① 1단계	② 2단계
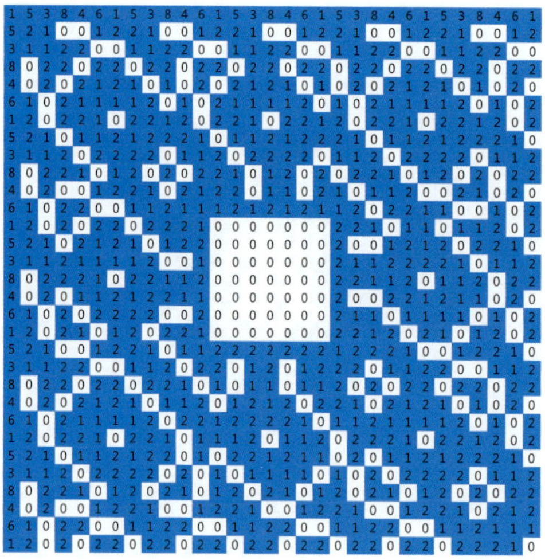	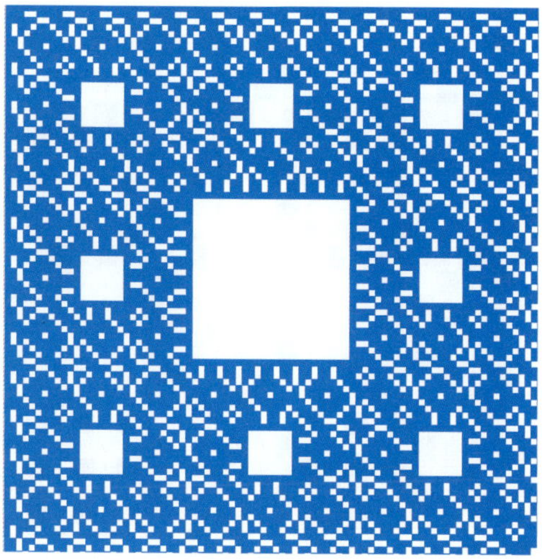

(6) $\frac{3}{13}=0.\dot{2}3076\dot{9}$, 3으로 나누었을 때 나누어지지 않는 수에 색칠

① 1단계	② 2단계
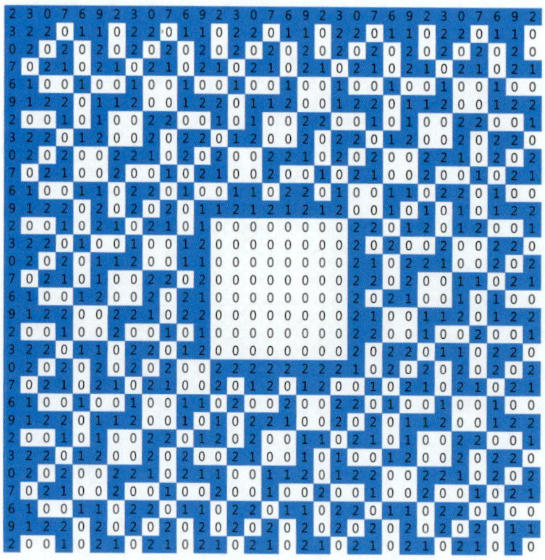	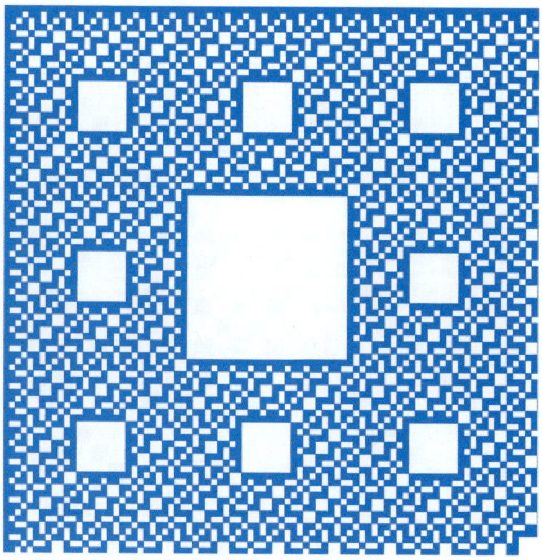

(6) $\dfrac{3}{13}=0.\dot{2}3076\dot{9}$, 6으로 나누었을 때, 나머지 0에 색칠

① 1단계

6	9	2	3	0	7	6	9	2	3	0	7	6	9	2	3	0	7	6	9	2	3	0	7	6	9	2	3	0	7
9	0	5	4	1	2	3	0	5	4	1	2	3	0	5	4	1	2	3	0	5	4	1	2	3	0	5	4	1	2
2	5	4	1	0	3	2	5	4	1	0	3	2	5	4	1	0	3	2	5	4	1	0	3	2	5	4	1	0	3
3	4	1	0	1	4	3	4	1	0	1	4	3	4	1	0	1	4	3	4	1	0	1	4	3	4	1	0	1	4
0	1	0	1	2	1	2	3	2	3	4	3	4	5	4	5	0	5	0	1	0	1	2	1	2	3	2	3	4	3
7	2	3	4	1	4	1	0	5	4	5	0	1	4	1	4	3	2	1	2	3	4	1	4	1	0	5	4	5	0
6	3	2	3	2	1	0	1	0	3	0	5	0	5	4	3	4	3	0	3	2	3	2	1	0	1	0	3	0	5
9	0	5	4	3	0	1	2	3	0	3	2	1	0	3	4	5	0	3	0	5	4	3	0	1	2	3	0	3	2
2	5	4	1	2	5	0	3	2	5	2	1	4	5	2	3	0	5	2	5	4	1	2	5	0	3	2	5	2	1
3	4	1	0	3	4	3	0	5	0	1	4	3	0	1	0	3	2	3	4	1	0	3	4	3	0	5	0	1	4
0	1	0	1	4	5	0	3	2	1	2	1	2	5	0	1	4	3	2	3	2	3	0	1	2	5	4	3	4	3
7	2	3	4	3	0	5	2	1	4	1	4	1	2	1	2	1	2	1	0	5	4	1	2	5	0	3	4	5	0
6	3	2	3	4	1	0	1	4	3	2	1	0	3	0	3	0	3	0	1	0	3	2	5	0	5	2	3	0	5
9	0	5	4	5	4	5	0	5	0	5	2	3	0	3	0	3	0	3	4	5	2	1	2	1	0	1	0	3	2
2	5	4	1	4	1	4	3	2	1	0	1	0	3	0	3	0	3	0	1	4	5	2	5	2	3	4	5	2	1
3	4	1	0	5	4	3	4	3	0	1	2	3	0	3	0	3	0	3	4	3	0	1	2	3	2	3	0	1	4
0	1	0	1	0	3	4	5	0	3	4	1	0	3	0	3	0	3	0	1	2	5	0	3	2	1	0	3	4	3
7	2	3	4	5	2	3	0	5	2	3	2	3	0	3	0	3	0	3	4	1	2	1	4	3	0	1	4	5	0
6	3	2	3	0	1	0	3	2	3	2	1	0	3	0	3	0	3	0	1	0	3	0	5	0	3	4	3	0	5
9	0	5	4	1	2	3	0	5	4	3	0	1	4	1	4	1	4	1	2	3	0	3	2	1	4	5	0	3	2
2	5	4	1	0	3	2	5	4	1	2	5	0	5	4	3	2	1	0	3	2	5	2	1	4	3	0	5	2	1
3	4	1	0	1	4	3	4	1	0	3	4	3	2	5	0	5	2	3	0	5	0	1	4	3	4	1	0	1	4
0	1	0	1	2	1	2	3	2	3	0	1	2	1	2	1	0	1	0	3	2	1	2	1	2	3	2	3	4	3
7	2	3	4	1	4	1	0	5	4	1	2	5	2	5	2	3	4	5	2	1	4	1	4	1	0	5	4	5	0
6	3	2	3	2	1	0	1	0	3	2	5	0	1	2	3	2	3	0	1	4	3	2	1	0	1	0	3	0	5
9	0	5	4	3	0	1	2	3	0	5	0	5	0	3	2	1	0	3	4	3	4	3	0	1	2	3	0	3	2
2	5	4	1	2	5	0	3	2	5	4	3	2	1	4	3	0	1	4	5	0	1	2	5	0	3	2	5	2	1
3	4	1	0	3	4	3	0	5	0	3	4	3	0	5	0	3	4	3	0	5	0	3	4	3	0	5	0	1	4
0	1	0	1	4	5	0	3	2	1	4	5	0	3	2	1	4	5	0	3	2	1	4	5	0	3	2	1	2	1
7	2	3	4	3	0	5	2	1	4	3	0	5	2	1	4	3	0	5	2	1	4	3	0	5	2	1	4	1	4

② 2단계

(7) $\dfrac{3}{13}=0.\dot{2}3076\dot{9}$, 8로 나누었을 때, 나머지 0에 색칠

① 1단계

6	9	2	3	0	7	6	9	2	3	0	7	6	9	2	3	0	7	6	9	2	3	0	7	6
9	0	3	0	3	2	7	6	1	6	1	0	5	4	7	4	7	6	3	2	5	2	5	4	1
2	3	6	1	4	1	2	7	6	5	4	5	2	3	6	1	4	1	2	7	6	5	4	5	2
3	0	1	0	5	2	5	6	3	6	7	0	7	4	5	4	1	6	1	2	7	2	3	4	3
0	3	4	5	2	1	0	3	4	5	2	1	0	3	4	5	2	1	0	3	4	5	2	1	0
7	2	1	2	1	4	5	0	7	0	7	2	3	6	5	6	5	0	1	4	3	4	3	6	7
6	7	2	5	0	5	6	3	2	1	0	1	6	7	2	5	0	5	6	3	2	1	0	1	6
9	6	7	6	3	0	3	4	1	4	5	6	5	2	3	2	7	4	7	0	5	0	1	2	1
2	1	6	3	4	7	2	1	6	3	4	7	2	1	6	3	4	7	2	1	6	3	4	7	2
3	6	5	6	5	0	1	4	3	4	3	6	7	2	1	2	1	4	5	0	7	0	7	2	3
0	1	4	7	2	7	0	5	4	3	2	3	0	1	4	7	2	7	0	5	4	3	2	3	0
7	0	5	0	1	2	1	6	7	6	3	0	3	4	1	4	5	6	5	2	3	2	7	4	7
6	5	2	7	0	3	6	5	2	7	0	3	6	5	2	7	0	3	6	5	2	7	0	3	6
9	4	3	4	3	6	7	2	1	2	1	4	5	0	7	0	7	2	3	6	5	6	5	0	1
2	7	6	5	4	5	2	3	6	1	4	1	2	7	6	5	4	5	2	3	6	1	4	1	2
3	4	1	4	5	6	5	2	3	2	7	4	7	0	5	0	1	2	1	6	7	6	3	0	3
0	7	4	1	2	5	0	7	4	1	2	5	0	7	4	1	2	5	0	7	4	1	2	5	0
7	6	1	6	1	0	5	4	7	4	7	6	3	2	5	2	5	4	1	0	3	0	3	2	7
6	3	2	1	0	1	6	7	2	5	0	5	6	3	2	1	0	1	6	7	2	5	0	5	6
9	2	7	2	3	4	3	0	1	0	5	2	5	6	3	6	7	0	7	4	5	4	1	6	1
2	5	6	7	4	3	2	5	6	7	4	3	2	5	6	7	4	3	2	5	6	7	4	3	2
3	2	5	2	5	4	1	0	3	0	3	2	7	6	1	6	1	0	5	4	7	4	7	6	3
0	5	4	3	2	3	0	1	4	7	2	7	0	5	4	3	2	3	0	1	4	7	2	7	0
7	4	5	4	1	6	1	2	7	2	3	4	3	0	1	0	5	2	5	6	3	6	7	0	7
6	1	2	3	0	7	6	1	2	3	0	7	6	1	2	3	0	7	6	1	2	3	0	7	6

② 2단계

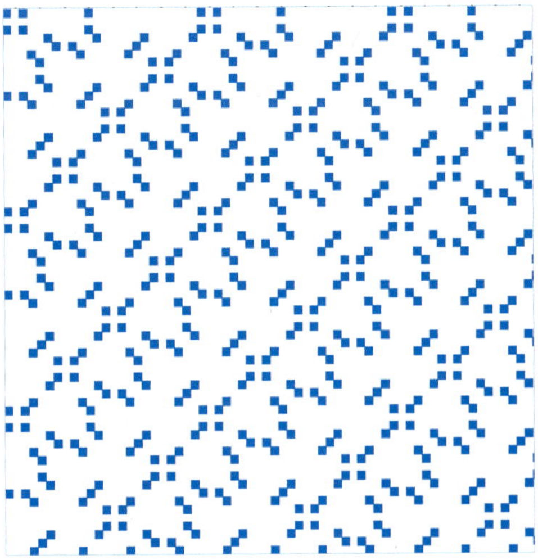

9 $\frac{1}{14}$을 3, 4, 6, 8, 9로 나누는 디자인

(1) $\frac{1}{14}=0.\dot{1}4285\dot{7}$, 3으로 나누었을 때, 나머지 0이 아닌 수에 색칠

① 1단계	② 2단계
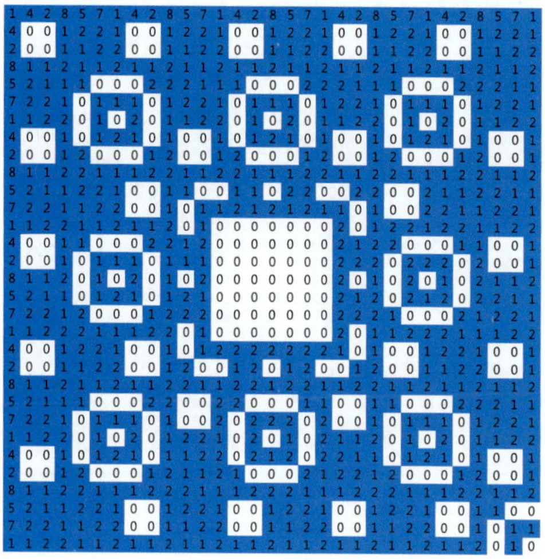	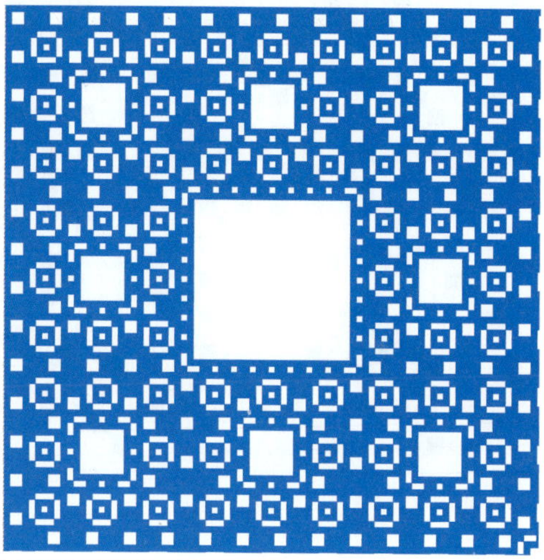

(2) $\frac{1}{14}=0.\dot{1}4285\dot{7}$, 4로 나누었을 때, 나머지 0이 아닌 수에 색칠

① 1단계	② 2단계
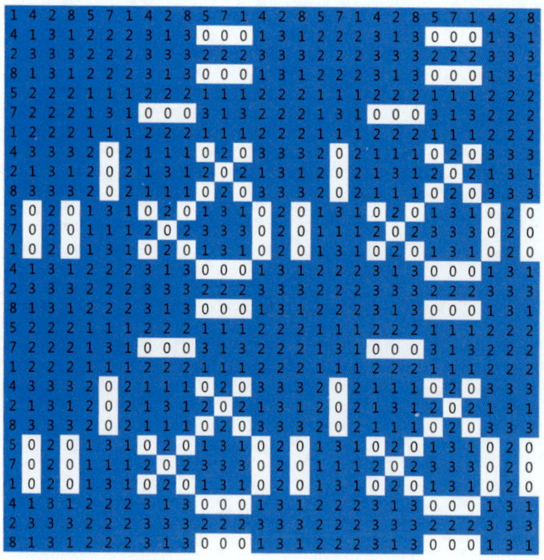	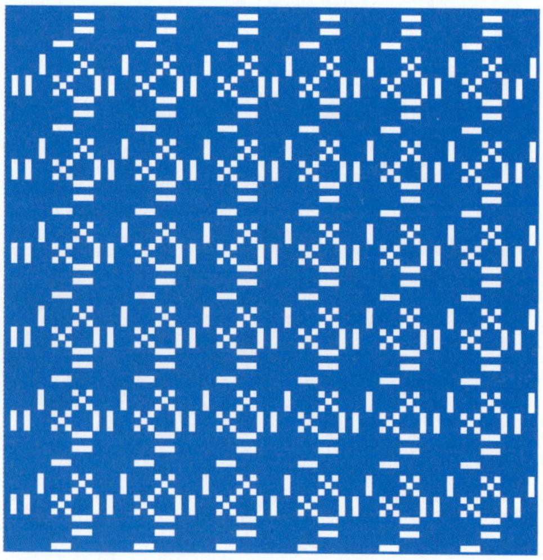

(3) $\frac{1}{14} = 0.\dot{1}4285\dot{7}$, 6으로 나누었을 때, 나머지 0에 색칠

① 1단계

1	4	2	8	5	7	1	4	2	8	5	7	1	4	2	8	5	7	1	4	2	8	5	7	1	4	2	8	5	7	1
4	3	3	1	2	2	4	3	3	1	2	2	4	3	3	1	2	2	4	3	3	1	2	2	4	3	3	1	2	2	4
2	3	3	1	4	2	2	3	3	1	4	2	2	3	3	1	4	2	2	3	3	1	4	2	2	3	3	1	4	2	2
8	1	1	5	4	4	2	1	1	5	4	4	2	1	1	5	4	4	2	1	1	5	4	4	2	1	1	5	4	4	2
5	2	4	4	1	3	3	0	2	2	5	1	1	4	0	0	3	5	5	2	4	4	1	3	3	0	2	2	5	1	1
7	2	2	4	3	1	1	4	0	4	5	5	1	0	4	4	1	3	1	2	2	4	3	1	1	4	0	4	5	5	1
1	4	2	2	3	1	3	2	0	4	1	5	5	0	4	0	5	3	1	4	2	2	3	1	3	2	0	4	1	5	5
4	3	3	1	0	4	2	1	3	1	0	0	4	3	1	5	4	0	4	3	3	1	0	4	2	1	3	1	0	0	4
2	3	3	1	2	0	0	3	1	5	0	0	4	5	3	3	0	4	2	3	3	1	2	0	0	3	1	5	0	0	4
8	1	1	5	2	4	4	1	5	5	4	4	2	5	1	1	4	2	2	1	1	5	2	4	4	1	5	5	4	4	2
5	2	4	4	5	5	1	0	0	4	1	3	3	4	4	0	5	5	3	0	2	2	3	3	5	4	4	2	5	1	1
7	2	2	4	1	5	5	0	0	4	3	1	1	2	4	2	1	5	1	4	0	4	3	3	5	2	4	4	5	5	1
1	4	2	2	1	1	5	4	4	2	3	1	3	0	0	0	3	3	3	2	0	4	5	5	1	2	2	4	1	5	5
4	3	3	1	4	0	0	3	5	5	4	2	0	3	3	3	0	0	0	5	1	5	2	0	0	3	1	1	0	0	4
2	3	3	1	0	4	4	1	3	1	4	4	0	3	3	3	0	0	0	5	5	5	0	2	2	5	3	5	0	0	4
8	1	1	5	0	4	0	5	3	1	0	2	0	3	3	3	0	0	0	5	3	1	0	2	0	1	3	5	4	4	2
5	2	4	4	3	1	5	4	0	4	5	1	3	0	0	0	3	3	3	2	4	2	3	5	1	2	0	2	5	1	1
7	2	2	4	5	3	3	0	4	2	5	5	3	0	0	0	3	3	3	2	2	2	1	3	3	0	2	4	5	5	1
1	4	2	2	5	1	1	4	2	2	3	1	3	0	0	0	3	3	3	2	0	4	1	5	5	2	4	4	1	5	5
4	3	3	1	2	2	4	3	3	1	0	4	2	5	5	5	2	2	2	1	3	1	0	0	4	5	5	1	0	0	4
2	3	3	1	4	2	2	3	3	1	2	0	0	1	5	3	4	2	0	3	1	5	0	0	4	1	5	5	0	0	4
8	1	1	5	4	4	2	1	1	5	2	4	4	5	5	1	2	2	4	1	5	5	4	4	2	1	1	5	4	4	2
5	2	4	4	1	3	3	0	2	2	3	3	5	2	0	0	3	1	1	0	0	4	1	3	3	0	2	2	5	1	1
7	2	2	4	3	1	1	4	0	4	3	3	5	0	2	2	5	3	5	0	0	4	3	1	1	4	0	4	5	5	1
1	4	2	2	3	1	3	2	0	4	5	5	1	0	2	0	1	3	5	4	4	2	3	1	3	2	0	4	1	5	5
4	3	3	1	0	4	2	1	3	1	4	2	2	3	5	1	2	0	2	5	1	1	0	4	2	1	3	1	0	0	4
2	3	3	1	2	0	0	3	1	5	4	4	2	1	3	3	0	2	4	5	5	1	2	0	0	3	1	5	0	0	4
8	1	1	5	2	4	4	1	5	5	2	4	4	1	5	5	2	4	4	1	5	5	2	4	4	1	5	5	4	4	2
5	2	4	4	5	5	1	0	0	4	5	5	1	0	0	4	5	5	1	0	0	4	5	5	1	0	0	4	1	3	3
7	2	2	4	1	5	5	0	0	4	1	5	5	0	0	4	1	5	5	0	0	4	1	5	5	0	0	4	3	1	1
1	4	2	2	1	1	5	4	4	2	1	1	5	4	4	2	1	1	5	4	4	2	1	1	5	4	4	2	3	1	3

② 2단계

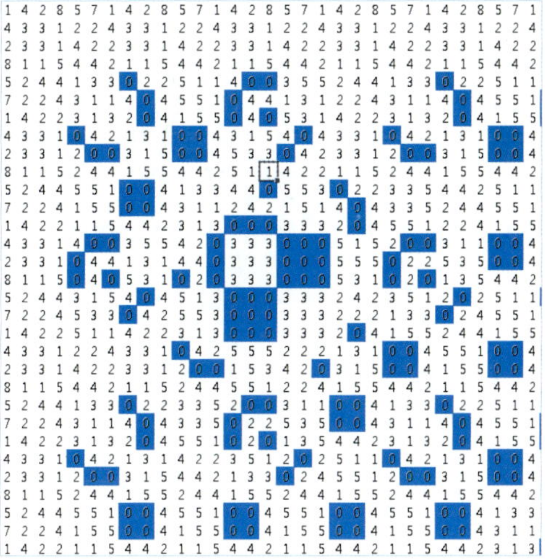

(4) $\frac{1}{14} = 0.\dot{1}4285\dot{7}$, 8으로 나누었을 때, 나머지 0에 색칠

① 1단계

1	4	2	8	5	7	1	4	2	8	5	7	1	4	2	8	5	7	1	4	2	8	5	7	1	4	2	8
4	1	7	1	6	2	2	7	5	7	4	0	0	5	3	5	2	6	6	3	1	3	0	4	4	1	7	1
2	7	7	7	6	6	2	3	7	3	6	2	2	7	7	7	6	6	2	3	7	3	6	2	2	7	7	7
8	1	7	5	2	6	6	3	5	7	0	0	4	5	3	1	6	2	2	7	1	3	4	4	0	1	7	5
5	6	6	2	1	1	5	6	6	2	1	1	5	6	6	2	1	1	5	6	6	2	1	1	5	6	6	2
7	2	6	6	1	3	1	4	0	0	3	5	3	6	2	2	5	7	5	0	4	4	7	1	7	2	6	6
1	2	2	6	5	1	5	2	6	6	1	1	1	2	2	6	5	1	5	2	6	6	1	1	1	2	2	6
4	7	3	3	6	4	2	1	1	5	4	6	0	3	7	7	2	0	6	5	5	1	0	2	4	7	3	3
2	5	7	5	6	0	6	1	3	1	2	4	2	5	7	5	6	0	6	1	3	1	2	4	2	5	7	5
8	7	3	7	2	0	6	5	1	5	0	6	4	3	7	3	6	4	2	1	5	1	4	2	0	7	3	7
5	4	6	0	1	3	1	4	2	0	5	3	5	4	6	0	1	3	1	4	2	0	5	3	5	4	6	0
7	0	2	0	1	5	1	6	4	6	3	3	3	4	6	4	5	1	5	2	0	2	7	7	7	0	2	0
1	0	2	4	5	3	1	0	2	4	5	3	1	0	2	4	5	3	1	0	2	4	5	3	1	0	2	4
4	5	7	5	6	6	2	3	5	3	4	4	0	1	3	1	2	2	6	7	1	7	0	0	4	5	7	5
2	3	7	3	6	2	2	7	7	7	6	6	2	3	7	3	6	2	2	7	7	7	6	6	2	3	7	3
8	5	7	1	2	2	6	7	5	3	0	4	4	1	3	5	6	6	2	3	1	7	4	0	0	5	7	1
5	2	6	6	1	5	5	2	6	6	1	5	5	2	6	6	1	5	5	2	6	6	1	5	5	2	6	6
7	6	6	2	1	7	1	0	0	4	3	1	3	2	2	6	5	3	5	4	4	0	7	5	7	6	6	2
1	6	2	2	5	5	5	6	6	2	1	5	1	6	2	2	5	5	5	6	6	2	1	5	1	6	2	2
4	3	3	7	6	0	2	5	1	1	4	2	0	7	7	3	2	4	6	1	5	5	0	6	4	3	3	7
2	1	7	1	6	4	6	5	3	5	2	0	2	1	7	1	6	4	6	5	3	5	2	0	2	1	7	1
8	3	3	3	2	4	6	1	1	1	0	2	4	7	7	7	6	0	2	5	5	5	4	6	0	3	3	3
5	0	6	4	1	7	1	0	2	4	5	7	5	0	6	4	1	7	1	0	2	4	5	7	5	0	6	4
7	4	2	4	1	1	1	2	4	2	3	7	3	0	6	0	5	5	5	6	0	6	7	3	7	4	2	4
1	4	2	0	5	7	1	4	2	0	5	7	1	4	2	0	5	7	1	4	2	0	5	7	1	4	2	0
4	1	7	1	6	2	2	7	5	7	4	0	0	5	3	5	2	6	6	3	1	3	0	4	4	1	7	1
2	7	7	7	6	6	2	3	7	3	6	2	2	7	7	7	6	6	2	3	7	3	6	2	2	7	7	7

② 2단계

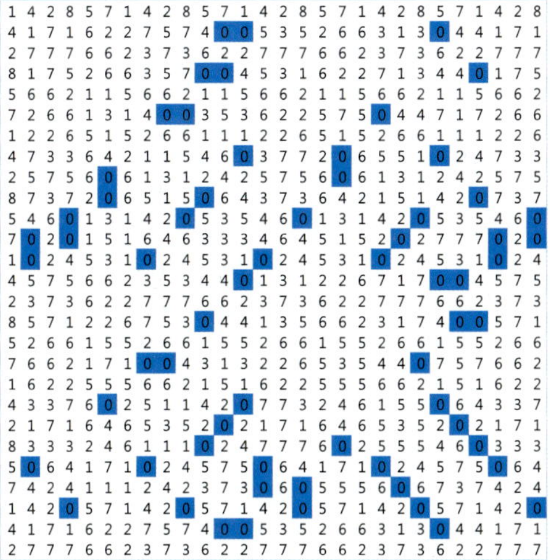

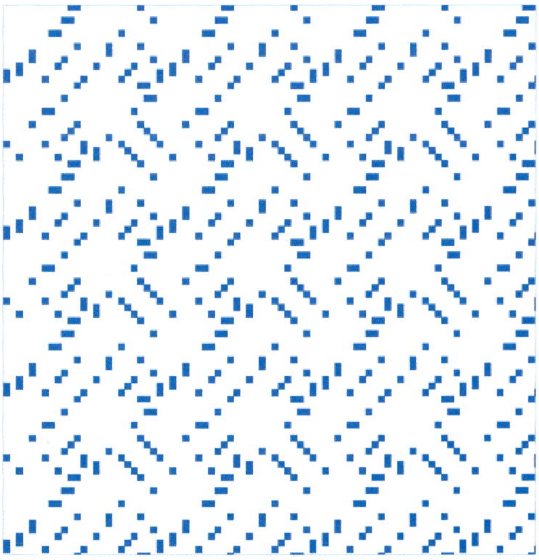

(5) $\frac{1}{14}=0.\dot{1}4285\dot{7}$, 9로 나누었을 때, 나머지 0에 색칠

① 1단계

1	4	2	8	5	7	1	4	2	8	5	7	1	4	2	8	5	7	1	4	2	8	5	7	1	4	2	8	5	7
4	0	6	7	2	5	4	0	6	7	2	5	4	0	6	7	2	5	4	0	6	7	2	5	4	0	6	7	2	5
2	6	3	7	7	5	5	0	6	1	1	8	8	3	0	4	4	2	2	6	3	7	7	5	5	0	6	1	1	8
8	7	7	8	4	7	8	4	1	8	1	1	8	1	4	8	7	4	8	7	7	8	4	7	8	4	1	8	1	1
5	2	7	4	7	0	6	0	5	5	5	7	7	7	3	6	3	5	8	5	1	7	1	3	0	3	8	8	8	1
7	5	5	7	0	7	4	1	6	7	8	2	7	3	4	4	4	3	7	2	8	7	6	1	4	7	0	7	5	5
1	4	5	8	6	4	6	2	0	4	1	2	2	3	1	0	8	6	7	7	8	5	0	7	3	5	3	1	4	5
4	0	0	4	0	1	2	1	3	7	3	6	1	6	1	2	1	6	1	6	3	7	3	1	2	1	0	4	0	0
2	6	6	1	5	6	0	3	7	8	0	0	7	5	3	6	0	7	5	3	3	4	5	0	3	6	7	2	6	6
8	7	1	8	5	7	4	7	8	5	4	4	2	5	4	4	1	8	2	1	7	5	5	1	4	4	8	8	7	1
5	2	1	1	5	8	1	3	0	4	4	3	0	7	7	6	2	2	3	6	5	8	0	6	2	1	4	2	8	7
7	5	8	1	7	2	2	6	0	4	3	1	4	2	7	2	1	5	1	1	3	7	6	3	2	5	1	7	8	5
1	4	8	8	7	7	2	1	7	2	0	4	0	6	6	6	0	6	3	5	0	1	5	5	1	8	5	4	1	5
4	0	3	1	7	3	3	6	5	5	7	2	6	3	6	0	6	3	3	2	7	8	5	6	3	3	7	7	3	0
2	6	0	4	3	4	1	1	3	4	7	7	6	6	6	3	0	0	6	2	2	8	3	5	5	2	3	8	0	3
8	7	4	8	6	4	0	2	6	4	6	2	6	0	3	3	6	6	3	2	6	7	0	8	0	7	3	5	4	7
5	2	4	7	3	4	8	1	0	1	2	1	0	6	0	6	6	0	0	5	4	8	6	5	4	2	3	2	2	4
7	5	2	4	5	3	6	6	7	8	2	5	6	3	0	6	0	6	6	2	2	5	1	3	3	0	5	1	5	2
1	4	2	8	8	7	7	1	5	2	3	1	3	3	6	3	0	6	0	8	3	1	7	2	8	2	7	4	1	8
4	0	6	7	5	2	7	6	3	1	6	1	5	2	2	2	5	2	8	7	0	4	3	3	4	5	5	7	3	3
2	6	3	7	1	8	8	3	3	7	5	3	0	7	2	6	4	2	3	0	7	2	0	6	4	4	5	8	0	6
8	7	7	8	7	7	5	7	4	5	8	7	1	8	8	7	8	5	1	4	2	2	4	1	2	1	1	5	4	1
5	2	7	4	1	6	0	3	5	5	0	6	5	5	3	0	6	1	7	3	0	4	1	6	0	3	5	2	2	7
7	5	5	7	3	1	7	1	0	1	6	3	5	6	5	8	5	3	2	3	6	1	6	4	1	4	3	1	5	5
1	4	5	8	0	4	3	2	3	4	2	2	1	3	5	0	4	3	8	4	4	2	0	1	6	2	0	4	1	2
4	0	0	4	3	7	5	1	6	4	1	5	8	3	2	7	2	0	2	5	4	1	3	4	2	1	3	7	3	6
2	6	6	1	8	0	3	0	7	8	4	1	5	7	3	3	3	5	7	5	5	1	5	3	0	3	7	8	0	0
8	7	1	8	8	7	1	4	2	8	2	7	4	7	8	5	2	1	4	7	8	5	2	1	4	7	8	5	4	4
5	2	1	1	8	5	4	0	6	7	8	8	1	3	0	4	2	5	1	3	0	4	2	5	1	3	0	4	4	3
7	5	8	1	1	5	5	0	6	1	7	5	5	0	3	7	4	2	8	3	6	1	7	5	2	6	0	4	3	1

② 2단계

10 $\frac{1}{17}$, $\frac{1}{19}$을 2로 나누는 디자인

(1) $\frac{1}{17}=0.\dot{1}4285\dot{7}$, 6으로 나누었을 때, 나머지 0에 색칠

① 1단계

6	9	2	3	0	7	6	9	2	3	0	7	6	9	2	3	0	7	6	9	2	3	0	7	6	9	2	3	0	7
9	0	5	4	1	2	3	0	5	4	1	2	3	0	5	4	1	2	3	0	5	4	1	2	3	0	5	4	1	2
2	5	4	1	0	3	2	5	4	1	0	3	2	5	4	1	0	3	2	5	4	1	0	3	2	5	4	1	0	3
3	4	1	0	1	4	3	4	1	0	1	4	3	4	1	0	1	4	3	4	1	0	1	4	3	4	1	0	1	4
0	1	0	1	2	1	2	3	2	3	4	3	4	5	4	5	0	5	0	1	0	1	2	1	2	3	2	3	4	3
7	2	3	4	1	4	1	0	5	4	5	0	1	4	1	4	3	2	1	2	3	4	1	4	1	0	5	4	5	0
6	3	2	3	2	1	0	1	0	3	0	5	0	5	4	3	4	3	0	3	2	3	2	1	0	1	0	3	0	5
9	0	5	4	3	0	1	2	3	0	3	2	1	0	3	4	5	0	3	0	5	4	3	0	1	2	3	0	3	2
2	5	4	1	2	5	0	3	2	5	2	1	4	5	2	3	0	5	2	5	4	1	2	5	0	3	2	5	2	1
3	4	1	0	3	4	3	0	5	0	1	4	3	0	1	0	3	2	3	4	1	0	3	4	3	0	5	0	1	4
0	1	0	1	4	5	0	3	2	1	2	1	2	5	0	1	4	3	2	3	2	3	0	1	2	5	4	3	4	3
7	2	3	4	3	0	5	2	1	4	1	4	1	2	1	2	1	2	1	0	5	4	1	2	5	0	3	4	5	0
6	3	2	3	4	1	0	1	4	3	2	1	0	3	0	3	0	3	0	1	0	3	2	5	0	5	2	3	0	5
9	0	5	4	5	4	5	0	5	0	5	2	3	0	3	0	3	0	3	4	5	2	1	2	1	0	1	0	3	2
2	5	4	1	4	1	4	3	2	1	0	1	0	3	0	3	0	3	0	1	4	5	2	5	2	3	4	5	2	1
3	4	1	0	5	4	3	4	3	0	1	2	3	0	3	0	3	0	3	4	3	0	1	2	3	2	3	0	1	4
0	1	0	1	0	3	4	5	0	3	4	1	0	3	0	3	0	3	0	1	2	5	0	3	2	1	0	3	4	3
7	2	3	4	5	2	3	0	5	2	3	2	3	0	3	0	3	0	3	4	1	2	1	4	3	0	1	4	5	0
6	3	2	3	0	1	0	3	2	3	2	1	0	3	0	3	0	3	0	1	0	3	0	5	0	3	4	3	0	5
9	0	5	4	1	2	3	0	5	4	3	0	1	4	1	4	1	4	1	2	3	0	3	2	1	4	5	0	3	2
2	5	4	1	0	3	2	5	4	1	2	5	0	5	4	3	2	1	0	3	2	5	2	1	4	3	0	5	2	1
3	4	1	0	1	4	3	4	1	0	3	4	3	2	5	0	5	2	3	0	5	0	1	4	3	4	1	0	1	4
0	1	0	1	2	1	2	3	2	3	0	1	2	1	2	1	0	1	0	3	2	1	2	1	2	3	2	3	4	3
7	2	3	4	1	4	1	0	5	4	1	2	5	2	5	2	3	4	5	2	1	4	1	4	1	0	5	4	5	0
6	3	2	3	2	1	0	1	0	3	2	5	0	1	2	3	2	3	0	1	4	3	2	1	0	1	0	3	0	5
9	0	5	4	3	0	1	2	3	0	5	0	5	0	3	2	1	0	3	4	3	4	3	0	1	2	3	0	3	2
2	5	4	1	2	5	0	3	2	5	4	3	2	1	4	3	0	1	4	5	0	1	2	5	0	3	2	5	2	1
3	4	1	0	3	4	3	0	5	0	3	4	3	0	5	0	3	4	3	0	5	0	3	4	3	0	5	0	1	4
0	1	0	1	4	5	0	3	2	1	4	5	0	3	2	1	4	5	0	3	2	1	4	5	0	3	2	1	2	1
7	2	3	4	3	0	5	2	1	4	3	0	5	2	1	4	3	0	5	2	1	4	3	0	5	2	1	4	1	4

② 2단계

(2) $\frac{1}{19}=0.\dot{2}6315789473684210\dot{5}$, 세 수의 합을 2로 나누었을 때 나머지 1에 색칠

① 1단계

2	6	3	1	5	7	8	9	4	7	3	6	8	4	2	1	0	5	2	6
6	0	1	1	1	1	0	1	0	1	1	0	0	0	0	1	0	1	0	0
3	1	0	0	0	0	1	0	1	0	0	1	1	1	1	0	1	0	1	1
1	1	0	0	0	0	1	0	1	0	0	1	1	1	1	0	1	0	1	1
5	1	0	0	0	0	1	0	1	0	0	1	1	1	1	0	1	0	1	1
7	1	0	0	0	0	1	0	1	0	0	1	1	1	1	0	1	0	1	1
8	0	1	1	1	1	0	1	0	1	1	0	0	0	0	1	0	1	0	0
9	1	0	0	0	0	1	0	1	0	0	1	1	1	1	0	1	0	1	1
4	0	1	1	1	1	0	1	0	1	1	0	0	0	0	1	0	1	0	0
7	1	0	0	0	0	1	0	1	0	0	1	1	1	1	0	1	0	1	1
3	1	0	0	0	0	1	0	1	0	0	1	1	1	1	0	1	0	1	1
6	0	1	1	1	1	0	1	0	1	1	0	0	0	0	1	0	1	0	0
8	0	1	1	1	1	0	1	0	1	1	0	0	0	0	1	0	1	0	0
4	0	1	1	1	1	0	1	0	1	1	0	0	0	0	1	0	1	0	0
2	0	1	1	1	1	0	1	0	1	1	0	0	0	0	1	0	1	0	0
1	1	0	0	0	0	1	0	1	0	0	1	1	1	1	0	1	0	1	1
0	0	1	1	1	1	0	1	0	1	1	0	0	0	0	1	0	1	0	0
5	1	0	0	0	0	1	0	1	0	0	1	1	1	1	0	1	0	1	1
2	0	1	1	1	1	0	1	0	1	1	0	0	0	0	1	0	1	0	0
6	0	1	1	1	1	0	1	0	1	1	0	0	0	0	1	0	1	0	0

② 2단계

(3) $\frac{2}{19}=0.\dot{1}0526315789473684\dot{2}$, 세 수의 합을 2로 나누었을 때 나머지 1에 색칠

① 1단계

1	0	5	2	6	3	1	5	7	8	9	4	7	3	6	8	4	2	1	0
0	1	0	1	1	0	0	0	0	1	0	1	0	0	1	1	1	1	0	1
5	0	1	0	0	1	1	1	1	0	1	0	1	1	0	0	0	0	1	0
2	1	0	1	1	0	0	0	0	1	0	1	0	0	1	1	1	1	0	1
6	1	0	1	1	0	0	0	0	1	0	1	0	0	1	1	1	1	0	1
3	0	1	0	0	1	1	1	1	0	1	0	1	1	0	0	0	0	1	0
1	0	1	0	0	1	1	1	1	0	1	0	1	1	0	0	0	0	1	0
5	0	1	0	0	1	1	1	1	0	1	0	1	1	0	0	0	0	1	0
7	0	1	0	0	1	1	1	1	0	1	0	1	1	0	0	0	0	1	0
8	1	0	1	1	0	0	0	0	1	0	1	0	0	1	1	1	1	0	1
9	0	1	0	0	1	1	1	1	0	1	0	1	1	0	0	0	0	1	0
4	1	0	1	1	0	0	0	0	1	0	1	0	0	1	1	1	1	0	1
7	0	1	0	0	1	1	1	1	0	1	0	1	1	0	0	0	0	1	0
3	0	1	0	0	1	1	1	1	0	1	0	1	1	0	0	0	0	1	0
6	1	0	1	1	0	0	0	0	1	0	1	0	0	1	1	1	1	0	1
8	1	0	1	1	0	0	0	0	1	0	1	0	0	1	1	1	1	0	1
4	1	0	1	1	0	0	0	0	1	0	1	0	0	1	1	1	1	0	1
2	1	0	1	1	0	0	0	0	1	0	1	0	0	1	1	1	1	0	1
1	0	1	0	0	1	1	1	1	0	1	0	1	1	0	0	0	0	1	0
0	1	0	1	1	0	0	0	0	1	0	1	0	0	1	1	1	1	0	1

② 2단계

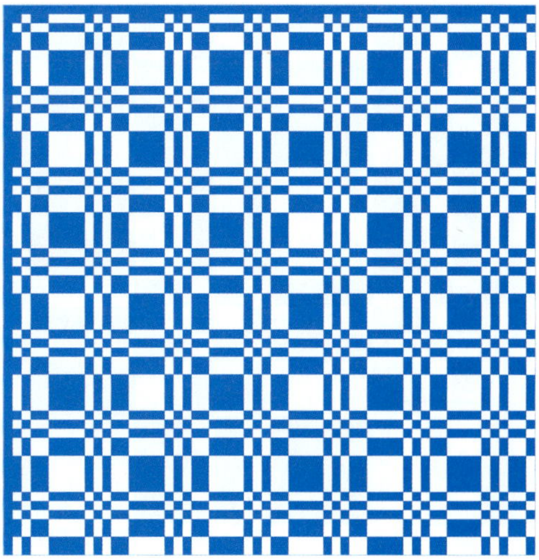

(4) $\frac{3}{19}=0.\dot{1}5789473684210526\dot{3}$, 세 수의 합을 2로 나누었을 때 나머지 1에 색칠

① 1단계

1	5	7	8	9	4	7	3	6	8	4	2	1	0	5	2	6	3	1	5
5	1	1	0	1	0	1	1	0	0	0	0	1	0	1	0	0	1	1	1
7	1	1	0	1	0	1	1	0	0	0	0	1	0	1	0	0	1	1	1
8	0	0	1	0	1	0	0	1	1	1	1	0	1	0	1	1	0	0	0
9	1	1	0	1	0	1	1	0	0	0	0	1	0	1	0	0	1	1	1
4	0	0	1	0	1	0	0	1	1	1	1	0	1	0	1	1	0	0	0
7	1	1	0	1	0	1	1	0	0	0	0	1	0	1	0	0	1	1	1
3	1	1	0	1	0	1	1	0	0	0	0	1	0	1	0	0	1	1	1
6	0	0	1	0	1	0	0	1	1	1	1	0	1	0	1	1	0	0	0
8	0	0	1	0	1	0	0	1	1	1	1	0	1	0	1	1	0	0	0
4	0	0	1	0	1	0	0	1	1	1	1	0	1	0	1	1	0	0	0
2	0	0	1	0	1	0	0	1	1	1	1	0	1	0	1	1	0	0	0
1	1	1	0	1	0	1	1	0	0	0	0	1	0	1	0	0	1	1	1
0	0	0	1	0	1	0	0	1	1	1	1	0	1	0	1	1	0	0	0
5	1	1	0	1	0	1	1	0	0	0	0	1	0	1	0	0	1	1	1
2	0	0	1	0	1	0	0	1	1	1	1	0	1	0	1	1	0	0	0
6	0	0	1	0	1	0	0	1	1	1	1	0	1	0	1	1	0	0	0
3	1	1	0	1	0	1	1	0	0	0	0	1	0	1	0	0	1	1	1
1	1	1	0	1	0	1	1	0	0	0	0	1	0	1	0	0	1	1	1
5	1	1	0	1	0	1	1	0	0	0	0	1	0	1	0	0	1	1	1

② 2단계

(5) $\frac{4}{19}=0.\dot{2}1052631578947368\dot{4}$, 세 수의 합을 2로 나누었을 때 나머지 1에 색칠

① 1단계

2	1	0	5	2	6	3	1	5	7	8	9	4	7	3	6	8	4	2	1
1	0	1	0	1	1	0	0	0	0	1	0	1	0	0	1	1	1	1	0
0	1	0	1	0	0	1	1	1	1	0	1	0	1	1	0	0	0	0	1
5	0	1	0	1	1	0	0	0	0	1	0	1	0	0	1	1	1	1	0
2	1	0	1	0	0	1	1	1	1	0	1	0	1	1	0	0	0	0	1
6	1	0	1	0	0	1	1	1	1	0	1	0	1	1	0	0	0	0	1
3	0	1	0	1	1	0	0	0	0	1	0	1	0	0	1	1	1	1	0
1	0	1	0	1	1	0	0	0	0	1	0	1	0	0	1	1	1	1	0
5	0	1	0	1	1	0	0	0	0	1	0	1	0	0	1	1	1	1	0
7	0	1	0	1	1	0	0	0	0	1	0	1	0	0	1	1	1	1	0
8	1	0	1	0	0	1	1	1	1	0	1	0	1	1	0	0	0	0	1
9	0	1	0	1	1	0	0	0	0	1	0	1	0	0	1	1	1	1	0
4	1	0	1	0	0	1	1	1	1	0	1	0	1	1	0	0	0	0	1
7	0	1	0	1	1	0	0	0	0	1	0	1	0	0	1	1	1	1	0
3	0	1	0	1	1	0	0	0	0	1	0	1	0	0	1	1	1	1	0
6	1	0	1	0	0	1	1	1	1	0	1	0	1	1	0	0	0	0	1
8	1	0	1	0	0	1	1	1	1	0	1	0	1	1	0	0	0	0	1
4	1	0	1	0	0	1	1	1	1	0	1	0	1	1	0	0	0	0	1
2	1	0	1	0	0	1	1	1	1	0	1	0	1	1	0	0	0	0	1
1	0	1	0	1	1	0	0	0	0	1	0	1	0	0	1	1	1	1	0

② 2단계

제 3 장

무리수로 만드는 옵티컬 아트

최근의 연구는 심장에도 뇌가 있다는 것이다. 심장의 생각은 뇌의 생각보다 강하다. 인간은 머리보다는 마음으로 살아간다. 어쩔 수 없는 경우가 아니면 하고 싶은 것을 하면서 산다. 자유로움을 추구한다. 진리란 인간에게 자유로움을 줄 수 있어야 한다. 과연 수학은 진리일까? 우리는 수학 안에서 자유를 느낄 수 있을까?

자유로움은 예술의 근원이다. 자유로움은 나만의 세계이다. 여기서는 옵티컬 아트와 무리수의 만남을 다룬다. 황금비나 조화의 비 등 기하학적 아름다움을 가진 많은 도형들이 있다. 인체의 아름다움을 나타내는 비율도 있다. 왜 옵티컬 아트에 주목했을까? 옵티컬 아트의 힘은 무엇일까? 옵티컬 아트는 시각적인 착각을 다룬 예술로, 자유로움과 생명력을 느낄 수 있는 디자인이다. 꿈틀거리는 생명력이 있다. 수학을 활용한 옵티컬 아트를 통해 역동성의 의미를 이야기하고 싶다.

무리수를 1행과 1열에 입력한 후, 이웃한 3개의 숫자의 합을 구한다. 그 합을 2로 나눈 나머지가 1인 곳에 모두 색칠한다. 움직임이 있는 것인지, 없는 것인지 혼란스럽다. 혼란스러운 그 자체가 정적이면서 동적이다. 죽어 있으면서 살아 있다. 죽음과 삶이 함께 공존하고, 집합과 여집합이 함께 있는 것이다. 마치 우리 인간의 생명과 같다. 죽음이 있기에 더욱 빛나는 삶이 존재하는 우리 삶처럼 죽음과 삶이 공존한다. 수학과 수학이 아닌 것이 함께 있는 공간이 빚어내는 아름다움이다. 수학이 수학의 벽을 넘어 미술과 만나 새로운 기쁨을 준다. 우리가 살아가며 나가 아닌 나를 만났을 때 느끼는 기쁨과 같다.

옵티컬 아트는 융합이다. 융합은 정적인 나와 동적인 자신과의 만남이다. 강한 자신과 존중받지 못한 자신과의 만남이다. 융합은 하고 싶은 것을 찾아 떠나는 여행과 같다. 나를 벗어난 곳에서 숨겨진 자신을 만나는 여행처럼 또다른 나를 만나는 일이다.

융합이 겸손했으면 좋겠다. 자신을 내세우지 않았으면 좋겠다. 융합이 융합이 아닌 것을 소중히 여겼으면 한다. 융합의 티를 내지 않고, 빛이 더해져서 보이지 않는 색이 되듯이, 융합을 통해 세상과 하나가 되고, 자신의 모습을 나타내려 하지 않기를 바란다. 한 알의 씨앗이 땅속에서 자신을 버릴 때 비로소 열매를 맺는 것처럼.

1 제곱근으로 만드는 옵티컬 아트

① $\sqrt{2}=1.41421356237$를 가로 세로 입력한다.

0	1	4	1	4	2	1	3	5	6	2	3
1											
4											
1											
4											

② 셀 3개의 합을 구한다.

a	c	
b	a+b+c	

③ 셀 3개의 합을 구한 결과이다.

0	1	4	1	4	2	1	3
1	2	7	12	17	23	26	30
4	7	16	35	64	104	153	209
1	12	35	86	185	353	610	972
4	17	64	185	456	994	1957	3539
2	23	104	353	994	2444	5395	10891

④ 2로 나누어 0과 1로 나타낸 후 1에 색을 칠한다.

	1	4	1	4	2	1	3	5	6	2	3	7	3	0	9	5	0	4	8	8	0	1	6	8	8
1	0	1	0	1	1	0	0	0	1	1	0	0	0	1	0	0	1	1	1	1	1	0	1	1	1
4	1	0	1	0	0	1	1	1	0	0	1	1	1	0	1	1	0	0	0	0	0	1	0	0	0
1	0	1	0	1	1	0	0	0	1	1	0	0	0	1	0	0	1	1	1	1	1	0	1	1	1
4	1	0	1	0	0	1	1	1	0	0	1	1	1	0	1	1	0	0	0	0	0	1	0	0	0
2	1	0	1	0	0	1	1	1	0	0	1	1	1	0	1	1	0	0	0	0	0	1	0	0	0
1	0	1	0	1	1	0	0	0	1	1	0	0	0	1	0	0	1	1	1	1	1	0	1	1	1
3	0	1	0	1	1	0	0	0	1	1	0	0	0	1	0	0	1	1	1	1	1	0	1	1	1
5	0	1	0	1	1	0	0	0	1	1	0	0	0	1	0	0	1	1	1	1	1	0	1	1	1
6	1	0	1	0	0	1	1	1	0	0	1	1	1	0	1	1	0	0	0	0	0	1	0	0	0
2	1	0	1	0	0	1	1	1	0	0	1	1	1	0	1	1	0	0	0	0	0	1	0	0	0

(1) $\sqrt{2}=1.41421356237309504880168872420969807856967187537694807317668$

각각 다른 크기의 사각형들이 대비를 이룬다.

① 1단계	② 2단계
	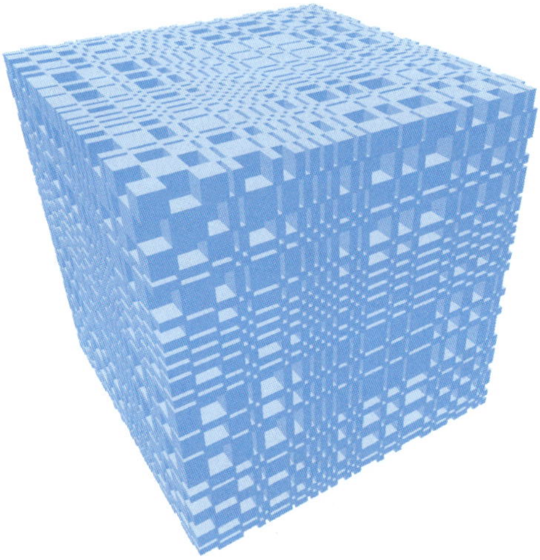

(2) $\sqrt{3}=1.7320508075688772935274463415058723669428052538103806280558 1$

선의 굵기가 대비를 이룬다. 가는 선들이 섬세함을 나타낸다.

① 1단계	② 2단계
	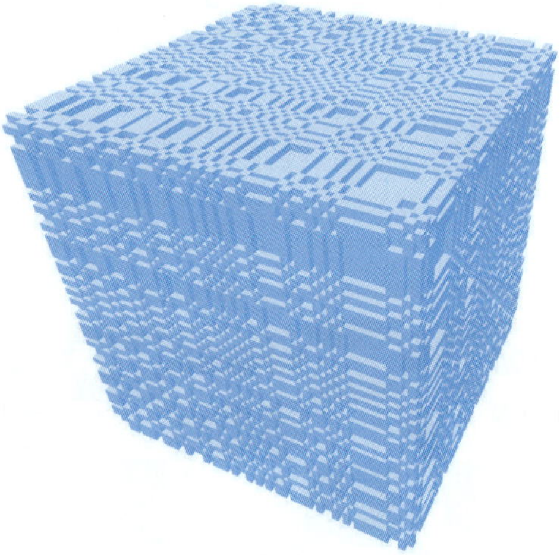

(3) $\sqrt{5}=2.2360679774997896964091736687312762354406183596115257242709$

사각형들이 무리지어 보인다. 자세히 지켜보면 도시에서 자동차의 움직임처럼 느껴진다.

① 1단계	② 2단계

(5) $\sqrt{6}=2.4494897427831780981972840747058913919659474806566701284326 9$

가로와 세로의 선들이 시원함을 보인다.

① 1단계	② 2단계

(6) $\sqrt{7}=2.6457513110645905905016157536392604257102591830824501803683 3$

가로와 세로가 대칭에 가까운 구조를 가지고 있어 안정감을 나타낸다.

① 1단계	② 2단계
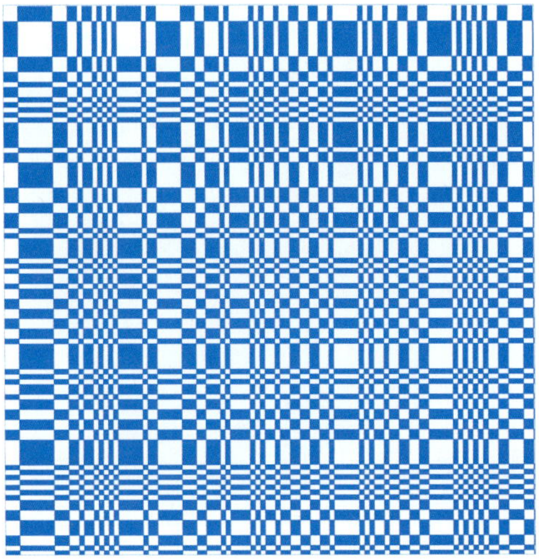	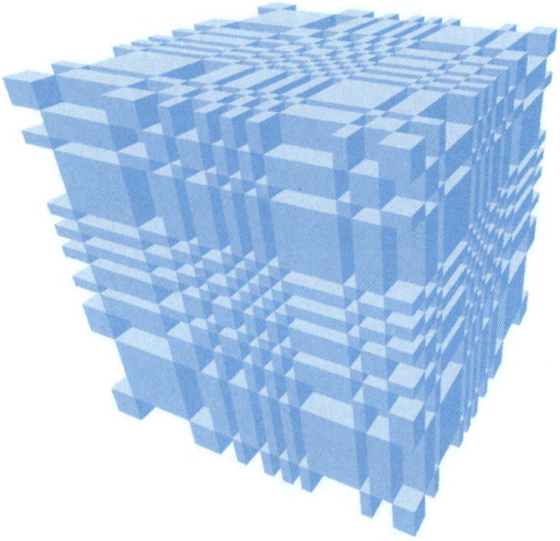

(7) $\sqrt{8}=2.8284271247461900976033774484193961571393437507538961463533 6$

비대칭이면서도 대칭의 느낌을 가지게 한다. 색칠되지 않은 부분이 많아 평온함이 있다.

① 1단계	② 2단계
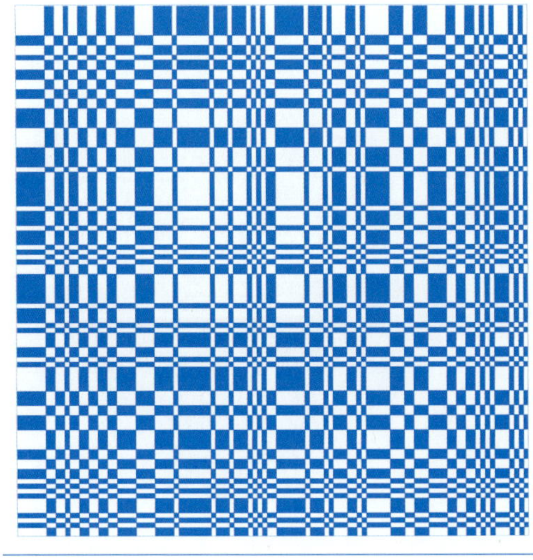	

(8) $\sqrt{10}=3.16227766016837933199889354443271853371955513932521682685 75$

왼쪽 위와 오른쪽 아래가 강한 대비를 이룬다.

① 1단계	② 2단계
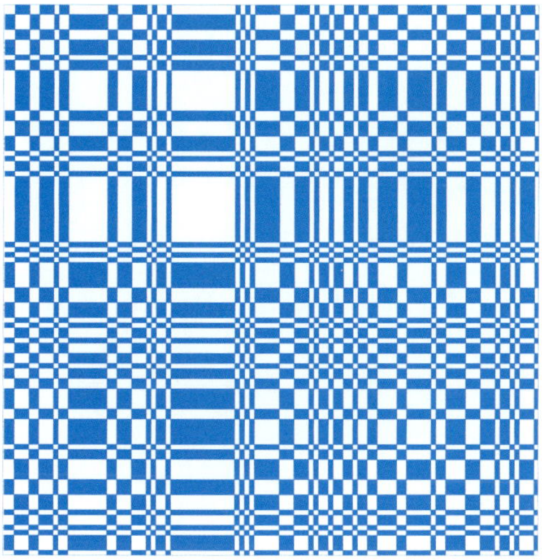	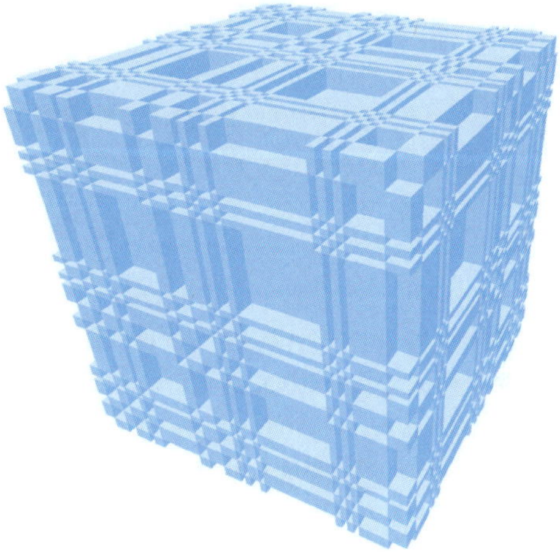

(9) $\sqrt{11}=3.3166247903553998491149327366706866839270885455893535970586 8$

비슷한 크기의 사각형들이 반복되는 경우가 많아 안정감을 나타낸다.

① 1단계	② 2단계
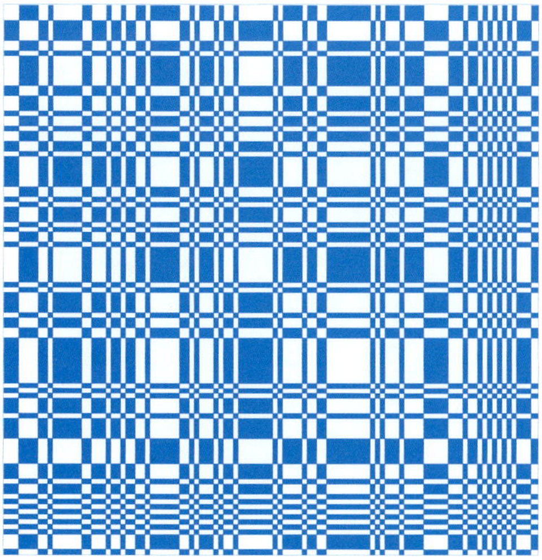	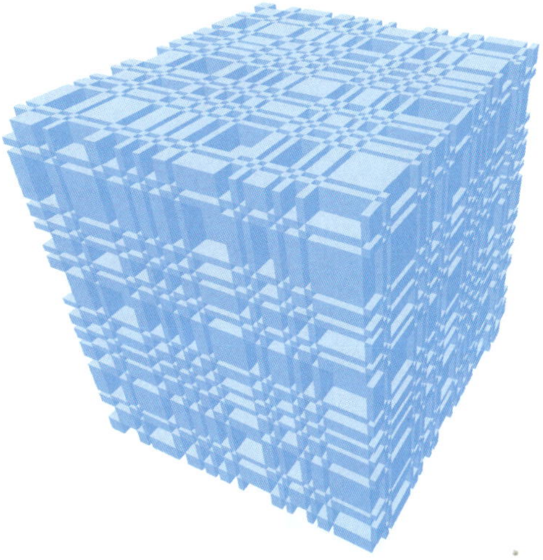

(10) $\sqrt{12}$ =3.46410161513775458705489268301174473388561050762076125611161

가는 선들의 반복으로 단순함이 있다. 아래로 갈수록 굵은선과의 대비가 강해진다.

① 1단계	② 2단계
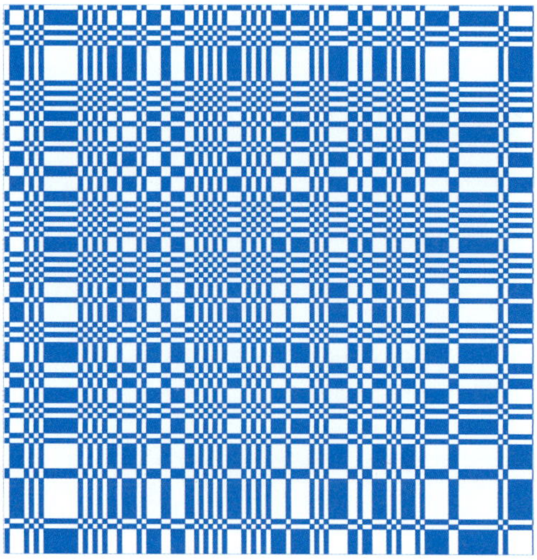	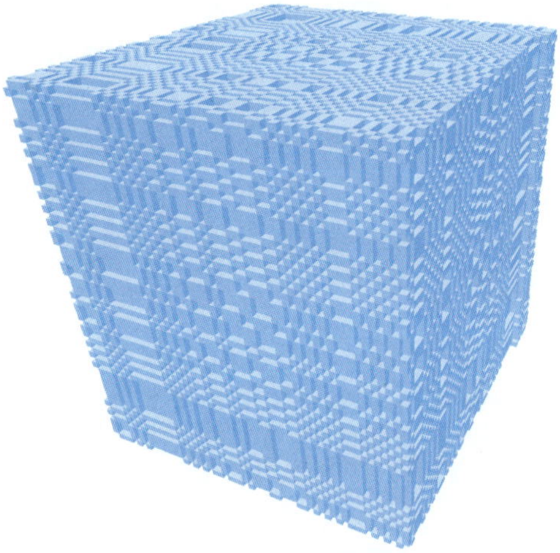

(11) $\sqrt{13}$ =3.60555127546398929311922126747049594625129657384524621271045

비슷한 크기의 사각형들이 많아 안정적이지만 단순하게 느껴진다. 조밀해서 답답하다.

① 1단계	② 2단계
	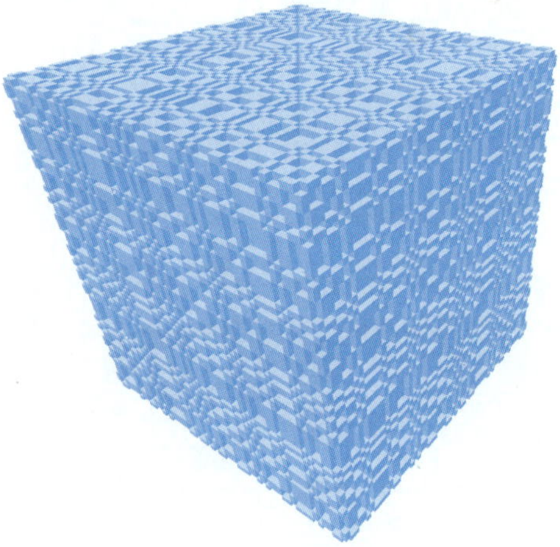

(12) $\sqrt{14} = 3.74165738677394138558374873231654930175601980777872694630375$

사각형의 반복이 많아 단순하고 지루한 느낌이 있다. 왼쪽과 오른쪽의 대비가 크다.

① 1단계	② 2단계
	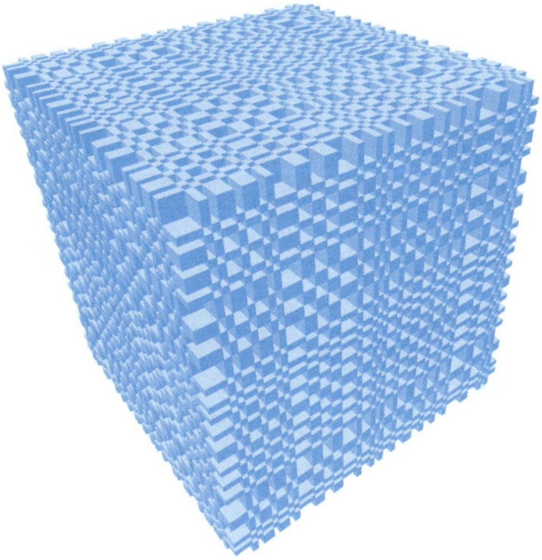

(13) $\sqrt{15} = 3.87298334620741688517926539978239961083292170529159082658757$

선의 굵기의 대비를 통해 세련된 느낌을 준다.

① 1단계	② 2단계
	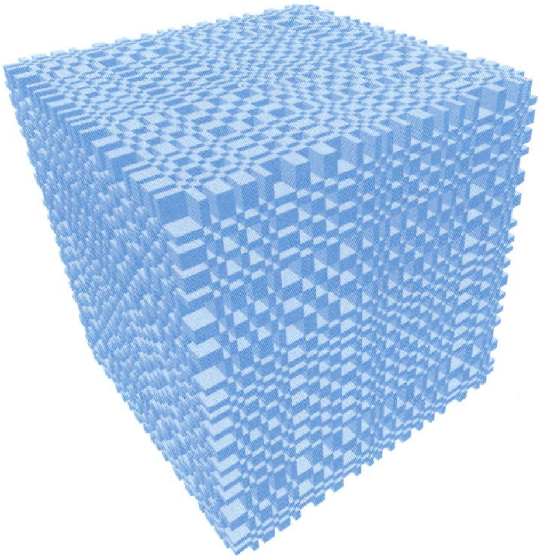

(14) $\sqrt{17} = 4.1231056256176605498214098559740770251471992253736204343 9863$
대각선으로 진행하면서 면적 대비가 나타난다. 비슷한 크기가 많아 안정적이다.

① 1단계	② 2단계
	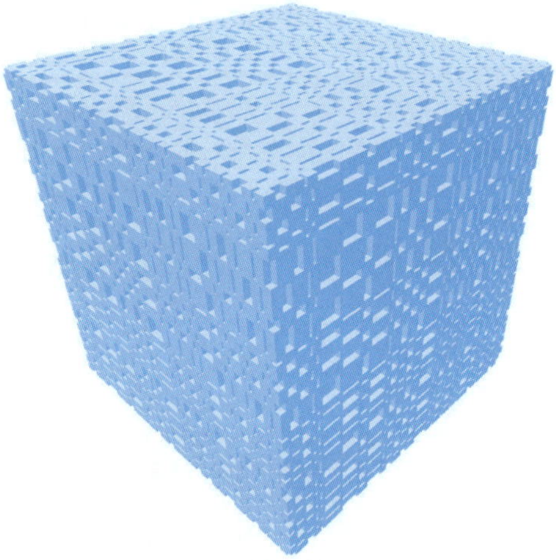

(15) $\sqrt{18} = 4.2426406871192851464050661726290942357090156261308442195 3004$
선의 굵기에 따라 강한 대비가 일어난다. 가는 부분에서 넓이의 변화가 강하다.

① 1단계	② 2단계
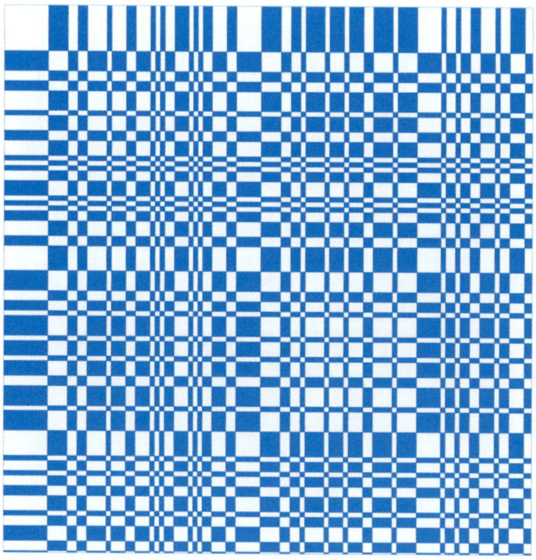	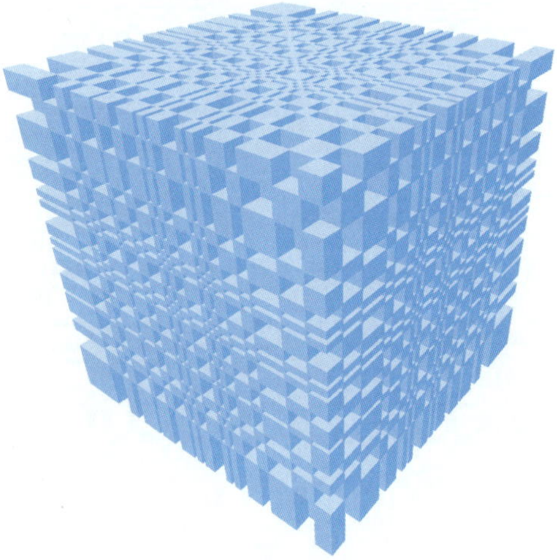

(16) $\sqrt{19}=4.3588989435406735522369819838596156591370039252324449368903 4$

반복적인 느낌이 있어 안정감이 있고, 곡선으로 보이는 부분을 통해 부드러움이 있다.

① 1단계	② 2단계
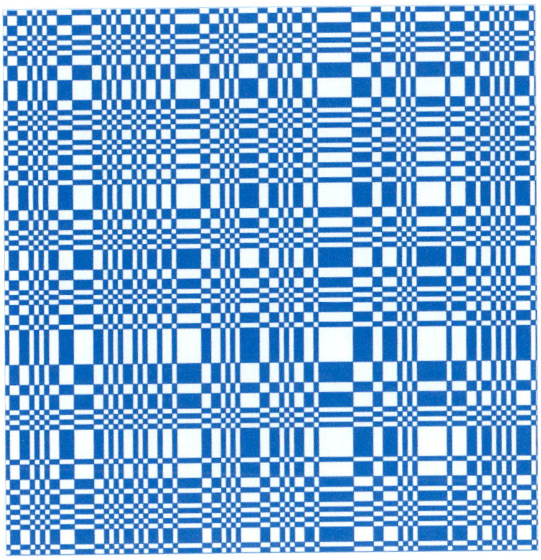	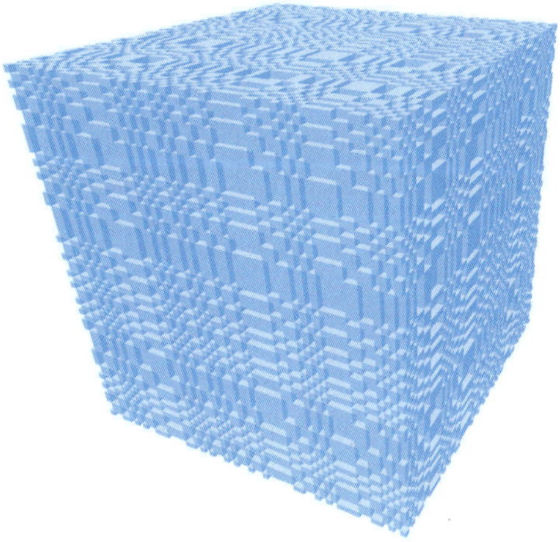

(17) $\sqrt{20}=4.472135954999579392818347337462552470881236719223051448541 79$

가장자리의 큰 사각형과 가운데 부분의 작은 사각형의 대비가 강하다.

① 1단계	② 2단계
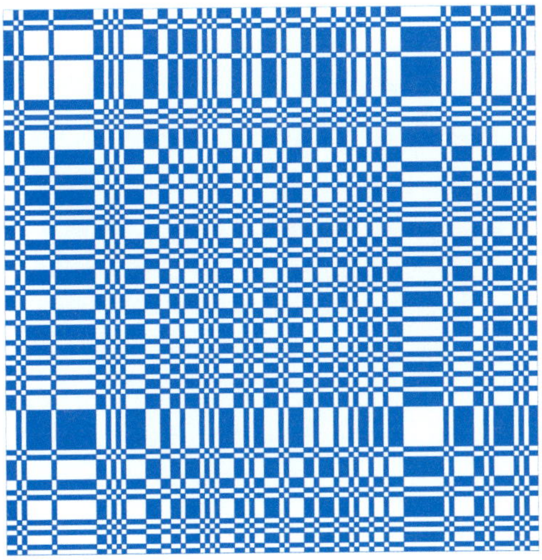	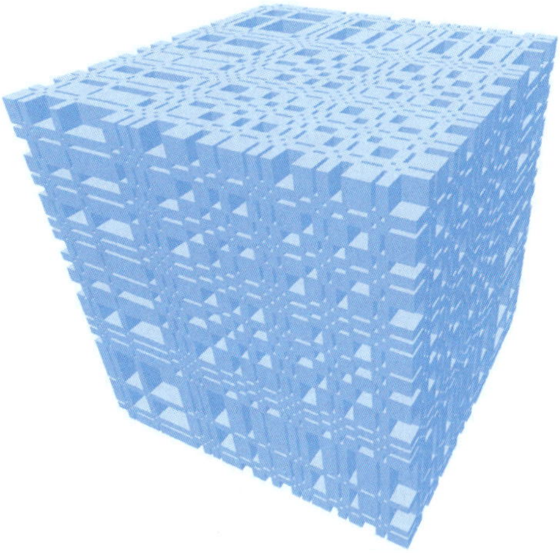

(18) $\sqrt{21}=4.5825756949558400065880471937280084889844565767679719026072 4$

가운데 부분에 있는 큰 사각형은 반복을 통해 안정감을 나타낸다.

① 1단계	② 2단계
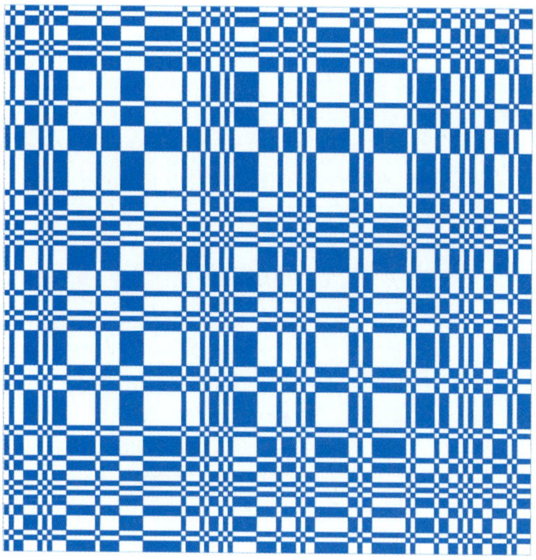	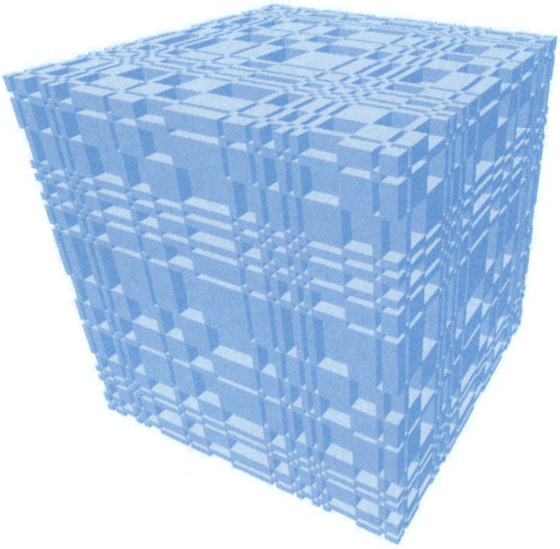

(19) $\sqrt{22}=4.6904157598234295545656301135444662805882283534117371536057$

가는 선들의 모임이 전체를 4등분한 느낌이다. 오른쪽 아래는 곡선의 부드러움이 있다.

① 1단계	② 2단계
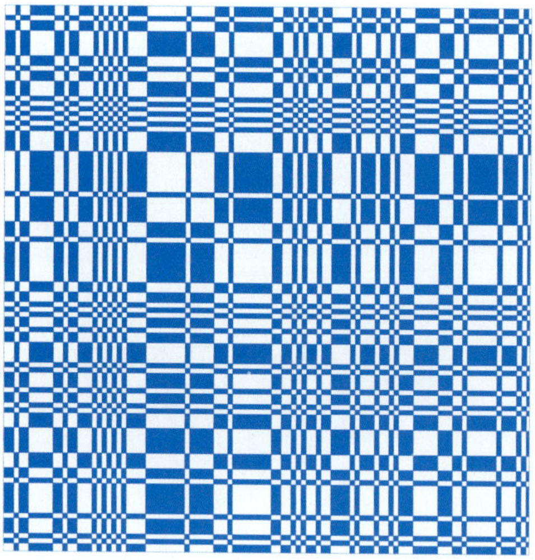	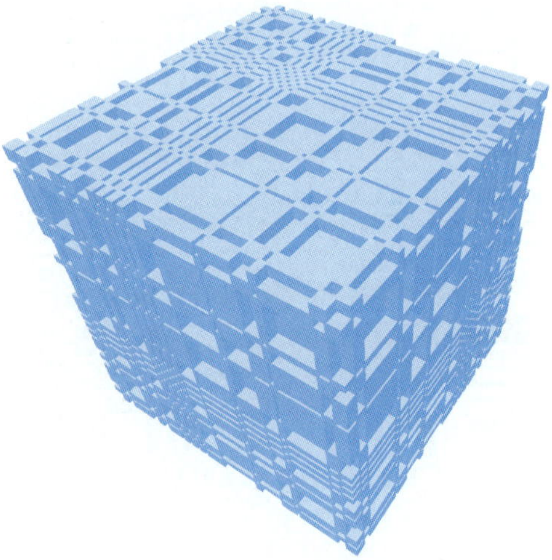

(20) $\sqrt{23} = 4.79583152331271954159743806416269391999670704190412934648531$

시작부분은 비슷한 크기의 사각형으로 정적이고 오른쪽 아래는 크기의 변화로 동적이다.

① 1단계	② 2단계
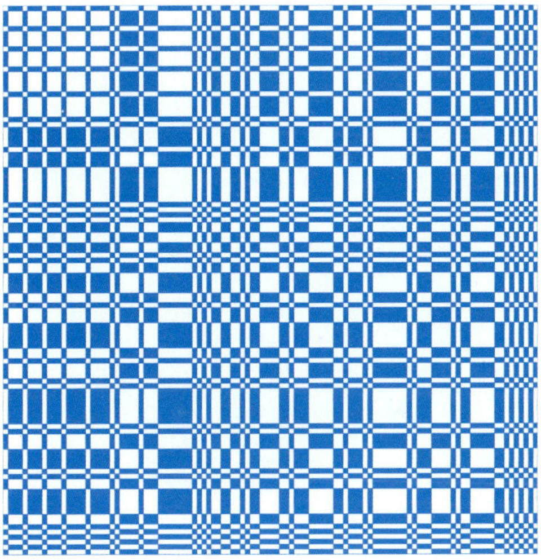	

(21) $\sqrt{24} = 4.89897948556635619639456814941178278393189496131334025686539$

크기가 작은 사각형의 반복으로 단순함과 지루함이 있다.

① 1단계	② 2단계
	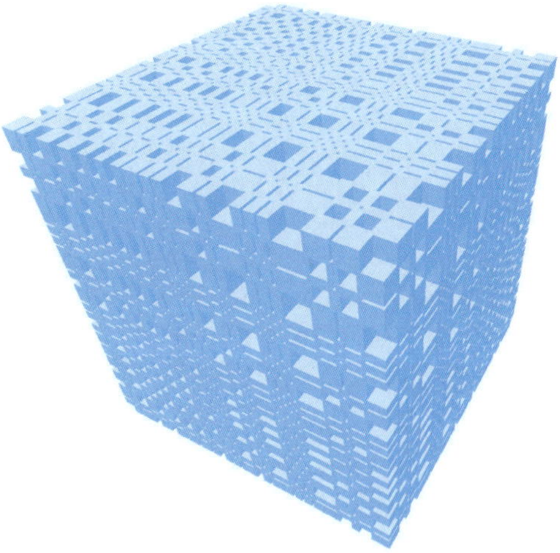

(22) $\sqrt{26}=5.0990195135927848300282241090227819895637709460995964075849 7$

3등분의 비례를 보이고, 왼쪽과 위쪽은 정적이며, 가운데부터 오른쪽은 동적이다.

① 1단계	② 2단계
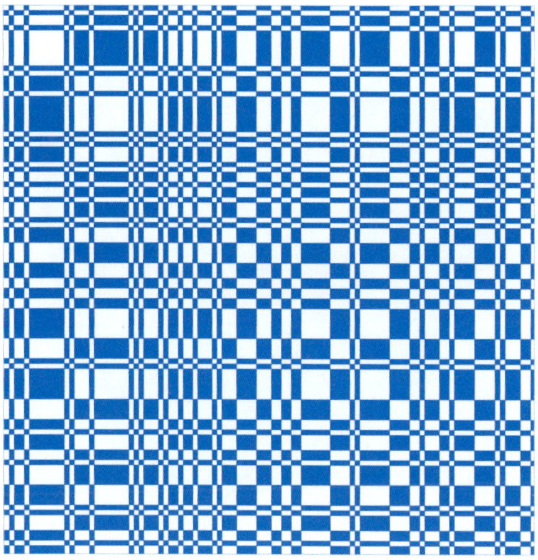	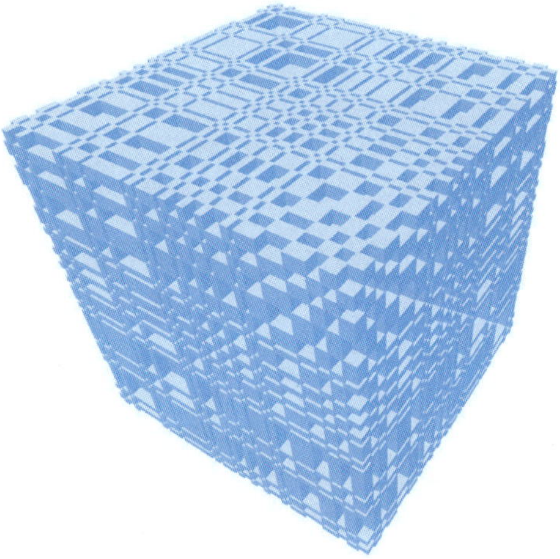

(23) $\sqrt{27}=5.196152422706631880582339024517617100828415761431141884167 42$

가운데에서 오른쪽으로 갈수록 곡면의 부드러움이 나타난다.

① 1단계	② 2단계
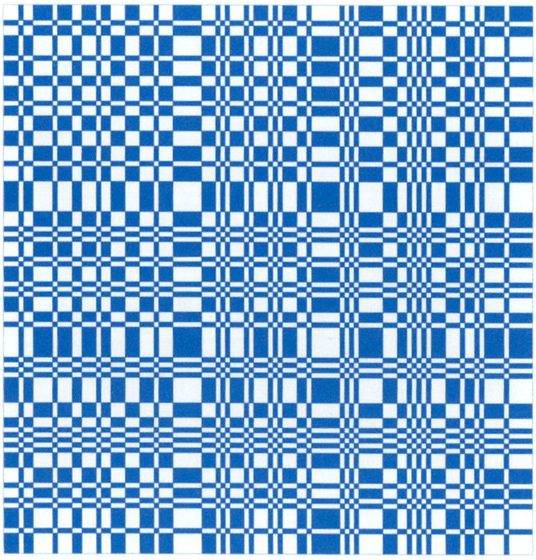	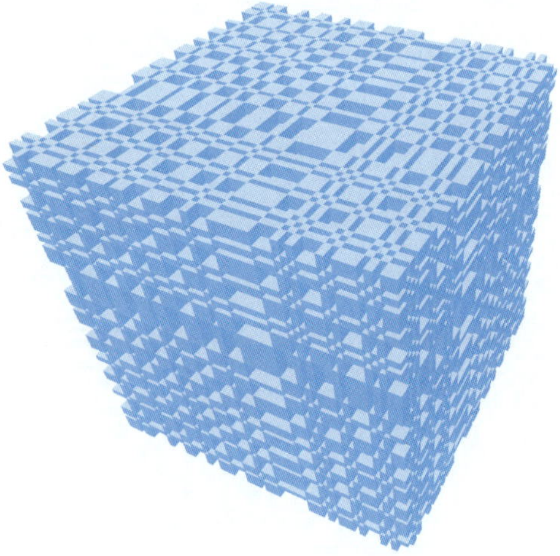

(24) $\sqrt{28}=5.2915026221291811810032315072785208514205183661649003607366 7$

대칭의 느낌을 통하여 안정감을 가진다. 작은 사각형의 반복으로 지루함이 있다.

① 1단계	② 2단계

5) $\sqrt{29}=5.385164807134504031250710491540329556295120161644788837680 39$

작은 사각형들이 곡선을 이루는 것과 사각형의 정적인 모습이 대비를 이룬다.

① 1단계	② 2단계
	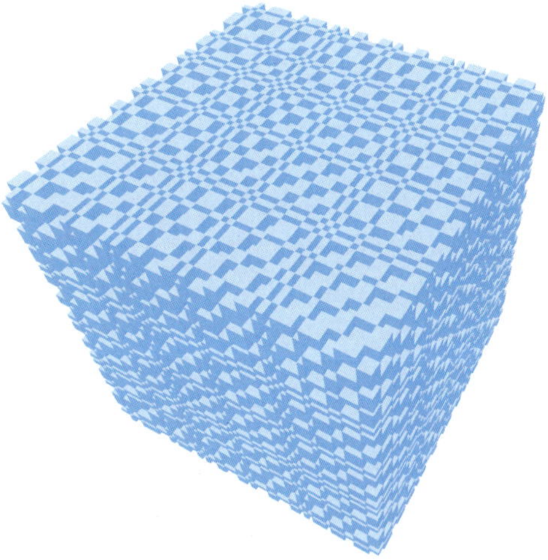

(26) $\sqrt{30}=5.4772255750516611345696978280080213395274469499798325422689$4

굵은 선을 통해 전체를 나눈다. 세밀한 선들을 통해 또 다시 나눈다. 반복과 변화의 리듬.

① 1단계	② 2단계
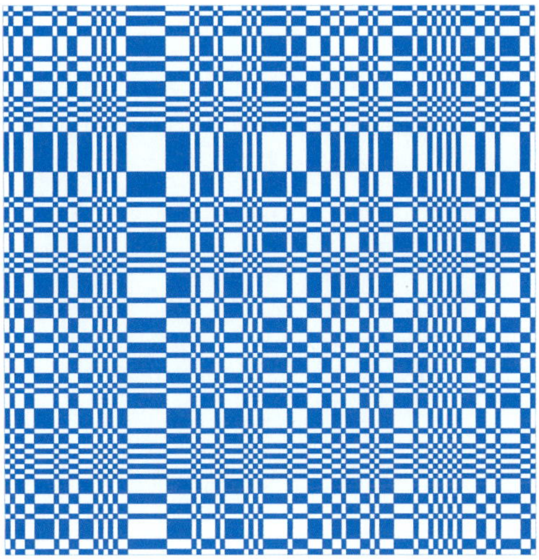	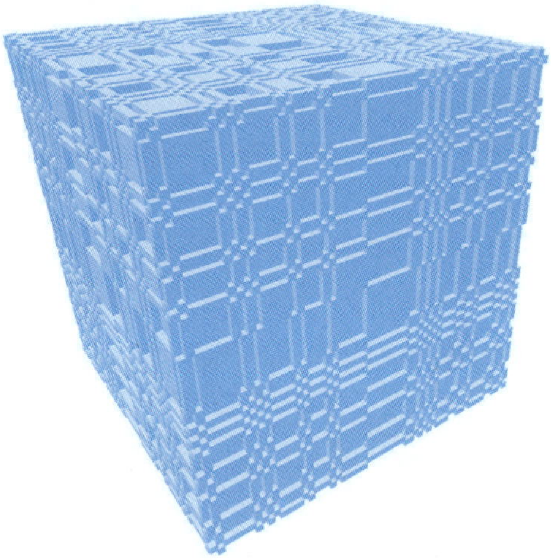

(27) $\sqrt{31}=5.567764362830021922119471298918549520476393377570414303968$43

굵은 선들이 시원하게 전체를 균형있게 나눈다. 부분 부분의 꿈틀거림을 볼 수 있다.

① 1단계	② 2단계
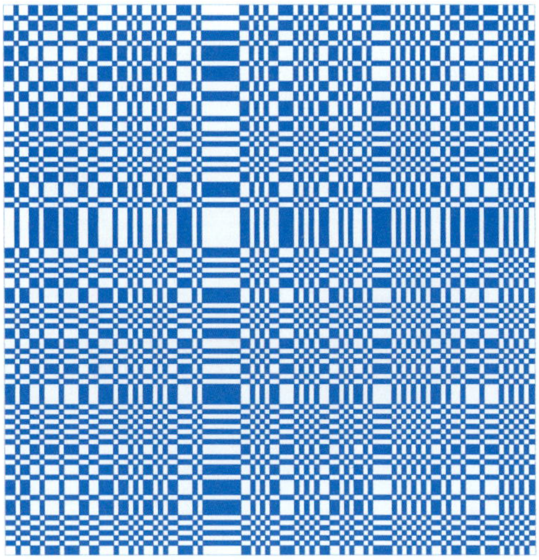	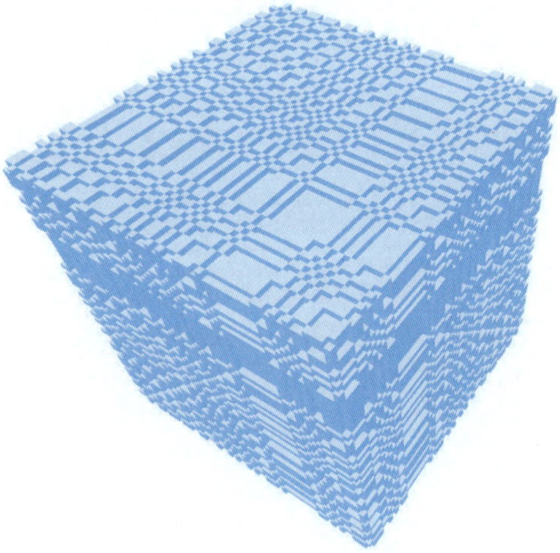

(28) $\sqrt{32}=5.6568542494923801952067548968387923142786875015077922927067 2$

전체를 균일한 크기로 나누고 있다. 물이 퍼져 나가는 것처럼 느린 움직임을 본다.

① 1단계	② 2단계
	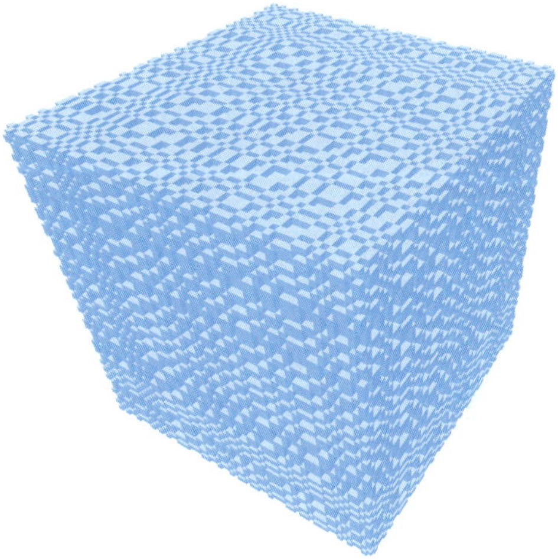

(29) $\sqrt{33}=5.744562646538028659850611468218929318220264457982792367699 88$

오른쪽으로 갈수록 변화 크기가 세밀해 진다. 굵은 선을 중심으로 곡선으로 느껴진다.

① 1단계	② 2단계
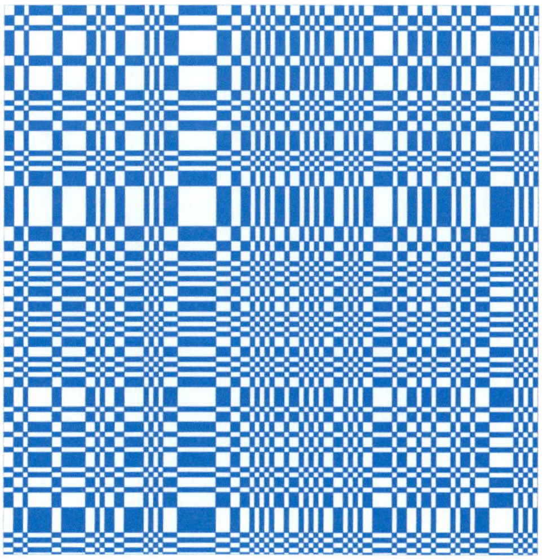	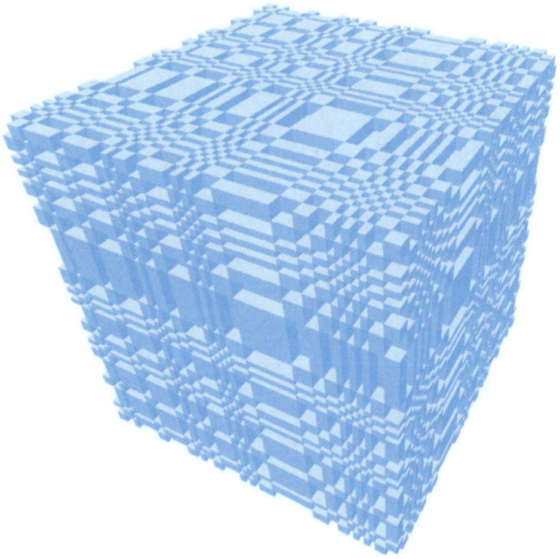

(30) $\sqrt{34} = 5.830951894845300470874152877545583076521398334885971954450 01$

가는 선들의 모임을 통해 전체를 분할하는 비례를 본다. 비슷한 크기로 안정감이 있다.

① 1단계	② 2단계
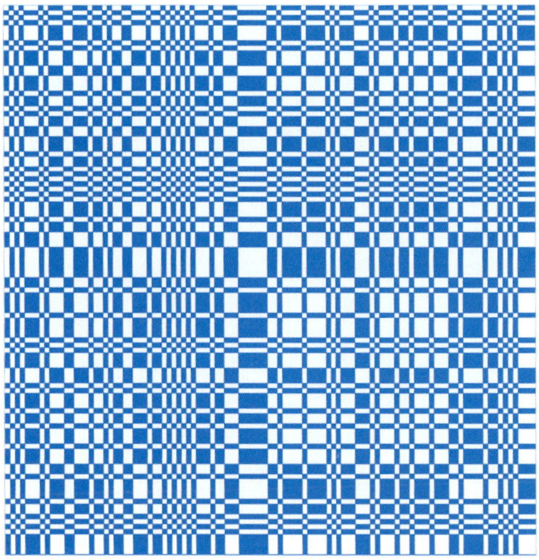	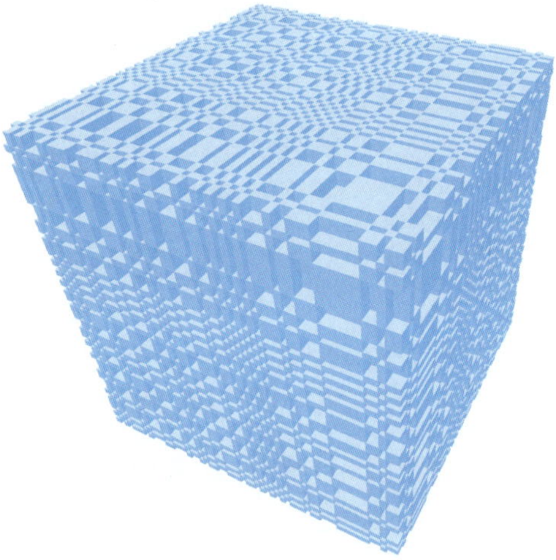

(31) $\sqrt{35} = 5.9160797830996160425673282915616170484155012307943403228797 2$

가는 선들의 묶음을 통해 전체적으로 비슷한 크기로 있다.

① 1단계	② 2단계
	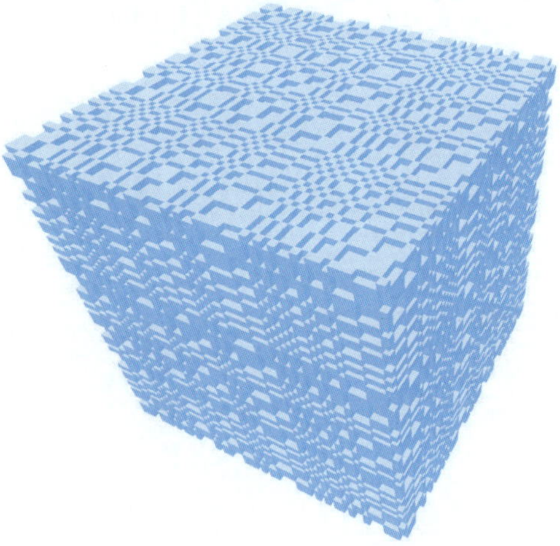

(32) $\sqrt{37} = 6.0827625302982196889996842452020670620849700947864111864191 5$

비슷한 크기의 사각형 그룹의 분할을 통해 안정감을 준다. 굵은선은 편안함을 준다.

① 1단계	② 2단계
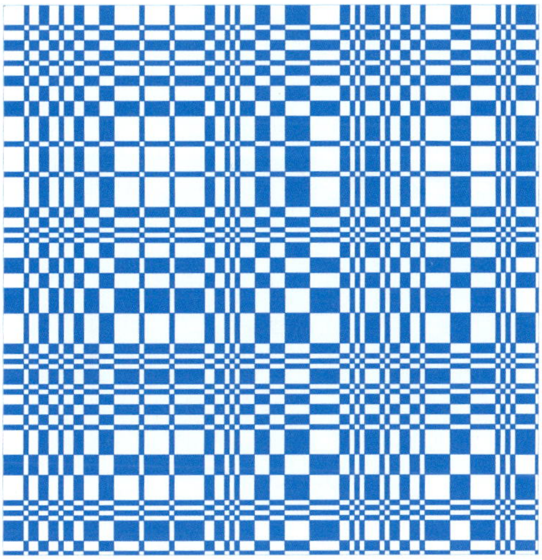	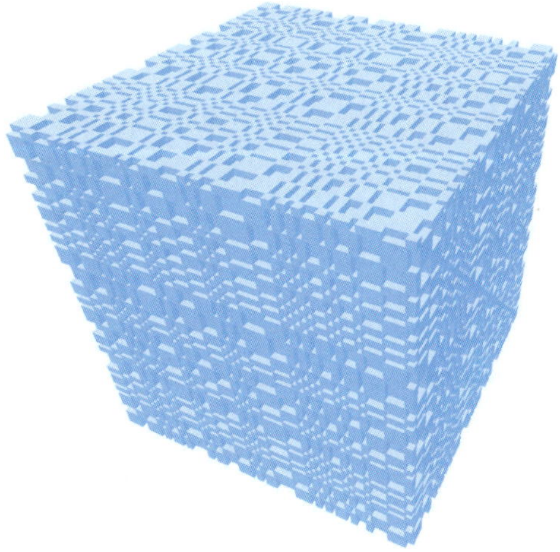

(33) $\sqrt{38} = 6.1644140029689764502501923814542442252356240234445745448745 7$

시작부분과 가운데부분이 확대된 느낌을 주다. 왼쪽과 오른쪽 가장자리의 대비가 강하다.

① 1단계	② 2단계
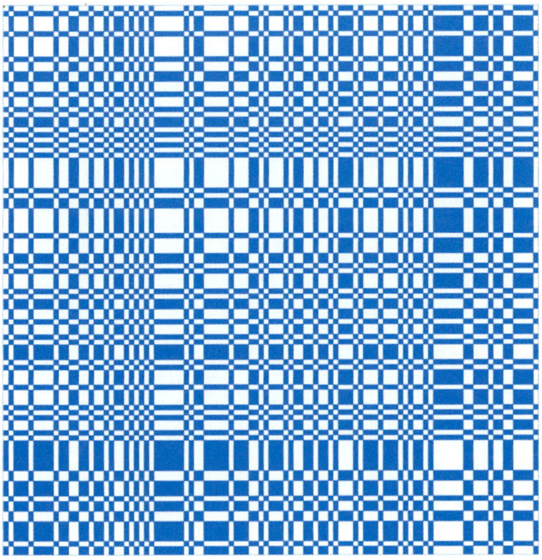	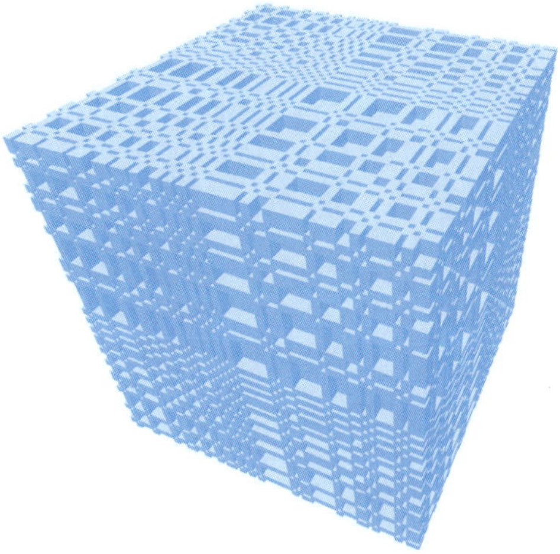

2 삼각함수로 만드는 옵티컬 아트

(1) sin1° = 0.0174524064372835125245986608337268906705395579260166094669251
전체적으로 비슷한 크기로 구성되어 안정감과 단조로움이 있다.

① 1단계	② 2단계
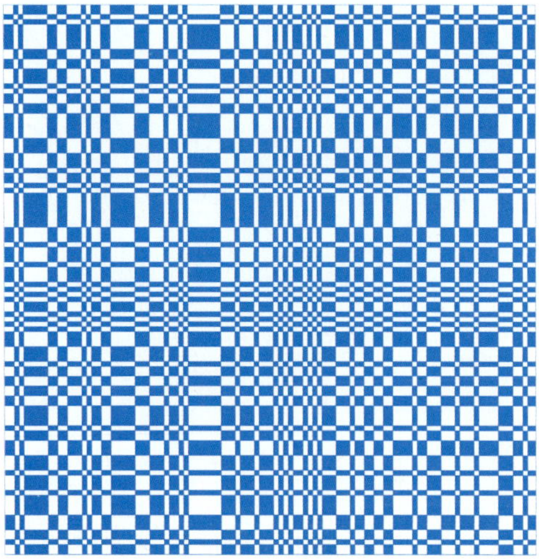	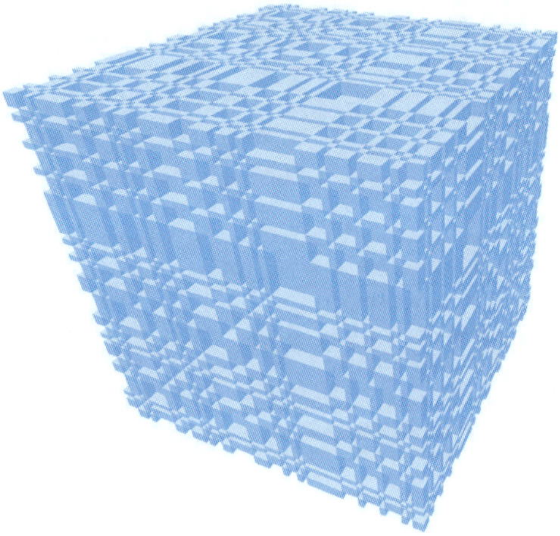

(2) sin2° = 0.0348994967025009710566239753142573122240628605719723484319492

① 1단계	② 2단계
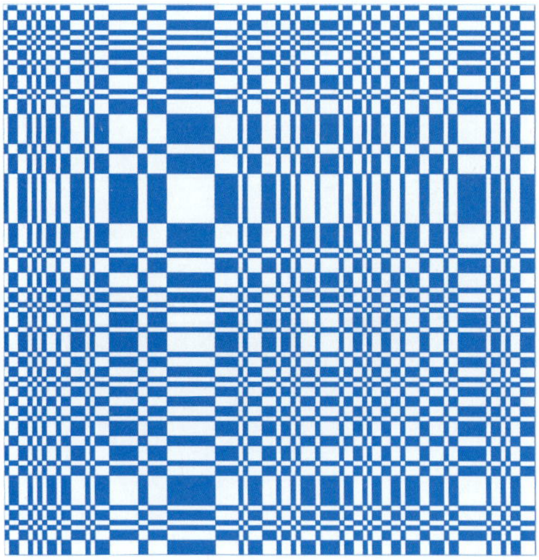	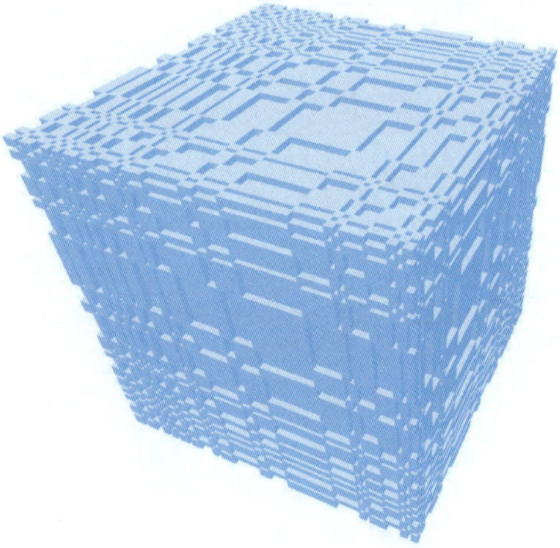

(3) $\sin 3° = 0.0523359562429438283740430605003443804773609049187205706050225$

오른쪽 가장자리는 가는 선으로 섬세함을 나타내고, 왼쪽은 굵은선으로 대비를 가진다.

① 1단계	② 2단계
	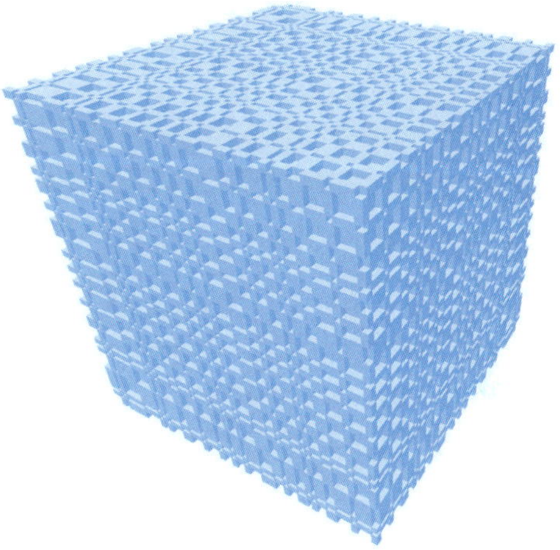

(4) $\sin 4° = 0.0697564737441252995993710343378403498591828525591467648522651$

가끔씩 있는 굵은 선들이 전체를 나눈다. 왼쪽과 위쪽부분은 입체감을 가진다.

① 1단계	② 2단계
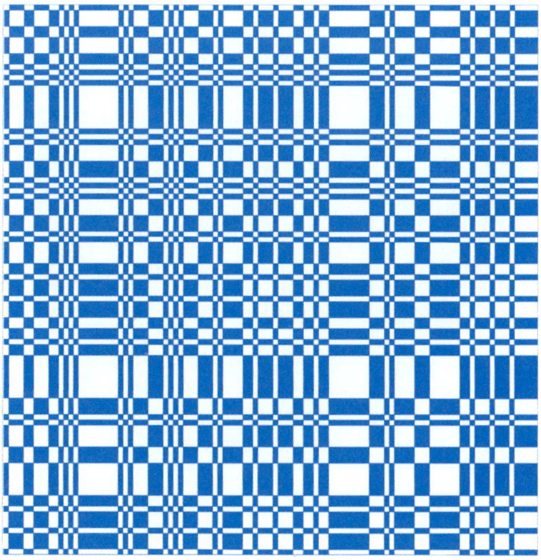	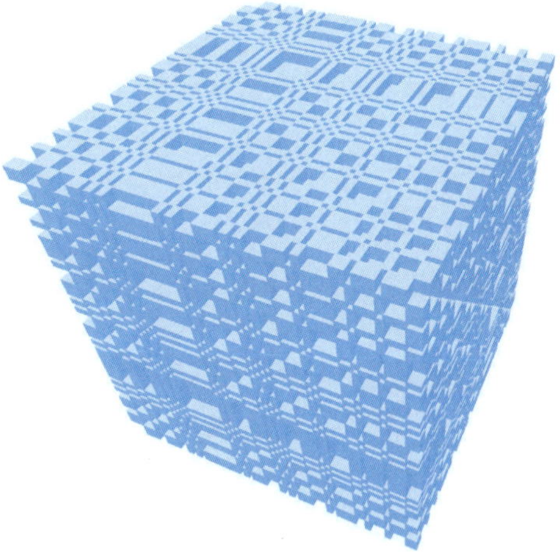

(5) $\sin 5° = 0.0871557427476581686331037326164439698594284130167152759381119$

비슷한 사각형의 반복은 안정감을 준다. 가는 선들이 세련됨을 느낀다.

① 1단계	② 2단계
	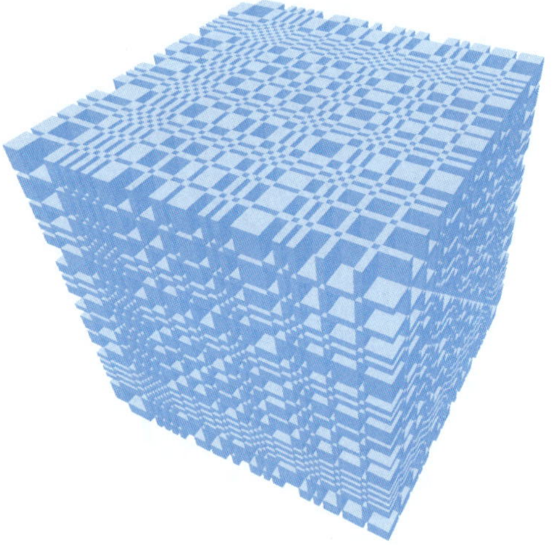

(6) $\sin 6° = 0.10452846326765346273945269062456894324787426567385013239141$

작은 사각형들의 반복이 단조로움을 준다. 위쪽과 아래쪽에서는 변화가 보인다.

① 1단계	② 2단계
	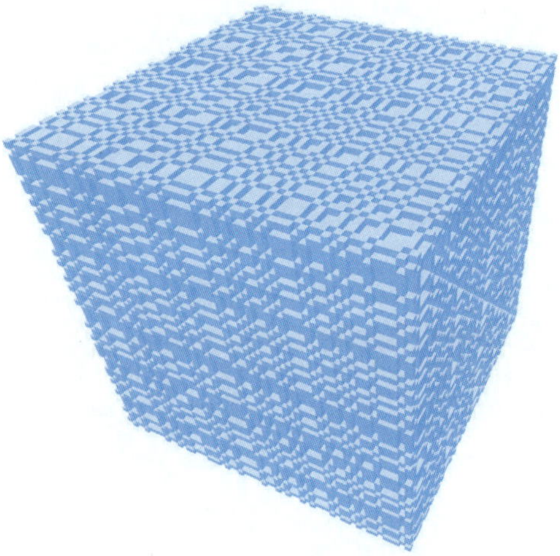

(7) $\sin 7^\circ = 0.121869343405147482507808714891947389564184884665948509101721$

왼쪽으로 오른쪽으로 진행할수록 사각형이 커진다. 복잡함과 시원함이 대비된다.

① 1단계	② 2단계
	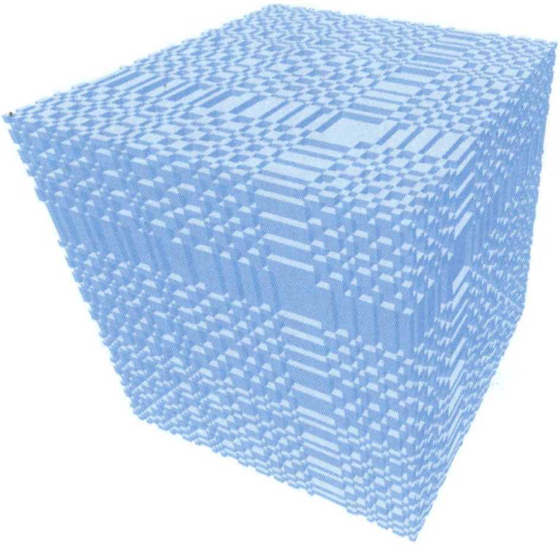

(8) $\sin 8^\circ = 0.13917310096006544177653171158594722327670223819137811878 3345$

오른쪽 하단으로 갈수록 사각형의 크기가 섬세해 진다. 단순함속에서도 비례감이 있다.

① 1단계	② 2단계
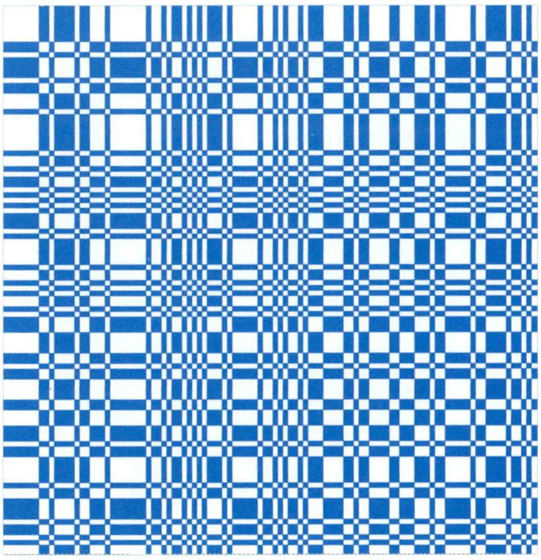	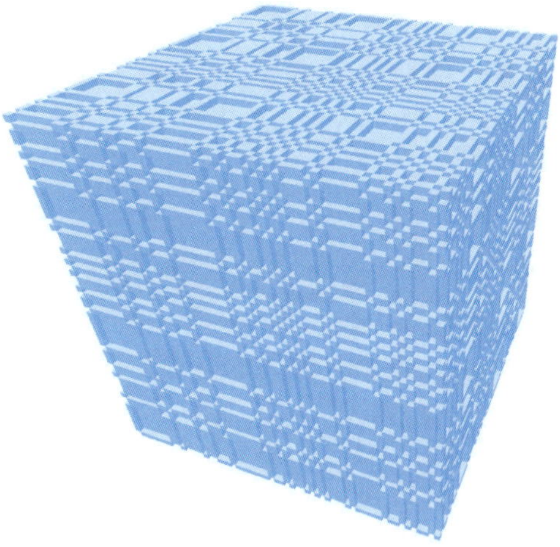

(9) $\sin 9° = 0.15643446504023086296225849511531169022680097181627149011780 4$

선의 굵기가 강하다. 가로와 세로선이 만나면서 비슷한 크기의 사각형이 나타난다.

① 1단계	② 2단계
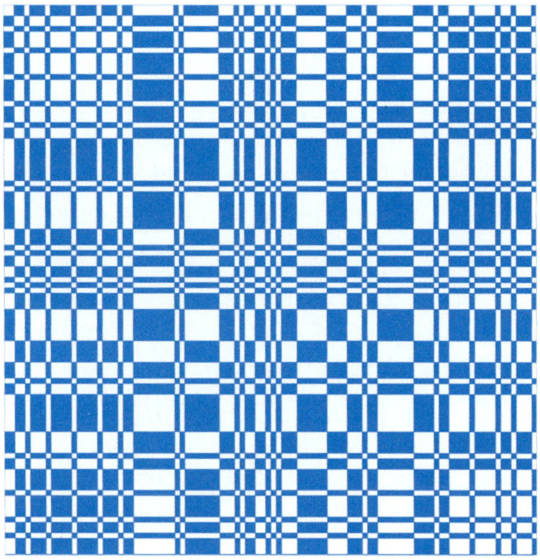	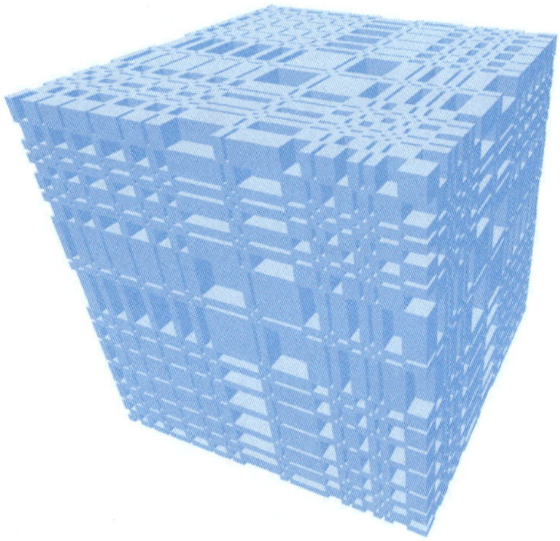

(10) $\sin 10° = 0.17364817766693033911438449561043562887810509226508764273606 9$

가운데의 세밀한 선이 전체를 나눈다. 전체적으로 여백이 부족하여 답답하다.

① 1단계	② 2단계
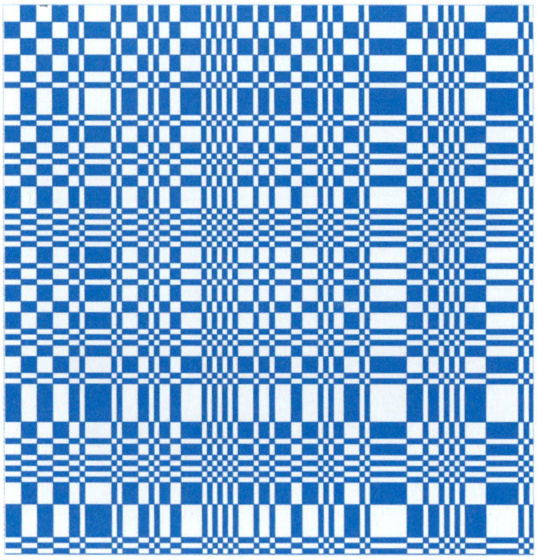	

제 4 장

수열을 이용한 디자인

$a_n = n-1,\ a_{ij} = \mathrm{mod}(a_{ij-1} + a_{i-1j} + a_{i-1j-1}, 3) = 0$ 에서 수열을 1행과 1열에 입력한 다음 세 수의 합을 구했다. 나머지 0에 색칠하였다. 색칠한 부분과 색칠하지 않은 비율은 200:625이다. 가운데 정사각형이 안정감있게 위치하고 있다.

주변에 눈에 띠는 것은 가로 세로 길이가 $\frac{1}{3}$이 되는 정사각형이다. 주위는 $\frac{1}{3}\times\frac{1}{3}$크기의 삼각형이다. 계속적으로 이러한 과정을 반복한다. 모든 방향에서 대칭을 이루기 때문에 규형감이 있다. 비례에서 있어서도 $\frac{1}{3}$씩 줄어들어서 안정감이 있다.

가장 큰 정사각형과 다음 큰 사각형의 관계가 반복됨으로 써 다음 과정을 예측할 수 있어 편안함을 준다.

자연수를 나열하여 나타나는 수학적인 아름다움을 찾는다. 세 개의 수의 합을 통해 프랙탈 도형이 나타나는 경우도 있고, 아닌 경우도 있다. 체험을 통해 느끼는 활동을 가져보자.

1 세 수의 합을 3으로 나누는 디자인

(1) $a_n = n-1$, $a_{ij} = \mathrm{mod}(a_{ij-1} + a_{i-1j} + a_{i-1j-1}, 3) = 0$

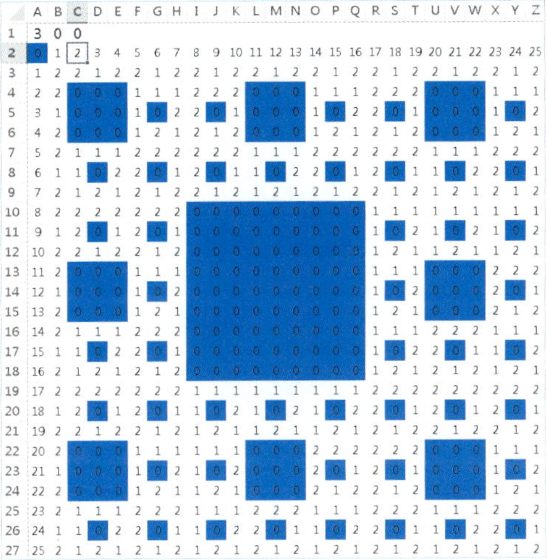

① 2행은 자연수이다.
② A열은 자연수이다.
③ B3 셀은 =MOD(A3+A2+B2,A1)이다.
④ 셀 세 개의 합을 구한 후 A1셀로 나눈다.
⑤ A2 셀은 C1셀에 연결 되어 있다.
⑥ B1의 값에 색을 칠한다.

(2) $a_n = n$, $a_{ij} = \mathrm{mod}(a_{ij-1} + a_{i-1j} + a_{i-1j-1}, 3) = 0$

① 1단계	② 2단계
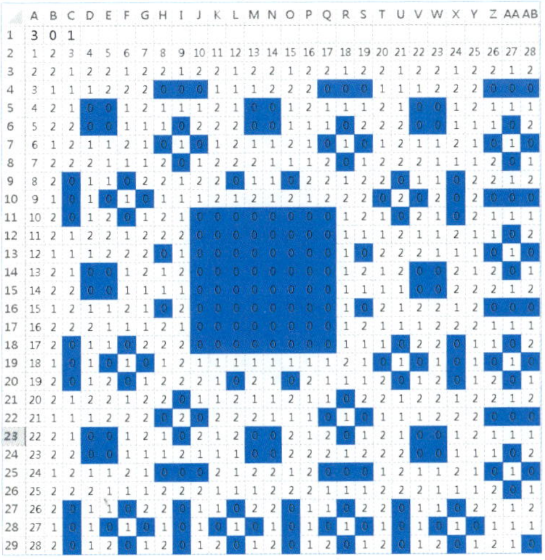	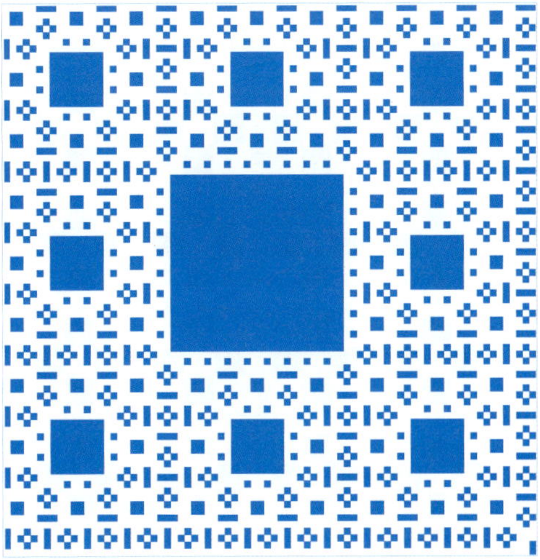

2 세 수의 합을 4로 나누는 디자인

(1) $a_n = n-1$, $a_{ij} = \mathrm{mod}(a_{ij-1} + a_{i-1j} + a_{i-1j-1},\ 4)$=0

점들의 규칙적인 반복을 통하여 단순함과 안정감을 준다.

① 1단계

4 0 0

0	1	2	3	4	5	6	7	8	9	10	11	12	13	14	15
1	2	1	2	1	2	1	2	1	2	1	2	1	2	1	2
2	1	0	3	2	1	0	3	2	1	0	3	2	1	0	3
3	2	3	2	3	2	3	2	3	2	3	2	3	2	3	2
4	1	2	3	0	1	2	3	0	1	2	3	0	1	2	3
5	2	1	2	1	2	1	2	1	2	1	2	1	2	1	2
6	1	0	3	2	1	0	3	2	1	0	3	2	1	0	3
7	2	3	2	3	2	3	2	3	2	3	2	3	2	3	2
8	1	2	3	0	1	2	3	0	1	2	3	0	1	2	3
9	2	1	2	1	2	1	2	1	2	1	2	1	2	1	2
10	1	0	3	2	1	0	3	2	1	0	3	2	1	0	3
11	2	3	2	3	2	3	2	3	2	3	2	3	2	3	2
12	1	2	3	0	1	2	3	0	1	2	3	0	1	2	3
13	2	1	2	1	2	1	2	1	2	1	2	1	2	1	2
14	1	0	3	2	1	0	3	2	1	0	3	2	1	0	3

② 2단계

(2) $a_n = n$, $a_{ij} = \mathrm{mod}(a_{ij-1} + a_{i-1j} + a_{i-1j-1}, 4)$ =0

4개의 사각형이 반복을 약간의 변화가 있지만 단순함이 나타난다.

① 1단계

4 0 1

1	2	3	4	5	6	7	8	9	10	11	12	13	14	15	16	17	18
2	1	2	1	2	1	2	1	2	1	2	1	2	1	2	1	2	1
3	2	1	0	3	2	1	0	3	2	1	0	3	2	1	0	3	2
4	1	0	1	0	1	0	1	0	1	0	1	0	1	0	1	0	1
5	2	3	0	1	2	3	0	1	2	3	0	1	2	3	0	1	2
6	1	2	1	2	1	2	1	2	1	2	1	2	1	2	1	2	1
7	2	1	0	3	2	1	0	3	2	1	0	3	2	1	0	3	2
8	1	0	1	0	1	0	1	0	1	0	1	0	1	0	1	0	1
9	2	3	0	1	2	3	0	1	2	3	0	1	2	3	0	1	2
10	1	2	1	2	1	2	1	2	1	2	1	2	1	2	1	2	1
11	2	1	0	3	2	1	0	3	2	1	0	3	2	1	0	3	2
12	1	0	1	0	1	0	1	0	1	0	1	0	1	0	1	0	1
13	2	3	0	1	2	3	0	1	2	3	0	1	2	3	0	1	2
14	1	2	1	2	1	2	1	2	1	2	1	2	1	2	1	2	1
15	2	1	0	3	2	1	0	3	2	1	0	3	2	1	0	3	2
16	1	0	1	0	1	0	1	0	1	0	1	0	1	0	1	0	1
17	2	3	0	1	2	3	0	1	2	3	0	1	2	3	0	1	2
18	1	2	1	2	1	2	1	2	1	2	1	2	1	2	1	2	1

② 2단계

3 세 수의 합을 5로 나누는 디자인

(1) $a_n = n$, $a_{ij} = \mathrm{mod}(a_{ij-1} + a_{i-1j} + a_{i-1j-1}, 5) = 0$

가운데 나타나는 큰 도형의 반복이 주위에서 나타난다. 반복과 변화가 함께 나타난다.

① 1단계

5	0	1																					
1	2	3	4	5	6	7	8	9	10	11	12	13	14	15	16	17	18	19	20	21	22	23	24
2	0	0	2	1	2	0	0	2	1	2	0	0	2	1	2	0	0	2	1	2	0	0	2
3	0	0	2	0	3	0	0	2	0	3	0	0	2	0	3	0	0	2	0	3	0	0	2
4	2	2	4	1	4	2	2	4	1	4	2	2	4	1	4	2	2	4	1	4	2	2	4
5	1	0	1	1	1	2	1	2	2	2	3	2	3	3	3	4	3	4	4	4	0	4	0
6	2	3	4	1	3	1	4	2	1	0	0	0	0	1	2	4	1	3	1	4	3	2	1
7	0	0	2	2	1	0	0	1	4	0	0	0	0	1	4	0	0	4	3	3	0	0	3
8	0	0	2	1	4	0	0	1	1	0	0	0	0	1	1	0	0	4	1	2	0	0	3
9	2	2	4	2	2	1	1	2	4	0	0	0	0	1	3	4	4	3	3	1	3	3	1
10	1	0	1	2	1	4	1	4	0	4	4	4	4	0	4	1	4	1	2	1	0	1	0
11	2	3	4	2	0	0	0	0	4	3	1	4	2	1	0	0	0	0	3	1	2	3	4
12	0	0	2	3	0	0	0	0	4	1	0	0	1	4	0	0	0	0	3	2	0	0	2
13	0	0	2	2	0	0	0	0	4	4	0	0	1	1	0	0	0	0	3	3	0	0	2
14	2	2	4	3	0	0	0	0	4	2	1	1	2	4	0	0	0	0	3	4	2	2	4
15	1	0	1	3	1	1	1	1	0	1	4	1	4	0	4	4	4	4	2	4	0	4	0
16	2	3	4	3	2	4	1	3	4	0	0	0	0	4	3	1	4	2	3	4	3	2	1
17	0	0	2	4	4	0	0	4	1	0	0	0	0	4	1	0	0	1	1	3	0	0	3
18	0	0	2	3	1	0	0	4	4	0	0	0	0	4	4	0	0	1	3	2	0	0	3
19	2	2	4	4	3	4	4	3	1	0	0	0	0	4	2	1	1	2	1	1	3	3	1
20	1	0	1	4	1	3	1	3	2	3	3	3	3	2	3	1	3	1	4	1	0	1	0
21	2	3	4	4	4	3	2	1	1	1	2	3	4	4	4	3	2	1	1	1	2	3	4
22	0	0	2	0	3	0	0	3	0	2	0	0	2	0	3	0	0	3	0	2	0	0	2
23	0	0	2	4	2	0	0	3	1	3	0	0	2	4	2	0	0	3	1	3	0	0	2
24	2	2	4	0	1	3	3	1	0	4	2	2	4	0	1	3	3	1	0	4	2	2	4

② 2단계

(2) $a_n = n + 3$, $a_{ij} = \mathrm{mod}(a_{ij-1} + a_{i-1j} + a_{i-1j-1}, 4) = 0$

규칙적인 반복을 통하여 단순함을 벗어나 변화와 균형을 이룬다.

① 1단계

5	0	4																					
4	5	6	7	8	9	10	11	12	13	14	15	16	17	18	19	20	21	22	23	24	25	26	27
5	4	0	3	3	0	4	0	3	3	0	4	0	3	3	0	4	0	3	3	0	4	0	3
6	0	4	2	3	1	0	4	2	3	1	0	4	2	3	1	0	4	2	3	1	0	4	2
7	3	2	3	3	2	3	2	3	3	2	3	2	3	3	2	3	2	3	3	2	3	2	3
8	3	3	3	4	4	4	4	4	0	0	0	0	0	1	1	1	1	1	2	2	2	2	2
9	0	1	2	4	2	0	3	1	0	0	0	0	0	1	3	0	2	4	2	1	0	4	3
10	4	0	3	4	0	2	0	4	0	0	0	0	0	1	0	3	0	1	2	0	1	0	2
11	0	4	2	4	3	0	2	1	0	0	0	0	0	1	2	0	3	4	2	4	0	1	3
12	3	2	3	4	1	4	1	4	0	0	0	0	0	1	4	1	4	1	2	3	2	3	2
13	3	3	3	0	0	0	0	0	4	4	4	4	4	0	0	0	0	0	3	3	3	3	3
14	0	1	2	0	0	0	0	0	4	2	0	3	1	0	0	0	0	0	3	4	0	1	2
15	4	0	3	0	0	0	0	0	4	0	2	0	4	0	0	0	0	0	3	0	4	0	3
16	0	4	2	0	0	0	0	0	4	3	0	2	1	0	0	0	0	0	3	1	0	4	2
17	3	2	3	0	0	0	0	0	4	1	4	1	4	0	0	0	0	0	3	2	3	2	3
18	3	3	3	1	1	1	1	1	0	0	0	0	0	4	4	4	4	4	2	2	2	2	2
19	0	1	2	1	3	0	2	4	0	0	0	0	0	4	2	0	3	1	2	1	0	4	3
20	4	0	3	1	0	3	0	1	0	0	0	0	0	4	0	2	0	4	2	0	1	0	2
21	0	4	2	1	2	0	3	4	0	0	0	0	0	4	3	0	2	1	2	4	0	1	3
22	3	2	3	1	4	1	4	1	0	0	0	0	0	4	1	4	1	4	2	3	2	3	2
23	3	3	3	2	2	2	2	2	3	3	3	3	3	2	2	2	2	2	3	3	3	3	3
24	0	1	2	2	1	0	4	3	3	4	0	1	2	2	1	0	4	3	3	4	0	1	2
25	4	0	3	2	0	1	0	2	3	0	4	0	3	2	0	1	0	2	3	0	4	0	3
26	0	4	2	2	4	0	1	3	3	1	0	4	2	2	4	0	1	3	3	1	0	4	2
27	3	2	3	2	3	2	3	2	3	2	3	2	3	2	3	2	3	2	3	2	3	2	3

② 2단계

4 세 수의 합을 6으로 나누는 디자인

(1) $a_n = n-1$, $a_{ij} = \mathrm{mod}(a_{ij-1} + a_{i-1j} + a_{i-1j-1}, 6) = 0$

가운데 있는 사각형이 단조롭지만 주위로 갈수록 작아지므로 변화와 통일감이 있다.

① 1단계

6	0	0																							
0	1	2	3	4	5	6	7	8	9	10	11	12	13	14	15	16	17	18	19	20	21	22	23	24	25
1	2	5	4	5	2	1	2	5	4	5	2	1	2	5	4	5	2	1	2	5	4	5	2	1	2
2	5	0	3	0	1	4	1	2	5	2	3	0	3	4	1	4	5	2	5	0	3	0	1	4	1
3	4	3	0	3	4	3	2	5	0	1	0	3	0	1	0	5	2	3	4	3	0	3	4	3	2
4	5	0	3	0	1	2	1	2	1	2	3	0	3	4	5	4	5	4	5	0	3	0	1	2	1
5	2	1	4	1	2	5	2	5	2	5	4	1	4	5	2	5	2	5	2	1	4	1	2	5	2
6	1	4	3	2	5	0	1	2	3	4	1	0	5	2	3	4	5	0	1	4	3	2	5	0	1
7	2	1	2	1	2	1	2	5	4	5	4	5	4	5	4	5	2	1	2	1	2	1	2	1	2
8	5	2	5	2	5	2	5	0	3	0	3	0	3	0	3	0	1	4	1	4	1	4	1	4	1
9	4	5	0	1	2	3	4	3	0	3	0	3	0	3	0	3	4	3	2	1	0	5	4	3	2
10	5	2	1	2	5	4	5	0	3	0	3	0	3	0	3	0	1	2	1	4	5	4	1	2	1
11	2	3	0	3	4	1	4	3	0	3	0	3	0	3	0	3	4	1	4	3	0	3	2	5	2
12	1	0	3	0	1	0	5	0	3	0	3	0	3	0	3	0	1	0	5	0	3	0	5	0	1
13	2	3	0	3	4	5	4	3	0	3	0	3	0	3	0	3	4	5	4	3	0	3	2	1	2
14	5	4	1	4	5	2	5	0	3	0	3	0	3	0	3	0	1	4	1	2	5	2	1	4	1
15	4	1	0	5	2	3	4	3	0	3	0	3	0	3	0	3	4	3	2	5	0	1	4	3	2
16	5	4	5	4	5	4	5	0	3	0	3	0	3	0	3	0	1	2	1	2	1	2	1	2	1
17	2	5	2	5	2	5	2	1	4	1	4	1	4	1	4	1	2	5	2	5	2	5	2	5	2
18	1	2	3	4	5	0	1	4	3	2	1	0	5	4	3	2	5	0	1	2	3	4	5	0	1
19	2	5	4	5	2	1	2	1	2	1	4	5	4	1	2	1	2	1	2	5	4	5	2	1	2
20	5	0	3	0	1	4	1	4	1	4	3	0	3	2	5	2	5	2	5	0	3	0	1	4	1
21	4	3	0	3	4	3	2	1	0	5	0	3	0	5	0	1	2	3	4	3	0	3	4	3	2
22	5	0	3	0	1	2	1	4	5	4	3	0	3	2	1	2	5	4	5	0	3	0	1	2	1
23	2	1	4	1	2	5	2	1	4	1	2	5	2	1	4	1	2	5	2	1	4	1	2	5	2
24	1	4	3	2	5	0	1	4	3	2	5	0	1	4	3	2	5	0	1	4	3	2	5	0	1
25	2	1	2	1	2	1	2	1	2	1	2	1	2	1	2	1	2	1	2	1	2	1	2	1	2

② 2단계

(2) $a_n = n$, $a_{ij} = \mathrm{mod}(a_{ij-1} + a_{i-1j} + a_{i-1j-1}, 6) = 0$

정사각형을 둘러싼 타원의 모양이 부드러움을 가지고 정사각형과 대비를 가진다.

① 1단계

6	0	1																								
1	2	3	4	5	6	7	8	9	10	11	12	13	14	15	16	17	18	19	20	21	22	23	24	25	26	27
2	5	4	5	2	1	2	5	4	5	2	1	2	5	4	5	2	1	2	5	4	5	2	1	2	5	4
3	4	1	4	5	2	5	0	3	0	1	4	1	2	5	2	3	0	3	4	1	4	5	2	5	0	3
4	5	4	3	0	1	2	1	4	1	2	1	0	3	4	5	4	1	4	5	4	3	0	1	2	1	4
5	2	5	0	3	4	1	4	3	2	5	2	3	0	1	4	1	0	5	2	5	0	3	4	1	4	3
6	1	2	1	4	5	4	3	4	3	4	5	4	1	2	1	0	1	0	1	2	1	4	5	4	3	4
7	2	5	2	1	4	1	2	3	4	5	2	5	4	1	4	5	0	1	2	5	2	1	4	1	2	3
8	5	0	1	4	3	2	5	4	5	2	3	4	1	0	5	2	1	2	5	0	1	4	3	2	5	4
9	4	3	4	3	4	3	4	1	4	5	4	5	4	5	4	5	2	5	0	5	0	5	0	5	0	3
10	5	0	1	2	3	4	5	4	3	0	3	0	3	0	3	0	1	2	1	0	5	4	3	2	1	4
11	2	1	2	5	4	5	2	5	0	3	0	3	0	3	0	3	4	1	4	5	4	1	2	1	4	3
12	1	4	1	2	5	2	3	4	3	0	3	0	3	0	3	0	1	0	5	2	5	4	1	4	3	4
13	2	1	0	3	4	5	4	5	0	3	0	3	0	3	0	3	4	5	4	5	0	3	2	1	2	3
14	5	2	3	0	1	4	1	4	3	0	3	0	3	0	3	0	1	4	1	4	3	0	5	2	5	4
15	4	5	4	1	2	1	0	5	0	3	0	3	0	3	0	3	4	3	2	1	2	5	4	5	0	3
16	5	2	5	4	1	4	5	4	3	0	3	0	3	0	3	0	1	2	1	4	1	2	5	2	1	4
17	2	3	4	1	0	5	2	5	0	3	0	3	0	3	0	3	4	1	4	3	2	5	0	1	4	3
18	1	0	1	0	1	0	1	2	1	4	1	4	1	4	1	4	5	4	3	4	3	4	3	4	3	4
19	2	3	4	5	0	1	2	5	2	1	0	5	4	3	2	1	4	1	2	3	4	5	0	1	2	3
20	5	4	5	2	1	2	5	0	1	4	5	4	1	2	1	4	3	2	5	4	5	2	1	2	5	4
21	4	1	4	5	2	5	0	5	0	5	2	5	4	1	4	3	4	3	4	1	4	5	2	5	0	3
22	5	4	3	0	1	2	1	0	5	4	5	0	3	2	1	2	3	4	5	4	3	0	1	2	1	4
23	2	5	0	3	4	1	4	5	4	1	4	3	0	5	2	5	4	5	2	5	0	3	4	1	4	3
24	1	2	1	4	5	4	3	0	3	2	1	2	5	4	5	0	3	0	1	2	1	4	5	4	3	4
25	2	5	2	1	4	1	2	5	2	1	4	1	2	5	2	1	4	1	2	5	2	1	4	1	2	3
26	5	0	1	4	3	2	5	0	1	4	3	2	5	0	1	4	3	2	5	0	1	4	3	2	5	4

② 2단계 첫 번째 종류

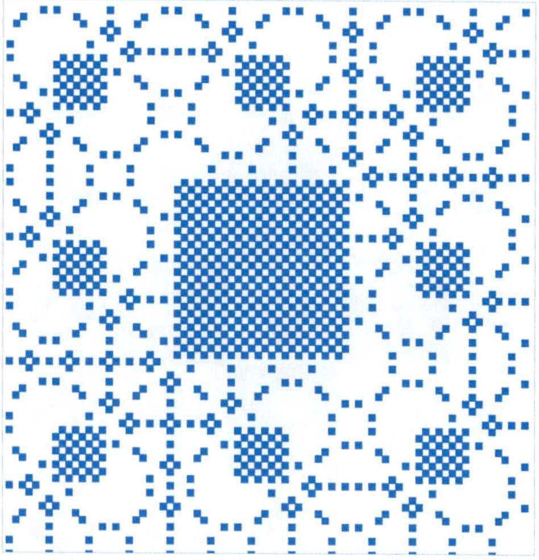

① 2단계 두 번째 종류	② 2단계 세 번째 종류
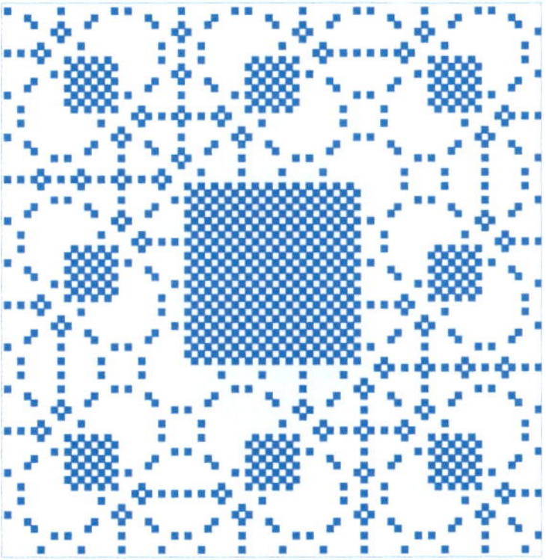	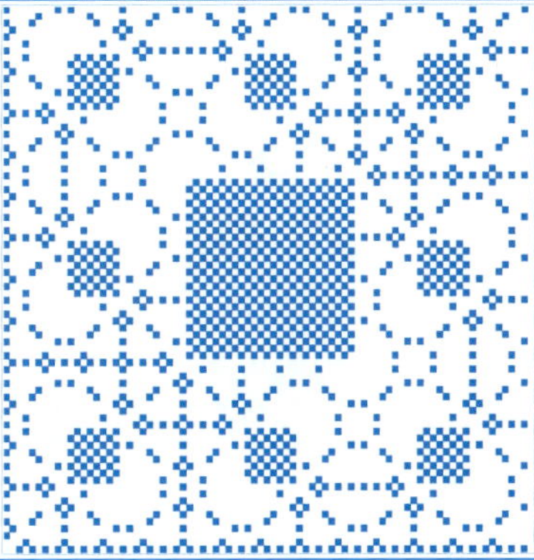

③ 3단계

(3) $a_n = n+1,\ a_{ij} = \mathrm{mod}(a_{ij-1} + a_{i-1j} + a_{i-1j-1}, 6) = 0$

① 1단계

2	3	4	5	6	7	8	9	10	11	12	13	14	15	16	17	18	19	20	21	22	23	24	25	26	27	28
3	2	3	0	5	0	3	2	3	0	5	0	3	2	3	0	5	0	3	2	3	0	5	0	3	2	3
4	3	2	5	4	3	0	5	4	1	0	5	2	1	0	3	2	1	4	3	2	5	4	3	0	5	4
5	0	5	0	3	4	1	0	3	2	3	2	3	0	1	4	3	0	5	0	5	0	3	4	1	0	3
6	5	4	3	0	1	0	1	4	3	2	1	0	3	4	3	4	1	0	5	4	3	0	1	0	1	4
7	0	3	4	1	2	3	4	3	4	3	0	1	4	5	0	1	0	1	0	3	4	1	2	3	4	3
8	3	0	1	0	3	2	3	4	5	0	3	4	3	0	5	0	1	2	3	0	1	0	3	2	3	4
9	2	5	0	1	4	3	2	3	0	5	2	3	4	1	0	5	0	3	2	5	0	1	4	3	2	3
10	3	4	3	4	3	4	3	2	5	4	5	4	5	4	5	4	3	0	5	0	5	0	5	0	5	4
11	0	1	2	3	4	5	0	5	0	3	0	3	0	3	0	3	4	1	0	5	4	3	2	1	0	3
12	5	0	3	2	3	0	5	4	3	0	3	0	3	0	3	0	1	0	1	0	3	4	3	0	1	4
13	0	5	2	1	0	3	2	5	0	3	0	3	0	3	0	3	4	5	0	1	4	5	0	3	4	3
14	3	2	3	0	1	4	3	4	3	0	3	0	3	0	3	0	1	4	3	4	3	0	5	2	3	4
15	2	1	0	3	4	3	4	5	0	3	0	3	0	3	0	3	4	3	4	5	0	3	2	3	2	3
16	3	0	1	4	5	0	1	4	3	0	3	0	3	0	3	0	1	2	3	0	5	2	1	0	5	4
17	0	3	4	3	0	5	0	5	0	3	0	3	0	3	0	3	4	1	0	3	2	3	0	1	0	3
18	5	2	3	4	1	0	5	4	3	0	3	0	3	0	3	0	1	0	1	4	3	2	5	0	1	4
19	0	1	0	1	0	1	0	3	4	1	4	1	4	1	4	1	2	3	4	3	4	3	4	3	4	3
20	3	4	5	0	1	2	3	0	1	0	5	4	3	2	1	0	3	2	3	4	5	0	1	2	3	4
21	2	3	0	5	0	3	2	5	0	1	0	3	4	3	0	1	4	3	2	3	0	5	0	3	2	3
22	3	2	5	4	3	0	5	0	5	0	1	4	5	0	3	4	3	4	3	2	5	4	3	0	5	4
23	0	5	0	3	4	1	0	5	4	3	4	3	0	5	2	3	4	5	0	5	0	3	4	1	0	3
24	5	4	3	0	1	0	1	0	3	4	5	0	3	2	3	2	3	0	5	4	3	0	1	0	1	4
25	0	3	4	1	2	3	4	5	2	3	0	5	2	1	0	5	4	1	0	3	4	1	2	3	4	3
26	3	0	1	0	3	2	3	0	1	0	3	2	3	0	1	0	3	2	3	0	1	0	3	2	3	4
27	2	5	0	1	4	3	2	5	0	1	4	3	2	5	0	1	4	3	2	5	0	1	4	3	2	3
28	3	4	3	4	3	4	3	4	3	4	3	4	3	4	3	4	3	4	3	4	3	4	3	4	3	2

② 2단계

③ 3단계

(4) $a_n = n+2$, $a_{ij} = \mathrm{mod}(a_{ij-1} + a_{i-1j} + a_{i-1j-1}, 6) = 0$

① 1단계

6	0	3																							
3	4	5	6	7	8	9	10	11	12	13	14	15	16	17	18	19	20	21	22	23	24	25	26	27	28
4	5	2	1	2	5	4	5	2	1	2	5	4	5	2	1	2	5	4	5	2	1	2	5	4	5
5	2	3	0	3	4	1	4	5	2	5	0	3	0	1	4	1	2	5	2	3	0	3	4	1	4
6	1	0	3	0	1	0	5	2	3	4	3	0	3	4	3	2	5	0	1	0	3	0	1	0	5
7	2	3	0	3	4	5	4	5	4	5	0	3	0	1	2	1	2	1	2	3	0	3	4	5	4
8	5	4	1	4	5	2	5	2	5	2	1	4	1	2	5	2	5	2	5	4	1	4	5	2	5
9	4	1	0	5	2	3	4	5	0	1	4	3	2	5	0	1	2	3	4	1	0	5	2	3	4
10	5	4	5	4	5	4	5	2	1	2	1	2	1	2	1	2	5	4	5	4	5	4	5	4	5
11	2	5	2	5	2	5	2	3	0	3	0	3	0	3	0	3	4	1	4	1	4	1	4	1	4
12	1	2	3	4	5	0	1	0	3	0	3	0	3	0	3	0	1	0	5	4	3	2	1	0	5
13	2	5	4	5	2	1	2	3	0	3	0	3	0	3	0	3	4	5	4	1	2	1	4	5	4
14	5	0	3	0	1	4	1	0	3	0	3	0	3	0	3	0	1	4	1	0	3	0	5	2	5
15	4	3	0	3	4	3	2	3	0	3	0	3	0	3	0	3	4	3	2	3	0	3	2	3	4
16	5	0	3	0	1	2	1	0	3	0	3	0	3	0	3	0	1	2	1	0	3	0	5	4	5
17	2	1	4	1	2	5	2	3	0	3	0	3	0	3	0	3	4	1	4	5	2	5	4	1	4
18	1	4	3	2	5	0	1	0	3	0	3	0	3	0	3	0	1	0	5	2	3	4	1	0	5
19	2	1	2	1	2	1	2	3	0	3	0	3	0	3	0	3	4	5	4	5	4	5	4	5	4
20	5	2	5	2	5	2	5	4	1	4	1	4	1	4	1	4	5	2	5	2	5	2	5	2	5
21	4	5	0	1	2	3	4	1	0	5	4	3	2	1	0	5	2	3	4	5	0	1	2	3	4
22	5	2	1	2	5	4	5	4	5	4	1	2	1	4	5	4	5	4	5	2	1	2	5	4	5
23	2	3	0	3	4	1	4	1	4	1	0	3	0	5	2	5	2	5	2	3	0	3	4	1	4
24	1	0	3	0	1	0	5	4	3	2	3	0	3	2	3	4	5	0	1	0	3	0	1	0	5
25	2	3	0	3	4	5	4	1	2	1	0	3	0	5	4	5	2	1	2	3	0	3	4	5	4
26	5	4	1	4	5	2	5	4	1	4	5	2	5	4	1	4	5	2	5	4	1	4	5	2	5
27	4	1	0	5	2	3	4	1	0	5	2	3	4	1	0	5	2	3	4	1	0	5	2	3	4
28	5	4	5	4	5	4	5	4	5	4	5	4	5	4	5	4	5	4	5	4	5	4	5	4	5

② 2단계

③ 3단계

(5) $a_n = n+3$, $a_{ij} = \mathrm{mod}(a_{ij-1} + a_{i-1j} + a_{i-1j-1}, 6) = 0$

① 1단계

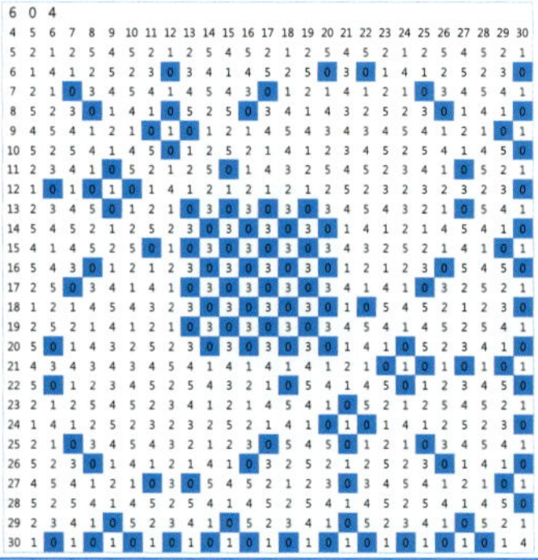

6	0	4																								
4	5	6	7	8	9	10	11	12	13	14	15	16	17	18	19	20	21	22	23	24	25	26	27	28	29	30
5	2	1	2	5	4	5	2	1	2	5	4	5	2	1	2	5	4	5	2	1	2	5	4	5	2	1
6	1	4	1	2	5	2	3	0	3	4	1	4	5	2	5	0	3	0	1	4	1	2	5	2	3	0
7	2	1	0	3	4	5	4	1	4	5	4	3	0	1	2	1	4	1	2	1	0	3	4	5	4	1
8	5	2	3	0	1	4	1	0	5	2	5	0	3	4	1	4	3	2	5	2	3	0	1	4	1	0
9	4	5	4	1	2	1	0	1	0	1	2	1	4	5	4	3	4	3	4	5	4	1	2	1	0	1
10	5	2	5	4	1	4	5	0	1	2	5	2	1	4	1	2	3	4	5	2	5	4	1	4	5	0
11	2	3	4	1	0	5	2	1	2	5	0	1	4	3	2	5	4	5	2	3	4	1	0	5	2	1
12	1	0	1	0	1	0	1	4	1	2	1	2	1	2	1	2	5	2	3	2	3	2	3	2	3	0
13	2	3	4	5	0	1	2	1	0	3	0	3	0	3	0	3	4	5	4	3	2	1	0	5	4	1
14	5	4	5	2	1	2	5	2	3	0	3	0	3	0	3	0	1	4	1	2	1	4	5	4	1	0
15	4	1	4	5	2	5	0	1	0	3	0	3	0	3	0	3	4	3	2	5	2	1	4	1	0	1
16	5	4	3	0	1	2	1	2	3	0	3	0	3	0	3	0	1	2	1	2	3	0	5	4	5	0
17	2	5	0	3	4	1	4	1	0	3	0	3	0	3	0	3	4	1	4	1	0	3	2	5	2	1
18	1	2	1	4	5	4	3	2	3	0	3	0	3	0	3	0	1	0	5	4	5	2	1	2	3	0
19	2	5	2	1	4	1	2	1	0	3	0	3	0	3	0	3	4	5	4	1	4	5	2	5	4	1
20	5	0	1	4	3	2	5	2	3	0	3	0	3	0	3	0	1	4	1	0	5	2	3	4	1	0
21	4	3	4	3	4	3	4	5	4	1	4	1	4	1	4	1	2	1	0	1	0	1	0	1	0	1
22	5	0	1	2	3	4	5	2	5	4	3	2	1	0	5	4	1	4	5	0	1	2	3	4	5	0
23	2	1	2	5	4	5	2	3	4	1	2	1	4	5	4	1	0	5	2	1	2	5	4	5	2	1
24	1	4	1	2	5	2	3	2	3	2	5	2	1	4	1	0	1	0	1	4	1	2	5	2	3	0
25	2	1	0	3	4	5	4	3	2	1	2	3	0	5	4	5	0	1	2	1	0	3	4	5	4	1
26	5	2	3	0	1	4	1	2	1	4	1	0	3	2	5	2	1	2	5	2	3	0	1	4	1	0
27	4	5	4	1	2	1	0	3	0	5	4	5	2	1	2	3	0	3	4	5	4	1	2	1	0	1
28	5	2	5	4	1	4	5	2	5	4	1	4	5	2	5	4	1	4	5	2	5	4	1	4	5	0
29	2	3	4	1	0	5	2	3	4	1	0	5	2	3	4	1	0	5	2	3	4	1	0	5	2	1
30	1	0	1	0	1	0	1	0	1	0	1	0	1	0	1	0	1	0	1	0	1	0	1	0	1	4

② 2단계

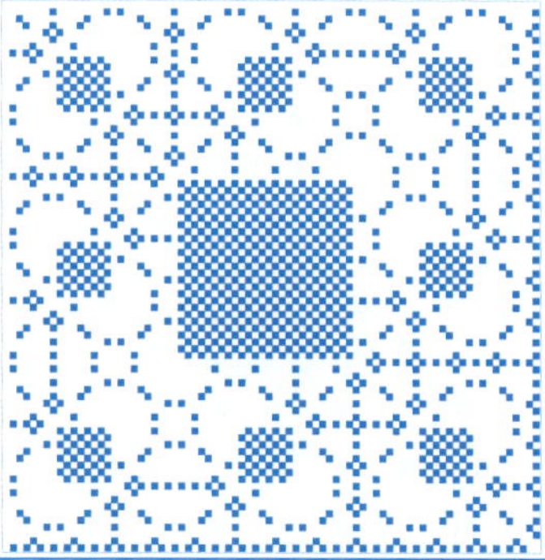

③ 3단계

(6) $a_n = n+4,\ a_{ij} = \text{mod}(a_{ij-1} + a_{i-1j} + a_{i-1j-1}, 6) = 0$

① 1단계

6	0	5																								
5	6	7	8	9	10	11	12	13	14	15	16	17	18	19	20	21	22	23	24	25	26	27	28	29	30	31
6	5	0	3	2	3	0	5	0	3	2	3	0	5	0	3	2	3	0	5	0	3	2	3	0	5	0
7	0	5	2	1	0	3	2	1	4	3	2	5	4	3	0	5	4	1	0	5	2	1	0	3	2	1
8	3	2	3	0	1	4	3	0	5	0	5	0	3	4	1	0	3	2	3	2	3	0	1	4	3	0
9	2	1	0	3	4	3	4	1	0	5	4	3	0	1	0	1	4	3	2	1	0	3	4	3	4	1
10	3	0	1	4	5	0	1	0	1	0	3	4	1	2	3	4	3	4	3	0	1	4	5	0	1	0
11	0	3	4	3	0	5	0	1	2	3	0	1	0	3	2	3	4	5	0	3	4	3	0	5	0	1
12	5	2	3	4	1	0	5	0	3	2	5	0	1	4	3	2	3	0	5	2	3	4	1	0	5	0
13	0	1	0	1	0	1	0	5	2	1	2	1	2	1	2	1	0	3	2	3	2	3	2	3	2	1
14	3	4	5	0	1	2	3	2	3	0	3	0	3	0	3	0	1	4	3	2	1	0	5	4	3	0
15	2	3	0	5	0	3	2	1	0	3	0	3	0	3	0	3	4	3	4	3	0	1	0	3	4	1
16	3	2	5	4	3	0	5	2	3	0	3	0	3	0	3	0	1	2	3	4	1	2	3	0	1	0
17	0	5	0	3	4	1	0	1	0	3	0	3	0	3	0	3	4	1	0	1	0	3	2	5	0	1
18	5	4	3	0	1	0	1	2	3	0	3	0	3	0	3	0	1	0	1	2	3	0	5	0	5	0
19	0	3	4	1	2	3	4	1	0	3	0	3	0	3	0	3	4	5	0	3	2	5	4	3	2	1
20	3	0	1	0	3	2	3	2	3	0	3	0	3	0	3	0	1	4	3	0	5	0	3	4	3	0
21	2	5	0	1	4	3	2	1	0	3	0	3	0	3	0	3	4	3	4	1	0	5	2	3	4	1
22	3	4	3	4	3	4	3	0	1	4	1	4	1	4	1	4	5	0	1	0	1	0	1	0	1	0
23	0	1	2	3	4	5	0	3	4	3	2	1	0	5	4	3	0	5	0	1	2	3	4	5	0	1
24	5	0	3	2	3	0	5	2	3	4	3	0	1	0	3	4	1	0	5	0	3	2	3	0	5	0
25	0	5	2	1	0	3	2	3	2	3	4	1	2	3	0	1	0	1	0	5	2	1	0	3	2	1
26	3	2	3	0	1	4	3	2	1	0	1	0	3	2	5	0	1	2	3	2	3	0	1	4	3	0
27	2	1	0	3	4	3	4	3	0	1	2	3	0	5	0	5	0	3	2	1	0	3	4	3	4	1
28	3	0	1	4	5	0	1	2	5	0	3	2	5	4	3	2	1	4	3	0	1	4	5	0	1	0
29	0	3	4	3	0	5	0	3	4	3	0	5	0	3	4	3	0	5	0	3	4	3	0	5	0	1
30	5	2	3	4	1	0	5	2	3	4	1	0	5	2	3	4	1	0	5	2	3	4	1	0	5	0
31	0	1	0	1	0	1	0	1	0	1	0	1	0	1	0	1	0	1	0	1	0	1	0	1	0	5

② 2단계

③ 3단계

5 세 수의 합을 7로 나누는 디자인

(1) $a_n = n+4,\ a_{ij} = \mathrm{mod}(a_{ij-1} + a_{i-1j} + a_{i-1j-1}, 7) = 0$

① 1단계 일부

7	0	5																	
5	6	7	8	9	10	11	12	13	14	15	16	17	18	19	20	21	22	23	24
6	3	2	3	6	4	4	6	3	2	3	6	4	4	6	3	2	3	6	4
7	2	0	5	0	3	4	0	2	0	5	0	3	4	0	2	0	5	0	3
8	3	5	3	1	4	4	1	3	5	3	1	4	4	1	3	5	3	1	4
9	6	0	1	5	3	4	2	6	0	1	5	3	4	2	6	0	1	5	3
10	4	3	4	3	4	4	3	4	3	4	3	4	4	3	4	3	4	3	4
11	4	4	4	4	4	5	5	5	5	5	5	5	6	6	6	6	6	6	6
12	6	0	1	2	3	5	1	4	0	3	6	2	6	4	2	0	5	3	1
13	3	2	3	6	4	5	4	2	6	2	4	5	6	2	1	3	1	2	6
14	2	0	5	0	3	5	0	6	0	1	0	2	6	0	3	0	4	0	1
15	3	5	3	1	4	5	3	2	1	2	3	5	6	5	1	4	1	5	6
16	6	0	1	5	3	5	6	4	0	3	1	2	6	3	2	0	5	4	1
17	4	3	4	3	4	5	2	5	2	5	2	5	6	1	6	1	6	1	6
18	4	4	4	4	4	6	6	6	6	6	6	6	3	3	3	3	3	3	3
19	6	0	1	2	3	6	4	2	0	5	3	1	3	2	1	0	6	5	4
20	3	2	3	6	4	6	2	1	3	1	2	6	3	1	4	5	4	1	3
21	2	0	5	0	3	6	0	3	0	4	0	1	3	0	5	0	2	0	4
22	3	5	3	1	4	6	5	1	4	1	5	6	3	6	4	2	4	6	3
23	6	0	1	5	3	6	3	2	0	5	4	1	3	5	1	0	6	2	4
24	4	3	4	3	4	6	1	6	1	6	1	6	3	4	3	4	3	4	3

② 1단계

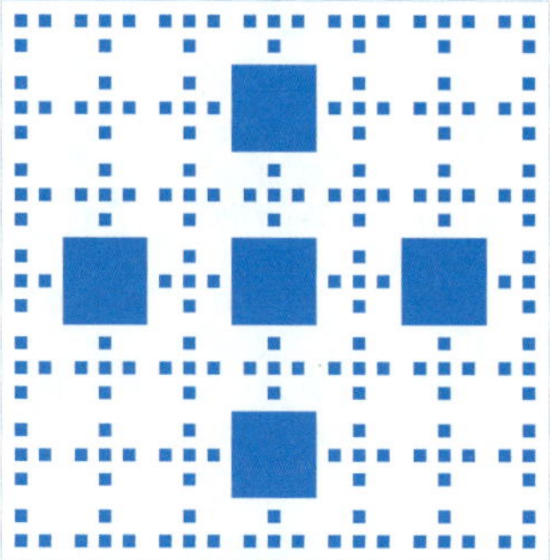

③ 2단계

제 5 장

논리연산을 이용한 디자인

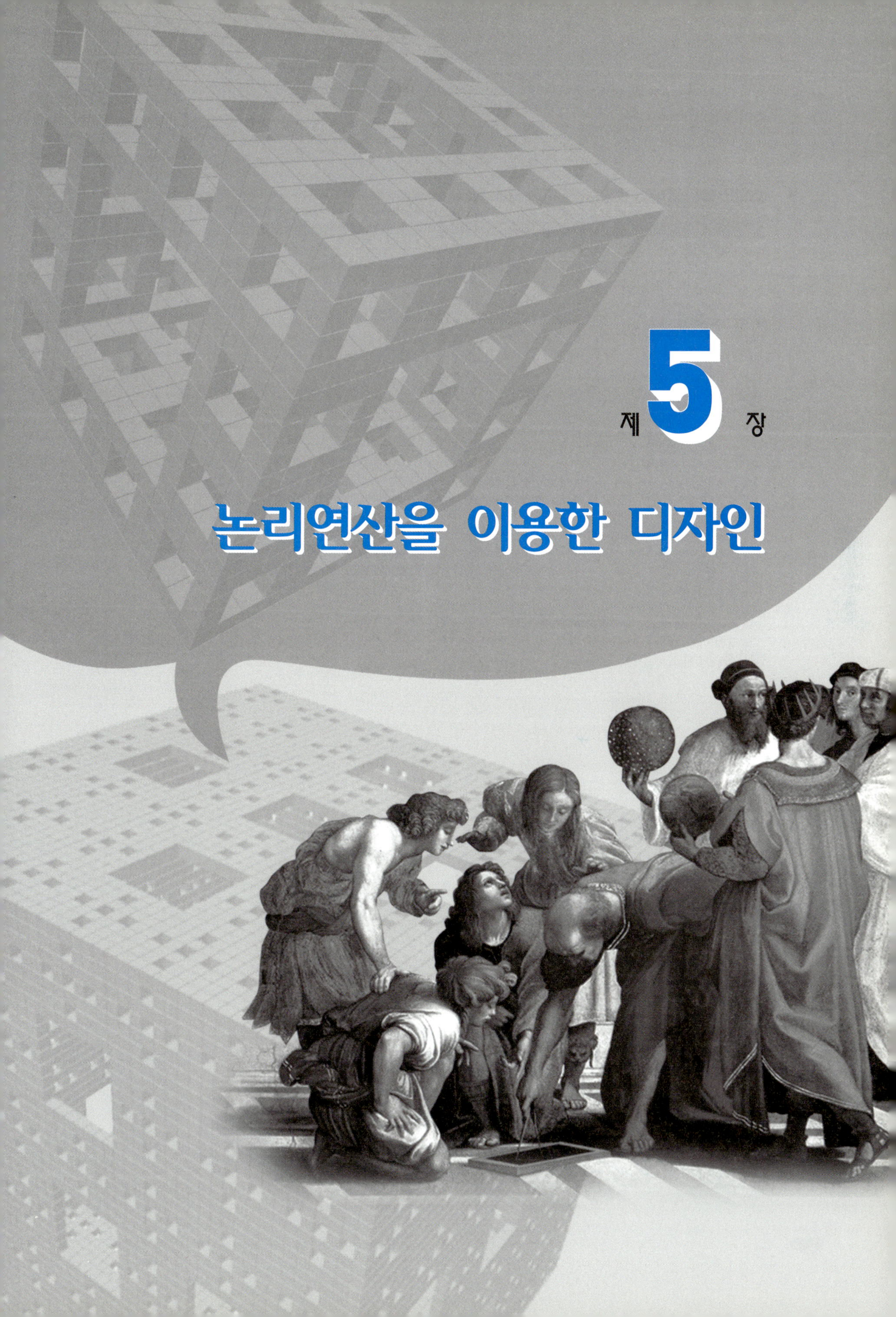

수학이 아름다운 이유는 자유로움에 있다.
수학에서 한 걸음 물러서서 보면 즐겁다.

수학 안에서 수학을 보는 것과
수학 밖에서 수학을 보는 것은 좀 다르다.
내 안에 갇혀
나를 자세히 볼 수 없었던 것처럼.

수학을 강조하지 않는다.
수학식에 의미를 두려 하지 않는다.
바라보고 웃음 지으면 된다.

머리의 수학에서
가슴으로 수학을 느끼기까지
참 긴 세월을 걸어 왔다.

1 논리곱의 연산

(1) 논리곱

논리곱(기호 AND)이란 수리 논리학에서, 주어진 복수 명제 모두가 참인지를 나타내는 논리연산이다. 두 명제 P, Q에 대한 논리곱을 (P∧Q) 라 기록한다.

P :내 키는 165cm이상이다. Q: 내 몸무게는 50 kg 일 때, P∧Q는 내 키는 165cm이상이고 내 몸무게는 50 kg 이다. 명제의 진리표는 아래와 같다.

P	Q	P∧Q
참	참	참
참	거짓	거짓
거짓	참	거짓
거짓	거짓	거짓

(2) 논리곱의 연산

참을 1이라고 하고 거짓을 0으로 나타내 보자.

P	Q	P∧Q
1	1	1
1	0	0
0	1	0
0	0	0

1100과 1010의 논리곱 연산을 And 연산으로 생각하자.

(3) 표를 만들어 논리곱 연산을 생각해 보자.

	8	9	10	11
8	8∧8	8∧9	8∧10	8∧11
9	9∧8	9∧9	9∧10	9∧11
10	10∧8	10∧9	10∧10	10∧11
11	11∧8	11∧9	11∧10	11∧11

(4) 십진수를 이진수로 변경한 다음 AND 연산을 적용해 보자.

십진수		8(1000)	9(1001)	10(1010)	11(1011)
8(1000)	1000	1000∧1000	1000∧1001	1000∧1010	1000∧1011
9(1001)	1001	1001∧1000	1001∧1001	1001∧1010	1001∧1011
10(1010)	1010	1010∧1000	1010∧1001	1010∧1010	1010∧1011
11(1011)	1011	1011∧1000	1011∧1001	1011∧1010	1011∧1011

(5) AND 연산의 결과를 정리해 보자.

십진수	8(1000)	9(1001)	10(1010)	11(1011)
8(1000)	1000	1000	1000	1000
9(1001)	1000	1001	1000	1001
10(1010)	1000	1000	1010	1010
11(1011)	1000	1001	1010	1011

(6) AND 연산의 결과를 십진수로 정리해 보자.

십진수	8(1000)	9(1001)	10(1010)	11(1011)
8(1000)	8	8	8	8
9(1001)	8	9	8	9
10(1010)	8	8	10	10
11(1011)	8	9	10	11

(7) 자연수에서 AND 연산의 결과를 정리하고 0에 색을 칠해보자.

	0	1	2	3	4	5	6	7	8	9	10
0	0	0	0	0	0	0	0	0	0	0	0
1	0	1	0	1	0	1	0	1	0	1	0
2	0	0	2	2	0	0	2	2	0	0	2
3	0	1	2	3	0	1	2	3	0	1	2
4	0	0	0	0	4	4	4	4	0	0	0
5	0	1	0	1	4	5	4	5	0	1	0
6	0	0	2	2	4	4	6	6	0	0	2
7	0	1	2	3	4	5	6	7	0	1	2
8	0	0	0	0	0	0	0	0	8	8	8
9	0	1	0	1	0	1	0	1	8	9	8
10	0	0	2	2	0	0	2	2	8	8	10

2 (x^2+y^2 And n) = 0

엑셀에서 비주얼베이직 어프리케이션을 이용하여 프로그래밍 해보자. 프랙탈과 카오스 28쪽을 참고하기 바란다.

```
Sub xxyyandn
Cells.Interior.ColorIndex = xlNone
Const xchade = 150
Const ychade = 260
Dim x, y
  For x = 1 To xchade
   For y = 1 To ychade
    If (x ^ 2 + y ^ 2 And 8) = 0 Then
               ActiveSheet.Cells(x, y).Interior.ColorIndex = 33
    End If
    Next
   Next
End Sub
```

(1) (x ^ 2 + y ^ y And 8) = 0	(x ^ 2 + y ^ y + z ^ 2 And 8) = 0
	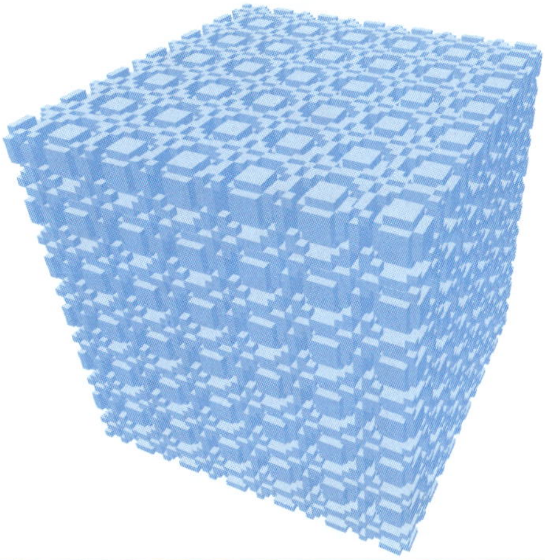

(2) (x ^ 2 + y ^ y And 9) = 0	(x ^ 2 + y ^ y + z ^ 2 And 9) = 0
	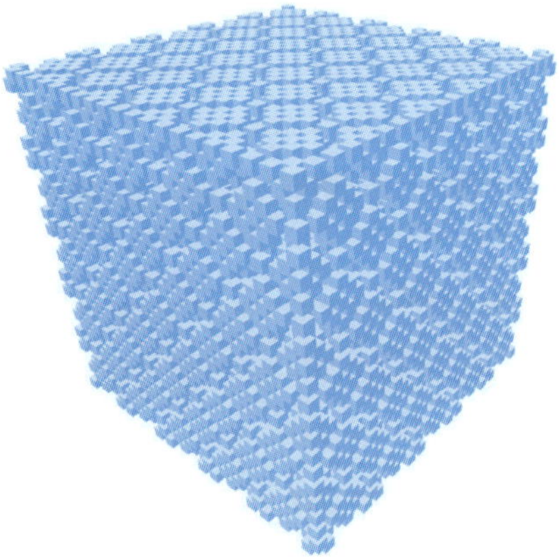
(3) (x ^ 2 + y ^ y And 17) = 0	(x ^ 2 + y ^ y + z ^ 2 And 17) = 0
	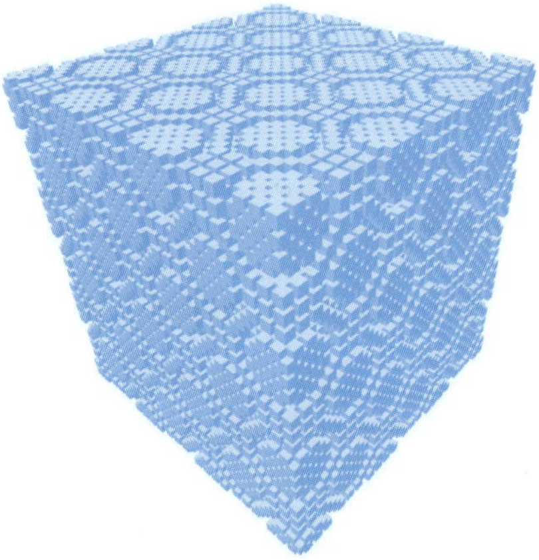
(4) (x ^ 2 + y ^ y And 18) = 0	(x ^ 2 + y ^ y + z ^ 2 And 18) = 0
	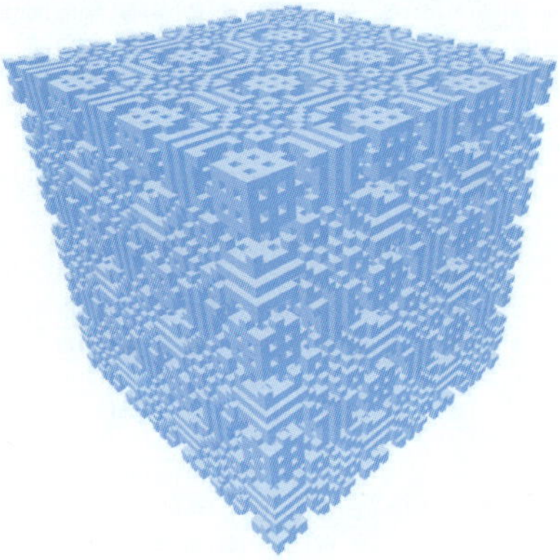

(5) (x ^ 2 + y ^ y And 19) = 0	(x ^ 2 + y ^ y + z ^ 2 And 19) = 0
	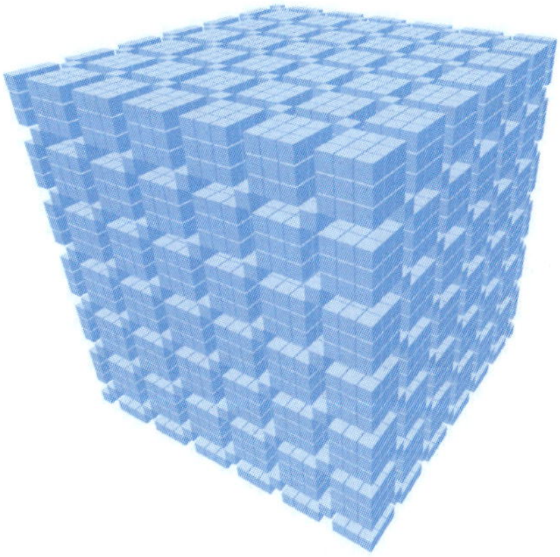
(6) (x ^ 2 + y ^ y And 21) = 0	(x ^ 2 + y ^ y + z ^ 2 And 21) = 0
	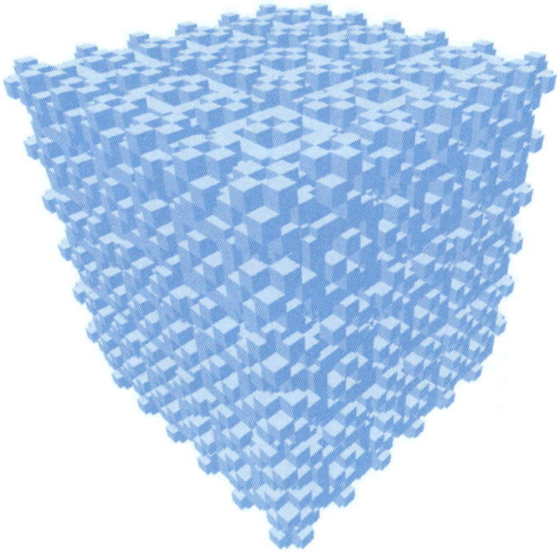
(7) (x ^ 2 + y ^ y And 22) = 0	(x ^ 2 + y ^ y + z ^ 2 And 22) = 0
	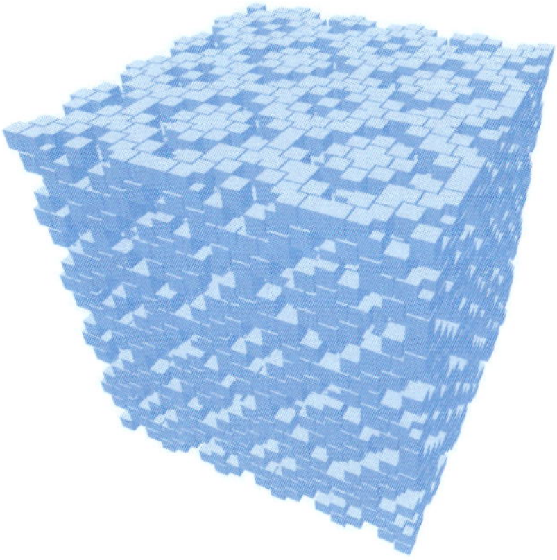

(8) (x ^ 2 + y ^ y And 24) = 0	(x ^ 2 + y ^ y + z ^ 2 And 24) = 0
	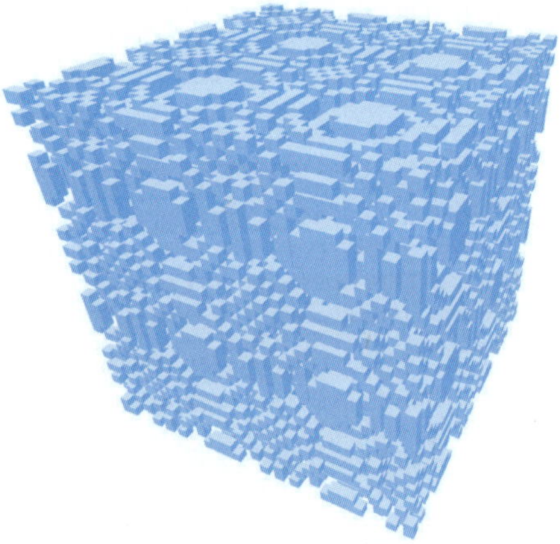
(9) (x ^ 2 + y ^ y And 25) = 0	(x ^ 2 + y ^ y + z ^ 2 And 25) = 0
	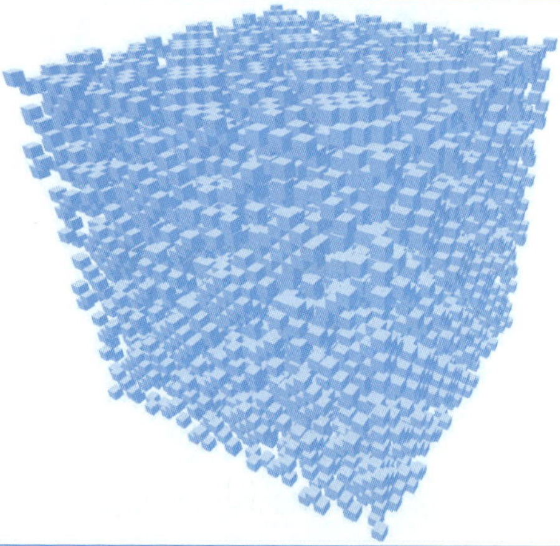
(10) (x ^ 2 + y ^ y And 35) = 0	(x ^ 2 + y ^ y + z ^ 2 And 35) = 0

(11) (x ^ 2 + y ^ y And 40) = 0	(x ^ 2 + y ^ y + z ^ 2 And 40) = 0
	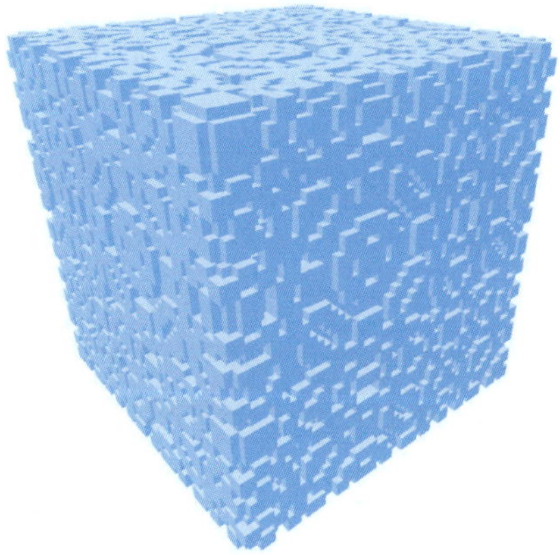
(12) (x ^ 2 + y ^ y And 52) = 0	(x ^ 2 + y ^ y + z ^ 2 And 52) = 0
	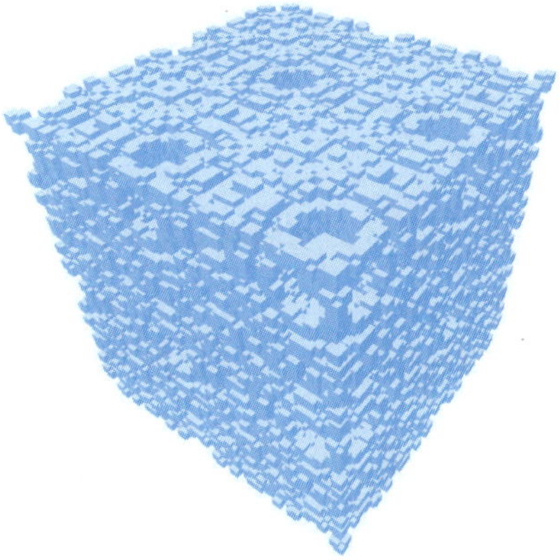
(13) (x ^ 2 + y ^ y And 68) = 0	(x ^ 2 + y ^ y + z ^ 2 And 68) = 0

(14) (x ^ 2 + y ^ y And 71) = 0

(x ^ 2 + y ^ y + z ^ 2 And 71) = 0

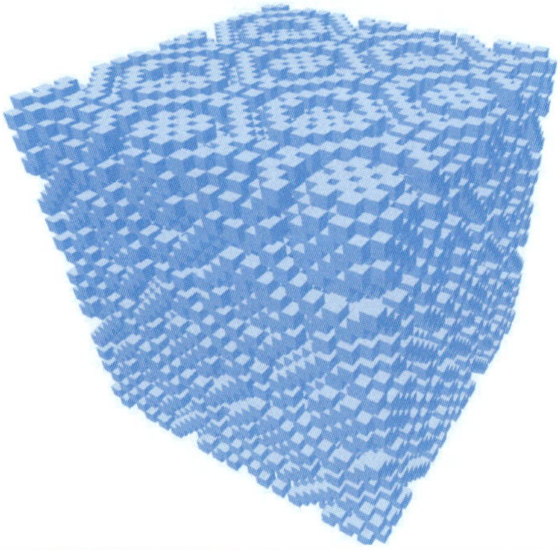

(15) (x ^ 2 + y ^ y And 81) = 0

(x ^ 2 + y ^ y + z ^ 2 And 81) = 0

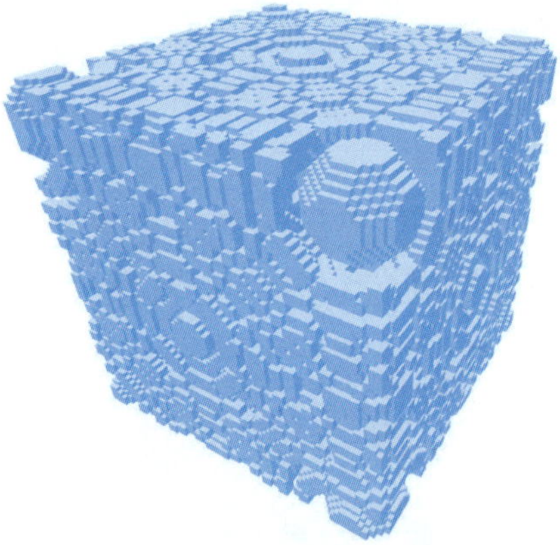

(16) (x ^ 2 + y ^ y And 97) = 0

(x ^ 2 + y ^ y + z ^ 2 And 97) = 0

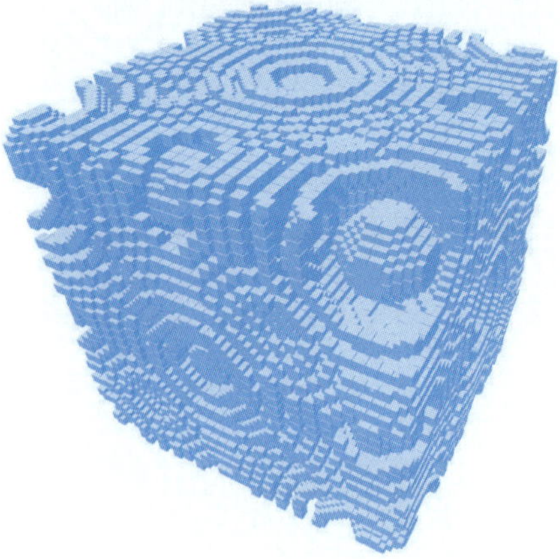

(17) (x ^ 2 + y ^ y And 100) = 0	(x ^ 2 + y ^ y + z ^ 2 And 100) = 0
	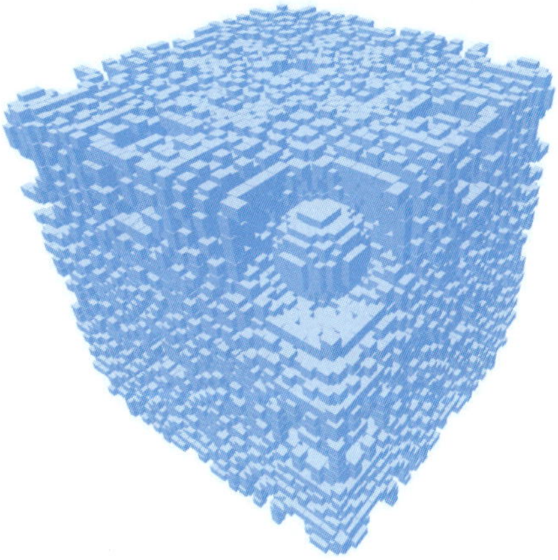
(18) (x ^ 2 + y ^ y And 101) = 0	(x ^ 2 + y ^ y + z ^ 2 And 101) = 0
	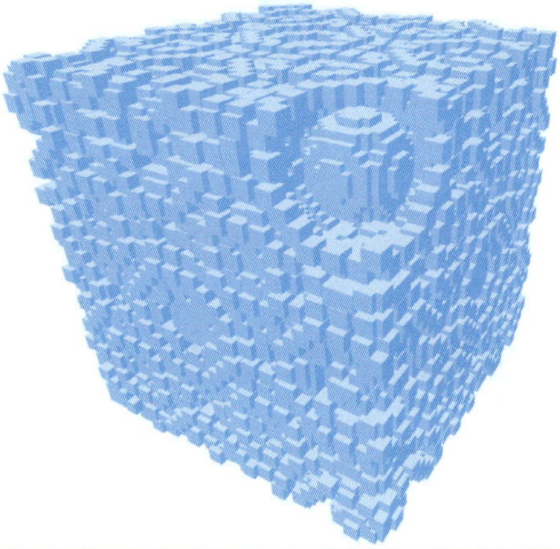
(19) (x ^ 2 + y ^ y And 102) = 0	(x ^ 2 + y ^ y + z ^ 2 And 102) = 0
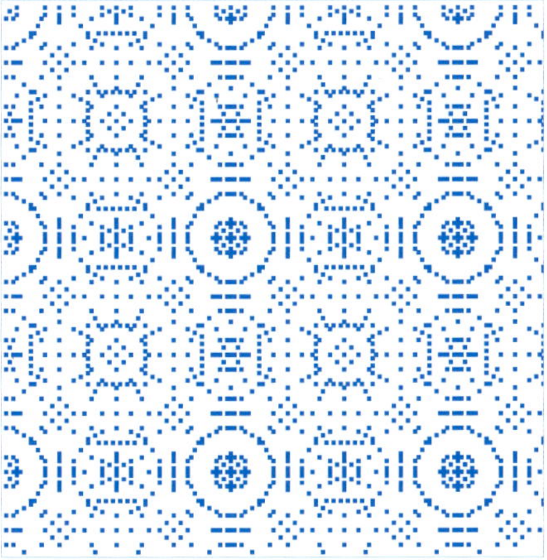	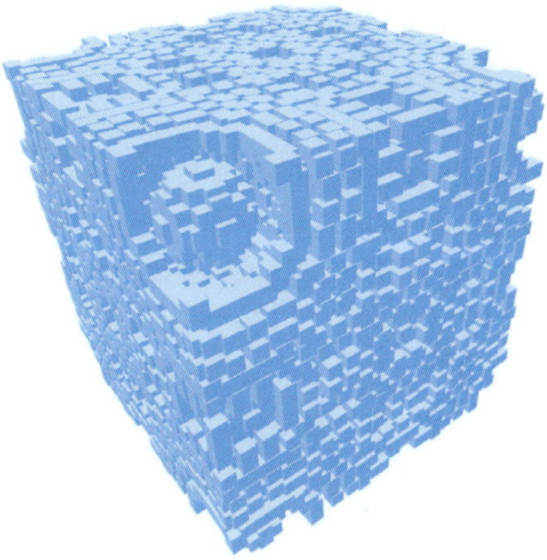

(20) (x ^ 2 + y ^ y And 104) = 0	(x ^ 2 + y ^ y + z ^ 2 And 104) = 0
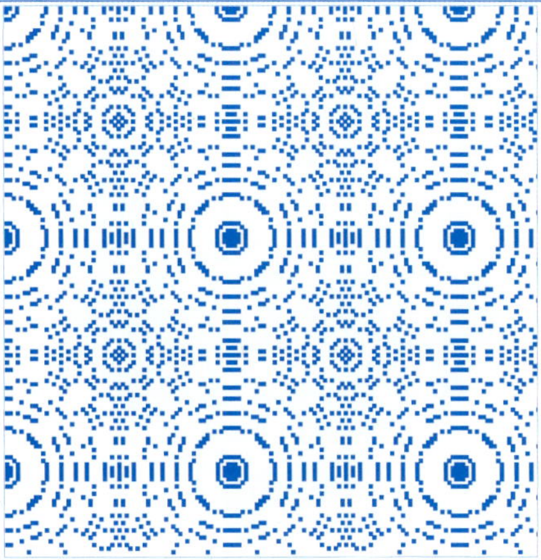	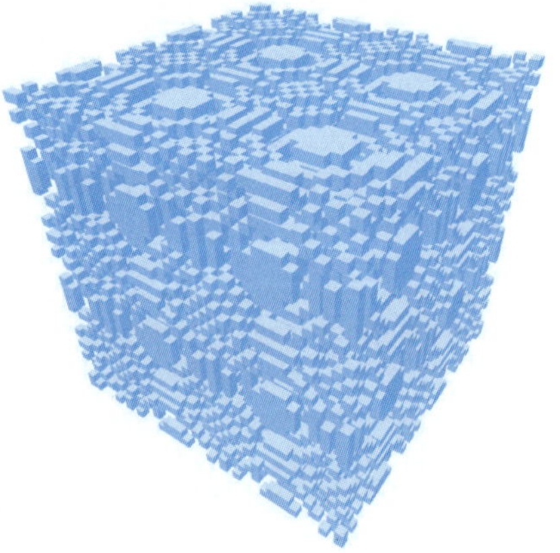

(21) (x ^ 2 + y ^ y And 109) = 0	(x ^ 2 + y ^ y + z ^ 2 And 109) = 0
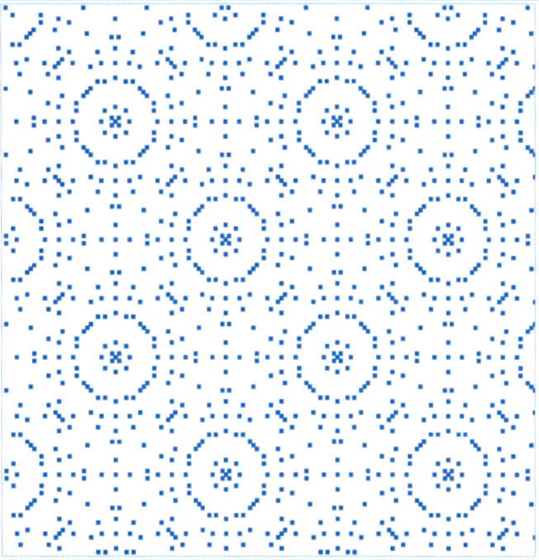	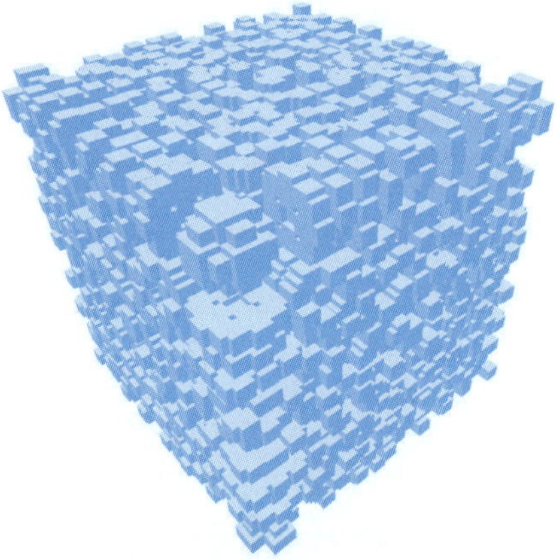

(22) (x ^ 2 + y ^ y And 113) = 0	(x ^ 2 + y ^ y + z ^ 2 And 113) = 0
	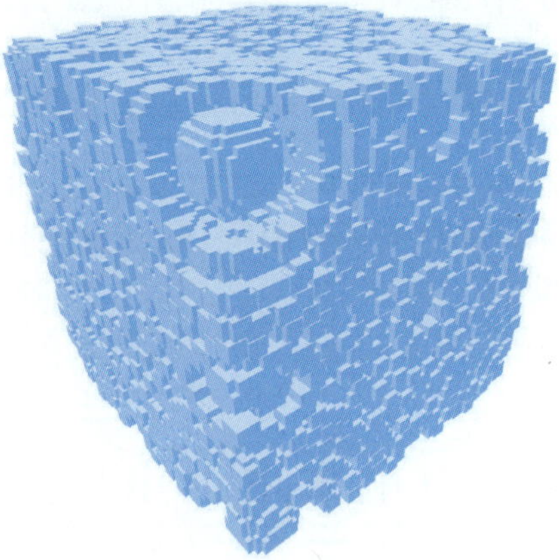

(23) (x ^ 2 + y ^ y And 114) = 0	(x ^ 2 + y ^ y + z ^ 2 And 114) = 0
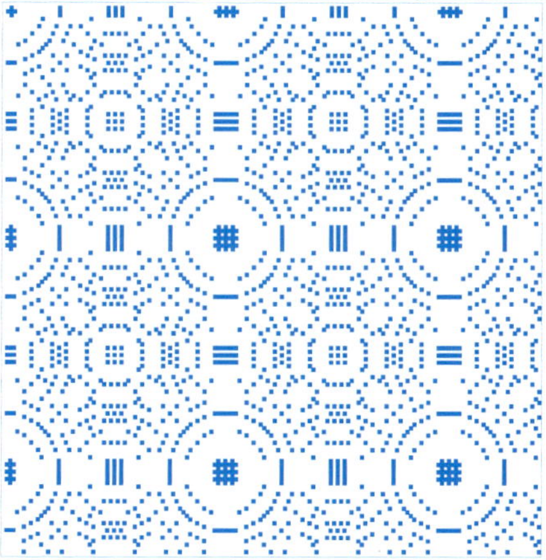	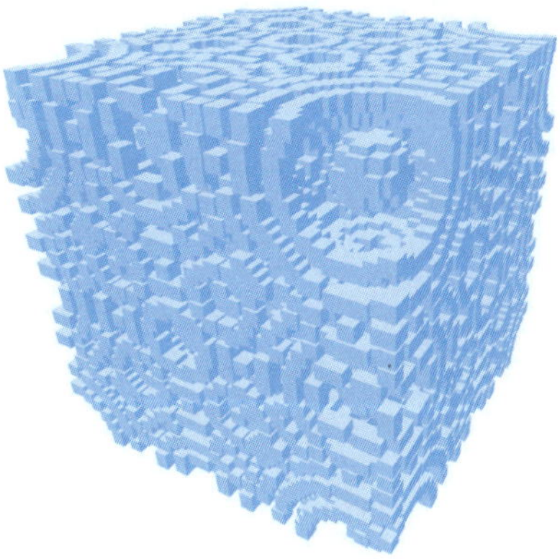
(24) (x ^ 2 + y ^ y And 128) = 0	(x ^ 2 + y ^ y + z ^ 2 And 128) = 0
	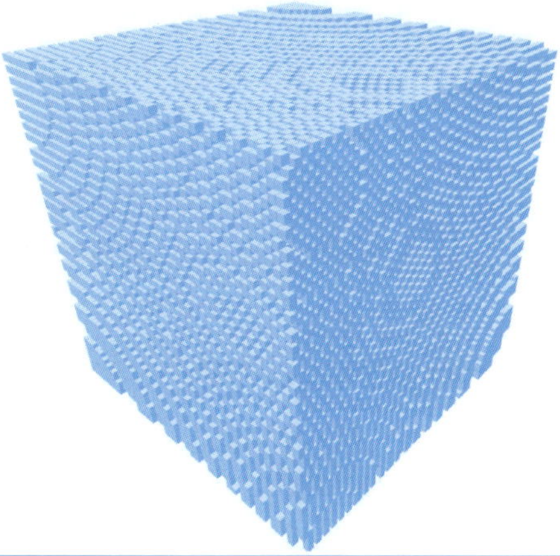
(25) (x ^ 2 + y ^ 2 And 129) = 0	(x ^ 2 + y ^ 2 + z ^ 2 And 129) = 0
	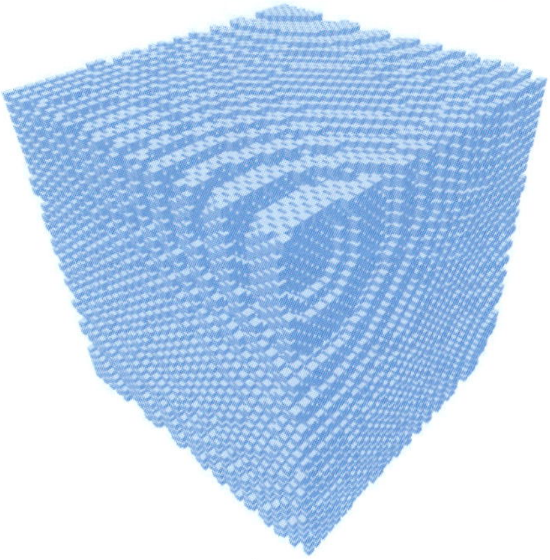

(26) (x ^ 2 + y ^ 2 And 130) = 0	(x ^ 2 + y ^ 2 + z ^ 2 And 130) = 0
	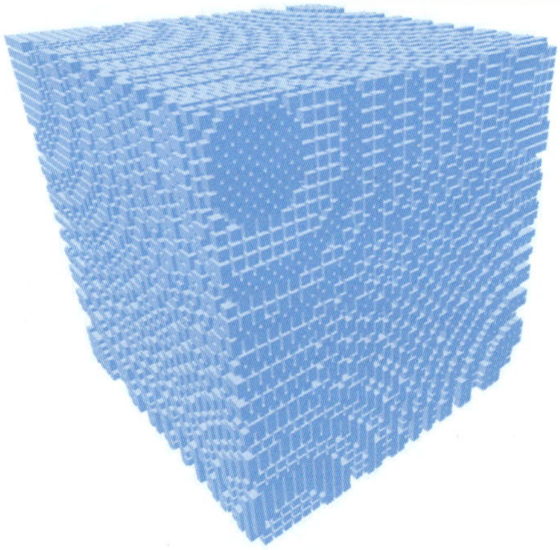
(27) (x ^ 2 + y ^ 2 And 131) = 0	(x ^ 2 + y ^ 2 + z ^ 2 And 131) = 0
	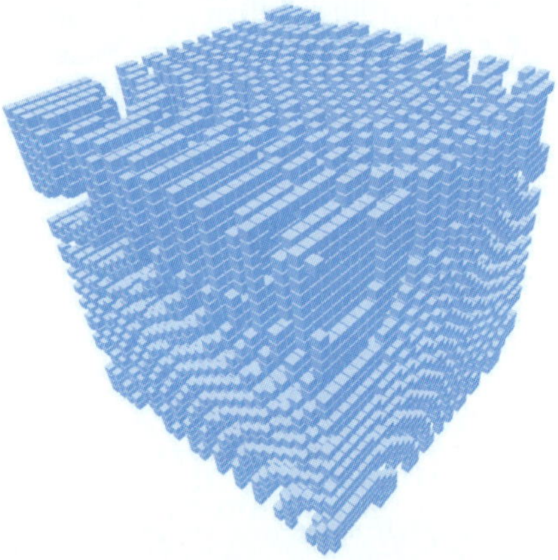
(28) (x ^ 2 + y ^ 2 And 132) = 0	(x ^ 2 + y ^ 2 + z ^ 2 And 132) = 0
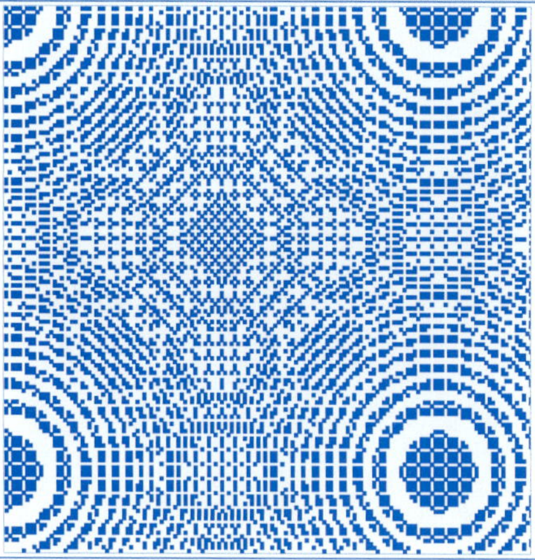	

(29) (x ^ 2 + y ^ 2 And 133) = 0	(30)(x ^ 2+y ^ 2 +z ^ 2 And 133) = 0
	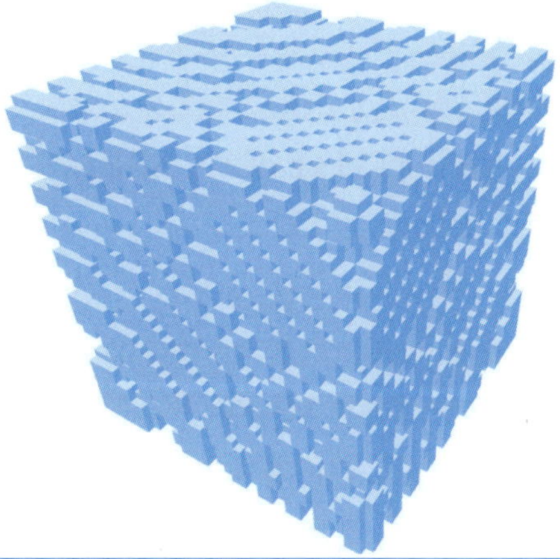
(30) (x ^ 2 + y ^ y And 136) = 0	(x ^ 2+ y ^ 2 + z ^ 2 And 136) = 0
	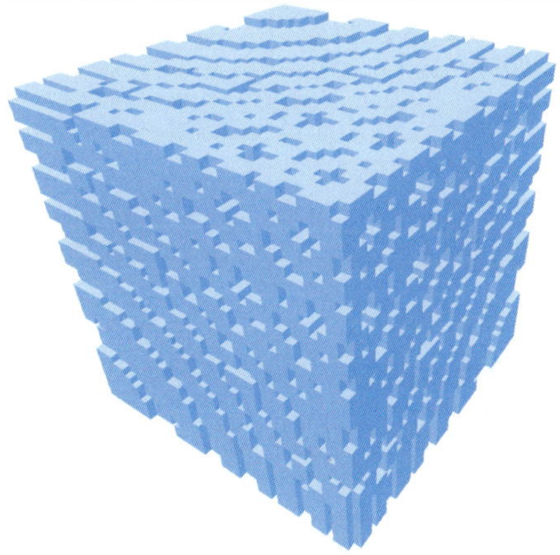

3 $((x^2+y^2$ or $n)$ Mod 3) = 0

```
Sub x^2+y^2_or_ n()
Cells.Interior.ColorIndex = xlNone
Const xchade = 150
Const ychade = 150
Dim x, y
  For x = 1 To xchade
   For y = 1 To ychade
    If ((x ^ 2 + y ^ 2 or n) Mod 3) = 0  Then
               ActiveSheet.Cells(x, y).Interior.ColorIndex = 33
    End If
    Next
   Next
End Sub
```

(1) ((x ^ 2 + y ^ 2 or 1) Mod 3) = 0	((x ^ 2 + y ^ 2 + z ^ 2 or 1) Mod 3)= 0
	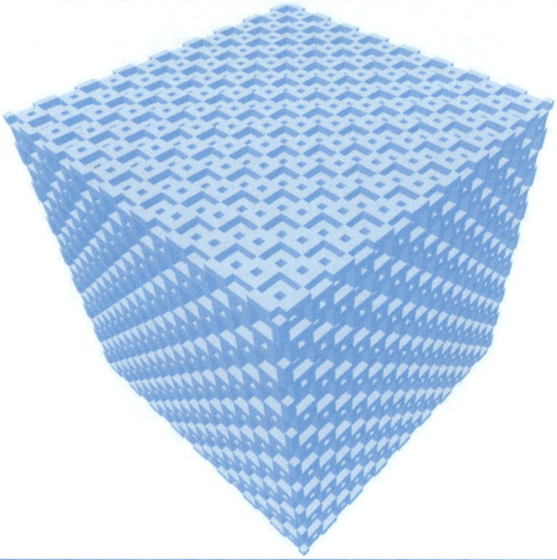

(2) ((x ^ 2 + y ^ 2 or 3) Mod 3) = 0	((x ^ 2 + y ^ 2 + z ^ 2 or 3) Mod 3)= 0
	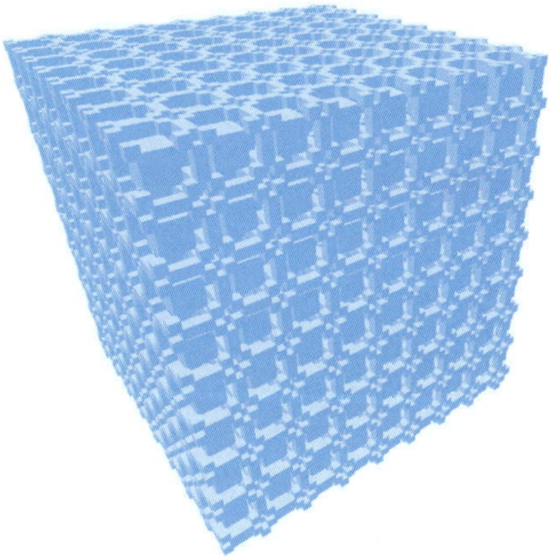

(3) ((x ^ 2 + y ^ 2 or 6) Mod 3) = 0	((x ^ 2 + y ^ 2 + z ^ 2 or 6) Mod 3)= 0

(4) ((x ^ 2 + y ^ 2 or 11) Mod 3) = 0	((x ^ 2 + y ^ 2 + z ^ 2 or 11) Mod 3)= 0

(5) ((x ^ 2 + y ^ 2 or 12) Mod 3) = 0	((x ^ 2 + y ^ 2 + z ^ 2 or 12) Mod 3)= 0

(6) ((x ^ 2 + y ^ 2 or 13) Mod 3) = 0	((x ^ 2 + y ^ 2 + z ^ 2 or 13) Mod 3)= 0

(7) ((x ^ 2 + y ^ 2 or 14) Mod 3) = 0	((x ^ 2 + y ^ 2 + z ^ 2 or 14) Mod 3)= 0

(8) ((x ^ 2 + y ^ 2 or 22) Mod 3) = 0	((x ^ 2 + y ^ 2 + z ^ 2 or 22) Mod 3)= 0
	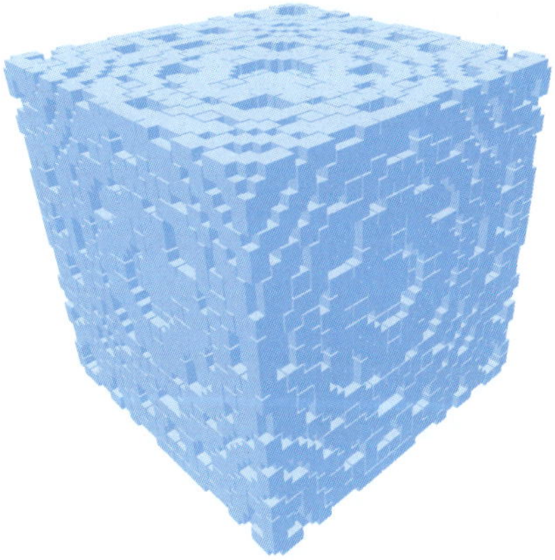
(9) ((x ^ 2 + y ^ 2 or 23) Mod 3) = 0	((x ^ 2 + y ^ 2 + z ^ 2 or 23) Mod 3)= 0
	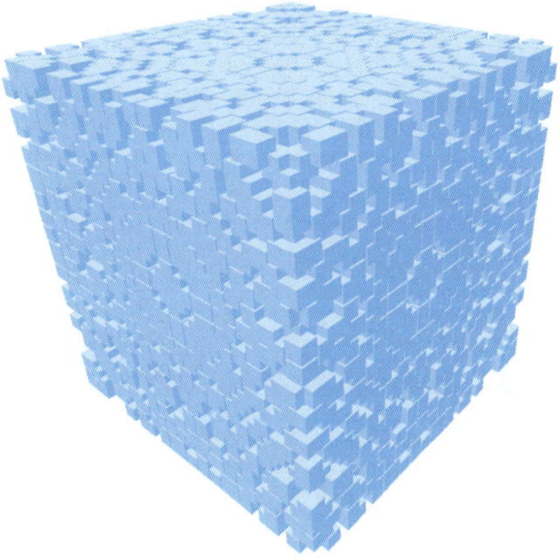
(10) ((x ^ 2 + y ^ 2 or 29) Mod 3) = 0	((x ^ 2 + y ^ 2 + z ^ 2 or 29) Mod 3)= 0
	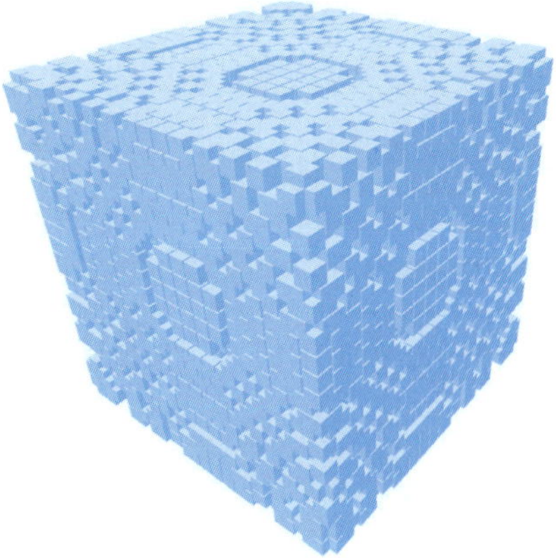

(11) ((x ^ 2 + y ^ 2 or 31) Mod 3) = 0	((x ^ 2 + y ^ 2 + z ^ 2 or 31) Mod 3)= 0
	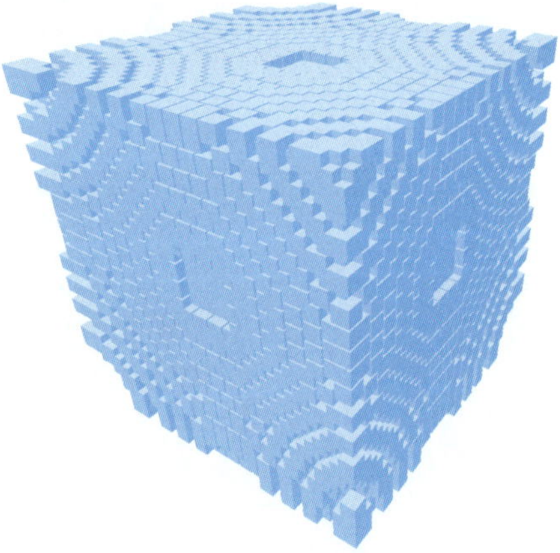
(12) ((x ^ 2 + y ^ 2 or 36) Mod 3) = 0	((x ^ 2 + y ^ 2 + z ^ 2 or 36) Mod 3)= 0

(13) ((x ^ 2 + y ^ 2 or 47) Mod 3) = 0	((x ^ 2 + y ^ 2 + z ^ 2 or 47) Mod 3)= 0
	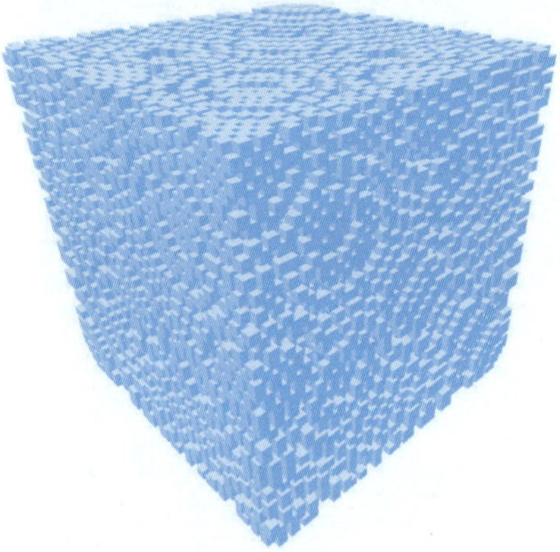

4 $((x^2+y^2 \text{ or } n) \text{ Mod } 5) = 0,\ n=0..50$

(1) ((x ^ 2 + y ^ 2 or 4) Mod 5) = 0	((x ^ 2 + y ^ 2 + z ^ 2 or 4) Mod 5)= 0
	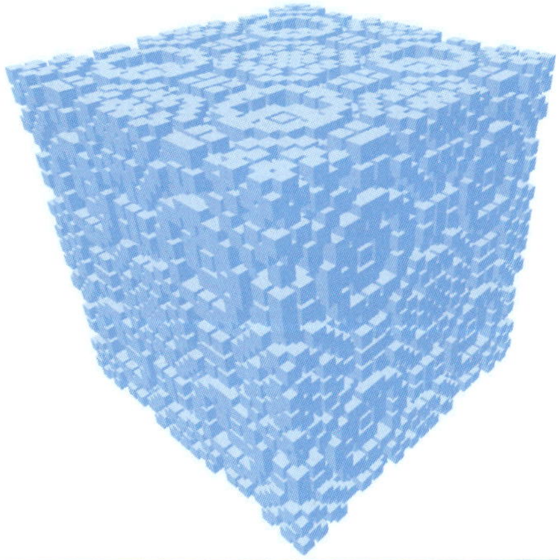
(2) ((x ^ 2 + y ^ 2 or 5) Mod 5) = 0	((x ^ 2 + y ^ 2 + z ^ 2 or 5) Mod 5)= 0
	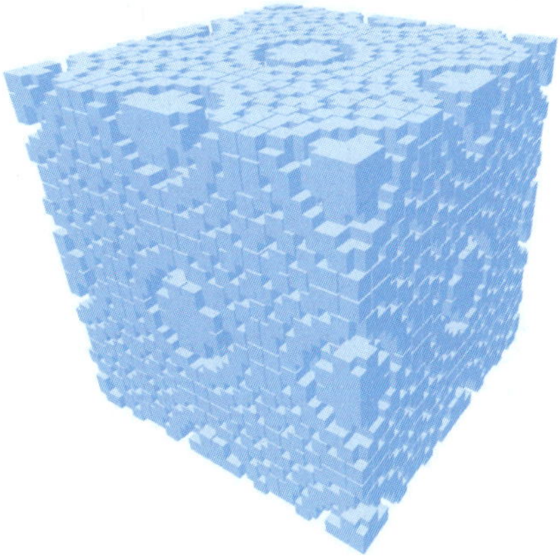
(3) ((x ^ 2 + y ^ 2 or 6) Mod 5) = 0	((x ^ 2 + y ^ 2 + z ^ 2 or 6) Mod 5)= 0

(4) ((x ^ 2 + y ^ 2 or 11) Mod 5) = 0	((x ^ 2 + y ^ 2 + z ^ 2 or 11) Mod 5)= 0
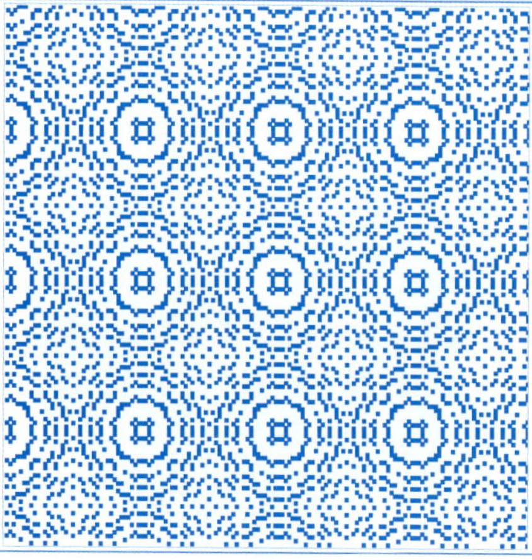	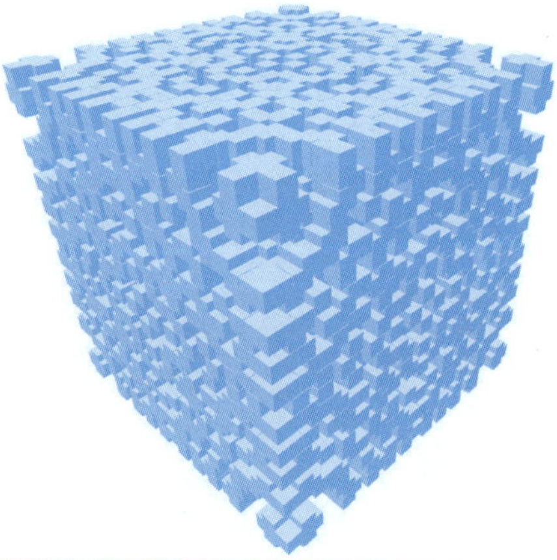
(5) ((x ^ 2 + y ^ 2 or 14) Mod 5) = 0	((x ^ 2 + y ^ 2 + z ^ 2 or 14) Mod 5)= 0
	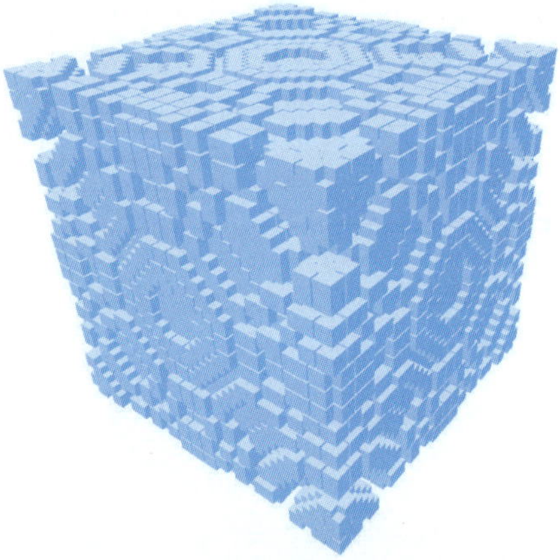
(6) ((x ^ 2 + y ^ 2 or 20) Mod 5) = 0	((x ^ 2 + y ^ 2 + z ^ 2 or 20) Mod 5)= 0
	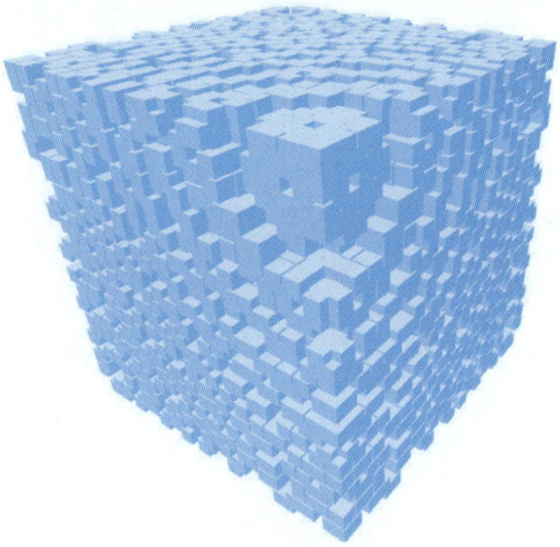

(7) ((x ^ 2 + y ^ 2 or 22) Mod 5) = 0	((x ^ 2 + y ^ 2 + z ^ 2 or 22) Mod 5)= 0
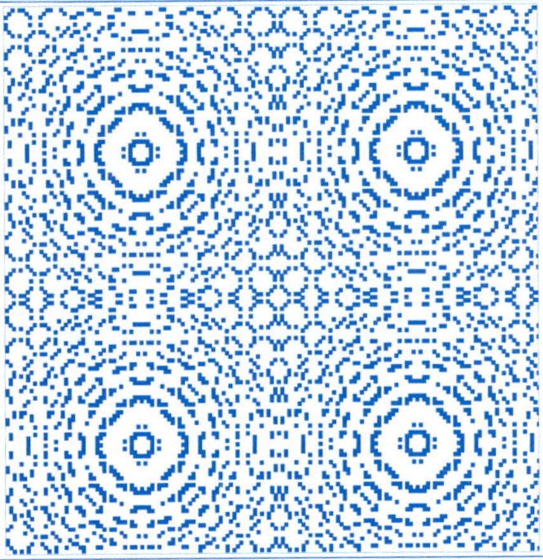	
(8) ((x ^ 2 + y ^ 2 or 23) Mod 5) = 0	((x ^ 2 + y ^ 2 + z ^ 2 or 23) Mod 5)= 0
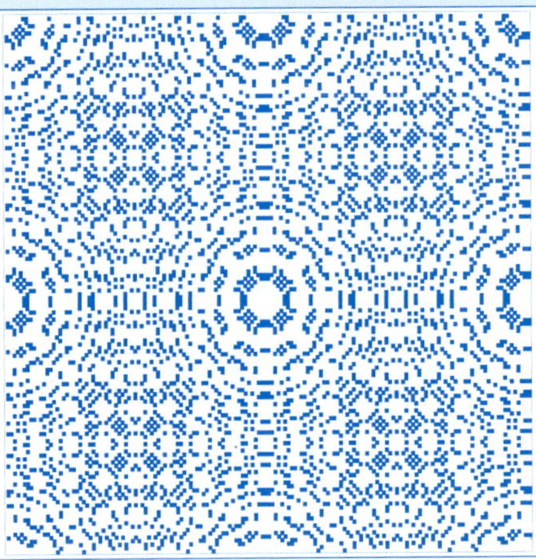	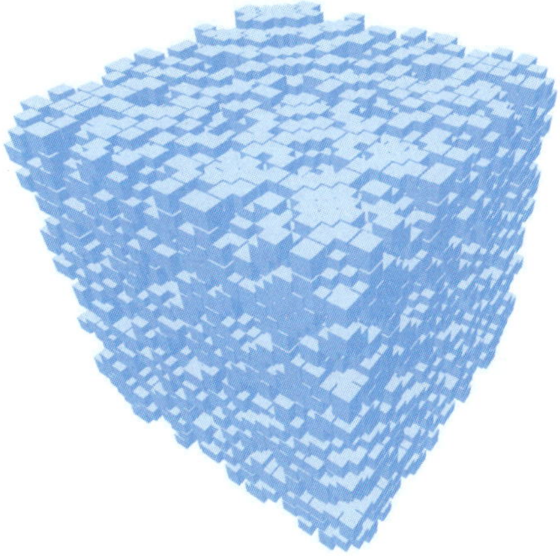
(9) ((x ^ 2 + y ^ 2 or 28) Mod 5) = 0	((x ^ 2 + y ^ 2 + z ^ 2 or 28) Mod 5)= 0
	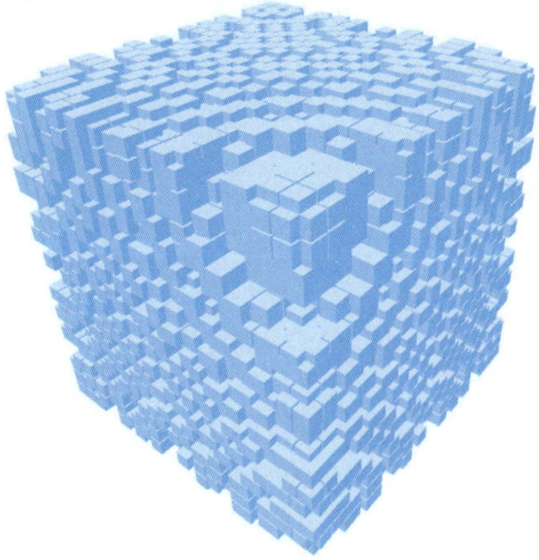

(10) ((x ^ 2 + y ^ 2 or 30) Mod 5) = 0	((x ^ 2 + y ^ 2 + z ^ 2 or 30) Mod 5)= 0
	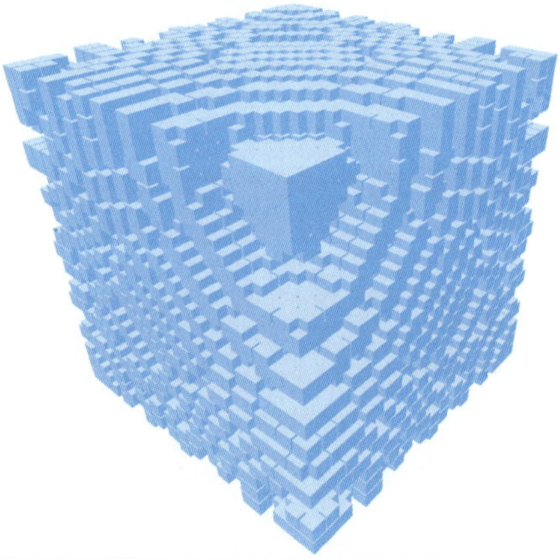
(11) ((x ^ 2 + y ^ 2 or 31) Mod 5) = 0	((x ^ 2 + y ^ 2 + z ^ 2 or 31) Mod 5)= 0
	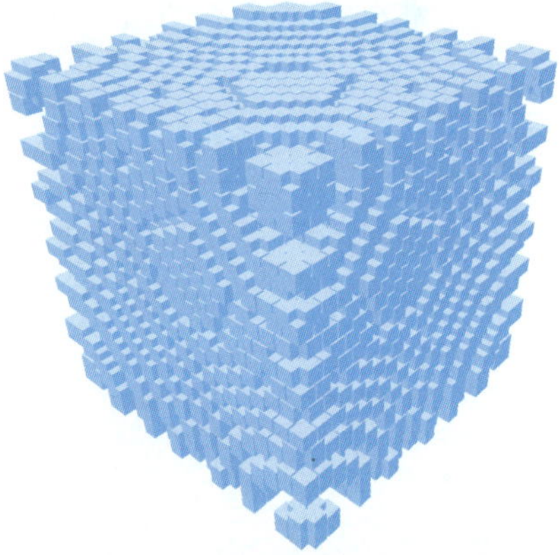
(12) ((x ^ 2 + y ^ 2 or 47) Mod 5) = 0	((x ^ 2 + y ^ 2 + z ^ 2 or 47) Mod 5)= 0
	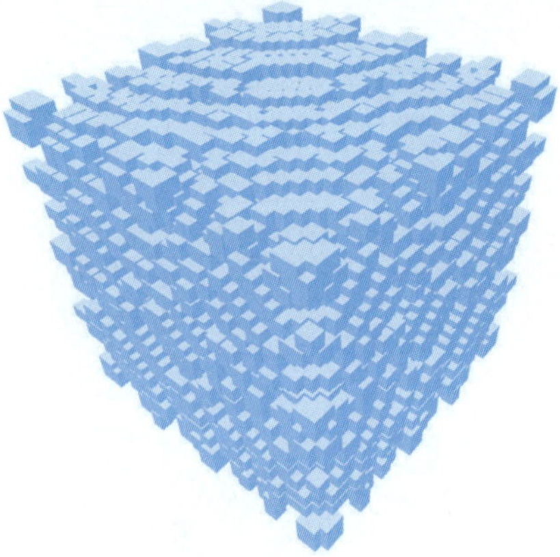

5 $((x^2+y^2 \text{ or } n) \text{ Mod } 7) = 0$

(1) ((x ^ 2 + y ^ 2 or 19) Mod 7) = 0	((x ^ 2 + y ^ 2 + z ^ 2 or 19) Mod 7)= 0
	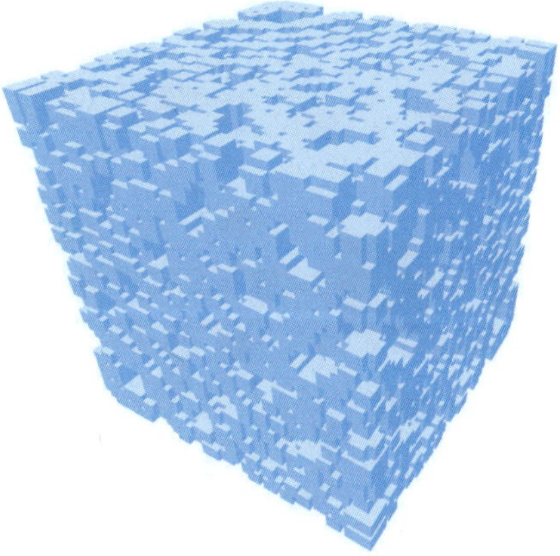
(2) ((x ^ 2 + y ^ 2 or 26) Mod 7) = 0	((x ^ 2 + y ^ 2 + z ^ 2 or 26) Mod 7)= 0
	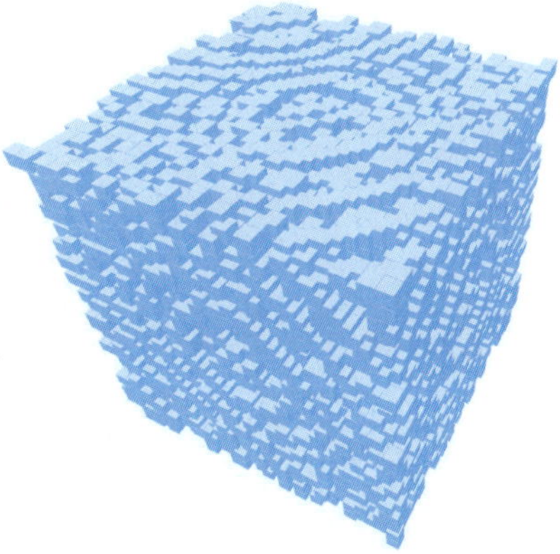
(3) ((x ^ 2 + y ^ 2 or 31) Mod 7) = 0	((x ^ 2 + y ^ 2 + z ^ 2 or 31) Mod 7)= 0
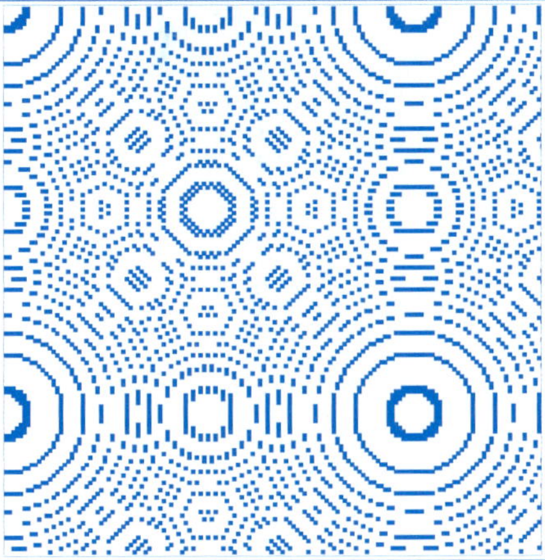	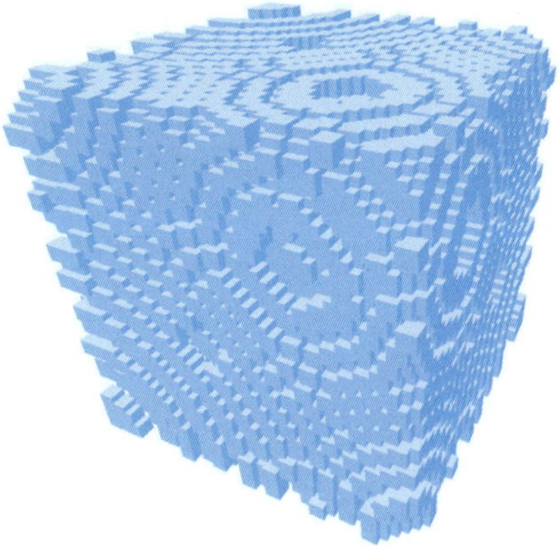

6 $(x^2 - \frac{x}{y} + y^2 \text{ Or } 1) \text{ Mod } 7 = n$

(1) (x ^ 2 − x / y + y ^ 2 Or 1) Mod 7 = 1, (x=1..180, y = 1..110)

	1	2	3	4	5	6	7	8	9	10	11	12	13	14	15
1	1	5	4	3	6	2	2	2	6	3	4	5	3	1	3
2	3	0	6	0	1	6	4	6	1	0	6	2	5	5	5
3	0	6	3	4	5	3	3	3	0	4	5	6	4	2	4
4	6	5	4	3	6	2	2	4	6	5	4	0	3	3	3
5	0	6	5	6	0	5	3	5	0	6	0	1	6	4	6
6	3	2	1	2	5	1	1	1	5	2	3	6	2	2	2
7	1	2	1	0	3	1	6	1	3	2	1	4	0	0	2
8	1	2	1	2	3	1	1	1	5	2	3	4	2	0	2
9	3	4	3	4	0	5	3	5	0	6	5	1	4	4	4
10	0	1	2	3	4	2	2	2	6	3	4	5	3	1	3
11	6	2	1	2	5	1	1	3	5	4	3	6	2	2	2
12	0	3	2	3	6	4	2	4	1	5	6	0	5	3	5
13	3	6	0	1	2	0	0	0	4	3	2	5	1	1	1
14	1	4	5	6	2	0	5	0	2	1	2	3	1	6	1
15	1	6	5	6	2	0	0	0	4	3	2	5	1	1	1

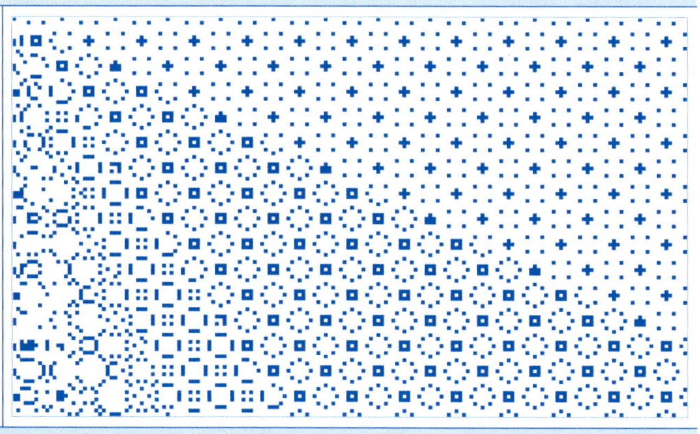

(x ^ 2 − x / y + y ^ 2 + z Or 1) Mod 7 = 1, (x=1..250, y = 1..150, z=1..5)

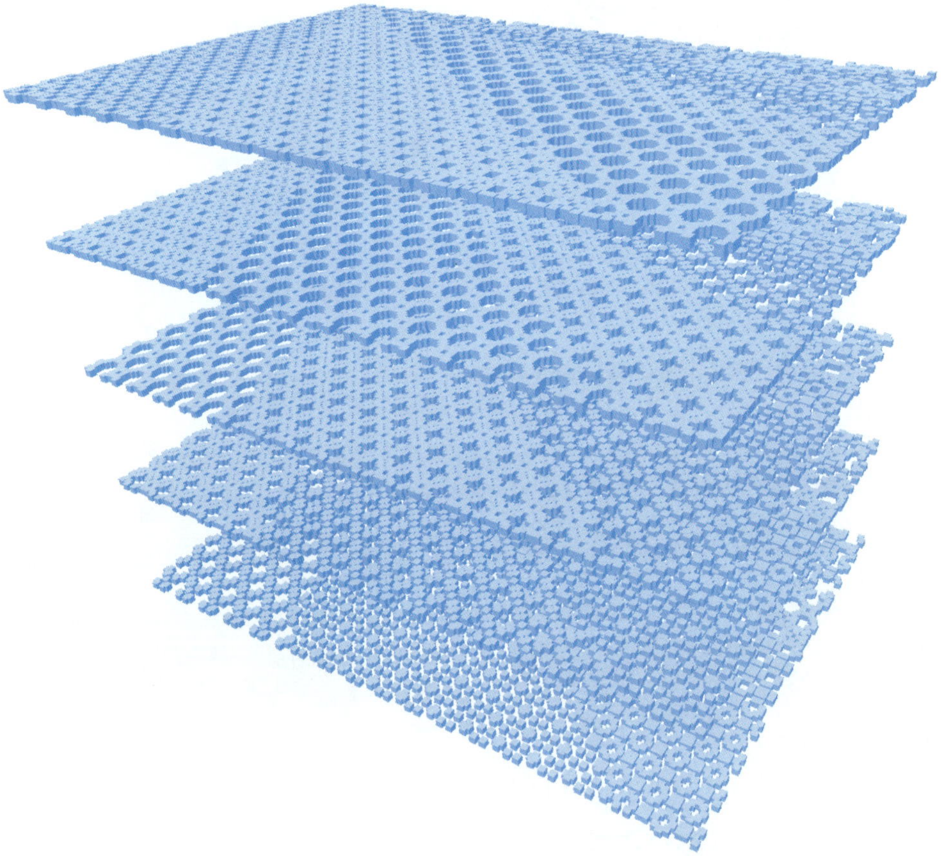

(2) (x ^ 2 − x / y + y ^ 2 Or 1) Mod 7 = 2, (x=1..180, y = 1..110)

	1	2	3	4	5	6	7	8	9	10	11	12	13	14	15
1	1	5	4	3	6	2	2	2	6	3	4	5	3	1	3
2	3	0	6	0	1	6	4	6	1	0	6	2	5	5	5
3	0	6	3	4	5	3	3	3	0	4	5	6	4	2	4
4	6	5	4	3	6	2	2	4	6	5	4	0	3	3	3
5	0	6	5	6	0	5	3	5	0	6	0	1	6	4	6
6	3	2	1	2	5	1	1	1	5	2	3	6	2	2	2
7	1	2	1	0	3	1	6	1	3	2	1	4	0	0	2
8	1	2	1	2	3	1	1	1	5	2	3	4	2	0	2
9	3	4	3	4	0	5	3	5	0	6	5	1	4	4	4
10	0	1	2	3	4	2	2	2	6	3	4	5	3	1	3
11	6	2	1	2	5	1	1	3	5	4	3	6	2	2	2
12	0	3	2	3	6	4	2	4	1	5	6	0	5	3	5
13	3	6	0	1	2	0	0	0	4	3	2	5	1	1	1
14	1	4	5	6	2	0	5	0	2	1	2	3	1	6	1
15	1	6	5	6	2	0	0	0	4	3	2	5	1	1	1

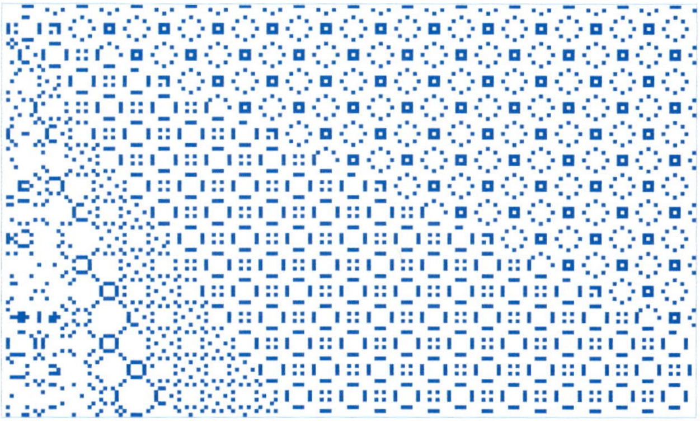

(x ^ 2 − x / y + y ^ 2 + z Or 1) Mod 7 = 2, (x=1..250, y = 1..150, z=1..5)

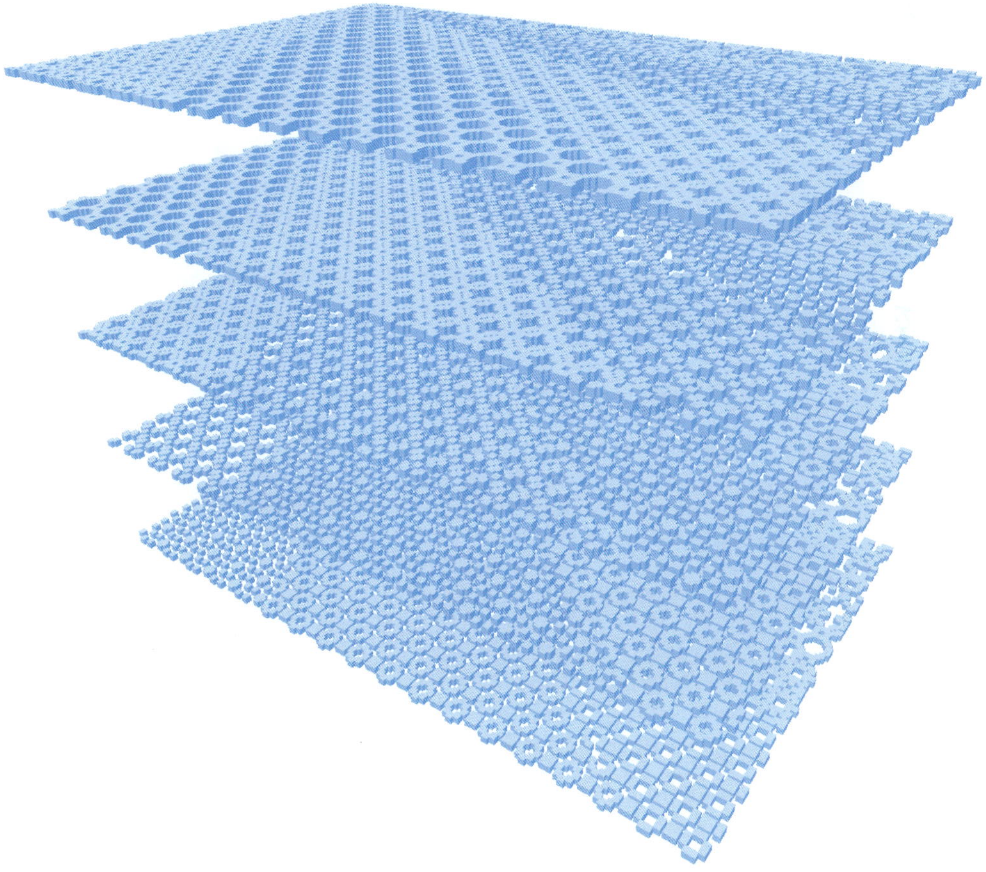

(3) (x ^ 2 − x / y + y ^ 2 Or 1) Mod 7 = 3, (x=1..180, y = 1..110)

	1	2	3	4	5	6	7	8	9	10	11	12	13	14	15
1	1	5	4	3	6	2	2	2	6	3	4	5	3	1	3
2	3	0	6	0	1	6	4	6	1	0	6	2	5	5	5
3	0	6	3	4	5	3	3	3	0	4	5	6	4	2	4
4	6	5	4	3	6	2	2	4	6	5	4	0	3	3	3
5	0	6	5	6	0	5	3	5	0	6	0	1	6	4	6
6	3	2	1	2	5	1	1	1	5	2	3	6	2	2	2
7	1	2	1	0	3	1	6	1	3	2	1	4	0	0	2
8	1	2	1	2	3	1	1	1	5	2	3	4	2	0	2
9	3	4	3	4	0	5	3	5	0	6	5	1	4	4	4
10	0	1	2	3	4	2	2	2	6	3	4	5	3	1	3
11	6	2	1	2	5	1	1	3	5	4	3	6	2	2	2
12	0	3	2	3	6	4	2	4	1	5	6	0	5	3	5
13	3	6	0	1	2	0	0	0	4	3	2	5	1	1	1
14	1	4	5	6	2	0	5	0	2	1	2	3	1	6	1
15	1	6	5	6	2	0	0	0	4	3	2	5	1	1	1

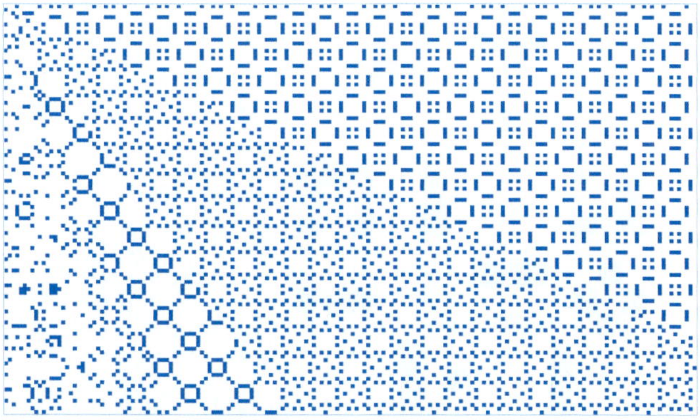

(x ^ 2 − x / y + y ^ 2 + z Or 1) Mod 7 = 3, (x=1..250, y = 1..150, z=1..5)

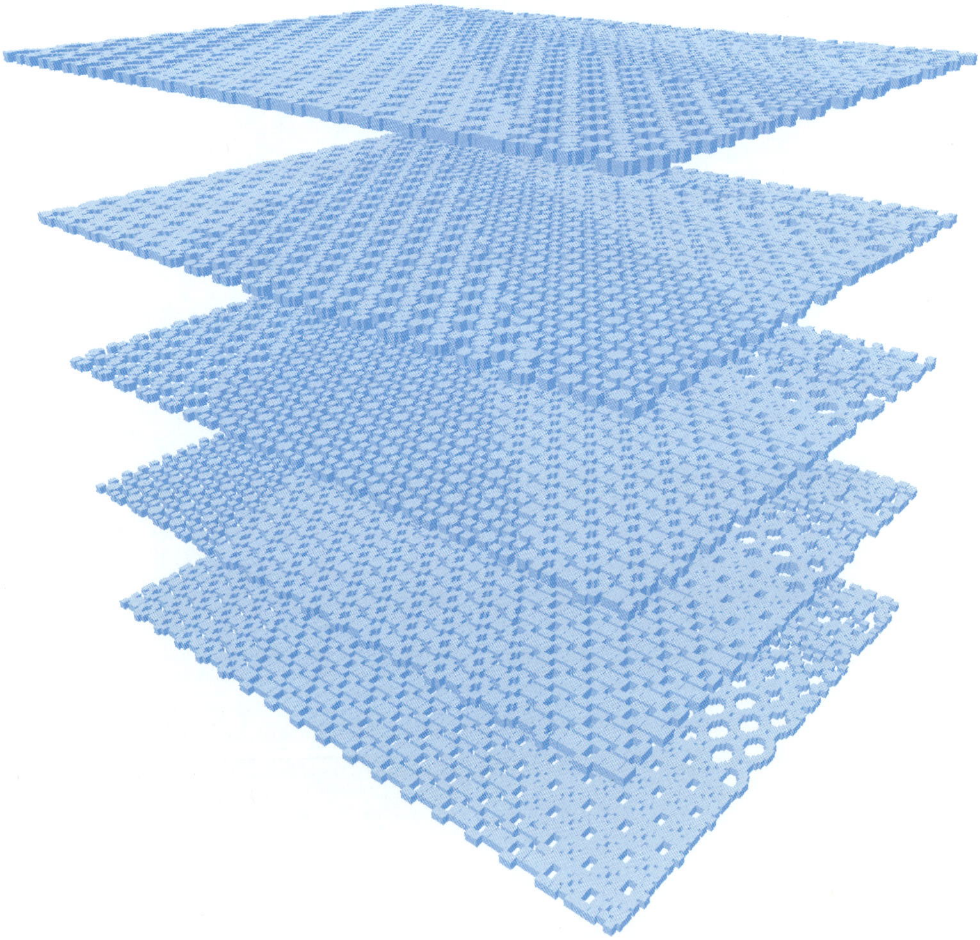

(4) (x ^ 2 − x / y + y ^ 2 Or 1) Mod 7 = 4, (x=1..180, y = 1..110)

	1	2	3	4	5	6	7	8	9	10	11	12	13	14	15
1	1	5	4	3	6	2	2	2	6	3	4	5	3	1	3
2	3	0	6	0	1	6	4	6	1	0	6	2	5	5	5
3	0	6	3	4	5	3	3	3	0	4	5	6	4	2	4
4	6	5	4	3	6	2	2	4	6	5	4	0	3	3	3
5	0	6	5	6	0	5	3	5	0	6	0	1	6	4	6
6	3	2	1	2	5	1	1	1	5	2	3	6	2	2	2
7	1	2	1	0	3	1	6	1	3	2	1	4	0	0	2
8	1	2	1	2	3	1	1	1	5	2	3	4	2	0	2
9	3	4	3	4	0	5	3	5	0	6	5	1	4	4	4
10	0	1	2	3	4	2	2	2	6	3	4	5	3	1	3
11	6	2	1	2	5	1	1	3	5	4	3	6	2	2	2
12	0	3	2	3	6	4	2	4	1	5	6	0	5	3	5
13	3	6	0	1	2	0	0	0	4	3	2	5	1	1	1
14	1	4	5	6	2	0	5	0	2	1	2	3	1	6	1
15	1	6	5	6	2	0	0	0	4	3	2	5	1	1	1

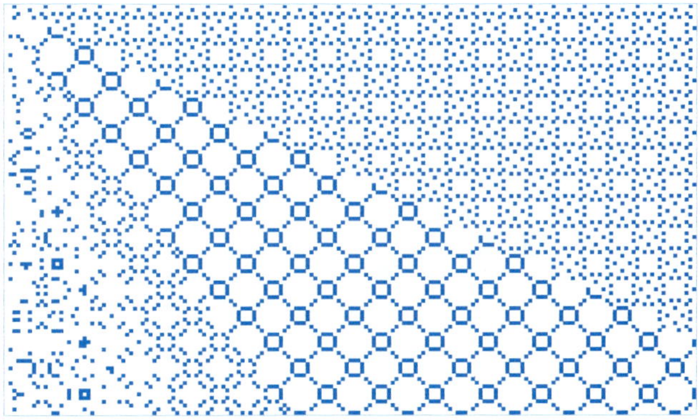

(x ^ 2 − x / y + y ^ 2 + z Or 1) Mod 7 = 4, (x=1..250, y = 1..150, z=1..5)

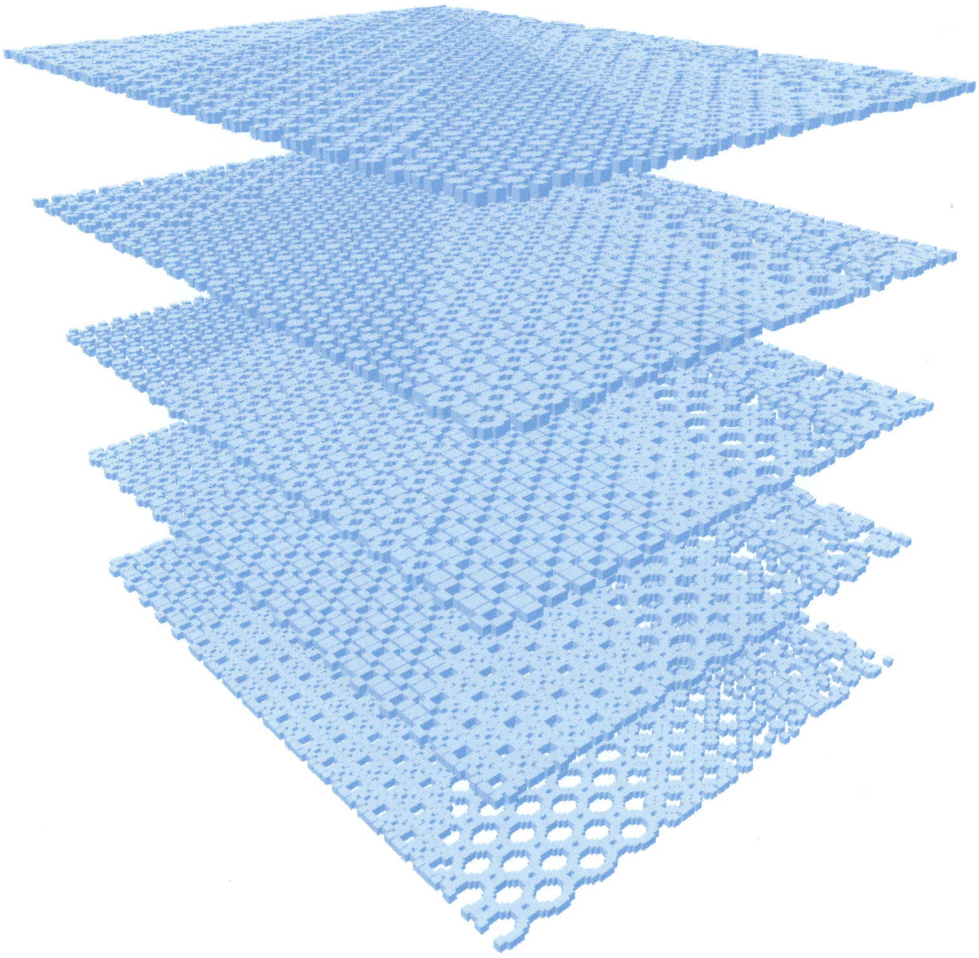

(5) (x ^ 2− x / y + y ^ 2 Or 1) Mod 7 = 5, (x = 1..180, y = 1..110)

	1	2	3	4	5	6	7	8	9	10	11	12	13	14	15
1	1	5	4	3	6	2	2	2	6	3	4	5	3	1	3
2	3	0	6	0	1	6	4	6	1	0	6	2	5	5	5
3	0	6	3	4	5	3	3	3	0	4	5	6	4	2	4
4	6	5	4	3	6	2	2	4	6	5	4	0	3	3	3
5	0	6	5	6	0	5	3	5	0	6	0	1	6	4	6
6	3	2	1	2	5	1	1	1	5	2	3	6	2	2	2
7	1	2	1	0	3	1	6	1	3	2	1	4	0	0	2
8	1	2	1	2	3	1	1	1	5	2	3	4	2	0	2
9	3	4	3	4	0	5	3	5	0	6	5	1	4	4	4
10	0	1	2	3	4	2	2	2	6	3	4	5	3	1	3
11	6	2	1	2	5	1	1	3	5	4	3	6	2	2	2
12	0	3	2	3	6	4	2	4	1	5	6	0	5	3	5
13	3	6	0	1	2	0	0	0	4	3	2	5	1	1	1
14	1	4	5	6	2	0	5	0	2	1	2	3	1	6	1
15	1	6	5	6	2	0	0	0	4	3	2	5	1	1	1

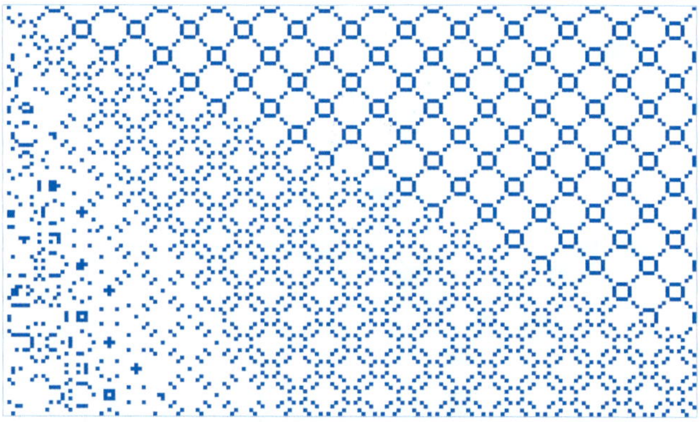

(x ^ 2 − x / y + y ^ 2 + z Or 1) Mod 7 = 5, (x = 1..250, y = 1..150, z = 1..5)

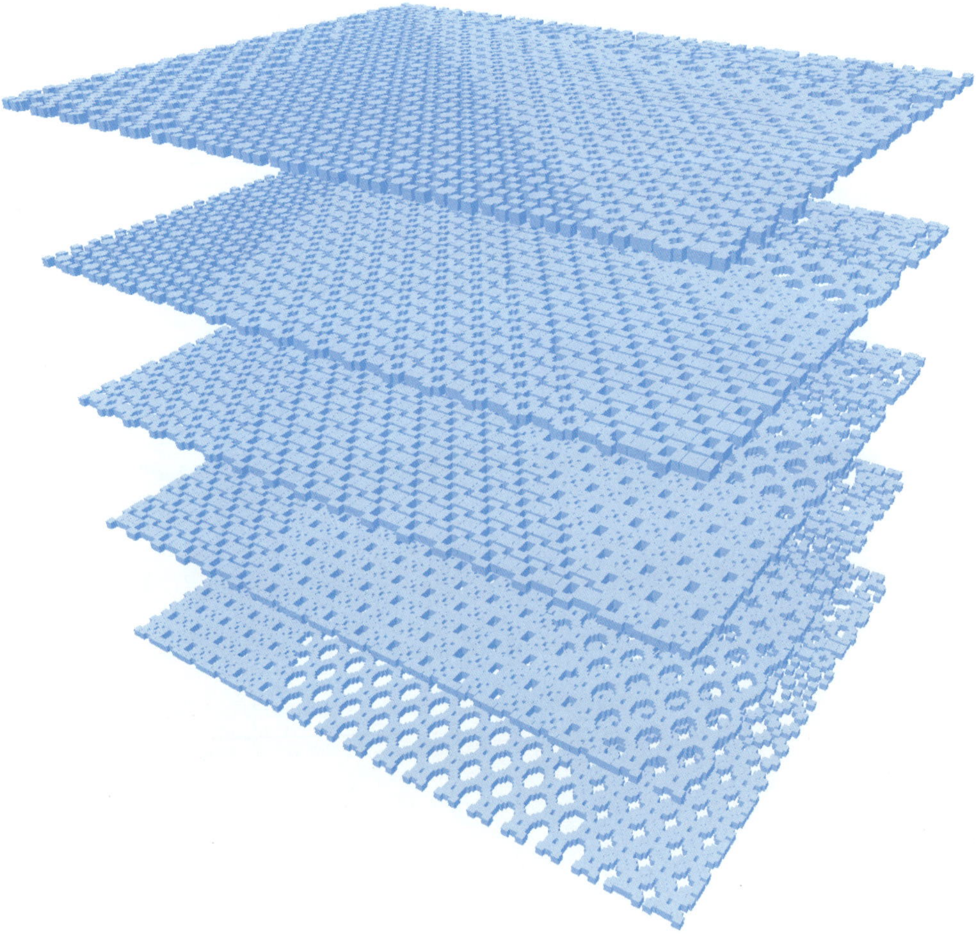

(6) (x ^ 2− x / y + y ^ 2 Or 1) Mod 7 = 6, (x = 1..180, y = 1..110)

	1	2	3	4	5	6	7	8	9	10	11	12	13	14	15
1	1	5	4	3	6	2	2	2	6	3	4	5	3	1	3
2	3	0	6	0	1	6	4	6	1	0	6	2	5	5	5
3	0	6	3	4	5	3	3	3	0	4	5	6	4	2	4
4	6	5	4	3	6	2	2	4	6	5	4	0	3	3	3
5	0	6	5	6	0	5	3	5	0	6	0	1	6	4	6
6	3	2	1	2	5	1	1	1	5	2	3	6	2	2	2
7	1	2	1	0	3	1	6	1	3	2	1	4	0	0	2
8	1	2	1	2	3	1	1	1	5	2	3	4	2	0	2
9	3	4	3	4	0	5	3	5	0	6	5	1	4	4	4
10	0	1	2	3	4	2	2	2	6	3	4	5	3	1	3
11	6	2	1	2	5	1	1	3	5	4	3	6	2	2	2
12	0	3	2	3	6	4	2	4	1	5	6	0	5	3	5
13	3	6	0	1	2	0	0	0	4	3	2	5	1	1	1
14	1	4	5	6	2	0	5	0	2	1	2	3	1	6	1
15	1	6	5	6	2	0	0	0	4	3	2	5	1	1	1

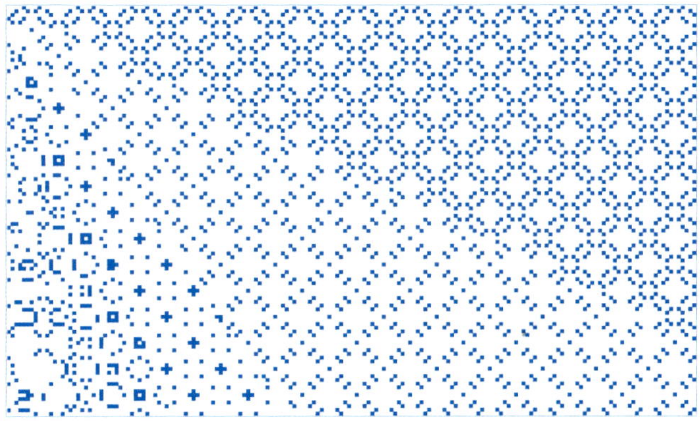

(x ^ 2 − x / y + y ^ 2 + z Or 1) Mod 7 = 6, (x = 1..250, y = 1..150, z = 1..5)

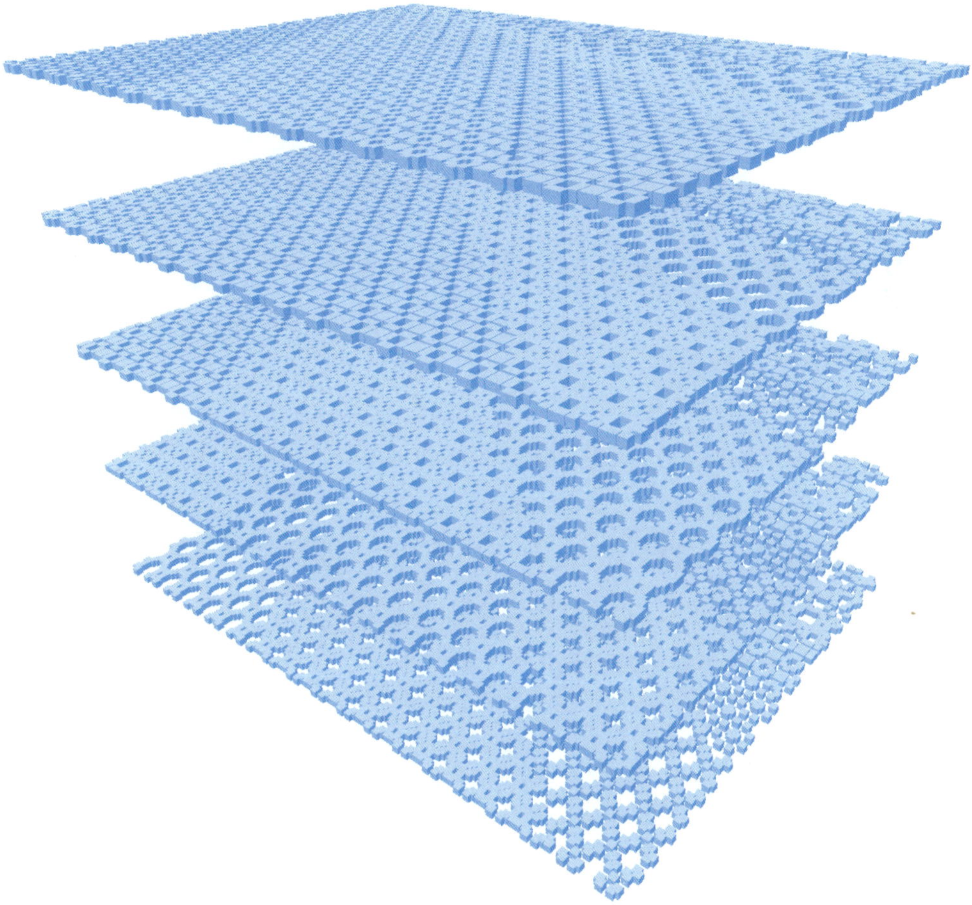

7 $(x^2 - \frac{x}{y} + y^2 \text{ Or } n) \text{ Mod } 7 = 1$

(1) (x ^ 2− x / y + y ^ 2 Or 2) Mod 7 = 1, (x = 1..180, y = 1..110)

	1	2	3	4	5	6	7	8	9	10	11	12	13	14	15
1	3	6	3	5	5	4	1	4	5	5	3	0	2	3	2
2	3	0	0	1	3	0	6	0	3	1	1	3	0	6	0
3	0	0	5	5	0	4	2	5	6	6	4	1	3	4	3
4	1	4	5	3	0	2	3	5	1	6	6	1	5	4	5
5	2	5	6	0	2	6	5	6	2	0	6	3	5	6	5
6	3	4	1	1	6	1	2	1	6	2	4	0	4	3	4
7	1	1	2	0	5	2	1	2	5	3	3	5	2	1	1
8	3	3	0	1	3	1	2	1	6	2	4	4	3	0	3
9	5	5	3	4	1	6	5	6	2	0	0	2	6	5	6
10	0	1	1	2	4	1	3	2	0	3	5	5	4	1	4
11	6	3	0	1	6	1	2	4	0	5	5	0	4	3	4
12	2	2	4	5	6	3	2	3	2	5	0	0	6	3	6
13	5	5	6	0	2	0	1	0	6	4	4	6	3	2	3
14	1	6	6	0	1	6	5	6	2	1	3	3	2	6	2
15	1	5	0	1	2	6	1	0	5	4	4	6	3	2	3

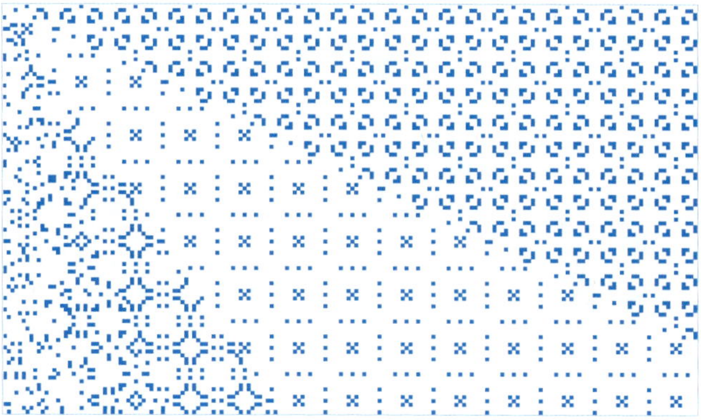

(x ^ 2 − x / y + y ^ 2 + z Or 2) Mod 7 = 1, (x = 1..250, y = 1..150, z = 1..5)

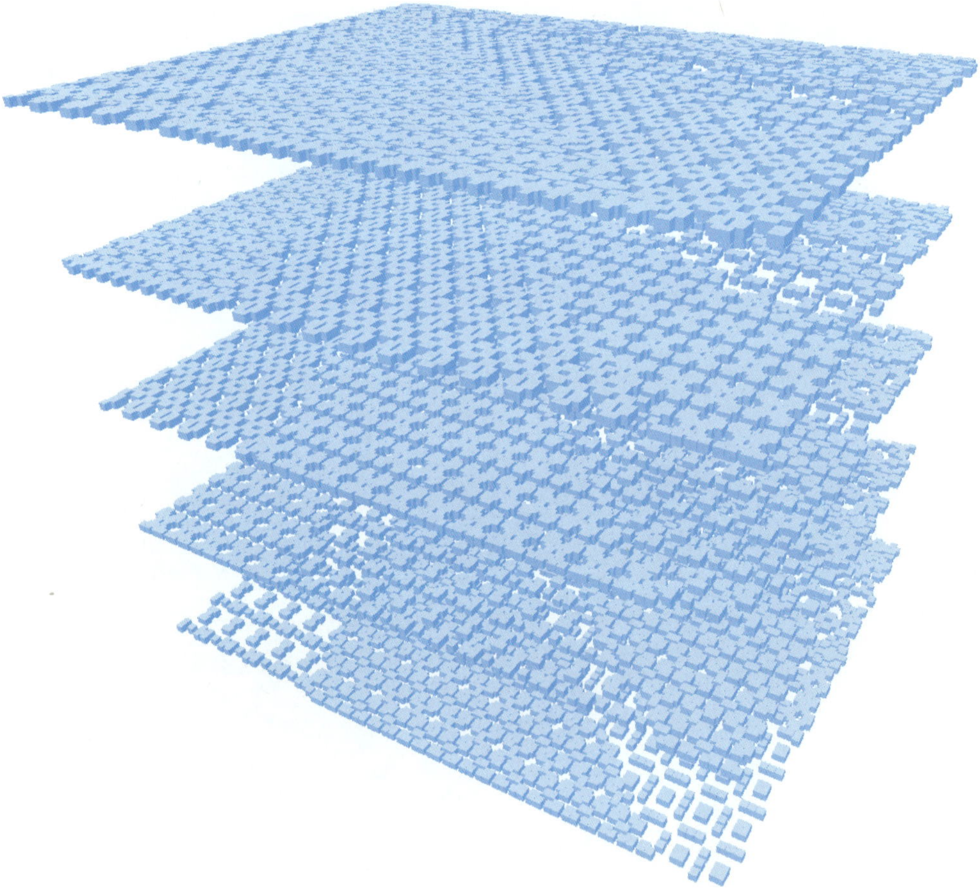

(2) (x ^ 2− x / y + y ^ 2 Or 3) Mod 7 = 1, (x = 1..180, y = 1..110)

	1	2	3	4	5	6	7	8	9	10	11	12	13	14	15
1	3	0	4	5	6	4	2	4	6	5	4	0	3	3	3
2	3	0	1	2	3	1	6	1	3	2	1	4	0	0	0
3	0	1	5	6	0	5	3	5	0	6	5	1	4	4	4
4	1	5	6	3	1	2	4	6	1	0	6	2	5	5	5
5	2	6	0	1	2	0	5	0	2	1	0	3	6	6	6
6	3	4	1	2	0	1	3	1	0	2	5	1	4	4	4
7	1	2	3	0	5	3	1	3	5	4	3	6	2	2	2
8	3	4	1	2	3	1	3	1	0	2	5	4	4	0	4
9	5	6	3	4	2	0	5	0	2	1	0	3	6	6	6
10	0	1	2	3	4	2	4	2	1	3	6	5	5	1	5
11	6	4	1	2	0	1	3	5	0	6	5	1	4	4	4
12	2	3	4	5	6	4	2	4	3	5	1	0	0	3	0
13	5	6	0	1	2	0	2	0	6	5	4	0	3	3	3
14	1	6	0	1	2	0	5	0	2	1	4	3	3	6	3
15	1	6	0	1	2	0	2	0	6	5	4	0	3	3	3

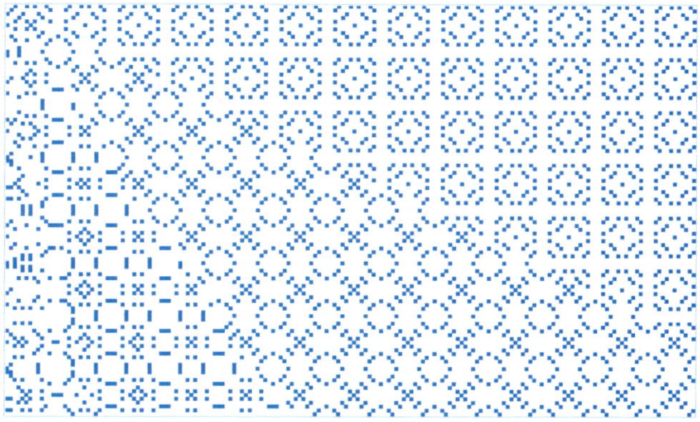

(x ^ 2 − x / y + y ^ 2 + z Or 3) Mod 7 = 1, (x = 1..250, y = 1..150, z = 1..5)

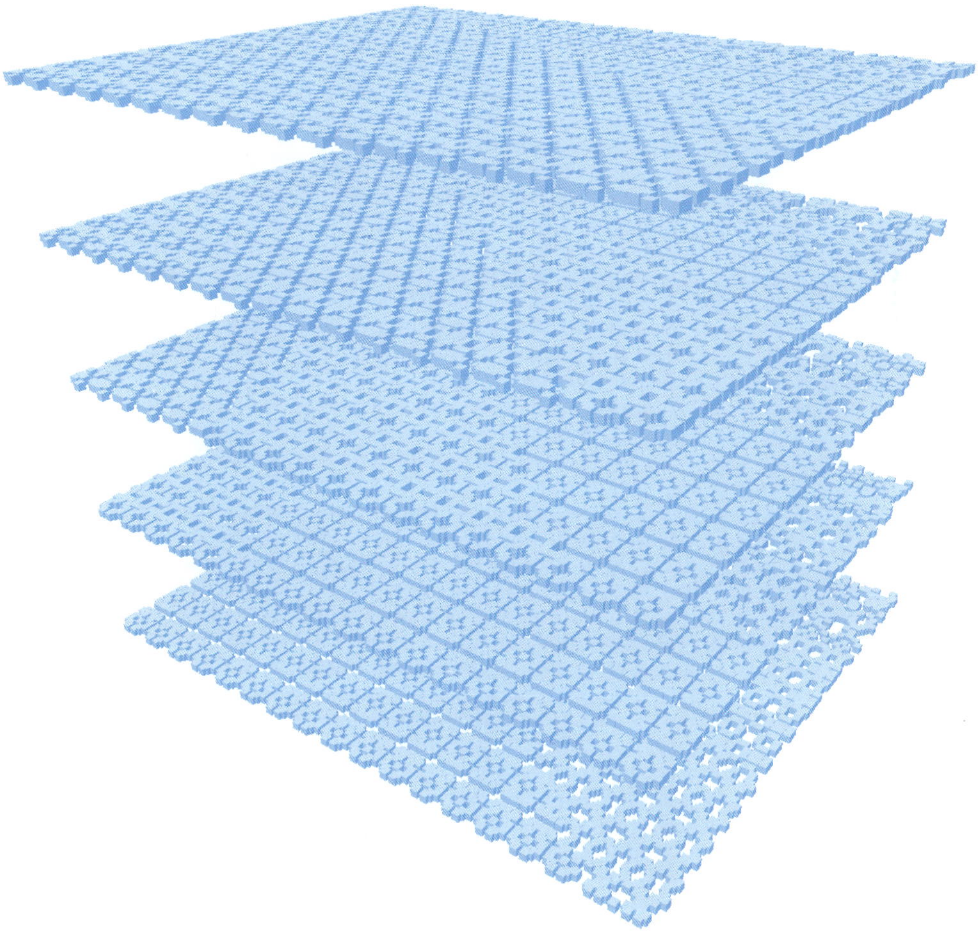

(3) (x ^ 2− x / y + y ^ 2 Or 3) Mod 7 = 3, (x = 1..180, y = 1..110)

	1	2	3	4	5	6	7	8	9	10	11	12	13	14	15
1	3	0	4	5	6	4	2	4	6	5	4	0	3	3	3
2	3	0	1	2	3	1	6	1	3	2	1	4	0	0	0
3	0	1	5	6	0	5	3	5	0	6	5	1	4	4	4
4	1	5	6	3	1	2	4	6	1	0	6	2	5	5	5
5	2	6	0	1	2	0	5	0	2	1	0	3	6	6	6
6	3	4	1	2	0	1	3	1	0	2	5	1	4	4	4
7	1	2	3	0	5	3	1	3	5	4	3	6	2	2	2
8	3	4	1	2	3	1	3	1	0	2	5	4	4	0	4
9	5	6	3	4	2	0	5	0	2	1	0	3	6	6	6
10	0	1	2	3	4	2	4	2	1	3	6	5	5	1	5
11	6	4	1	2	0	1	3	5	0	6	5	1	4	4	4
12	2	3	4	5	6	4	2	4	3	5	1	0	0	3	0
13	5	6	0	1	2	0	2	0	6	5	4	0	3	3	3
14	1	6	0	1	2	0	5	0	2	1	4	3	3	6	3
15	1	6	0	1	2	0	2	0	6	5	4	0	3	3	3

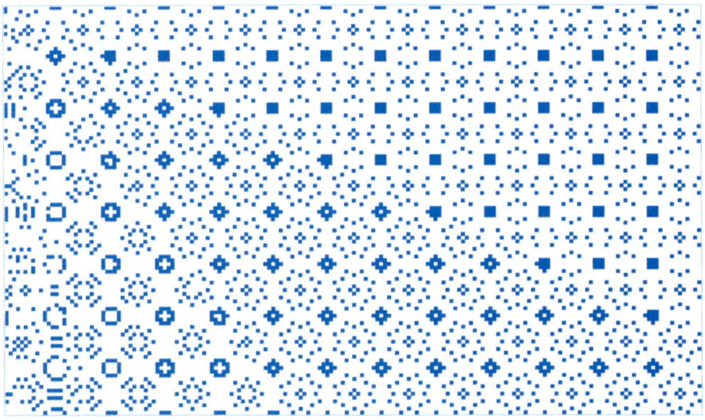

(x ^ 2 − x / y + y ^ 2 + z Or 3) Mod 7 = 3, (x = 1..250, y = 1..150, z = 1..5)

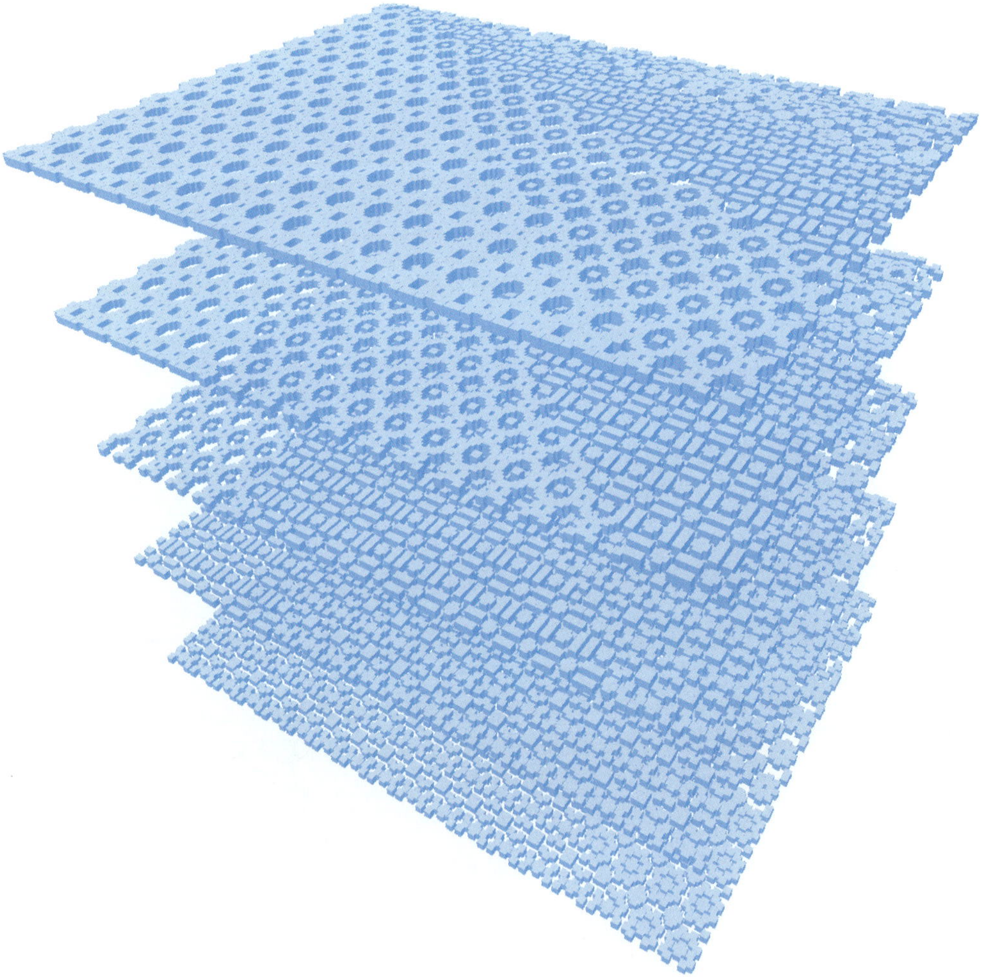

(4) (x ^ 2− x / y + y ^ 2 Or 3) Mod 7 = 4, (x = 1..180, y = 1..110)

	1	2	3	4	5	6	7	8	9	10	11	12	13	14	15
1	3	0	4	5	6	4	2	4	6	5	4	0	3	3	3
2	3	0	1	2	3	1	6	1	3	2	1	4	0	0	0
3	0	1	5	6	0	5	3	5	0	6	5	1	4	4	4
4	1	5	6	3	1	2	4	6	1	0	6	2	5	5	5
5	2	6	0	1	2	0	5	0	2	1	0	3	6	6	6
6	3	4	1	2	0	1	3	1	0	2	5	1	4	4	4
7	1	2	3	0	5	3	1	3	5	4	3	6	2	2	2
8	3	4	1	2	3	1	3	1	0	2	5	4	4	0	4
9	5	6	3	4	2	0	5	0	2	1	0	3	6	6	6
10	0	1	2	3	4	2	4	2	1	3	6	5	5	1	5
11	6	4	1	2	0	1	3	5	0	6	5	1	4	4	4
12	2	3	4	5	6	4	2	4	3	5	1	0	0	3	0
13	5	6	0	1	2	0	2	0	6	5	4	0	3	3	3
14	1	6	0	1	2	0	5	0	2	1	4	3	3	6	3
15	1	6	0	1	2	0	2	0	6	5	4	0	3	3	3

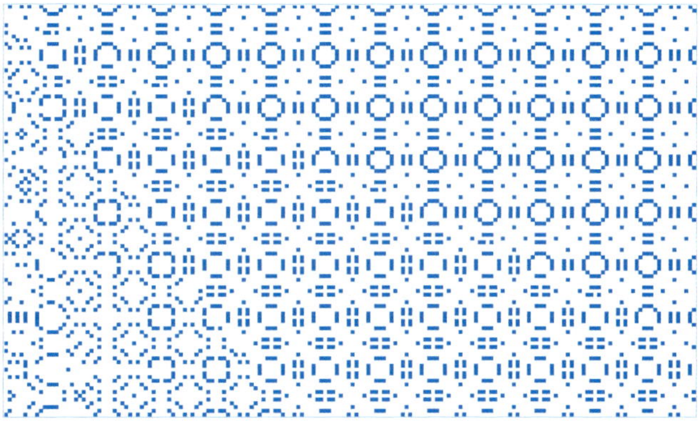

(x ^ 2 − x / y + y ^ 2 + z Or 3) Mod 7 = 4, (x = 1..250, y = 1..150, z = 1..5)

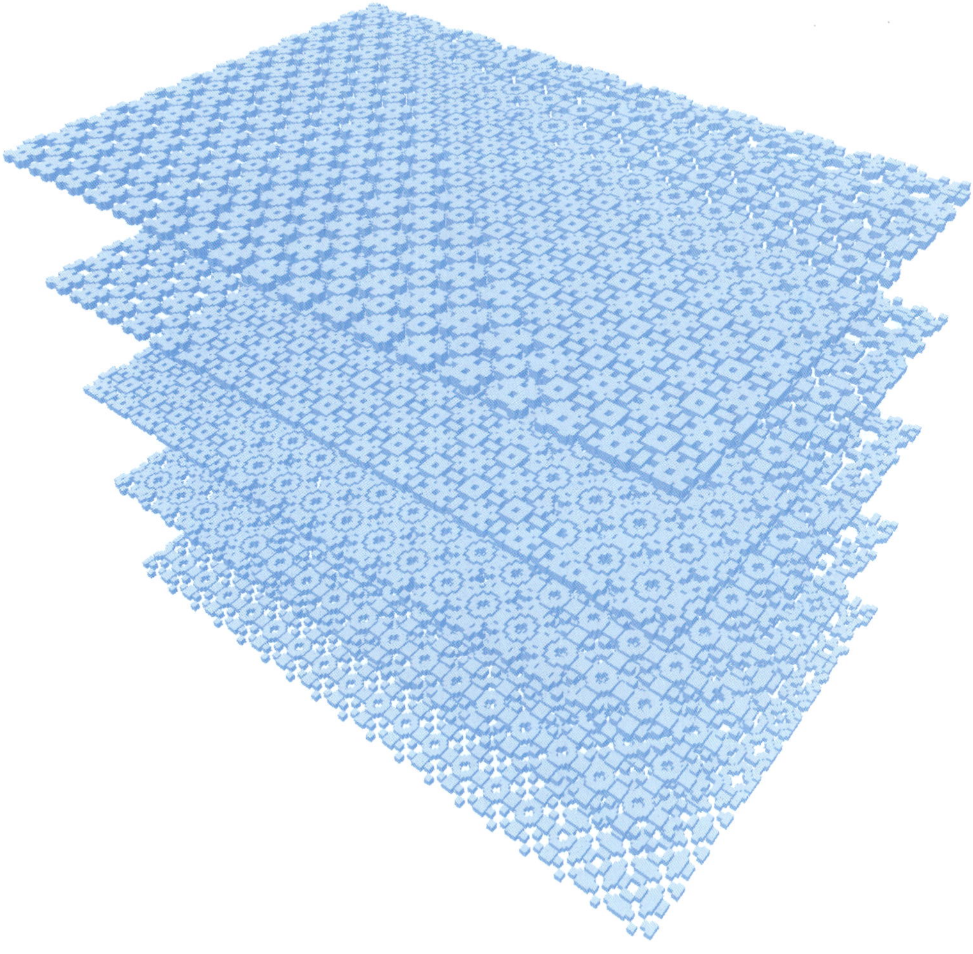

(5) (x ^ 2− x / y + y ^ 2 Or 3) Mod 7 = 5, (x = 1..180, y = 1..110)

	1	2	3	4	5	6	7	8	9	10	11	12	13	14	15
1	3	0	4	5	6	4	2	4	6	5	4	0	3	3	3
2	3	0	1	2	3	1	6	1	3	2	1	4	0	0	0
3	0	1	5	6	0	5	3	5	0	6	5	1	4	4	4
4	1	5	6	3	1	2	4	6	1	0	6	2	5	5	5
5	2	6	0	1	2	0	5	0	2	1	0	3	6	6	6
6	3	4	1	2	0	1	3	1	0	2	5	1	4	4	4
7	1	2	3	0	5	3	1	3	5	4	3	6	2	2	2
8	3	4	1	2	3	1	3	1	0	2	5	4	4	0	4
9	5	6	3	4	2	0	5	0	2	1	0	3	6	6	6
10	0	1	2	3	4	2	4	2	1	3	6	5	5	1	5
11	6	4	1	2	0	1	3	5	0	6	5	1	4	4	4
12	2	3	4	5	6	4	2	4	3	5	1	0	0	3	0
13	5	6	0	1	2	0	2	0	6	5	4	0	3	3	3
14	1	6	0	1	2	0	5	0	2	1	4	3	3	6	3
15	1	6	0	1	2	0	2	0	6	5	4	0	3	3	3

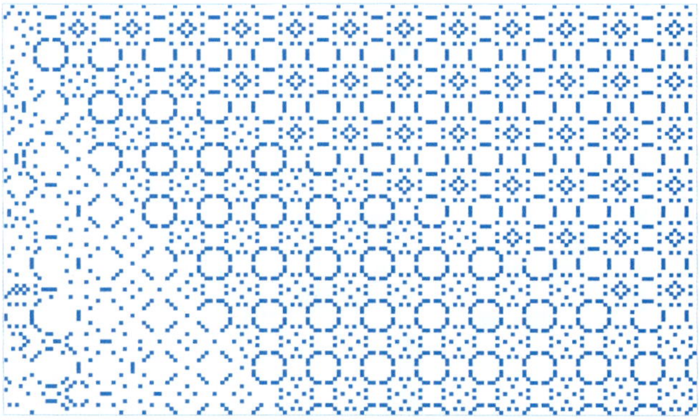

(x ^ 2 − x / y + y ^ 2 + z Or 3) Mod 7 = 5, (x = 1..250, y = 1..150, z = 1..5)

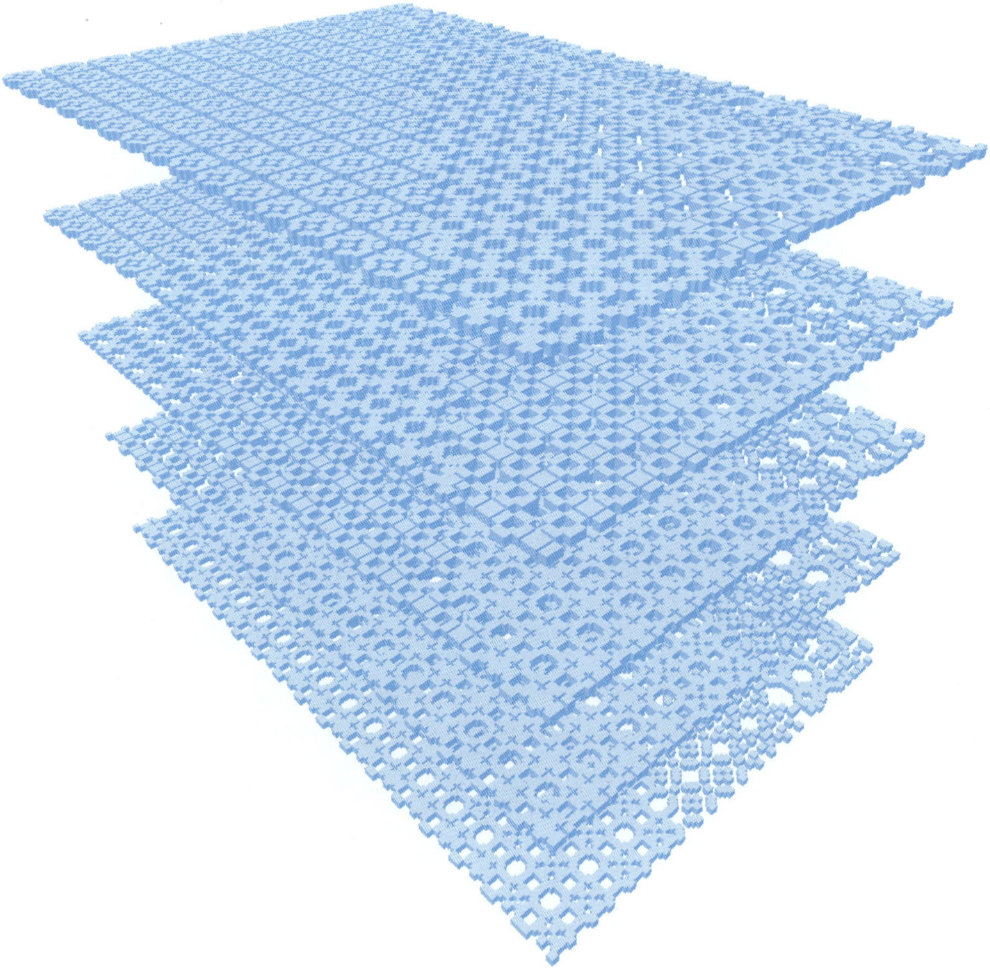

(6) (x ^ 2− x / y + y ^ 2 Or 3) Mod 7 = 6, (x = 1..180, y = 1..110)

	1	2	3	4	5	6	7	8	9	10	11	12	13	14	15
1	3	0	4	5	6	4	2	4	6	5	4	0	3	3	3
2	3	0	1	2	3	1	6	1	3	2	1	4	0	0	0
3	0	1	5	6	0	5	3	5	0	6	5	1	4	4	4
4	1	5	6	3	1	2	4	6	1	0	6	2	5	5	5
5	2	6	0	1	2	0	5	0	2	1	0	3	6	6	6
6	3	4	1	2	0	1	3	1	0	2	5	1	4	4	4
7	1	2	3	0	5	3	1	3	5	4	3	6	2	2	2
8	3	4	1	2	3	1	3	1	0	2	5	4	4	0	4
9	5	6	3	4	2	0	5	0	2	1	0	3	6	6	6
10	0	1	2	3	4	2	4	2	1	3	6	5	5	1	5
11	6	4	1	2	0	1	3	5	0	6	5	1	4	4	4
12	2	3	4	5	6	4	2	4	3	5	1	0	0	3	0
13	5	6	0	1	2	0	2	0	6	5	4	0	3	3	3
14	1	6	0	1	2	0	5	0	2	1	4	3	3	6	3
15	1	6	0	1	2	0	2	0	6	5	4	0	3	3	3

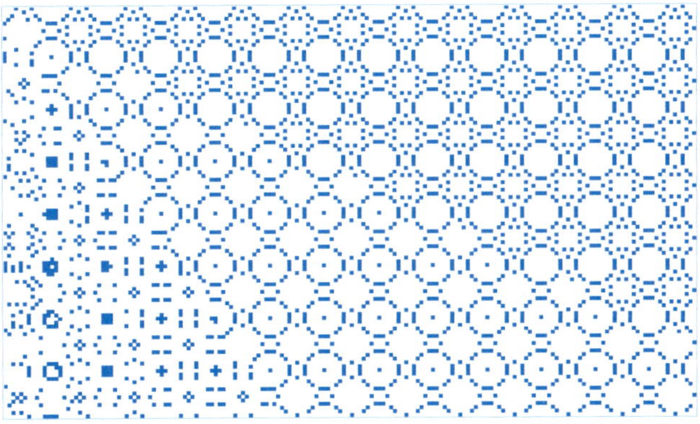

(x ^ 2 − x / y + y ^ 2 + z Or 3) Mod 7 = 6, (x = 1..250, y = 1..150, z = 1..5)

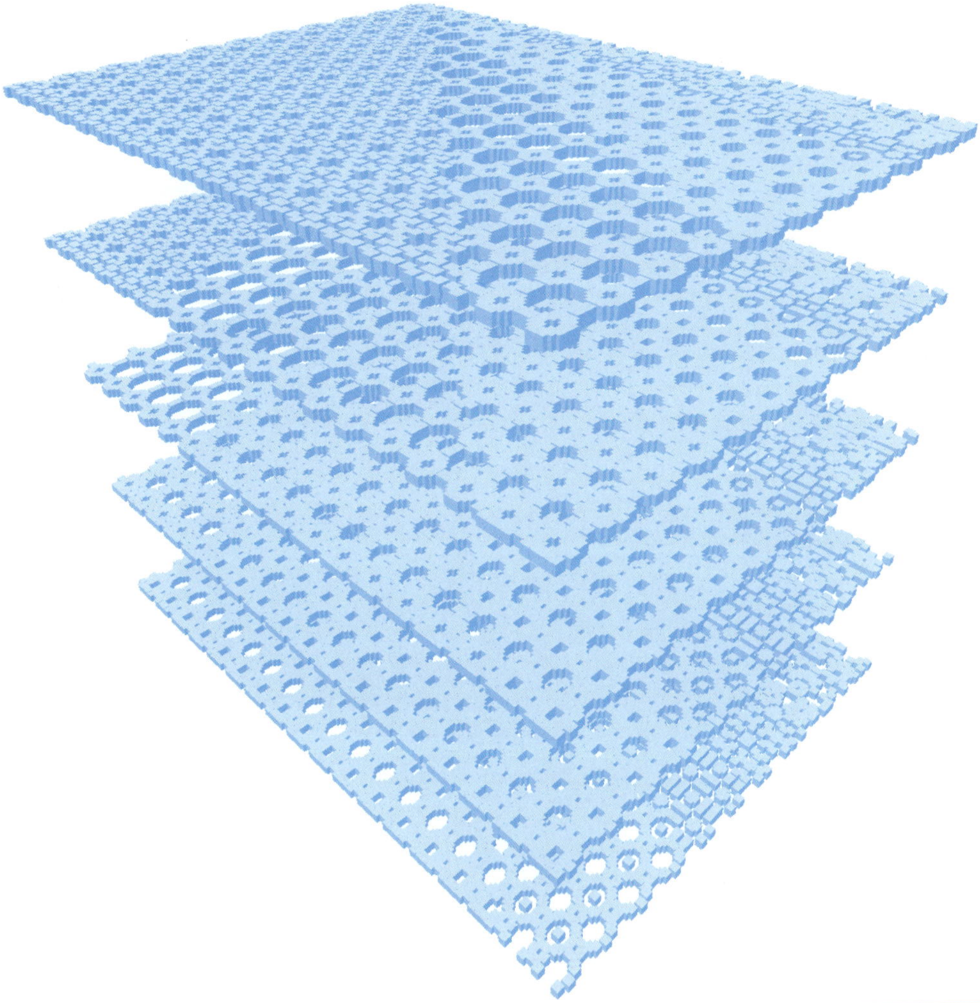

8 $(x^2 - \frac{x}{y} + y^2$ Or 5) Mod 7 = n

(1) (x ^ 2− x / y + y ^ 2 Or 5) Mod 7 = 1, (x = 1..180, y = 1..110)

	1	2	3	4	5	6	7	8	9	10	11	12	13	14	15
1	5	5	1	0	3	2	6	6	3	3	1	2	0	1	0
2	0	0	6	0	1	3	4	6	1	4	6	2	5	2	5
3	0	6	0	1	2	3	0	0	4	4	2	3	1	2	1
4	6	2	1	3	3	6	6	1	3	5	1	4	0	3	0
5	0	3	2	3	4	5	0	2	4	6	4	5	3	4	3
6	3	2	5	6	5	1	1	5	5	2	3	6	2	6	2
7	5	6	5	0	0	1	3	5	0	2	5	1	4	0	6
8	5	6	1	2	3	5	5	1	2	6	0	4	6	4	6
9	0	1	3	4	4	5	0	2	4	6	2	5	1	4	1
10	4	5	6	0	1	2	2	6	6	3	4	2	3	1	3
11	6	6	1	2	2	5	5	0	2	4	0	3	6	2	6
12	0	3	2	3	6	1	2	4	5	2	3	0	2	0	2
13	3	6	0	1	2	4	4	0	1	3	6	2	5	1	5
14	1	1	2	3	6	0	2	4	6	1	2	0	1	6	1
15	5	6	5	6	2	4	4	0	1	3	6	2	5	1	5

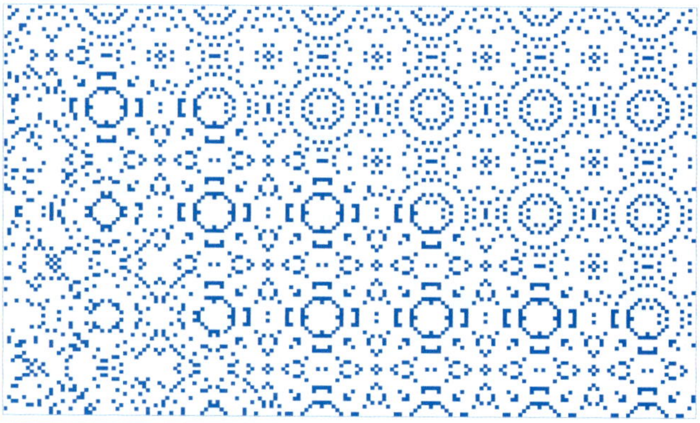

(x ^ 2 − x / y + y ^ 2 + z Or 5) Mod 7 = 1, (x = 1..250, y = 1..150, z = 1..5)

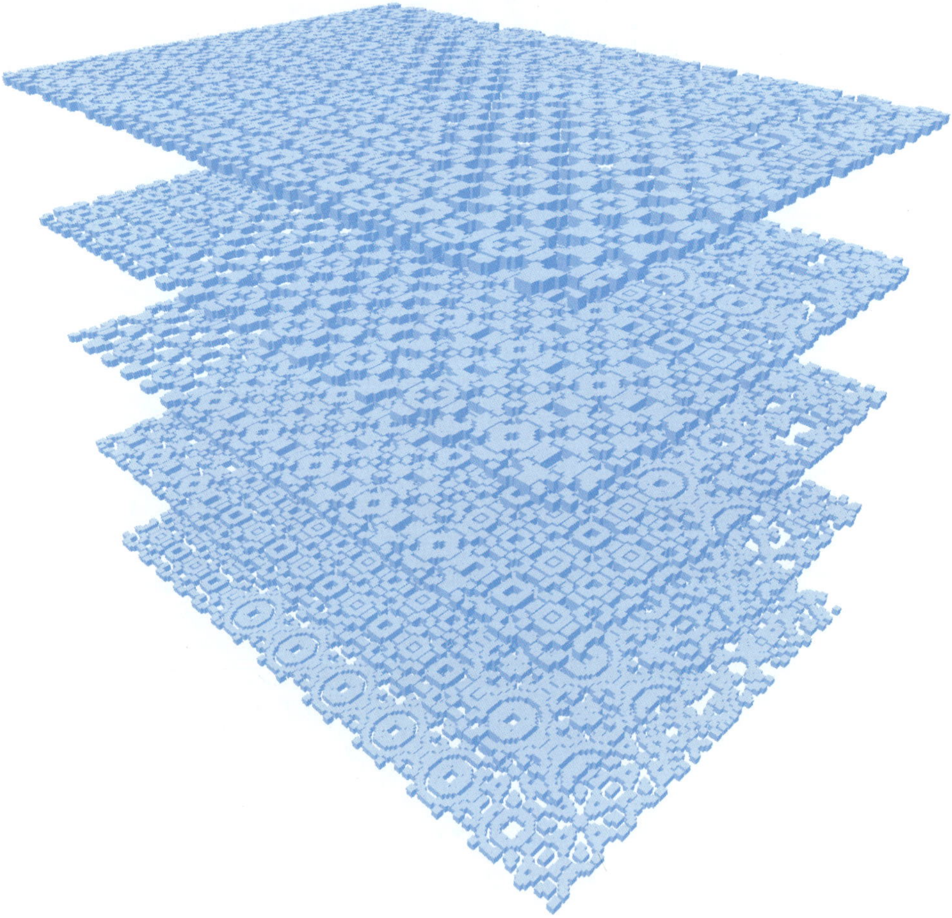

(2) (x ^ 2− x / y + y ^ 2 Or 5) Mod 7 = 2, (x = 1..180, y = 1..110)

	1	2	3	4	5	6	7	8	9	10	11	12	13	14	15
1	5	5	1	0	3	2	6	6	3	3	1	2	0	1	0
2	0	0	6	0	1	3	4	6	1	4	6	2	5	2	5
3	0	6	0	1	2	3	0	0	4	4	2	3	1	2	1
4	6	2	1	3	3	6	6	1	3	5	1	4	0	3	0
5	0	3	2	3	4	5	0	2	4	6	4	5	3	4	3
6	3	2	5	6	5	1	1	5	5	2	3	6	2	6	2
7	5	6	5	0	0	1	3	5	0	2	5	1	4	0	6
8	5	6	1	2	3	5	5	1	2	6	0	4	6	4	6
9	0	1	3	4	4	5	0	2	4	6	2	5	1	4	1
10	4	5	6	0	1	2	2	6	6	3	4	2	3	1	3
11	6	6	1	2	2	5	5	0	2	4	0	3	6	2	6
12	0	3	2	3	6	1	2	4	5	2	3	0	2	0	2
13	3	6	0	1	2	4	4	0	1	3	6	2	5	1	5
14	1	1	2	3	6	0	2	4	6	1	2	0	1	6	1
15	5	6	5	6	2	4	4	0	1	3	6	2	5	1	5

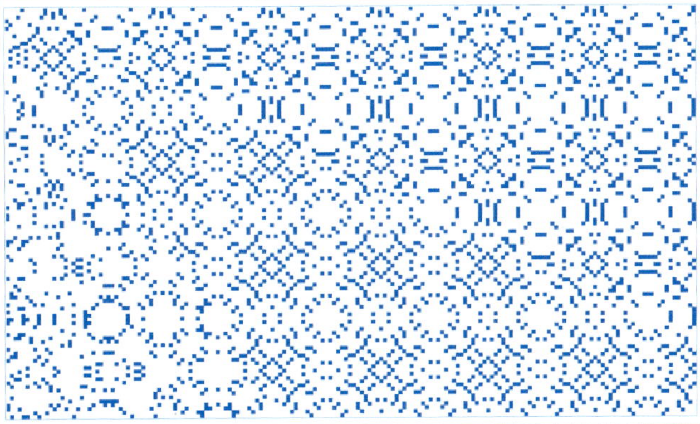

(x ^ 2 − x / y + y ^ 2 + z Or 5) Mod 7 = 2, (x = 1..250, y = 1..150, z = 1..5)

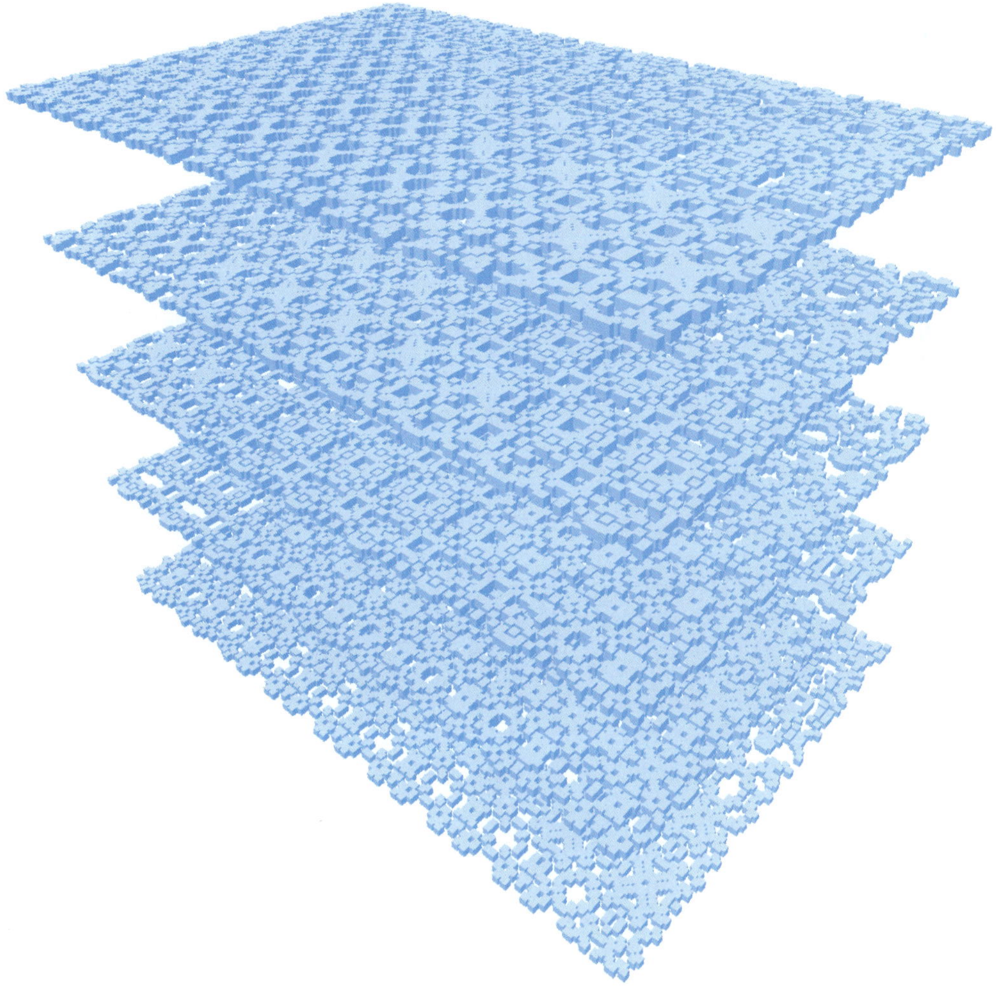

(3) (x ^ 2− x / y + y ^ 2 Or 5) Mod 7 = 3, (x = 1..180, y = 1..110)

	1	2	3	4	5	6	7	8	9	10	11	12	13	14	15
1	5	5	1	0	3	2	6	6	3	3	1	2	0	1	0
2	0	0	6	0	1	3	4	6	1	4	6	2	5	2	5
3	0	6	0	1	2	3	0	0	4	4	2	3	1	2	1
4	6	2	1	3	3	6	6	1	3	5	1	4	0	3	0
5	0	3	2	3	4	5	0	2	4	6	4	5	3	4	3
6	3	2	5	6	5	1	1	5	5	2	3	6	2	6	2
7	5	6	5	0	0	1	3	5	0	2	5	1	4	0	6
8	5	6	1	2	3	5	5	1	2	6	0	4	6	4	6
9	0	1	3	4	4	5	0	2	4	6	2	5	1	4	1
10	4	5	6	0	1	2	2	6	6	3	4	2	3	1	3
11	6	6	1	2	2	5	5	0	2	4	0	3	6	2	6
12	0	3	2	3	6	1	2	4	5	2	3	0	2	0	2
13	3	6	0	1	2	4	4	0	1	3	6	2	5	1	5
14	1	1	2	3	6	0	2	4	6	1	2	0	1	6	1
15	5	6	5	6	2	4	4	0	1	3	6	2	5	1	5

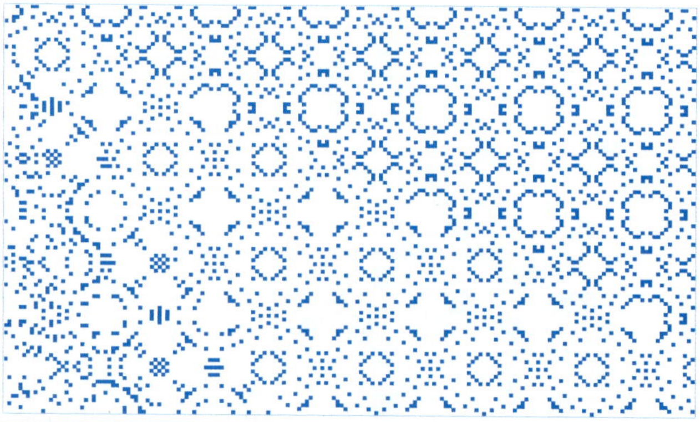

(x ^ 2 − x / y + y ^ 2 + z Or 5) Mod 7 = 3, (x = 1..250, y = 1..150, z = 1..5)

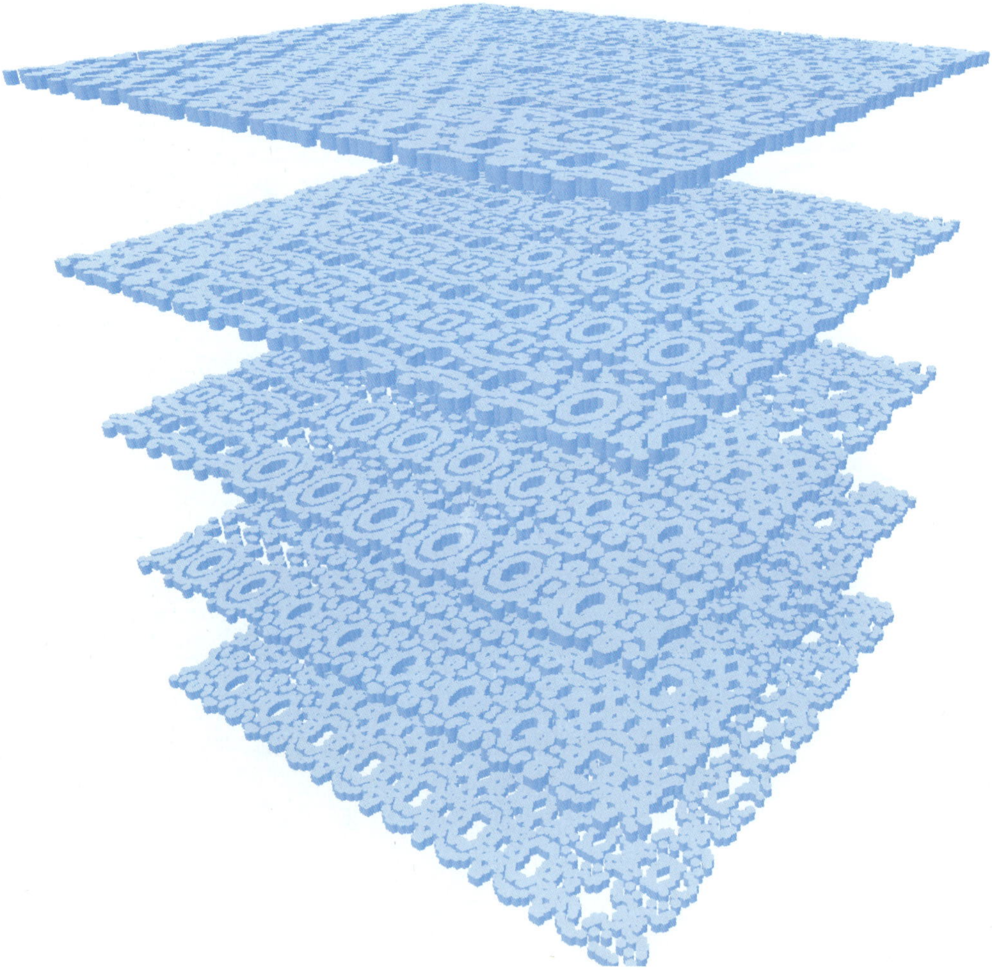

9 $(x^2 - \frac{x}{y} + y^2$ Or 6) Mod 3 $= n$

(1) (x ^ 2− x / y + y ^ 2 Or 6) Mod 3 = 0, (x = 1..180, y = 1..110)

	1	2	3	4	5	6	7	8	9	10	11	12	13	14	15
1	5	5	1	0	3	2	6	6	3	3	1	2	0	1	0
2	0	0	6	0	1	3	4	6	1	4	6	2	5	2	5
3	0	6	0	1	2	3	0	0	4	4	2	3	1	2	1
4	6	2	1	3	3	6	6	1	3	5	1	4	0	3	0
5	0	3	2	3	4	5	0	2	4	6	4	5	3	4	3
6	3	2	5	6	5	1	1	5	5	2	3	6	2	6	2
7	5	6	5	0	0	1	3	5	0	2	5	1	4	0	6
8	5	6	1	2	3	5	5	1	2	6	0	4	6	4	6
9	0	1	3	4	4	5	0	2	4	6	2	5	1	4	1
10	4	5	6	0	1	2	2	6	6	3	4	2	3	1	3
11	6	6	1	2	2	5	5	0	2	4	0	3	6	2	6
12	0	3	2	3	6	1	2	4	5	2	3	0	2	0	2
13	3	6	0	1	2	4	4	0	1	3	6	2	5	1	5
14	1	1	2	3	6	0	2	4	6	1	2	0	1	6	1
15	5	6	5	6	2	4	4	0	1	3	6	2	5	1	5

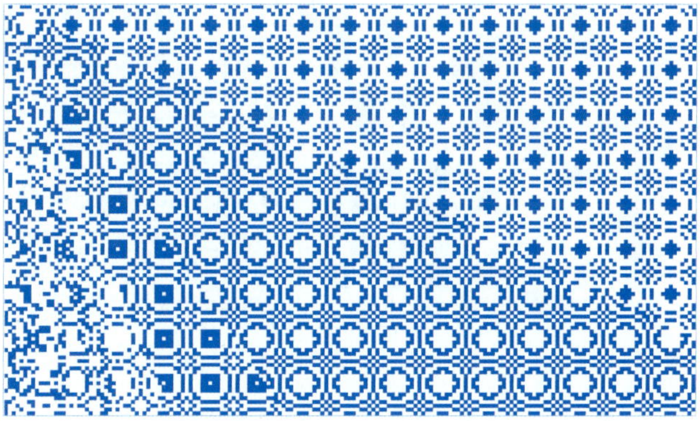

(x ^ 2 − x / y + y ^ 2 + z Or 6) Mod 3 = 0, (x = 1..250, y = 1..150, z = 1..5)

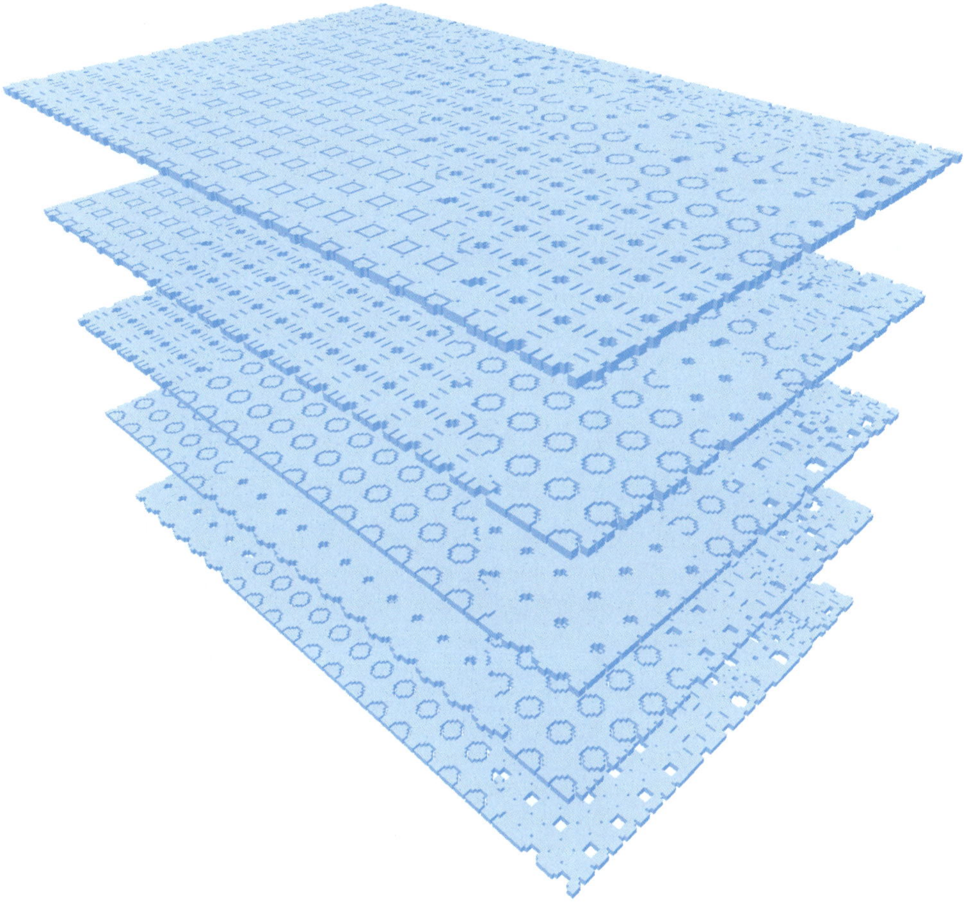

(2) (x ^ 2− x / y + y ^ 2 Or 6) Mod 3 = 1, (x = 1..180, y = 1..110)

	1	2	3	4	5	6	7	8	9	10	11	12	13	14	15
1	1	0	2	2	0	0	0	2	2	1	0	1	0	1	2
2	1	1	2	1	1	1	1	1	0	2	1	0	1	2	0
3	1	2	2	0	0	1	2	1	1	0	2	0	2	0	1
4	0	1	0	1	1	1	1	2	1	1	2	1	2	1	1
5	2	0	2	1	1	2	1	1	0	0	0	1	0	1	2
6	1	0	2	0	2	2	2	1	1	0	2	2	0	1	2
7	2	0	2	0	1	2	1	1	0	0	1	0	1	0	2
8	0	1	1	0	0	1	1	1	0	2	1	0	1	2	0
9	1	2	0	2	2	1	0	0	2	2	0	2	0	2	2
10	2	1	2	1	1	2	0	2	2	1	0	1	0	1	2
11	0	0	0	2	0	0	0	1	0	0	1	0	1	0	0
12	0	1	1	0	2	2	2	2	2	1	0	2	0	1	2
13	0	1	0	2	2	0	0	0	0	0	1	0	1	0	0
14	0	1	2	1	0	2	1	1	0	1	0	1	0	1	2
15	2	0	0	2	1	1	2	2	1	2	0	2	0	2	2

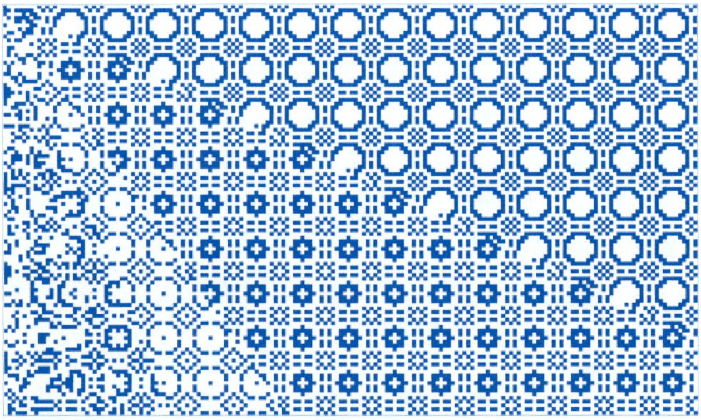

(x ^ 2 − x / y + y ^ 2 + z Or 6) Mod 3 = 1, (x = 1..250, y = 1..150, z = 1..5)

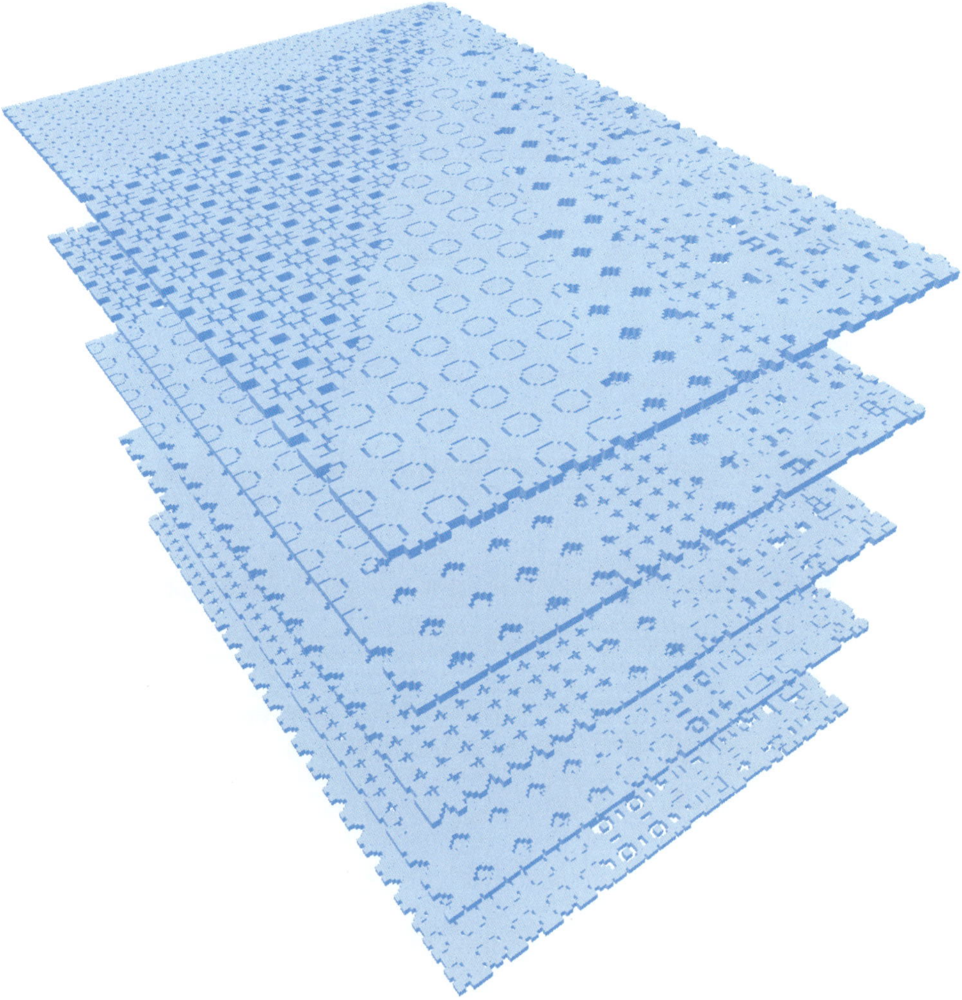

(3) (x ^ 2− x / y + y ^ 2 Or 6) Mod 3 = 2, (x = 1..180, y = 1..110)

	1	2	3	4	5	6	7	8	9	10	11	12	13	14	15
1	1	0	2	2	0	0	0	2	2	1	0	1	0	1	2
2	1	1	2	1	1	1	1	1	0	2	1	0	1	2	0
3	1	2	2	0	0	1	2	1	1	0	2	0	2	0	1
4	0	1	0	1	1	1	1	2	1	1	2	1	2	1	1
5	2	0	2	1	1	2	1	1	0	0	0	1	0	1	2
6	1	0	2	0	2	2	2	1	1	0	2	2	0	1	2
7	2	0	2	0	1	2	1	1	0	0	1	0	1	0	2
8	0	1	1	0	0	1	1	1	0	2	1	0	1	2	0
9	1	2	0	2	2	1	0	0	2	2	0	2	0	2	2
10	2	1	2	1	1	2	0	2	2	1	0	1	0	1	2
11	0	0	0	2	0	0	0	1	0	0	1	0	1	0	0
12	0	1	1	0	2	2	2	2	2	1	0	2	0	1	2
13	0	1	0	2	2	0	0	0	0	0	1	0	1	0	0
14	0	1	2	1	0	2	1	1	0	1	0	1	0	1	2
15	2	0	0	2	1	1	2	2	1	2	0	2	0	2	2

(x ^ 2 − x / y + y ^ 2 + z Or 6) Mod 3 = 2, (x = 1..250, y = 1..150, z = 1..5)

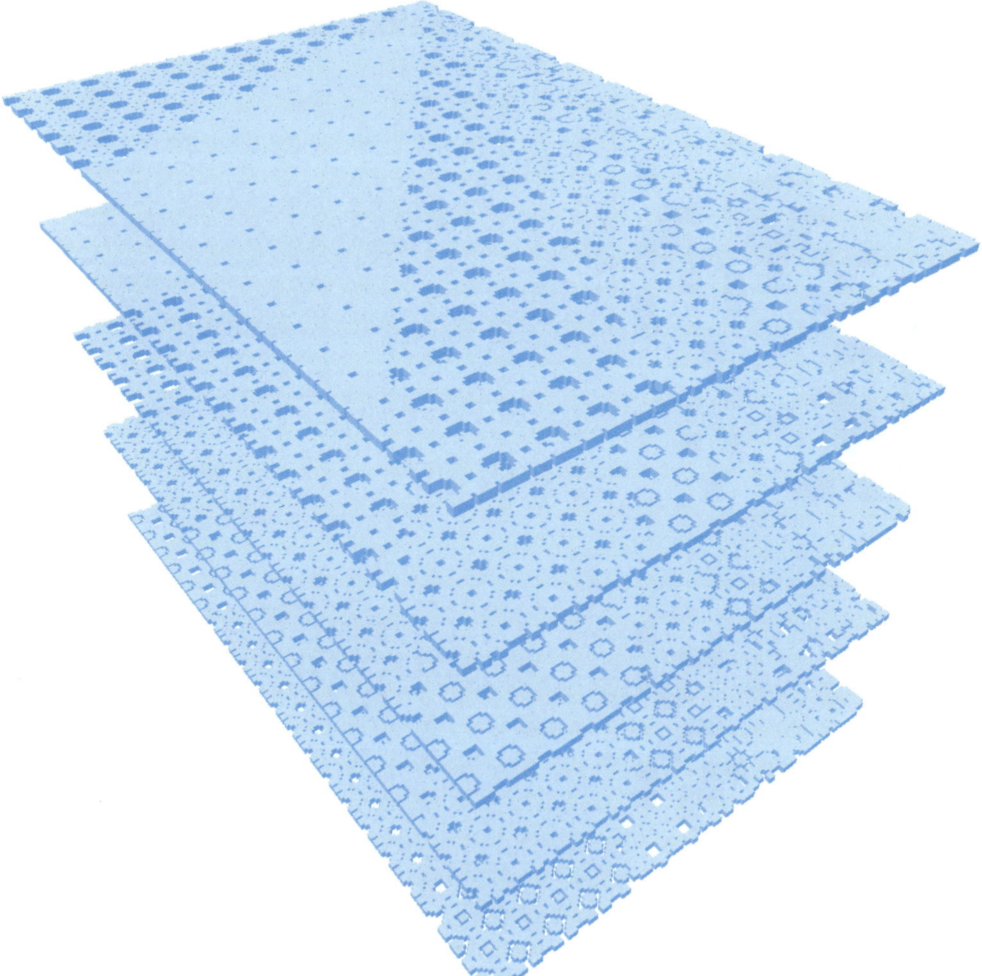

10 $\left(x^2-\log\frac{x^2}{y^2}+y^2\ 2\ \text{Or}\ 2\right)\ \text{Mod}\ m=n$

(1) (x ^ 2 − Log(x ^ 2 / y ^ 2) + y ^ 2 Or 2) Mod 3 = 1

	1	2	3	4	5	6	7	8	9	10	11	12	13	14	15
1	2	0	2	0	0	0	0	1	2	1	0	0	0	1	2
2	0	1	0	2	0	1	0	2	2	2	0	0	1	1	0
3	2	0	0	0	1	1	2	2	1	2	2	1	2	2	1
4	0	1	0	1	1	0	1	2	2	2	0	1	0	2	2
5	0	0	1	1	2	0	2	1	2	0	0	2	0	0	2
6	2	0	1	0	0	2	0	0	2	0	2	0	2	1	1
7	2	0	2	1	2	0	2	1	1	1	2	0	0	0	2
8	0	1	2	1	1	0	1	1	0	1	1	0	1	1	2
9	1	2	1	2	2	2	1	0	0	0	1	2	1	0	0
10	0	1	2	1	0	0	1	1	0	1	1	0	1	1	0
11	2	0	2	0	0	2	2	1	1	1	2	0	2	1	1
12	2	2	1	0	2	2	0	0	2	0	0	2	0	0	2
13	2	0	2	0	0	2	0	1	1	1	2	0	2	1	1
14	0	0	2	1	0	0	0	1	0	1	1	0	1	1	0
15	1	2	1	2	2	1	2	2	0	0	1	2	1	0	0

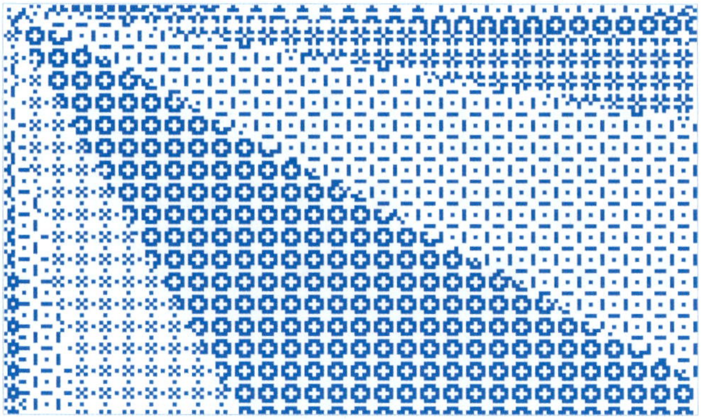

(2) (x ^ 2 − Log(x ^ 2 / y ^ 2) + y ^ 2 Or 2) Mod 3 = 2

	1	2	3	4	5	6	7	8	9	10	11	12	13	14	15
1	2	0	2	0	0	0	0	1	2	1	0	0	0	1	2
2	0	1	0	2	0	1	0	2	2	2	0	0	1	1	0
3	2	0	0	0	1	1	2	2	1	2	2	1	2	2	1
4	0	1	0	1	1	0	1	2	2	2	0	1	0	2	2
5	0	0	1	1	2	0	2	1	2	0	0	2	0	0	2
6	2	0	1	0	0	2	0	0	2	0	2	0	2	1	1
7	2	0	2	1	2	0	2	1	1	1	2	0	0	0	2
8	0	1	2	1	1	0	1	1	0	1	1	0	1	1	2
9	1	2	1	2	2	2	1	0	0	0	1	2	1	0	0
10	0	1	2	1	0	0	1	1	0	1	1	0	1	1	0
11	2	0	2	0	0	2	2	1	1	1	2	0	2	1	1
12	2	2	1	0	2	2	0	0	2	0	0	2	0	0	2
13	2	0	2	0	0	2	0	1	1	1	2	0	2	1	1
14	0	0	2	1	0	0	0	1	0	1	1	0	1	1	0
15	1	2	1	2	2	1	2	2	0	0	1	2	1	0	0

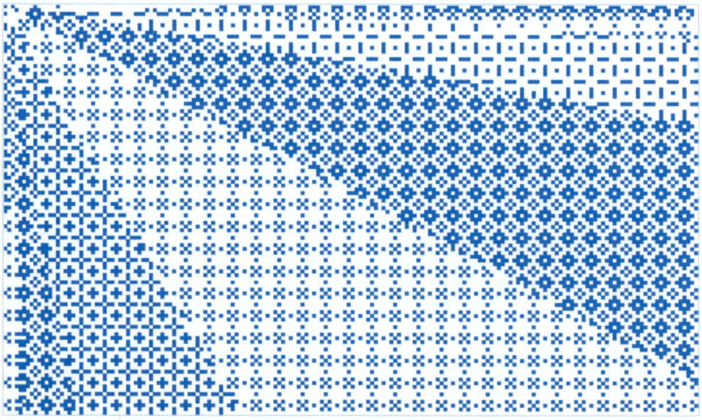

(3) (x ^ 2 − Log(x ^ 2 / y ^ 2) + y ^ 2 Or 2) Mod 5 = 0

	1	2	3	4	5	6	7	8	9	10	11	12	13	14	15
1	2	1	1	3	2	4	4	2	1	3	1	2	4	4	0
2	1	0	0	3	0	3	4	1	1	2	1	0	0	2	1
3	1	0	3	2	4	1	4	4	1	0	1	4	4	1	0
4	3	4	2	4	3	4	2	3	3	4	3	3	1	0	2
5	2	0	4	3	0	3	4	1	2	1	2	0	0	2	1
6	0	4	1	4	3	4	2	2	4	3	3	3	1	0	2
7	0	4	4	2	4	2	3	0	0	1	0	0	4	1	0
8	3	2	4	4	1	2	0	0	2	1	2	0	0	2	0
9	2	1	1	3	2	4	0	2	2	3	2	2	0	4	1
10	4	3	0	0	1	3	1	1	3	2	3	1	1	3	2
11	2	1	1	3	2	3	0	2	2	3	2	2	0	4	1
12	3	1	4	4	0	4	0	0	2	1	2	0	0	2	1
13	0	1	4	1	0	1	4	0	0	1	0	0	3	2	4
14	0	3	1	1	2	1	1	2	4	3	4	2	2	4	3
15	1	2	0	2	1	2	0	0	1	2	1	1	4	3	0

(4) (x ^ 2 – Log(x ^ 2 / y ^ 2) + y ^ 2 Or 2) Mod 5 = 1

빛은 다양한 종류가 있다. 여러 가지 색이 있듯이, 다양한 모양으로 번져간다.

	1	2	3	4	5	6	7	8	9	10	11	12	13	14	15
1	2	1	1	3	2	4	4	2	1	3	1	2	4	4	0
2	1	0	0	3	0	3	4	1	1	2	1	0	0	2	1
3	1	0	3	2	4	1	4	4	1	0	1	4	4	1	0
4	3	4	2	4	3	4	2	3	3	4	3	3	1	0	2
5	2	0	4	3	0	3	4	1	2	1	2	0	0	2	1
6	0	4	1	4	3	4	2	2	4	3	3	3	1	0	2
7	0	4	4	2	4	2	3	0	0	1	0	0	4	1	0
8	3	2	4	4	1	2	0	0	2	1	2	0	0	2	0
9	2	1	1	3	2	4	0	2	2	3	2	2	0	4	1
10	4	3	0	0	1	3	1	1	3	2	3	1	1	3	2
11	2	1	1	3	2	3	0	2	2	3	2	2	0	4	1
12	3	1	4	4	0	4	0	0	2	1	2	0	0	2	1
13	0	1	4	1	0	1	4	0	0	1	0	0	3	2	4
14	0	3	1	1	2	1	1	2	4	3	4	2	2	4	3
15	1	2	0	2	1	2	0	0	1	2	1	1	4	3	0

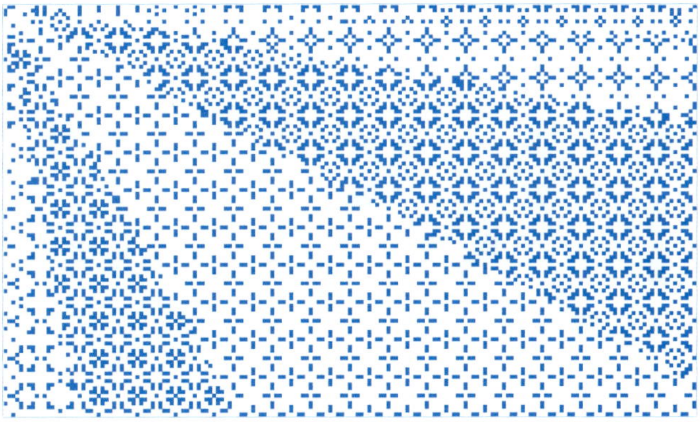

(5) (x ^ 2 – Log(x ^ 2 / y ^ 2) + y ^ 2 Or 2) Mod 5 = 4

세 가지 종류의 모양이 사선으로 번져 나간다. 원근감을 느낄 수 있다.

	1	2	3	4	5	6	7	8	9	10	11	12	13	14	15
1	2	1	1	3	2	4	4	2	1	3	1	2	4	4	0
2	1	0	0	3	0	3	4	1	1	2	1	0	0	2	1
3	1	0	3	2	4	1	4	4	1	0	1	4	4	1	0
4	3	4	2	4	3	4	2	3	3	4	3	3	1	0	2
5	2	0	4	3	0	3	4	1	2	1	2	0	0	2	1
6	0	4	1	4	3	4	2	2	4	3	3	3	1	0	2
7	0	4	4	2	4	2	3	0	0	1	0	0	4	1	0
8	3	2	4	4	1	2	0	0	2	1	2	0	0	2	0
9	2	1	1	3	2	4	0	2	2	3	2	2	0	4	1
10	4	3	0	0	1	3	1	1	3	2	3	1	1	3	2
11	2	1	1	3	2	3	0	2	2	3	2	2	0	4	1
12	3	1	4	4	0	4	0	0	2	1	2	0	0	2	1
13	0	1	4	1	0	1	4	0	0	1	0	0	3	2	4
14	0	3	1	1	2	1	1	2	4	3	4	2	2	4	3
15	1	2	0	2	1	2	0	0	1	2	1	1	4	3	0

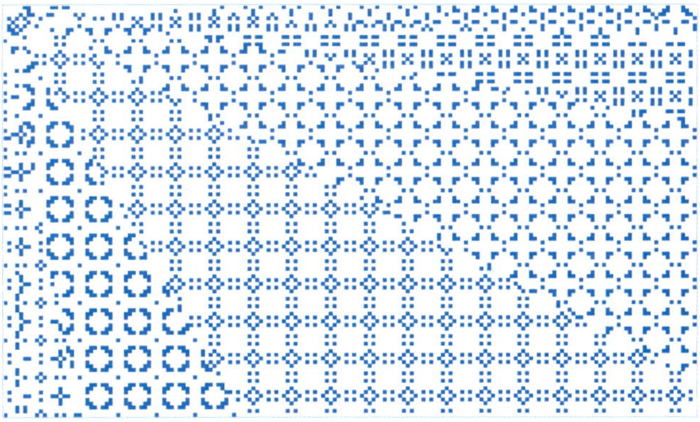

(6) (x ^ 2 – Log(x ^ 2 / y ^ 2) + y ^ 2 Or 2) Mod 6 = 2

비슷한 모양이 다른 각도로 펼쳐 있다. 비슷한 모양이라 단순하지만 동적인 느낌을 준다.

	1	2	3	4	5	6	7	8	9	10	11	12	13	14	15
1	2	0	5	0	3	3	0	1	2	1	0	3	0	1	2
2	0	4	3	5	0	1	0	5	2	5	0	0	1	4	3
3	5	3	0	3	4	4	5	2	1	2	5	4	5	2	1
4	0	1	3	4	1	0	1	5	2	5	0	1	0	5	2
5	3	0	4	1	2	3	2	1	5	0	3	2	3	0	5
6	5	3	4	0	3	2	3	0	5	0	2	3	2	1	4
7	2	0	5	1	2	3	2	1	4	1	2	3	3	0	5
8	3	1	2	1	1	0	1	4	3	4	1	0	1	4	2
9	4	2	1	2	5	5	4	3	0	3	4	5	4	3	0
10	3	1	2	1	0	0	1	4	3	4	1	0	1	4	3
11	2	0	5	0	3	2	2	1	4	1	2	3	2	1	4
12	5	2	4	3	2	5	3	0	5	0	3	2	3	0	5
13	2	3	5	0	3	2	3	1	4	1	2	3	2	1	4
14	3	0	2	1	0	3	0	4	3	4	1	0	1	4	3
15	4	5	1	2	5	4	5	2	0	3	4	5	4	3	0

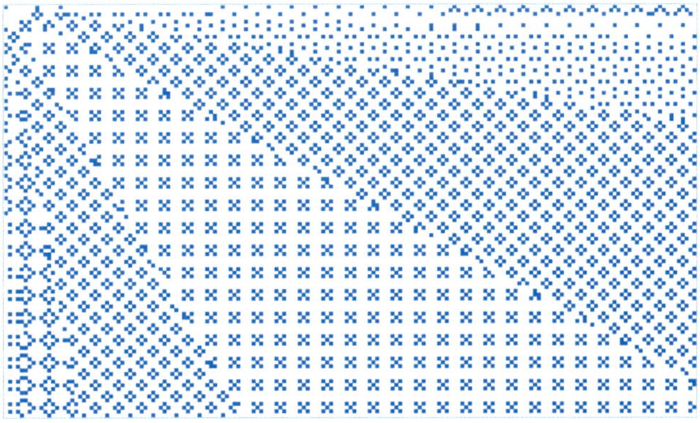

(7) (x ^ 2 - Log(x ^ 2 / y ^ 2) + y ^ 2 Or 2) Mod 6 = 3

별빛이 쏟아지는 은하수가 생각난다.

	1	2	3	4	5	6	7	8	9	10	11	12	13	14	15
1	2	0	5	0	3	3	0	1	2	1	0	3	0	1	2
2	0	4	3	5	0	1	0	5	2	5	0	0	1	4	3
3	5	3	0	3	4	4	5	2	1	2	5	4	5	2	1
4	0	1	3	4	1	0	1	5	2	5	0	1	0	5	2
5	3	0	4	1	2	3	2	1	5	0	3	2	3	0	5
6	5	3	4	0	3	2	3	0	5	0	2	3	2	1	4
7	2	0	5	1	2	3	2	1	4	1	2	3	3	0	5
8	3	1	2	1	1	0	1	4	3	4	1	0	1	4	2
9	4	2	1	2	5	5	4	3	0	3	4	5	4	3	0
10	3	1	2	1	0	0	1	4	3	4	1	0	1	4	3
11	2	0	5	0	3	2	2	1	4	1	2	3	2	1	4
12	5	2	4	3	2	5	3	0	5	0	3	2	3	0	5
13	2	3	5	0	3	2	3	1	4	1	2	3	2	1	4
14	3	0	2	1	0	3	0	4	3	4	1	0	1	4	3
15	4	5	1	2	5	4	5	2	0	3	4	5	4	3	0

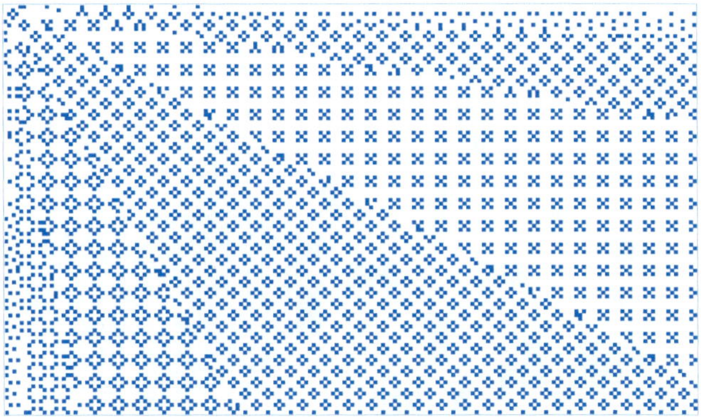

(8) (x ^ 2 - Log(x ^ 2 / y ^ 2) + y ^ 2 Or 2) Mod 6 = 5

점으로 이루어진 부분 사이에 새로운 도형이 있다. 단조로움을 벗어나 다양함이 느껴진다.

	1	2	3	4	5	6	7	8	9	10	11	12	13	14	15
1	2	0	5	0	3	3	0	1	2	1	0	3	0	1	2
2	0	4	3	5	0	1	0	5	2	5	0	0	1	4	3
3	5	3	0	3	4	4	5	2	1	2	5	4	5	2	1
4	0	1	3	4	1	0	1	5	2	5	0	1	0	5	2
5	3	0	4	1	2	3	2	1	5	0	3	2	3	0	5
6	5	3	4	0	3	2	3	0	5	0	2	3	2	1	4
7	2	0	5	1	2	3	2	1	4	1	2	3	3	0	5
8	3	1	2	1	1	0	1	4	3	4	1	0	1	4	2
9	4	2	1	2	5	5	4	3	0	3	4	5	4	3	0
10	3	1	2	1	0	0	1	4	3	4	1	0	1	4	3
11	2	0	5	0	3	2	2	1	4	1	2	3	2	1	4
12	5	2	4	3	2	5	3	0	5	0	3	2	3	0	5
13	2	3	5	0	3	2	3	1	4	1	2	3	2	1	4
14	3	0	2	1	0	3	0	4	3	4	1	0	1	4	3
15	4	5	1	2	5	4	5	2	0	3	4	5	4	3	0

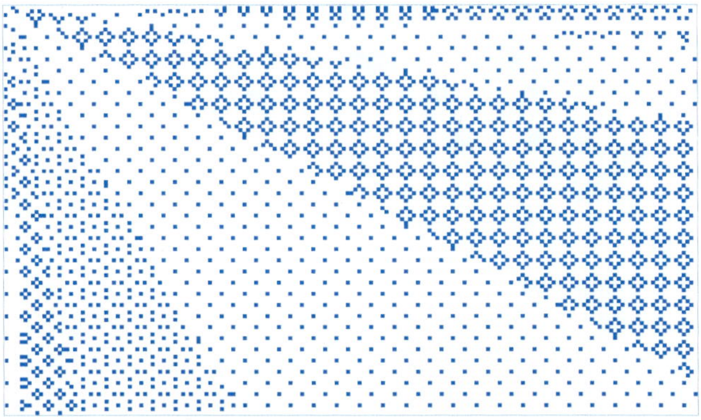

(9) (x ^ 2 - Log(x ^ 2 / y ^ 2) + y ^ 2 Or 2) Mod 7 = 0

크기와 모양이 다른 도형들이 펼쳐 있다.

	1	2	3	4	5	6	7	8	9	10	11	12	13	14	15
1	2	6	4	4	6	4	5	4	2	5	0	0	6	3	6
2	6	3	1	2	2	1	5	1	2	2	0	3	0	6	0
3	4	1	4	6	6	4	3	4	0	5	5	0	4	3	4
4	4	5	6	6	1	5	4	6	0	0	5	2	4	5	4
5	6	2	6	1	1	0	4	0	2	0	0	2	6	5	6
6	0	4	4	5	0	4	3	4	0	5	4	1	3	4	3
7	1	5	3	4	4	3	0	3	4	4	2	6	2	1	2
8	0	4	4	2	0	4	3	4	0	5	5	0	4	3	3
9	5	2	0	0	2	0	4	0	1	1	6	3	5	6	5
10	1	5	5	3	0	5	4	5	1	6	6	1	5	4	5
11	3	0	5	5	0	4	2	5	6	6	4	1	3	4	3
12	3	6	0	5	2	4	6	0	3	1	1	3	0	6	0
13	2	3	4	4	6	3	2	4	5	5	3	0	2	3	2
14	6	2	3	1	5	0	1	3	6	4	4	6	3	2	3
15	2	3	4	4	6	3	2	3	5	5	3	0	2	3	2

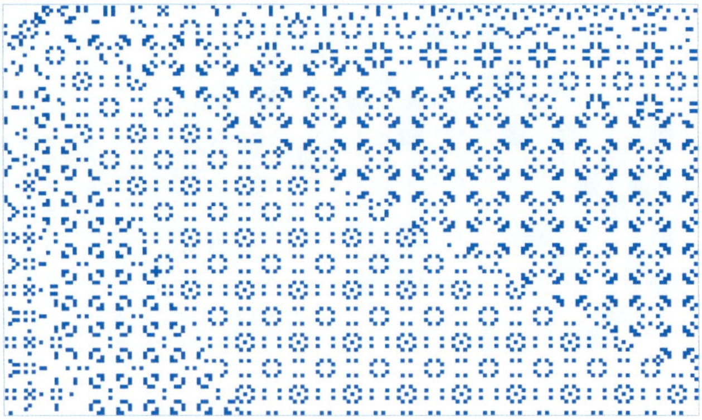

(10) (x ^ 2 – Log(x ^ 2 / y ^ 2) + y ^ 2 Or 2) Mod 7 = 2

도형의 간격이 달라서 여유롭게 느껴지는 부분과 혼잡하게 느껴지는 부분이 있다.

	1	2	3	4	5	6	7	8	9	10	11	12	13	14	15
1	2	6	4	4	6	4	5	4	2	5	0	0	6	3	6
2	6	3	1	2	2	1	5	1	2	2	0	3	0	6	0
3	4	1	4	6	6	4	3	4	0	5	5	0	4	3	4
4	4	5	6	6	1	5	4	6	0	0	5	2	4	5	4
5	6	2	6	1	1	0	4	0	2	0	0	2	6	5	6
6	0	4	4	5	0	4	3	4	0	5	4	1	3	4	3
7	1	5	3	4	4	3	0	3	4	4	2	6	2	1	2
8	0	4	4	2	0	4	3	4	0	5	5	0	4	3	3
9	5	2	0	0	2	0	4	0	1	1	6	3	5	6	5
10	1	5	5	3	0	5	4	5	1	6	6	1	5	4	5
11	3	0	5	5	0	4	2	5	6	6	4	1	3	4	3
12	3	6	0	5	2	4	6	0	3	1	1	3	0	6	0
13	2	3	4	4	6	3	2	4	5	5	3	0	2	3	2
14	6	2	3	1	5	0	1	3	6	4	4	6	3	2	3
15	2	3	4	4	6	3	2	3	5	5	3	0	2	3	2

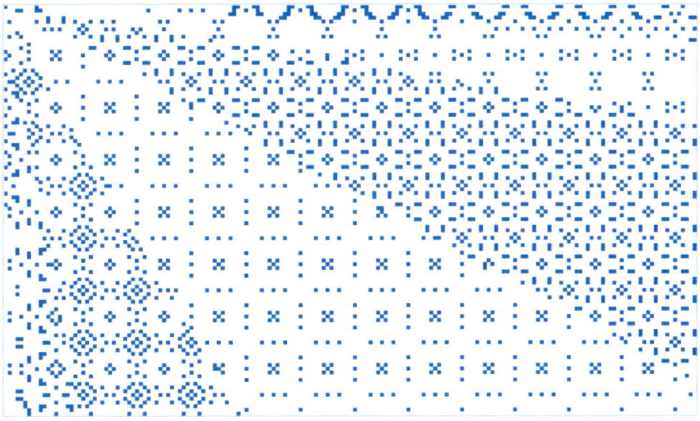

(11) (x ^ 2 – Log(x ^ 2 / y ^ 2) + y ^ 2 Or 2) Mod 7 = 3

왼쪽 아래는 반짝이는데 비해 오른쪽으로 갈수록 지루하게 느껴진다.

	1	2	3	4	5	6	7	8	9	10	11	12	13	14	15
1	2	6	4	4	6	4	5	4	2	5	0	0	6	3	6
2	6	3	1	2	2	1	5	1	2	2	0	3	0	6	0
3	4	1	4	6	6	4	3	4	0	5	5	0	4	3	4
4	4	5	6	6	1	5	4	6	0	0	5	2	4	5	4
5	6	2	6	1	1	0	4	0	2	0	0	2	6	5	6
6	0	4	4	5	0	4	3	4	0	5	4	1	3	4	3
7	1	5	3	4	4	3	0	3	4	4	2	6	2	1	2
8	0	4	4	2	0	4	3	4	0	5	5	0	4	3	3
9	5	2	0	0	2	0	4	0	1	1	6	3	5	6	5
10	1	5	5	3	0	5	4	5	1	6	6	1	5	4	5
11	3	0	5	5	0	4	2	5	6	6	4	1	3	4	3
12	3	6	0	5	2	4	6	0	3	1	1	3	0	6	0
13	2	3	4	4	6	3	2	4	5	5	3	0	2	3	2
14	6	2	3	1	5	0	1	3	6	4	4	6	3	2	3
15	2	3	4	4	6	3	2	3	5	5	3	0	2	3	2

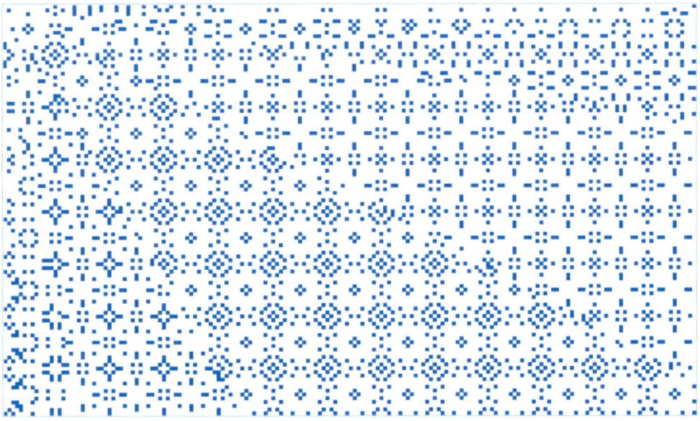

(12) (x ^ 2 – Log(x ^ 2 / y ^ 2) + y ^ 2 Or 2) Mod 7 = 5

아래로 갈수록 넓어지는 부분에서 별빛의 반짝임을 느낄 수 있다.

	1	2	3	4	5	6	7	8	9	10	11	12	13	14	15
1	2	6	4	4	6	4	5	4	2	5	0	0	6	3	6
2	6	3	1	2	2	1	5	1	2	2	0	3	0	6	0
3	4	1	4	6	6	4	3	4	0	5	5	0	4	3	4
4	4	5	6	6	1	5	4	6	0	0	5	2	4	5	4
5	6	2	6	1	1	0	4	0	2	0	0	2	6	5	6
6	0	4	4	5	0	4	3	4	0	5	4	1	3	4	3
7	1	5	3	4	4	3	0	3	4	4	2	6	2	1	2
8	0	4	4	2	0	4	3	4	0	5	5	0	4	3	3
9	5	2	0	0	2	0	4	0	1	1	6	3	5	6	5
10	1	5	5	3	0	5	4	5	1	6	6	1	5	4	5
11	3	0	5	5	0	4	2	5	6	6	4	1	3	4	3
12	3	6	0	5	2	4	6	0	3	1	1	3	0	6	0
13	2	3	4	4	6	3	2	4	5	5	3	0	2	3	2
14	6	2	3	1	5	0	1	3	6	4	4	6	3	2	3
15	2	3	4	4	6	3	2	3	5	5	3	0	2	3	2

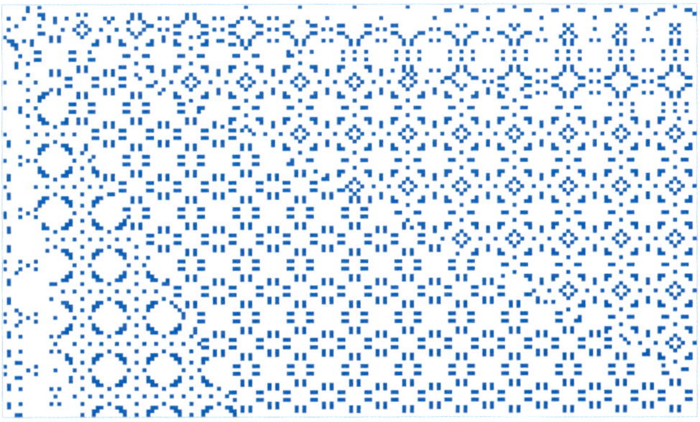

(13) (x ^ 2 – Log(x ^ 2 / y ^ 2) + y ^ 2 Or 2) Mod 7 = 6

별빛이 반짝거림 은하수가 흐른다.

	1	2	3	4	5	6	7	8	9	10	11	12	13	14	15
1	2	6	4	4	6	4	5	4	2	5	0	0	6	3	6
2	6	3	1	2	2	1	5	1	2	2	0	3	0	6	0
3	4	1	4	6	6	4	3	4	0	5	5	0	4	3	4
4	4	5	6	6	1	5	4	6	0	0	5	2	4	5	4
5	6	2	6	1	1	0	4	0	2	0	0	2	6	5	6
6	0	4	4	5	0	4	3	4	0	5	4	1	3	4	3
7	1	5	3	4	4	3	0	3	4	4	2	6	2	1	2
8	0	4	4	2	0	4	3	4	0	5	5	0	4	3	3
9	5	2	0	0	2	0	4	0	1	1	6	3	5	6	5
10	1	5	5	3	0	5	4	5	1	6	6	1	5	4	5
11	3	0	5	5	0	4	2	5	6	6	4	1	3	4	3
12	3	6	0	5	2	4	6	0	3	1	1	3	0	6	0
13	2	3	4	4	6	3	2	4	5	5	3	0	2	3	2
14	6	2	3	1	5	0	1	3	6	4	4	6	3	2	3
15	2	3	4	4	6	3	2	3	5	5	3	0	2	3	2

(14) (x ^ 2 – Log(x ^ 2 / y ^ 2) + y ^ 2 Or 2) Mod 9 = 3

가로와 세로의 모양이 비슷한 크기로 균형을 이룬다. 안정적인 느낌이다.

	1	2	3	4	5	6	7	8	9	10	11	12	13	14	15	16
1	2	6	2	0	0	3	0	4	5	4	0	3	3	1	5	7
2	6	1	6	5	3	7	0	8	5	8	0	6	4	4	6	1
3	2	6	0	0	7	1	5	2	1	2	5	1	8	8	1	5
4	0	1	0	7	7	0	4	2	8	2	3	1	6	8	8	5
5	0	3	7	7	5	0	2	1	8	0	3	8	6	6	8	3
6	8	3	1	0	0	2	6	3	2	3	5	3	8	1	1	7
7	5	0	5	4	2	6	8	7	4	7	8	6	3	3	5	0
8	0	4	2	7	1	3	7	4	3	4	7	3	1	1	2	8
9	1	5	1	8	8	2	4	3	0	3	4	2	7	0	0	6
10	0	4	2	7	0	3	7	4	3	4	7	3	1	1	3	7
11	5	0	5	3	3	5	8	7	4	7	8	6	2	4	4	1
12	8	2	1	6	8	8	6	3	2	3	6	2	0	0	2	6
13	8	0	8	6	6	8	3	1	7	1	2	0	5	7	7	4
14	6	0	8	4	6	6	3	1	0	1	4	0	7	7	0	4
15	1	2	1	8	8	1	5	2	0	3	4	2	7	0	0	6

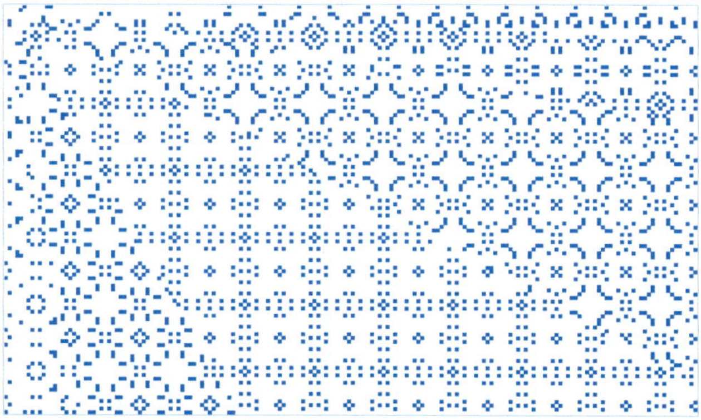

(15) (x ^ 2 – Log(x ^ 2 / y ^ 2) + y ^ 2 Or 2) Mod 10 = 2

도형이 많은 부분과 적은 부분이 대비된다. 여백이 많아서 시원하다.

	1	2	3	4	5	6	7	8	9	10	11	12	13	14	15
1	2	6	1	8	7	9	4	7	6	3	6	7	4	9	0
2	6	0	5	3	0	3	4	1	6	7	6	0	5	2	1
3	1	5	8	7	4	6	9	4	1	0	1	4	9	6	5
4	8	9	7	4	3	4	7	3	8	9	8	3	6	5	2
5	7	0	4	3	0	3	4	1	7	6	7	0	5	2	1
6	5	9	6	4	3	4	7	2	9	8	8	3	6	5	2
7	0	4	9	7	4	7	8	5	0	1	0	5	9	6	5
8	3	7	4	9	1	2	5	0	7	6	7	0	5	2	0
9	2	6	1	8	7	9	0	7	2	3	2	7	0	9	6
10	9	3	0	5	6	8	1	6	3	2	3	6	1	8	7
11	2	6	1	8	7	8	0	7	2	3	2	7	0	9	6
12	3	6	4	9	0	9	5	0	7	6	7	0	5	2	1
13	0	1	9	6	5	6	9	5	0	1	0	5	8	7	4
14	5	8	6	1	2	1	6	2	9	8	9	2	7	4	3
15	6	7	5	2	1	2	5	0	6	7	6	1	4	3	0

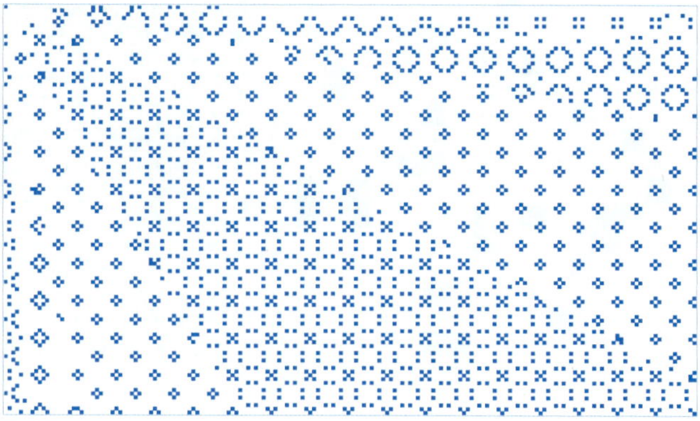

(16) (x ^ 2 - Log(x ^ 2 / y ^ 2) + y ^ 2 Or 2) Mod 10 = 4

사선의 가운데 나타나는 무늬가 반복적이라 단순하지만 주위의 무늬에 의해 변화가 있다.

	1	2	3	4	5	6	7	8	9	10	11	12	13	14	15
1	2	6	1	8	7	9	4	7	6	3	6	7	4	9	0
2	6	0	5	3	0	3	4	1	6	7	6	0	5	2	1
3	1	5	8	7	4	6	9	4	1	0	1	4	9	6	5
4	8	9	7	4	3	4	7	3	8	9	8	3	6	5	2
5	7	0	4	3	0	3	4	1	7	6	7	0	5	2	1
6	5	9	6	4	3	4	7	2	9	8	8	3	6	5	2
7	0	4	9	7	4	7	8	5	0	1	0	5	9	6	5
8	3	7	4	9	1	2	5	0	7	6	7	0	5	2	0
9	2	6	1	8	7	9	0	7	2	3	2	7	0	9	6
10	9	3	0	5	6	8	1	6	3	2	3	6	1	8	7
11	2	6	1	8	7	8	0	7	2	3	2	7	0	9	6
12	3	6	4	9	0	9	5	0	7	6	7	0	5	2	1
13	0	1	9	6	5	6	9	5	0	1	0	5	8	7	4
14	5	8	6	1	2	1	6	2	9	8	9	2	7	4	3
15	6	7	5	2	1	2	5	0	6	7	6	1	4	3	0

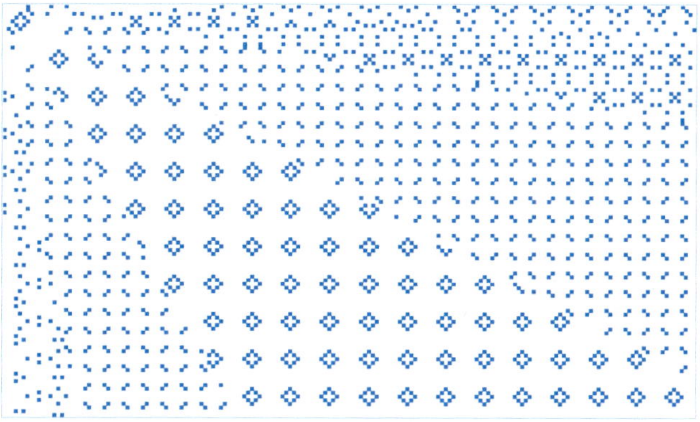

(17) (x ^ 2 - Log(x ^ 2 / y ^ 2) + y ^ 2 Or 2) Mod 10 = 6

4개의 부분으로 발산한다. 네 갈래의 시냇물처럼 보인다.

	1	2	3	4	5	6	7	8	9	10	11	12	13	14	15
1	2	6	1	8	7	9	4	7	6	3	6	7	4	9	0
2	6	0	5	3	0	3	4	1	6	7	6	0	5	2	1
3	1	5	8	7	4	6	9	4	1	0	1	4	9	6	5
4	8	9	7	4	3	4	7	3	8	9	8	3	6	5	2
5	7	0	4	3	0	3	4	1	7	6	7	0	5	2	1
6	5	9	6	4	3	4	7	2	9	8	8	3	6	5	2
7	0	4	9	7	4	7	8	5	0	1	0	5	9	6	5
8	3	7	4	9	1	2	5	0	7	6	7	0	5	2	0
9	2	6	1	8	7	9	0	7	2	3	2	7	0	9	6
10	9	3	0	5	6	8	1	6	3	2	3	6	1	8	7
11	2	6	1	8	7	8	0	7	2	3	2	7	0	9	6
12	3	6	4	9	0	9	5	0	7	6	7	0	5	2	1
13	0	1	9	6	5	6	9	5	0	1	0	5	8	7	4
14	5	8	6	1	2	1	6	2	9	8	9	2	7	4	3
15	6	7	5	2	1	2	5	0	6	7	6	1	4	3	0

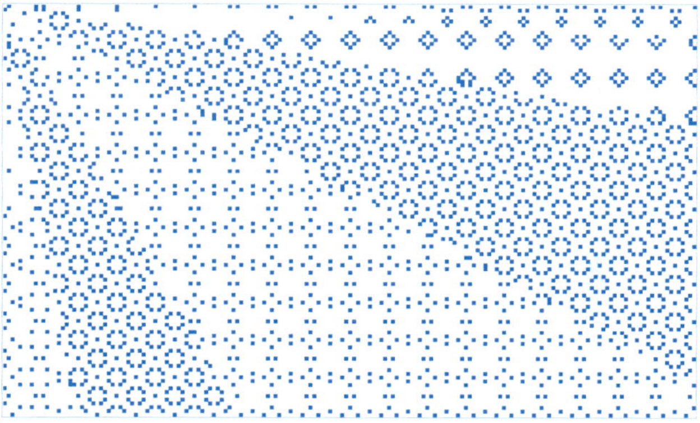

(18) (x ^ 2 - Log(x ^ 2 / y ^ 2) + y ^ 2 Or 2) Mod 10 = 7

황금의 바다처럼 금빛이 쏟아진다.

	1	2	3	4	5	6	7	8	9	10	11	12	13	14	15
1	2	6	1	8	7	9	4	7	6	3	6	7	4	9	0
2	6	0	5	3	0	3	4	1	6	7	6	0	5	2	1
3	1	5	8	7	4	6	9	4	1	0	1	4	9	6	5
4	8	9	7	4	3	4	7	3	8	9	8	3	6	5	2
5	7	0	4	3	0	3	4	1	7	6	7	0	5	2	1
6	5	9	6	4	3	4	7	2	9	8	8	3	6	5	2
7	0	4	9	7	4	7	8	5	0	1	0	5	9	6	5
8	3	7	4	9	1	2	5	0	7	6	7	0	5	2	0
9	2	6	1	8	7	9	0	7	2	3	2	7	0	9	6
10	9	3	0	5	6	8	1	6	3	2	3	6	1	8	7
11	2	6	1	8	7	8	0	7	2	3	2	7	0	9	6
12	3	6	4	9	0	9	5	0	7	6	7	0	5	2	1
13	0	1	9	6	5	6	9	5	0	1	0	5	8	7	4
14	5	8	6	1	2	1	6	2	9	8	9	2	7	4	3
15	6	7	5	2	1	2	5	0	6	7	6	1	4	3	0

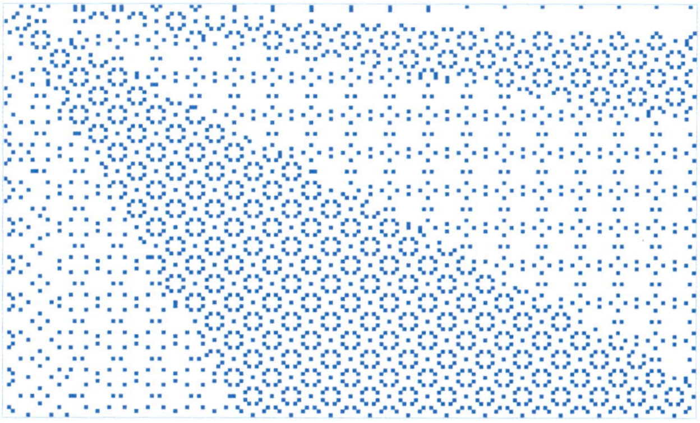

11 $(x^2 - \log\frac{x^2}{y^2} + y^2$ **Or 3) Mod** m = n

(1) (x ^ 2 − Log(x ^ 2 / y ^ 2) + y ^ 2 Or 3) Mod 6 = 3

	1	2	3	4	5	6	7	8	9	10	11	12	13	14	15
1	3	1	5	1	3	3	1	1	3	1	1	3	1	1	3
2	1	5	3	5	1	1	1	5	3	5	1	1	1	5	3
3	5	3	1	3	5	5	5	3	1	3	5	5	5	3	1
4	1	1	3	5	1	1	1	5	3	5	1	1	1	5	3
5	3	1	5	1	3	3	3	1	5	1	3	3	3	1	5
6	5	3	5	1	3	3	3	1	5	1	3	3	3	1	5
7	3	1	5	1	3	3	3	1	5	1	3	3	3	1	5
8	3	1	3	1	1	1	1	5	3	5	1	1	1	5	3
9	5	3	1	3	5	5	5	3	1	3	5	5	5	3	1
10	3	1	3	1	1	1	1	5	3	5	1	1	1	5	3
11	3	1	5	1	3	3	3	1	5	1	3	3	3	1	5
12	5	3	5	3	3	5	3	1	5	1	3	3	3	1	5
13	3	3	5	1	3	3	3	1	5	1	3	3	3	1	5
14	3	1	3	1	1	3	1	5	3	5	1	1	1	5	3
15	5	5	1	3	5	5	5	3	1	3	5	5	5	3	1

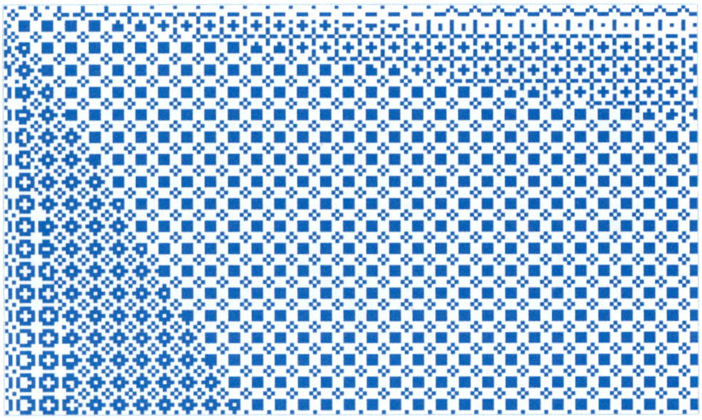

(2) (x ^ 2 − Log(x ^ 2 / y ^ 2) + y ^ 2 Or 3) Mod 6 = 5

	1	2	3	4	5	6	7	8	9	10	11	12	13	14	15
1	3	1	5	1	3	3	1	1	3	1	1	3	1	1	3
2	1	5	3	5	1	1	1	5	3	5	1	1	1	5	3
3	5	3	1	3	5	5	5	3	1	3	5	5	5	3	1
4	1	1	3	5	1	1	1	5	3	5	1	1	1	5	3
5	3	1	5	1	3	3	3	1	5	1	3	3	3	1	5
6	5	3	5	1	3	3	3	1	5	1	3	3	3	1	5
7	3	1	5	1	3	3	3	1	5	1	3	3	3	1	5
8	3	1	3	1	1	1	1	5	3	5	1	1	1	5	3
9	5	3	1	3	5	5	5	3	1	3	5	5	5	3	1
10	3	1	3	1	1	1	1	5	3	5	1	1	1	5	3
11	3	1	5	1	3	3	3	1	5	1	3	3	3	1	5
12	5	3	5	3	3	5	3	1	5	1	3	3	3	1	5
13	3	3	5	1	3	3	3	1	5	1	3	3	3	1	5
14	3	1	3	1	1	3	1	5	3	5	1	1	1	5	3
15	5	5	1	3	5	5	5	3	1	3	5	5	5	3	1

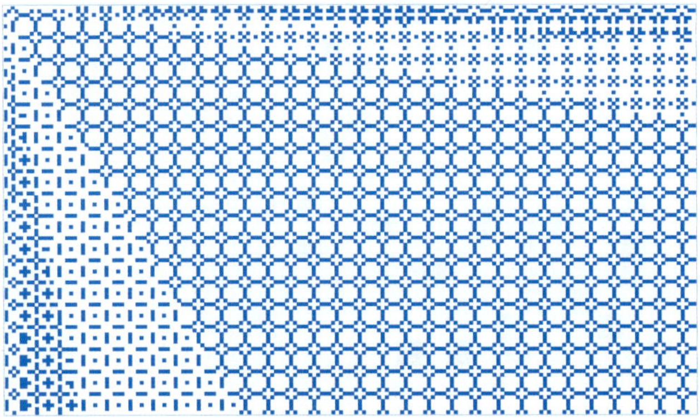

(3) (x ^ 2 − Log(x ^ 2 / y ^ 2) + y ^ 2 Or 3) Mod 7 = 2

	1	2	3	4	5	6	7	8	9	10	11	12	13	14	15
1	3	0	4	5	6	4	6	4	3	5	1	0	0	3	0
2	0	4	1	2	3	1	6	1	3	2	1	4	0	0	0
3	4	1	5	6	0	5	3	5	0	6	5	1	4	4	4
4	5	5	6	0	1	6	4	6	1	0	6	2	5	5	5
5	6	3	0	1	2	0	5	0	2	1	0	3	6	6	6
6	0	4	5	6	0	5	3	5	0	6	5	1	4	4	4
7	2	6	3	4	5	3	1	3	5	4	3	6	2	2	2
8	0	4	5	2	0	5	3	5	0	6	5	1	4	4	4
9	6	3	0	1	2	0	5	0	2	1	0	3	6	6	6
10	1	5	6	3	1	6	4	6	1	0	6	2	5	5	5
11	4	1	5	6	0	5	3	5	0	6	5	1	4	4	4
12	3	0	1	5	3	4	6	1	3	2	1	4	0	0	0
13	3	3	4	5	6	4	2	4	6	5	4	0	3	3	3
14	6	3	4	1	6	0	2	4	6	5	4	0	3	3	3
15	3	3	4	5	6	4	2	4	6	5	4	0	3	3	3

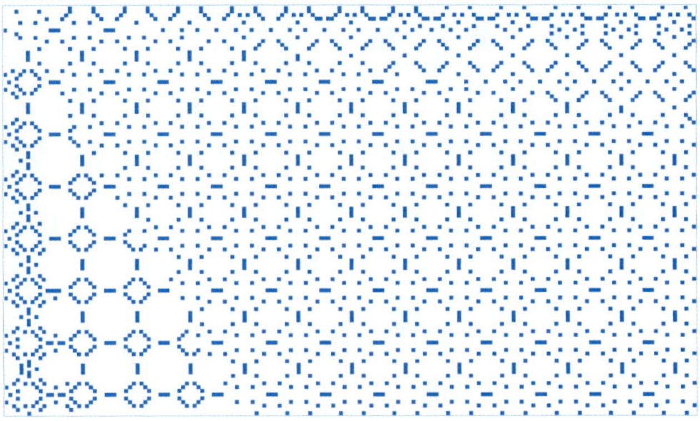

(4) (x ^ 2 – Log(x ^ 2 / y ^ 2) + y ^ 2 Or 3) Mod 7 = 3

반복적으로 나타나는 사각형의 점 사이로 반복적인 다른 무늬가 있어 화려하다.

	1	2	3	4	5	6	7	8	9	10	11	12	13	14	15
1	3	0	4	5	6	4	6	4	3	5	1	0	0	3	0
2	0	4	1	2	3	1	6	1	3	2	1	4	0	0	0
3	4	1	5	6	0	5	3	5	0	6	5	1	4	4	4
4	5	5	6	0	1	6	4	6	1	0	6	2	5	5	5
5	6	3	0	1	2	0	5	0	2	1	0	3	6	6	6
6	0	4	5	6	0	5	3	5	0	6	5	1	4	4	4
7	2	6	3	4	5	3	1	3	5	4	3	6	2	2	2
8	0	4	5	2	0	5	3	5	0	6	5	1	4	4	4
9	6	3	0	1	2	0	5	0	2	1	0	3	6	6	6
10	1	5	6	3	1	6	4	6	1	0	6	2	5	5	5
11	4	1	5	6	0	5	3	5	0	6	5	1	4	4	4
12	3	0	1	5	3	4	6	1	3	2	1	4	0	0	0
13	3	3	4	5	6	4	2	4	6	5	4	0	3	3	3
14	6	3	4	1	6	0	2	4	6	5	4	0	3	3	3
15	3	3	4	5	6	4	2	4	6	5	4	0	3	3	3

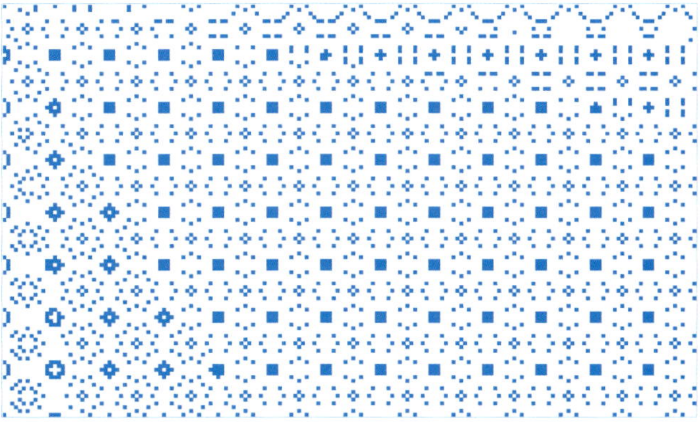

(5) (x ^ 2 – Log(x ^ 2 / y ^ 2) + y ^ 2 Or 3) Mod 7 = 4

가운데 부분의 무늬가 전체를 압도 한다. 다른 부분과 대비가 강하다.

	1	2	3	4	5	6	7	8	9	10	11	12	13	14	15
1	3	0	4	5	6	4	6	4	3	5	1	0	0	3	0
2	0	4	1	2	3	1	6	1	3	2	1	4	0	0	0
3	4	1	5	6	0	5	3	5	0	6	5	1	4	4	4
4	5	5	6	0	1	6	4	6	1	0	6	2	5	5	5
5	6	3	0	1	2	0	5	0	2	1	0	3	6	6	6
6	0	4	5	6	0	5	3	5	0	6	5	1	4	4	4
7	2	6	3	4	5	3	1	3	5	4	3	6	2	2	2
8	0	4	5	2	0	5	3	5	0	6	5	1	4	4	4
9	6	3	0	1	2	0	5	0	2	1	0	3	6	6	6
10	1	5	6	3	1	6	4	6	1	0	6	2	5	5	5
11	4	1	5	6	0	5	3	5	0	6	5	1	4	4	4
12	3	0	1	5	3	4	6	1	3	2	1	4	0	0	0
13	3	3	4	5	6	4	2	4	6	5	4	0	3	3	3
14	6	3	4	1	6	0	2	4	6	5	4	0	3	3	3
15	3	3	4	5	6	4	2	4	6	5	4	0	3	3	3

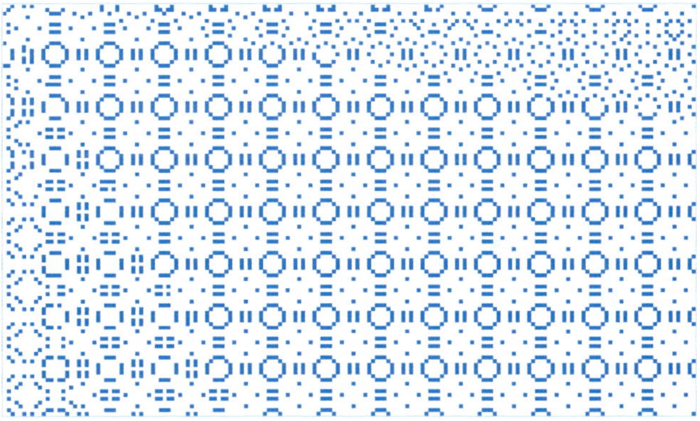

(6) (x ^ 2 – Log(x ^ 2 / y ^ 2) + y ^ 2 Or 3) Mod 7 = 5

전체적으로 비슷한 모양으로 채워져 안정감이 있다. 왼쪽 아래부분과 오른쪽위에서 변화가 나타난다.

	1	2	3	4	5	6	7	8	9	10	11	12	13	14	15
1	3	0	4	5	6	4	6	4	3	5	1	0	0	3	0
2	0	4	1	2	3	1	6	1	3	2	1	4	0	0	0
3	4	1	5	6	0	5	3	5	0	6	5	1	4	4	4
4	5	5	6	0	1	6	4	6	1	0	6	2	5	5	5
5	6	3	0	1	2	0	5	0	2	1	0	3	6	6	6
6	0	4	5	6	0	5	3	5	0	6	5	1	4	4	4
7	2	6	3	4	5	3	1	3	5	4	3	6	2	2	2
8	0	4	5	2	0	5	3	5	0	6	5	1	4	4	4
9	6	3	0	1	2	0	5	0	2	1	0	3	6	6	6
10	1	5	6	3	1	6	4	6	1	0	6	2	5	5	5
11	4	1	5	6	0	5	3	5	0	6	5	1	4	4	4
12	3	0	1	5	3	4	6	1	3	2	1	4	0	0	0
13	3	3	4	5	6	4	2	4	6	5	4	0	3	3	3
14	6	3	4	1	6	0	2	4	6	5	4	0	3	3	3
15	3	3	4	5	6	4	2	4	6	5	4	0	3	3	3

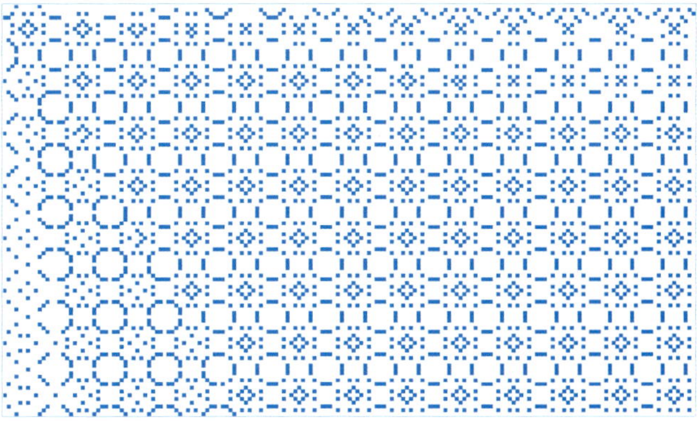

(7) (x ^ 2 - Log(x ^ 2 / y ^ 2) + y ^ 2 Or 3) Mod 7 = 6

둥근 모양이 전체적으로 반복적으로 나타나서 시원함을 느끼게 한다.

	1	2	3	4	5	6	7	8	9	10	11	12	13	14	15
1	3	0	4	5	6	4	6	4	3	5	1	0	0	3	0
2	0	4	1	2	3	1	6	1	3	2	1	4	0	0	0
3	4	1	5	6	0	5	3	5	0	6	5	1	4	4	4
4	5	5	6	0	1	6	4	6	1	0	6	2	5	5	5
5	6	3	0	1	2	0	5	0	2	1	0	3	6	6	6
6	0	4	5	6	0	5	3	5	0	6	5	1	4	4	4
7	2	6	3	4	5	3	1	3	5	4	3	6	2	2	2
8	0	4	5	2	0	5	3	5	0	6	5	1	4	4	4
9	6	3	0	1	2	0	5	0	2	1	0	3	6	6	6
10	1	5	6	3	1	6	4	6	1	0	6	2	5	5	5
11	4	1	5	6	0	5	3	5	0	6	5	1	4	4	4
12	3	0	1	5	3	4	6	1	3	2	1	4	0	0	0
13	3	3	4	5	6	4	2	4	6	5	4	0	3	3	3
14	6	3	4	1	6	0	2	4	6	5	4	0	3	3	3
15	3	3	4	5	6	4	2	4	6	5	4	0	3	3	3

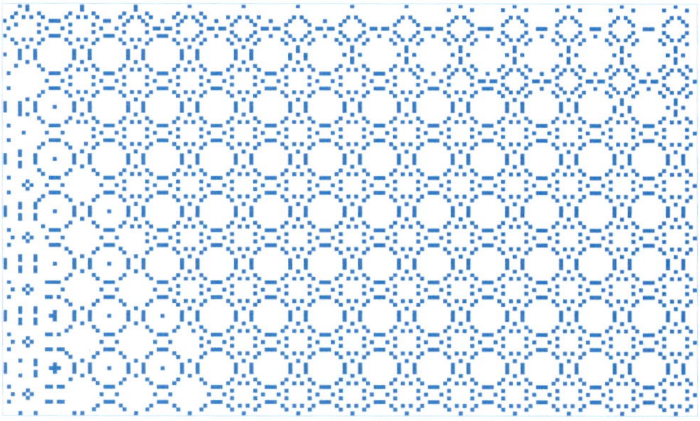

(8) (x ^ 2 - Log(x ^ 2 / y ^ 2) + y ^ 2 Or 3) Mod 8 = 3

격자 무늬의 반복이 중심이 되고 위아래가 서로 반대되는 모습이 변화를 준다.

	1	2	3	4	5	6	7	8	9	10	11	12	13	14	15
1	3	7	3	3	3	7	7	3	7	7	7	3	7	7	7
2	7	3	7	7	7	3	7	7	7	3	7	7	7	3	7
3	3	7	3	3	3	7	3	3	3	7	3	3	3	7	3
4	3	3	3	3	3	7	3	3	3	7	3	3	3	7	3
5	3	7	3	3	3	7	3	3	3	7	3	3	3	7	3
6	3	7	7	7	7	3	7	7	7	3	7	7	7	3	7
7	3	7	3	3	3	7	3	3	3	7	3	3	3	7	3
8	7	3	3	7	3	7	3	3	3	7	3	3	3	7	3
9	3	7	3	3	3	7	3	3	3	7	3	3	3	7	3
10	3	7	7	3	7	3	7	7	7	3	7	7	7	3	7
11	3	7	3	3	3	7	3	3	3	7	3	3	3	7	3
12	7	3	3	7	3	3	3	3	3	7	3	3	3	7	3
13	3	3	3	3	3	7	3	3	3	7	3	3	3	7	3
14	3	7	7	3	7	7	7	7	7	3	7	7	7	3	7
15	3	3	3	3	3	7	3	3	3	7	3	3	3	7	3

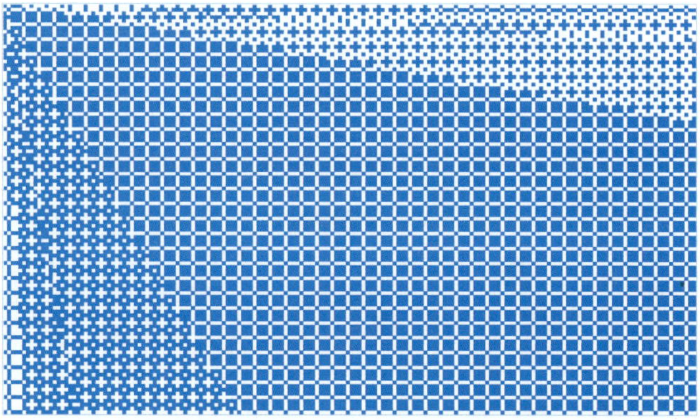

(9) (x ^ 2 - Log(x ^ 2 / y ^ 2) + y ^ 2 Or 3) Mod 8 = 7

위의 그림과 색이 반대이다. 그림에서 윗부분이 무겁고 아래가 가볍지만 균형이 유지된다.

	1	2	3	4	5	6	7	8	9	10	11	12	13	14	15
1	3	7	3	3	3	7	7	3	7	7	7	3	7	7	7
2	7	3	7	7	7	3	7	7	7	3	7	7	7	3	7
3	3	7	3	3	3	7	3	3	3	7	3	3	3	7	3
4	3	3	3	3	3	7	3	3	3	7	3	3	3	7	3
5	3	7	3	3	3	7	3	3	3	7	3	3	3	7	3
6	3	7	7	7	7	3	7	7	7	3	7	7	7	3	7
7	3	7	3	3	3	7	3	3	3	7	3	3	3	7	3
8	7	3	3	7	3	7	3	3	3	7	3	3	3	7	3
9	3	7	3	3	3	7	3	3	3	7	3	3	3	7	3
10	3	7	7	3	7	3	7	7	7	3	7	7	7	3	7
11	3	7	3	3	3	7	3	3	3	7	3	3	3	7	3
12	7	3	3	7	3	3	3	3	3	7	3	3	3	7	3
13	3	3	3	3	3	7	3	3	3	7	3	3	3	7	3
14	3	7	7	3	7	7	7	7	7	3	7	7	7	3	7
15	3	3	3	3	3	7	3	3	3	7	3	3	3	7	3

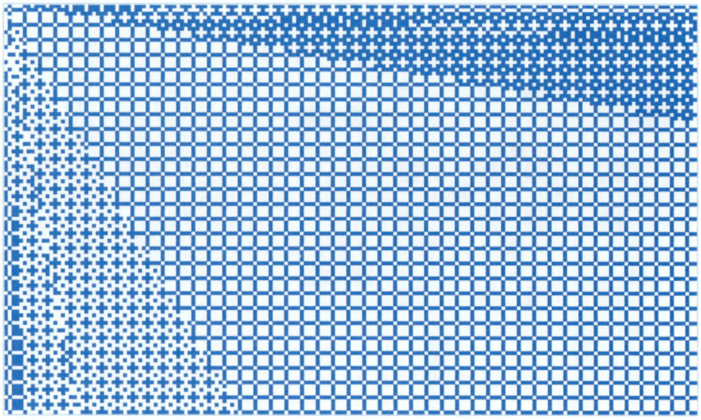

(10) (x ^ 2 – Log(x ^ 2 / y ^ 2) + y ^ 2 Or 3) Mod 9 = 2

둥근 원 그림의 반복이 전체적으로 안정감을 주고, 왼쪽 아래와 오른쪽 위에서 변화를 나타낸다.

	1	2	3	4	5	6	7	8	9	10	11	12	13	14	15
1	3	7	2	1	0	3	1	4	6	4	1	3	4	1	6
2	7	2	6	5	4	7	1	8	6	8	1	7	4	5	6
3	2	6	1	0	8	2	5	3	1	3	5	2	8	0	1
4	1	1	0	8	7	1	4	2	0	2	4	1	7	8	0
5	0	4	8	7	6	0	3	1	8	1	3	0	6	7	8
6	8	3	2	1	0	3	6	4	2	4	6	3	0	1	2
7	6	1	5	4	3	6	0	7	5	7	0	6	3	4	5
8	0	4	3	7	1	4	7	5	3	5	7	4	1	2	3
9	2	6	1	0	8	2	5	3	1	3	5	2	8	0	1
10	0	4	3	7	1	4	7	5	3	5	7	4	1	2	3
11	6	1	5	4	3	6	0	7	5	7	0	6	3	4	5
12	8	3	2	6	0	8	6	4	2	4	6	3	0	1	2
13	0	0	8	7	6	0	3	1	8	1	3	0	6	7	8
14	6	1	0	4	7	6	4	2	0	2	4	1	7	8	0
15	2	2	1	0	8	2	5	3	1	3	5	2	8	0	1

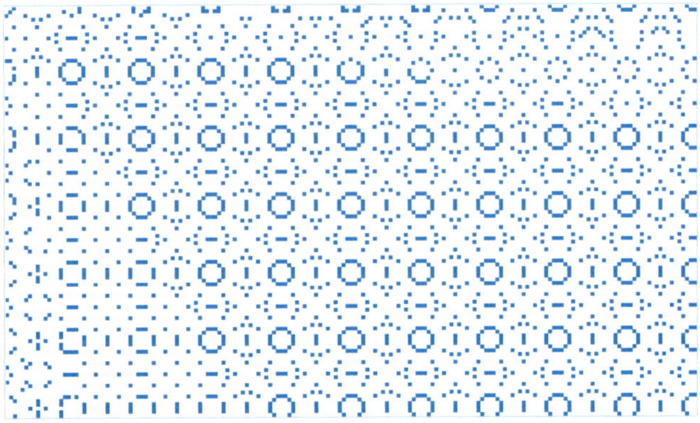

(11) (x ^ 2 – Log(x ^ 2 / y ^ 2) + y ^ 2 Or 3) Mod 12 = 3

작은 사각형의 반복속에서 안정감을 느낄 수 있고, 쏟아지는 사각형이 깔끔하다.

3	7	11	7	3	3	7	7	3	7	7	3	7	7	3
7	11	3	11	7	7	7	11	3	11	7	7	7	11	3
11	3	7	3	11	11	11	3	7	3	11	11	11	3	7
7	7	3	11	7	7	7	11	3	11	7	7	7	11	3
3	7	11	7	3	3	3	7	11	7	3	3	3	7	11
11	3	11	7	3	3	3	7	11	7	3	3	3	7	11
3	7	11	7	3	3	3	7	11	7	3	3	3	7	11
3	7	3	7	7	7	7	11	3	11	7	7	7	11	3
11	3	7	3	11	11	11	3	7	3	11	11	11	3	7
3	7	3	7	7	7	7	11	3	11	7	7	7	11	3
3	7	11	7	3	3	3	7	11	7	3	3	3	7	11
11	3	11	3	3	11	3	7	11	7	3	3	3	7	11
3	3	11	7	3	3	3	7	11	7	3	3	3	7	11
3	7	3	7	7	3	7	11	3	11	7	7	7	11	3
11	11	7	3	11	11	11	3	7	3	11	11	11	3	7

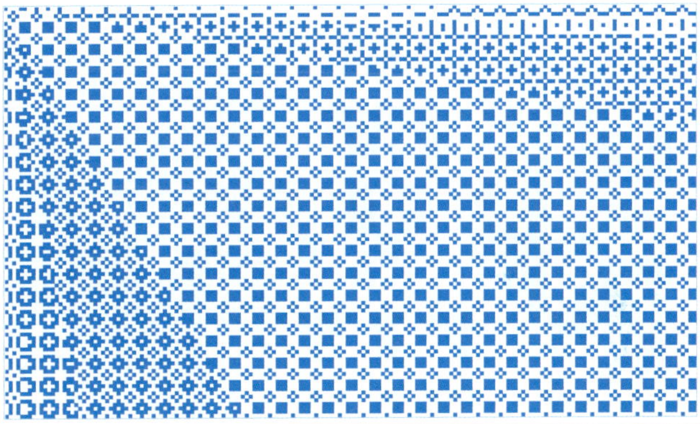

(12) (x ^ 2 – Log(x ^ 2 / y ^ 2) + y ^ 2 Or 3) Mod 12 = 7

여러 종류의 사각형으로 채워져서 단순함 속에서도 변화를 느낄 수 있다.

	1	2	3	4	5	6	7	8	9	10	11	12	13	14	15
1	3	7	11	7	3	3	7	7	3	7	7	3	7	7	3
2	7	11	3	11	7	7	7	11	3	11	7	7	7	11	3
3	11	3	7	3	11	11	11	3	7	3	11	11	11	3	7
4	7	7	3	11	7	7	7	11	3	11	7	7	7	11	3
5	3	7	11	7	3	3	3	7	11	7	3	3	3	7	11
6	11	3	11	7	3	3	3	7	11	7	3	3	3	7	11
7	3	7	11	7	3	3	3	7	11	7	3	3	3	7	11
8	3	7	3	7	7	7	7	11	3	11	7	7	7	11	3
9	11	3	7	3	11	11	11	3	7	3	11	11	11	3	7
10	3	7	3	7	7	7	7	11	3	11	7	7	7	11	3
11	3	7	11	7	3	3	3	7	11	7	3	3	3	7	11
12	11	3	11	3	3	11	3	7	11	7	3	3	3	7	11
13	3	3	11	7	3	3	3	7	11	7	3	3	3	7	11
14	3	7	3	7	7	3	7	11	3	11	7	7	7	11	3
15	11	11	7	3	11	11	11	3	7	3	11	11	11	3	7

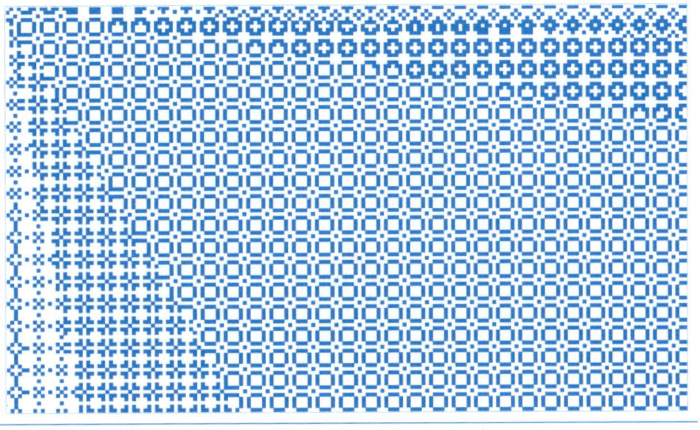

12 $(x^2 - \log\frac{x^2}{y^2} + y^2$ Or 4) Mod $m = n$

(1) (x ^ 2 – Log(x ^ 2 / y ^ 2) + y ^ 2 Or 4) Mod 3 = 0

	1	2	3	4	5	6	7	8	9	10	11	12	13	14	15
1	0	0	0	1	1	0	1	2	0	1	1	1	1	1	0
2	1	0	1	0	0	0	0	0	2	1	0	0	1	2	0
3	1	1	1	2	2	1	0	0	2	2	0	2	0	2	2
4	2	2	2	0	0	1	0	1	0	0	1	0	1	0	0
5	2	1	2	0	0	1	0	0	0	0	1	0	1	0	0
6	0	0	2	1	1	1	1	1	0	2	2	1	2	0	1
7	1	1	1	0	0	1	0	0	2	2	0	2	1	0	0
8	0	2	1	1	0	1	0	0	2	2	0	2	0	2	0
9	0	0	0	1	1	0	2	2	1	1	2	1	2	1	1
10	1	1	0	2	1	2	2	2	1	0	2	1	2	0	1
11	1	1	1	2	2	0	0	0	2	2	0	2	0	2	2
12	2	0	0	0	1	0	2	2	1	1	2	1	2	1	1
13	1	1	1	2	2	0	2	0	2	2	0	2	0	2	2
14	1	0	0	2	1	0	1	2	1	0	2	1	2	0	1
15	0	0	0	1	1	2	1	1	1	1	2	1	2	1	1

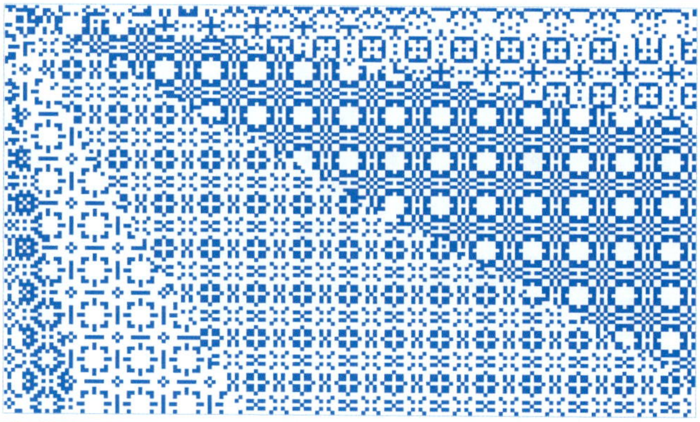

(2) (x ^ 2 – Log(x ^ 2 / y ^ 2) + y ^ 2 Or 4) Mod 3 = 1

	1	2	3	4	5	6	7	8	9	10	11	12	13	14	15
1	0	0	0	1	1	0	1	2	0	1	1	1	1	1	0
2	1	0	1	0	0	0	0	0	2	1	0	0	1	2	0
3	1	1	1	2	2	1	0	0	2	2	0	2	0	2	2
4	2	2	2	0	0	1	0	1	0	0	1	0	1	0	0
5	2	1	2	0	0	1	0	0	0	0	1	0	1	0	0
6	0	0	2	1	1	1	1	1	0	2	2	1	2	0	1
7	1	1	1	0	0	1	0	0	2	2	0	2	1	0	0
8	0	2	1	1	0	1	0	0	2	2	0	2	0	2	0
9	0	0	0	1	1	0	2	2	1	1	2	1	2	1	1
10	1	1	0	2	1	2	2	2	1	0	2	1	2	0	1
11	1	1	1	2	2	0	0	0	2	2	0	2	0	2	2
12	2	0	0	0	1	0	2	2	1	1	2	1	2	1	1
13	1	1	1	2	2	0	2	0	2	2	0	2	0	2	2
14	1	0	0	2	1	0	1	2	1	0	2	1	2	0	1
15	0	0	0	1	1	2	1	1	1	1	2	1	2	1	1

(3) (x ^ 2 – Log(x ^ 2 / y ^ 2) + y ^ 2 Or 4) Mod 3 = 2

	1	2	3	4	5	6	7	8	9	10	11	12	13	14	15
1	0	0	0	1	1	0	1	2	0	1	1	1	1	1	0
2	1	0	1	0	0	0	0	0	2	1	0	0	1	2	0
3	1	1	1	2	2	1	0	0	2	2	0	2	0	2	2
4	2	2	2	0	0	1	0	1	0	0	1	0	1	0	0
5	2	1	2	0	0	1	0	0	0	0	1	0	1	0	0
6	0	0	2	1	1	1	1	1	0	2	2	1	2	0	1
7	1	1	1	0	0	1	0	0	2	2	0	2	1	0	0
8	0	2	1	1	0	1	0	0	2	2	0	2	0	2	0
9	0	0	0	1	1	0	2	2	1	1	2	1	2	1	1
10	1	1	0	2	1	2	2	2	1	0	2	1	2	0	1
11	1	1	1	2	2	0	0	0	2	2	0	2	0	2	2
12	2	0	0	0	1	0	2	2	1	1	2	1	2	1	1
13	1	1	1	2	2	0	2	0	2	2	0	2	0	2	2
14	1	0	0	2	1	0	1	2	1	0	2	1	2	0	1
15	0	0	0	1	1	2	1	1	1	1	2	1	2	1	1

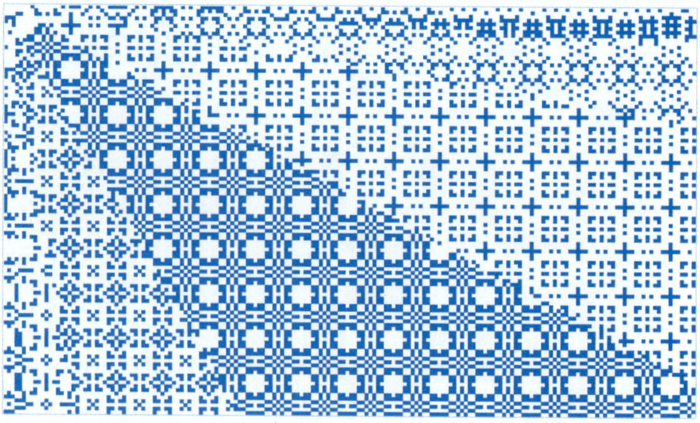

(4) (x ^ 2 – Log(x ^ 2 / y ^ 2) + y ^ 2 Or 4) Mod 4 = 1

빛이 있어라 하시매 빛이 있었고

	1	2	3	4	5	6	7	8	9	10	11	12	13	14	15
1	2	2	3	2	3	3	0	3	0	3	0	3	0	3	0
2	0	0	1	1	2	1	2	1	2	1	2	2	3	2	3
3	1	1	2	1	2	2	3	2	3	2	3	2	3	2	3
4	0	3	1	0	1	0	1	1	2	1	2	1	2	1	2
5	1	0	2	1	2	1	2	1	3	2	3	2	3	2	3
6	3	3	0	0	1	0	1	0	1	0	2	1	2	1	2
7	0	0	1	1	2	1	2	1	2	1	2	1	3	2	3
8	3	3	0	3	1	0	1	0	1	0	1	0	1	0	2
9	0	0	1	0	1	1	2	1	2	1	2	1	2	1	2
10	3	3	0	3	0	0	1	0	1	0	1	0	1	0	1
11	0	0	1	0	1	0	2	1	2	1	2	1	2	1	2
12	3	2	0	3	0	3	1	0	1	0	1	0	1	0	1
13	0	3	1	0	1	0	1	1	2	1	2	1	2	1	2
14	3	2	0	3	0	3	0	0	1	0	1	0	1	0	1
15	0	3	1	0	1	0	1	0	2	1	2	1	2	1	2

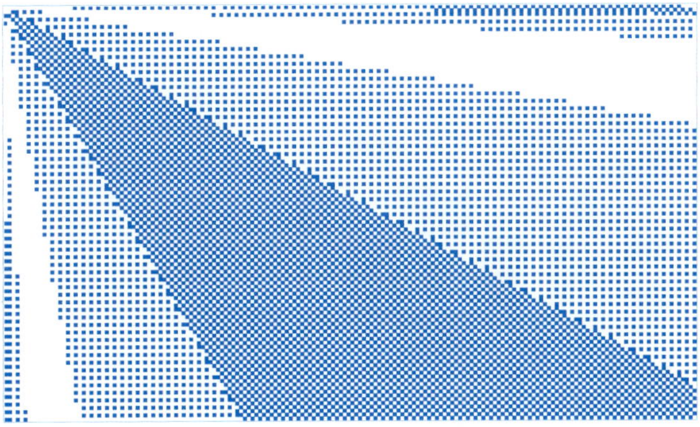

(5) (x ^ 2 – Log(x ^ 2 / y ^ 2) + y ^ 2 Or 4) Mod 4 = 2

빛은 어둠을 나눈다. 빛은 자기의 길을 간다.

	1	2	3	4	5	6	7	8	9	10	11	12	13	14	15
1	2	2	3	2	3	3	0	3	0	3	0	3	0	3	0
2	0	0	1	1	2	1	2	1	2	1	2	2	3	2	3
3	1	1	2	1	2	2	3	2	3	2	3	2	3	2	3
4	0	3	1	0	1	0	1	1	2	1	2	1	2	1	2
5	1	0	2	1	2	1	2	1	3	2	3	2	3	2	3
6	3	3	0	0	1	0	1	0	1	0	2	1	2	1	2
7	0	0	1	1	2	1	2	1	2	1	2	1	3	2	3
8	3	3	0	3	1	0	1	0	1	0	1	0	1	0	2
9	0	0	1	0	1	1	2	1	2	1	2	1	2	1	2
10	3	3	0	3	0	0	1	0	1	0	1	0	1	0	1
11	0	0	1	0	1	0	2	1	2	1	2	1	2	1	2
12	3	2	0	3	0	3	1	0	1	0	1	0	1	0	1
13	0	3	1	0	1	0	1	1	2	1	2	1	2	1	2
14	3	2	0	3	0	3	0	0	1	0	1	0	1	0	1
15	0	3	1	0	1	0	1	0	2	1	2	1	2	1	2

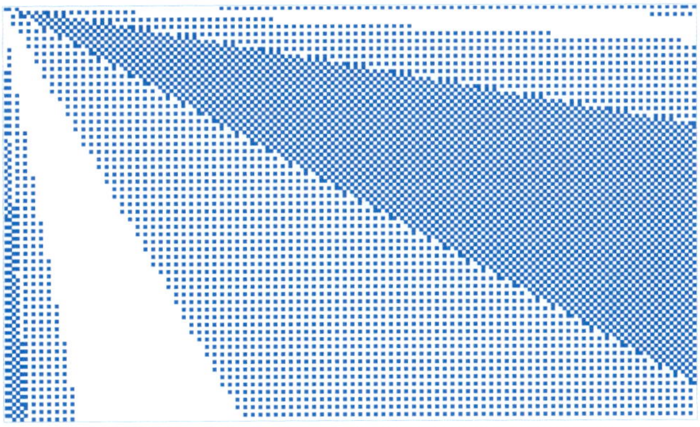

(6) (x ^ 2 – Log(x ^ 2 / y ^ 2) + y ^ 2 Or 4) Mod 5 = 1

물이 여러 가지 모양으로 번져 나간다.

	1	2	3	4	5	6	7	8	9	10	11	12	13	14	15
1	1	1	0	2	1	4	2	1	4	3	4	1	2	4	3
2	4	2	3	1	0	0	4	4	1	4	1	0	0	1	1
3	3	3	2	4	3	1	3	3	0	0	0	3	3	1	4
4	0	3	4	1	0	2	4	0	2	2	2	0	0	3	1
5	4	3	3	0	4	1	3	3	1	1	1	4	4	2	0
6	4	4	4	2	1	1	0	0	2	0	3	1	1	2	2
7	2	2	1	4	3	0	2	2	4	4	4	2	3	1	4
8	3	1	1	4	3	0	2	2	4	4	4	2	2	0	4
9	4	4	3	0	4	2	4	4	1	1	1	4	4	2	0
10	3	3	3	4	4	0	4	4	1	4	1	4	4	0	0
11	4	4	3	0	4	1	4	4	1	1	1	4	4	2	0
12	3	0	1	4	2	3	2	2	4	4	4	2	2	0	3
13	2	0	1	3	2	4	1	2	4	4	4	2	2	0	3
14	4	3	4	0	0	1	4	0	2	0	2	0	0	1	1
15	3	1	2	4	3	0	2	2	0	0	0	3	3	1	4

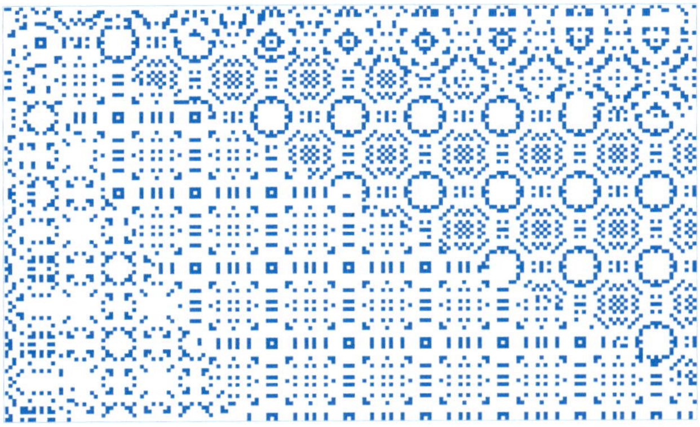

(7) (x ^ 2 – Log(x ^ 2 / y ^ 2) + y ^ 2 Or 4) Mod 5 = 4

사각형 주위의 원 모양이 물결처럼 퍼져 나간다.

	1	2	3	4	5	6	7	8	9	10	11	12	13	14	15
1	1	1	0	2	1	4	2	1	4	3	4	1	2	4	3
2	4	2	3	1	0	0	4	4	1	4	1	0	0	1	1
3	3	3	2	4	3	1	3	3	0	0	0	3	3	1	4
4	0	3	4	1	0	2	4	0	2	2	2	0	0	3	1
5	4	3	3	0	4	1	3	3	1	1	1	4	4	2	0
6	4	4	4	2	1	1	0	0	2	0	3	1	1	2	2
7	2	2	1	4	3	0	2	2	4	4	4	2	3	1	4
8	3	1	1	4	3	0	2	2	4	4	4	2	2	0	4
9	4	4	3	0	4	2	4	4	1	1	1	4	4	2	0
10	3	3	3	4	4	0	4	4	1	4	1	4	4	0	0
11	4	4	3	0	4	1	4	4	1	1	1	4	4	2	0
12	3	0	1	4	2	3	2	2	4	4	4	2	2	0	3
13	2	0	1	3	2	4	1	2	4	4	4	2	2	0	3
14	4	3	4	0	0	1	4	0	2	0	2	0	0	1	1
15	3	1	2	4	3	0	2	2	0	0	0	3	3	1	4

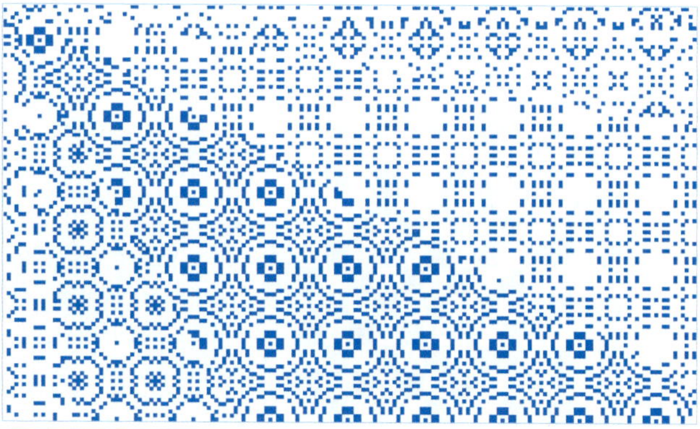

(8) (x ^ 2 – Log(x ^ 2 / y ^ 2) + y ^ 2 Or 4) Mod 6 = 1

비슷한 무늬들이 시냇물이 흐르는 것처럼 경쾌하게 느껴진다.

	1	2	3	4	5	6	7	8	9	10	11	12	13	14	15
1	0	0	3	4	1	3	4	5	0	1	4	1	4	1	0
2	4	0	1	3	0	3	0	3	2	1	0	0	1	2	3
3	1	1	4	5	2	4	3	0	5	2	3	2	3	2	5
4	2	5	5	0	3	4	3	1	0	3	4	3	4	3	0
5	5	4	2	3	0	1	0	3	3	0	1	0	1	0	3
6	3	3	2	4	1	4	1	4	3	2	2	1	2	3	4
7	4	4	1	3	0	1	0	3	2	5	0	5	1	0	3
8	3	5	4	1	3	4	3	0	5	2	3	2	3	2	0
9	0	0	3	4	1	3	2	5	4	1	2	1	2	1	4
10	1	1	0	5	4	2	5	2	1	0	5	4	5	0	1
11	4	4	1	2	5	0	0	3	2	5	0	5	0	5	2
12	5	0	0	3	4	3	5	2	1	4	5	4	5	4	1
13	4	1	1	2	5	0	5	3	2	5	0	5	0	5	2
14	1	0	0	5	4	3	4	2	1	0	5	4	5	0	1
15	0	3	3	4	1	2	1	4	4	1	2	1	2	1	4

(9) (x ^ 2 – Log(x ^ 2 / y ^ 2) + y ^ 2 Or 4) Mod 6 = 2

사선으로 점점 넓게 펼쳐지는 도형의 모습이 꿈틀거리는 생동감을 준다.

	1	2	3	4	5	6	7	8	9	10	11	12	13	14	15
1	0	0	3	4	1	3	4	5	0	1	4	1	4	1	0
2	4	0	1	3	0	3	0	3	2	1	0	0	1	2	3
3	1	1	4	5	2	4	3	0	5	2	3	2	3	2	5
4	2	5	5	0	3	4	3	1	0	3	4	3	4	3	0
5	5	4	2	3	0	1	0	3	3	0	1	0	1	0	3
6	3	3	2	4	1	4	1	4	3	2	2	1	2	3	4
7	4	4	1	3	0	1	0	3	2	5	0	5	1	0	3
8	3	5	4	1	3	4	3	0	5	2	3	2	3	2	0
9	0	0	3	4	1	3	2	5	4	1	2	1	2	1	4
10	1	1	0	5	4	2	5	2	1	0	5	4	5	0	1
11	4	4	1	2	5	0	0	3	2	5	0	5	0	5	2
12	5	0	0	3	4	3	5	2	1	4	5	4	5	4	1
13	4	1	1	2	5	0	5	3	2	5	0	5	0	5	2
14	1	0	0	5	4	3	4	2	1	0	5	4	5	0	1
15	0	3	3	4	1	2	1	4	4	1	2	1	2	1	4

(10) (x ^ 2 – Log(x ^ 2 / y ^ 2) + y ^ 2 Or 4) Mod 6 = 3

오른쪽 사선으로 펼쳐지는 도형의 위 부분이 무거워 보인다.

	1	2	3	4	5	6	7	8	9	10	11	12	13	14	15
1	0	0	3	4	1	3	4	5	0	1	4	1	4	1	0
2	4	0	1	3	0	3	0	3	2	1	0	0	1	2	3
3	1	1	4	5	2	4	3	0	5	2	3	2	3	2	5
4	2	5	5	0	3	4	3	1	0	3	4	3	4	3	0
5	5	4	2	3	0	1	0	3	3	0	1	0	1	0	3
6	3	3	2	4	1	4	1	4	3	2	2	1	2	3	4
7	4	4	1	3	0	1	0	3	2	5	0	5	1	0	3
8	3	5	4	1	3	4	3	0	5	2	3	2	3	2	0
9	0	0	3	4	1	3	2	5	4	1	2	1	2	1	4
10	1	1	0	5	4	2	5	2	1	0	5	4	5	0	1
11	4	4	1	2	5	0	0	3	2	5	0	5	0	5	2
12	5	0	0	3	4	3	5	2	1	4	5	4	5	4	1
13	4	1	1	2	5	0	5	3	2	5	0	5	0	5	2
14	1	0	0	5	4	3	4	2	1	0	5	4	5	0	1
15	0	3	3	4	1	2	1	4	4	1	2	1	2	1	4

(11) (x ^ 2 – Log(x ^ 2 / y ^ 2) + y ^ 2 Or 4) Mod 6 = 5

오른쪽 사선 아래 부분이 면적 대비가 더 강하다. 안정감이 있다.

	1	2	3	4	5	6	7	8	9	10	11	12	13	14	15
1	0	0	3	4	1	3	4	5	0	1	4	1	4	1	0
2	4	0	1	3	0	3	0	3	2	1	0	0	1	2	3
3	1	1	4	5	2	4	3	0	5	2	3	2	3	2	5
4	2	5	5	0	3	4	3	1	0	3	4	3	4	3	0
5	5	4	2	3	0	1	0	3	3	0	1	0	1	0	3
6	3	3	2	4	1	4	1	4	3	2	2	1	2	3	4
7	4	4	1	3	0	1	0	3	2	5	0	5	1	0	3
8	3	5	4	1	3	4	3	0	5	2	3	2	3	2	0
9	0	0	3	4	1	3	2	5	4	1	2	1	2	1	4
10	1	1	0	5	4	2	5	2	1	0	5	4	5	0	1
11	4	4	1	2	5	0	0	3	2	5	0	5	0	5	2
12	5	0	0	3	4	3	5	2	1	4	5	4	5	4	1
13	4	1	1	2	5	0	5	3	2	5	0	5	0	5	2
14	1	0	0	5	4	3	4	2	1	0	5	4	5	0	1
15	0	3	3	4	1	2	1	4	4	1	2	1	2	1	4

(12) (x ^ 2 – Log(x ^ 2 / y ^ 2) + y ^ 2 Or 4) Mod 7 = 5

꽃이 펼쳐지는 듯하다.

	1	2	3	4	5	6	7	8	9	10	11	12	13	14	15
1	6	6	1	1	3	4	3	1	0	5	5	4	4	3	4
2	4	5	6	0	2	3	5	6	2	4	0	3	0	3	0
3	6	6	1	1	3	4	0	1	4	5	2	4	1	3	1
4	6	2	1	1	3	3	6	1	4	5	2	4	1	3	1
5	1	0	3	3	5	5	1	2	6	0	4	6	3	5	3
6	4	4	2	3	5	6	1	2	5	0	4	6	3	6	3
7	3	3	5	6	1	1	4	5	1	2	6	1	6	1	6
8	0	1	6	2	2	2	5	6	2	3	0	2	6	1	0
9	0	0	2	2	4	5	1	2	5	6	3	5	2	4	2
10	5	5	3	0	5	0	2	3	6	1	4	6	3	6	3
11	5	5	0	0	2	2	6	0	3	4	1	3	0	2	0
12	3	3	2	5	4	1	1	2	5	6	3	5	2	4	2
13	4	0	6	6	1	1	4	6	2	3	0	2	6	1	6
14	3	2	1	5	3	0	6	1	4	6	2	4	1	4	1
15	4	0	6	6	1	1	4	5	2	3	0	2	6	1	6

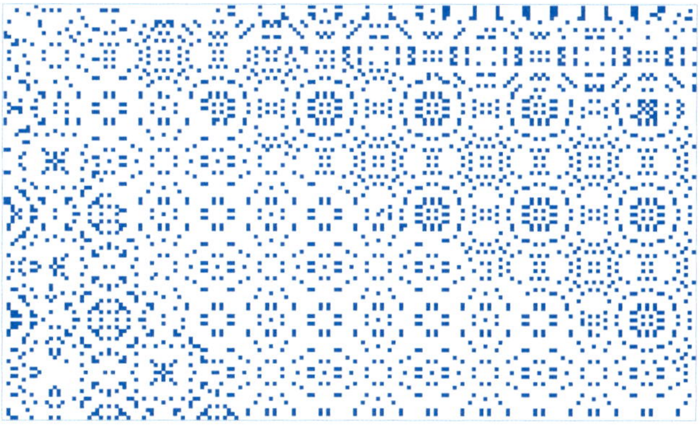

13 $(x \times y + z \text{ and } n) = 0$

```
Sub xyzandn()
Range("A1:c120000").ClearContents
Cells.Interior.ColorIndex = xlNone
Dim x, y, z, i, j
i = 1
j = 1
k = 1
For x = 1 To 40
 For y = 1 To 40
   For z = 1 To 40
    If (x * y + z And 3) = 0 Then
   ActiveSheet.Cells(i, 1).Value = x
  i = i + 1
  ActiveSheet.Cells(j, 2).Value = y
  j = j + 1
   ActiveSheet.Cells(k, 3).Value = z
  k = k + 1
    End If
    Next
   Next
Next
End Sub
```

위의 프로그램에서 얻은 결과는 1열, 2열 3열에 출력된다. xlstat 프로그램을 이용하여 3차원 데이터를 표시한다.

(1) $(x \times y + z$ and $2) = 0$

① $(x,\ y,\ z) = 1..30$	② $(x,\ y,\ z) = 1..40$	③ $(x,\ y,\ z) = 1..50$
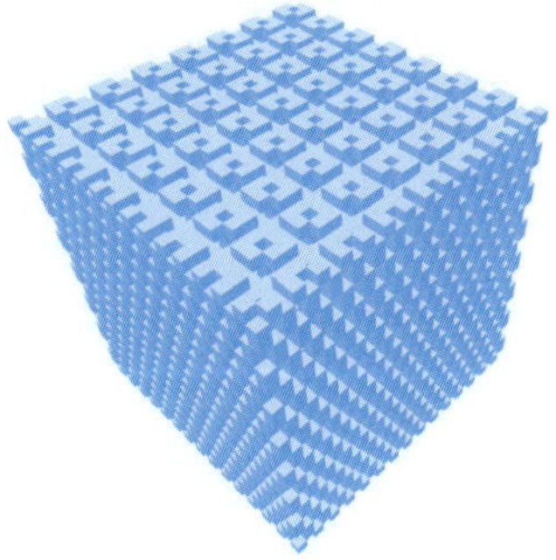	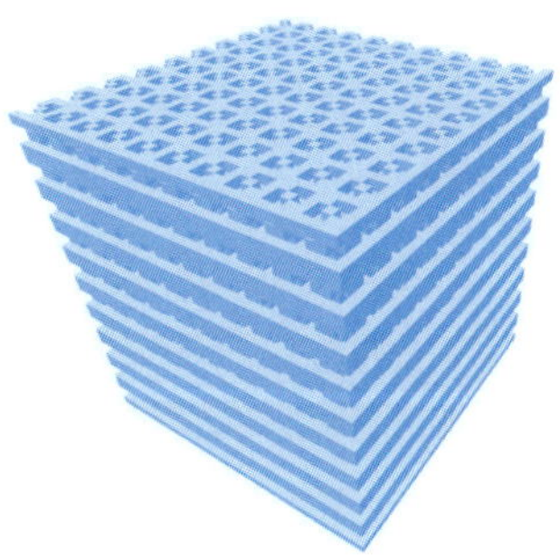	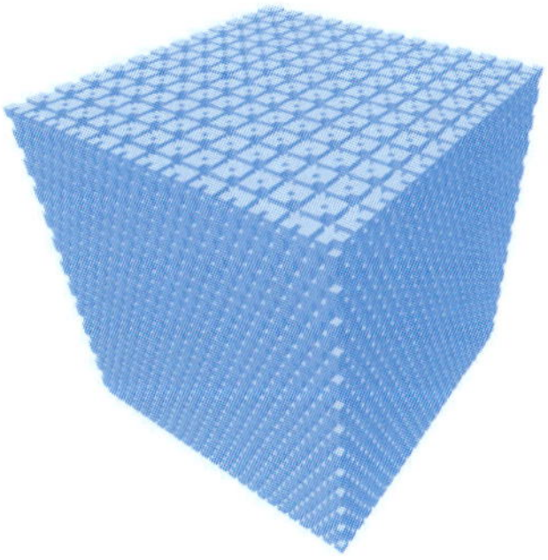

(2) $(x \times y + z$ and $3) = 0$

① $(x,\ y,\ z) = 1..30$	② $(x,\ y,\ z) = 1..40$	③ $(x,\ y,\ z) = 1..50$
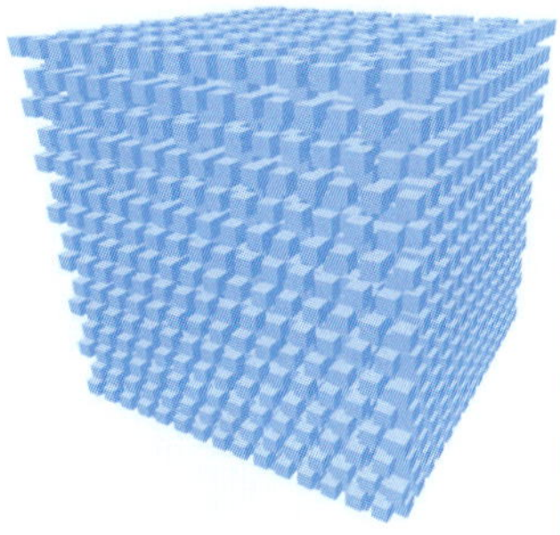	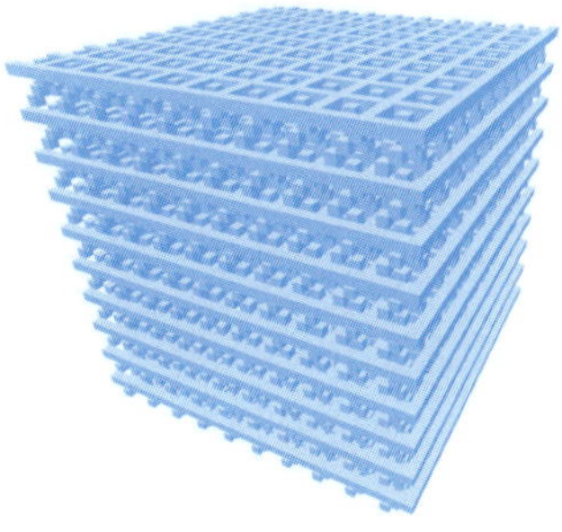	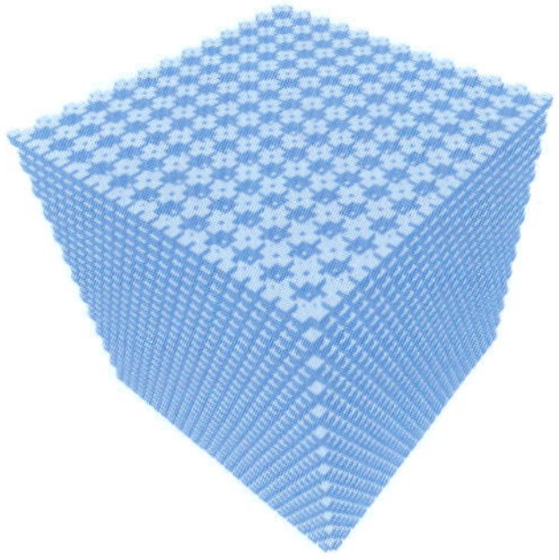

(3) $(x \times y + z$ and $4) = 0$

① $(x,\ y,\ z) = 1..30$	② $(x,\ y,\ z) = 1..40$	③ $(x,\ y,\ z) = 1..50$
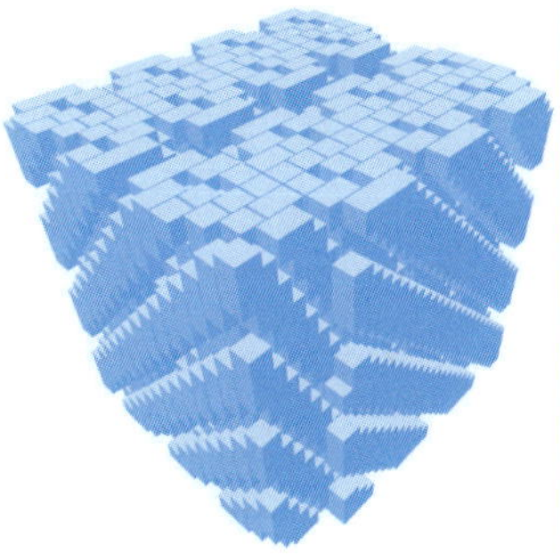		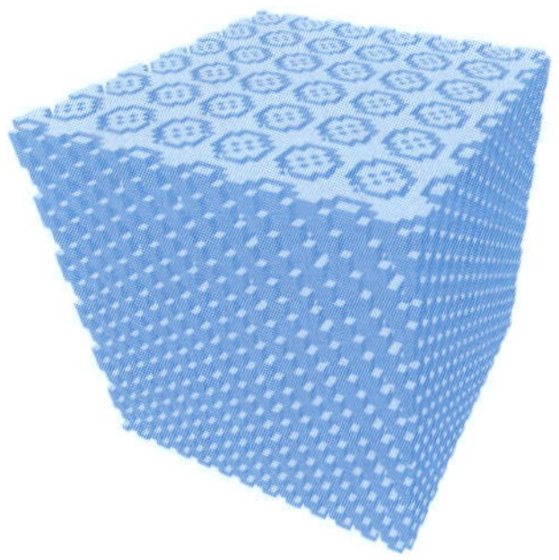

(4) $(x \times y + z$ and $5) = 0$

① $(x, y, z) = 1..30$	② $(x, y, z) = 1..40$	③ $(x, y, z) = 1..50$
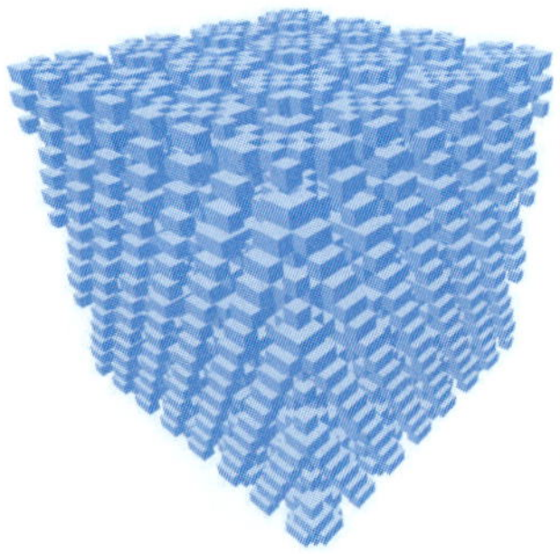		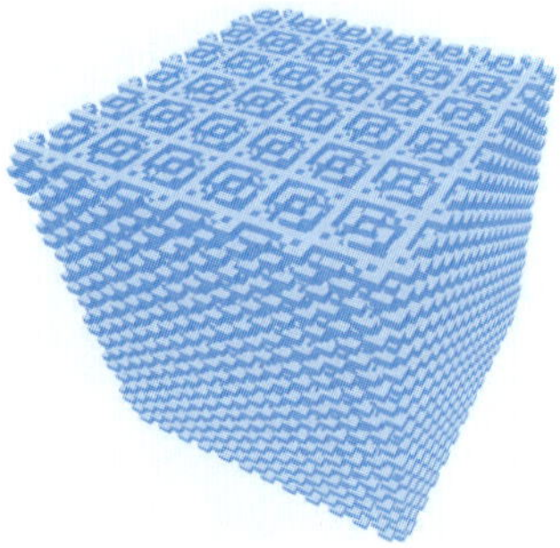

(5) $(x \times y + z$ and $6) = 0$

① $(x, y, z) = 1..30$	② $(x, y, z) = 1..40$	③ $(x, y, z) = 1..50$
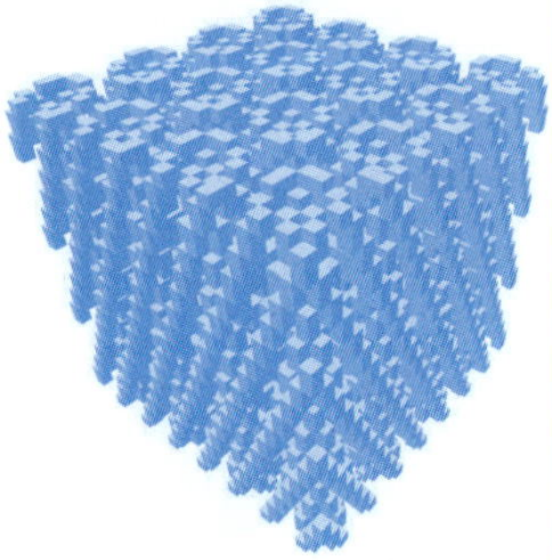		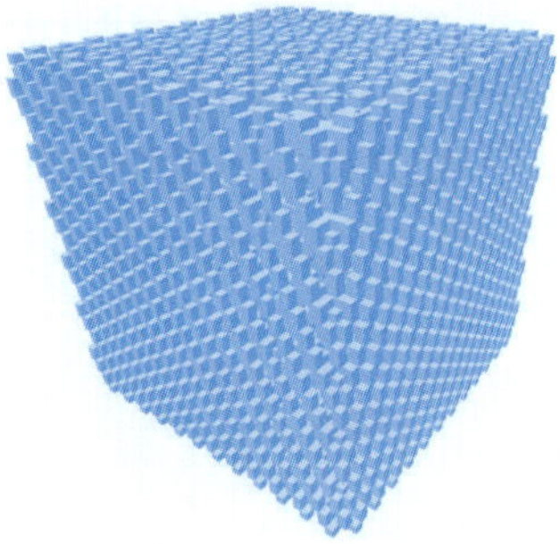

(6) $(x \times y + z$ and $7) = 0$

① $(x, y, z) = 1..30$	② $(x, y, z) = 1..40$	③ $(x, y, z) = 1..50$
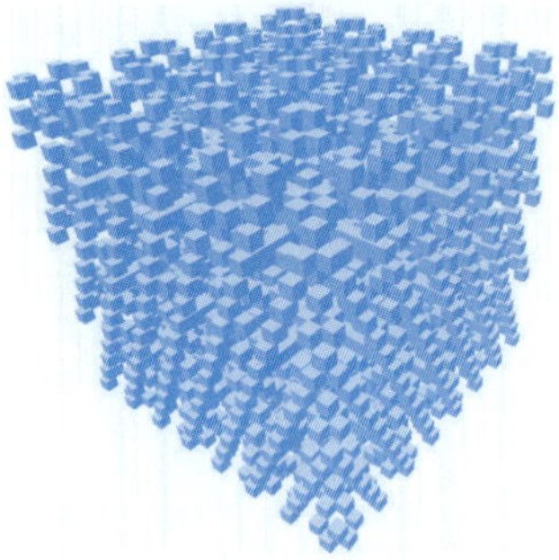		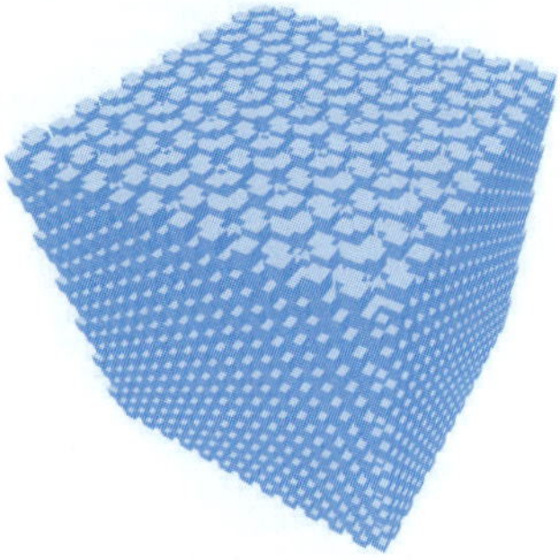

(7) ($x \times y + z$ and 10) = 0

① $(x,\ y,\ z) = 1..30$	② $(x,\ y,\ z) = 1..40$	③ $(x,\ y,\ z) = 1..50$
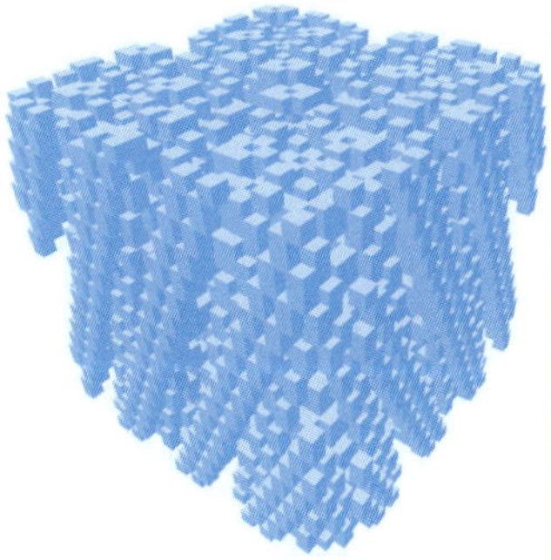		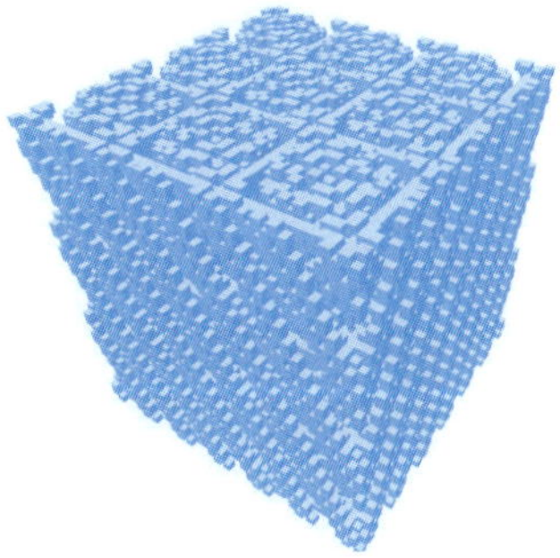

(8) ($x \times y + z$ and 11) = 0

① $(x,\ y,\ z) = 1..30$	② $(x,\ y,\ z) = 1..40$	③ $(x,\ y,\ z) = 1..50$
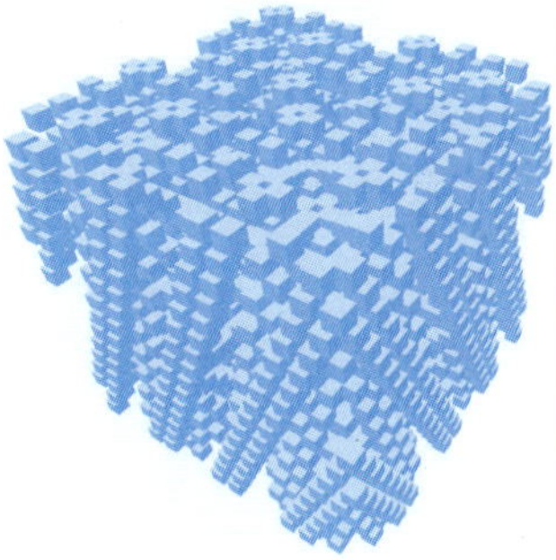	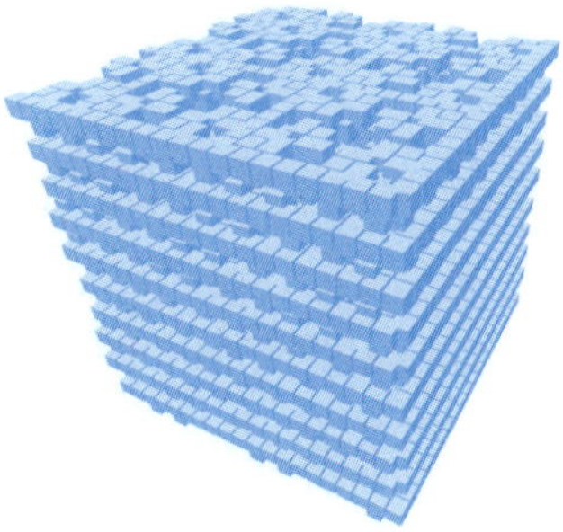	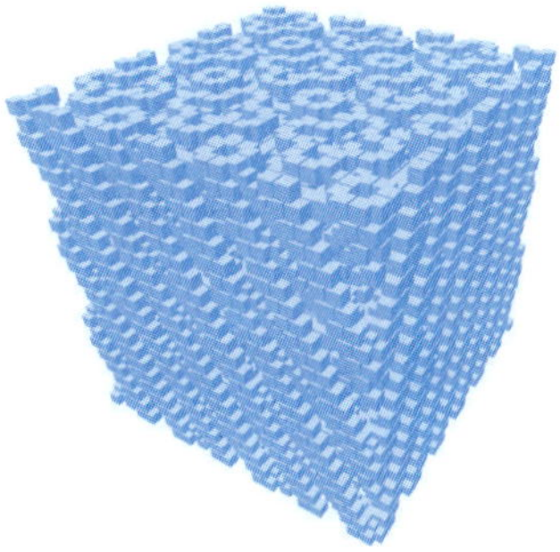

(9) ($x \times y + z$ and 12) = 0

① $(x,\ y,\ z) = 1..30$	② $(x,\ y,\ z) = 1..40$	③ $(x,\ y,\ z) = 1..50$

(10) $(x \times y + z$ and $13) = 0$

① $(x,\ y,\ z) = 1..30$	② $(x,\ y,\ z) = 1..40$	③ $(x,\ y,\ z) = 1..50$
	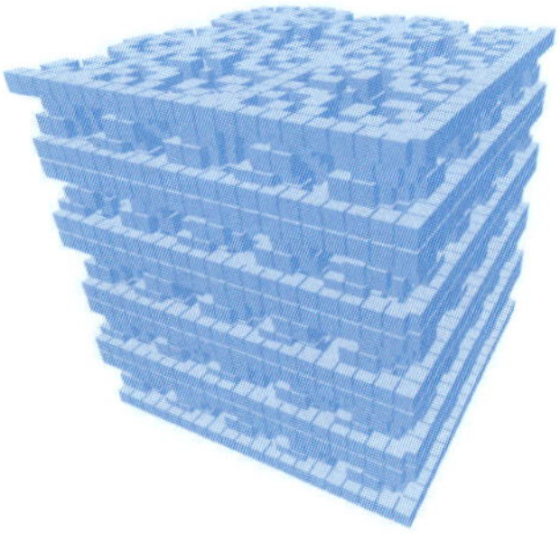	

(11) $(x \times y + z$ and $14) = 0$

① $(x,\ y,\ z) = 1..30$	② $(x,\ y,\ z) = 1..40$	③ $(x,\ y,\ z) = 1..50$
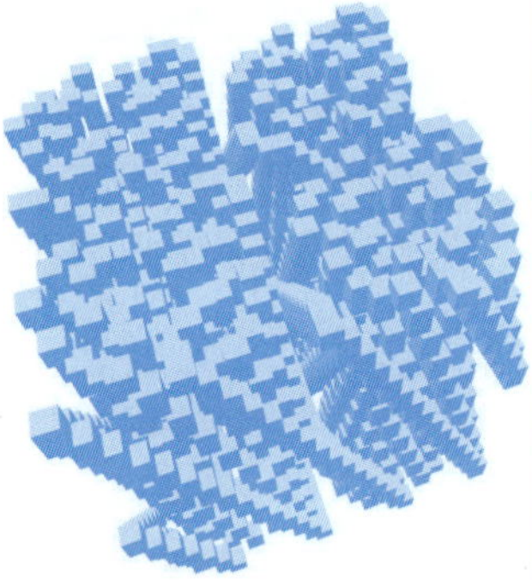	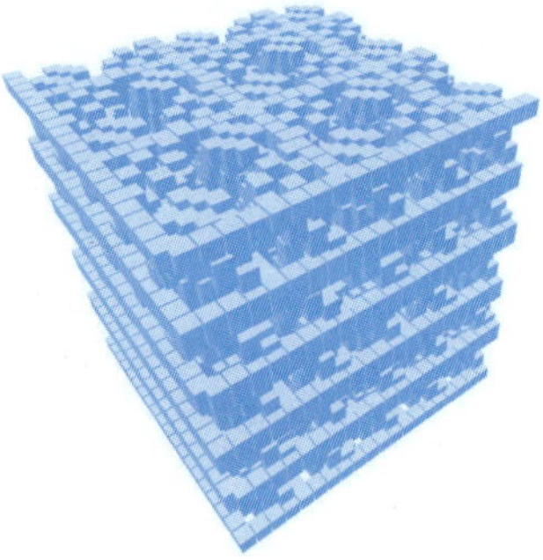	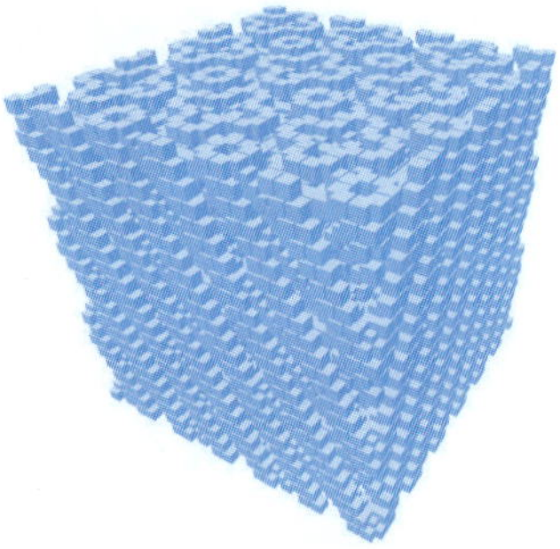

(12) $(x \times y + z$ and $15) = 0$

① $(x,\ y,\ z) = 1..30$	② $(x,\ y,\ z) = 1..40$	③ $(x,\ y,\ z) = 1..50$

제 6 장

진수를 이용한 디자인

수학을 아름답다고들 한다. 수학을 사랑한다고들 한다. 물론 아름다움을 느낄 수 있는 마음은 소중하다. 그러나, 머리로 느끼는 것은 아닌지, 남이 아름답다고 하니까 아름답다고 하는 것은 아닌지, 남들이 사랑한다고 하니까 덩달아 사랑한다고 하는 것은 아닌지, 가슴에 손대어 보자. 어쩌면 우린 강요된 삶을 살고 있는지도 모른다. 수학을 잘하는 삶은 인정받는 삶이라고 생각하며 수학을 잘 하려고 노력한다. 또한 그러한 삶이 표준이라고 이야기한다.

짧은 인생을 공장에서 생산된 삶의 공식 속에서 살아가는 것은 아닌지. 이러한 삶의 방식에 수학도 기여하지 않았을까? 강요되고 표준화된 삶의 공식이 있는 것처럼, 인생을 수학의 공식처럼, 인간의 감성조차도 수학의 공식처럼 만들기를 원한다. 수학은 행복한 삶을 위한 도구이어야 한다. 수학으로 얻는 행복감은 얼마나 될까? 수학을 통해 기쁨을 누리지 못한다면 우리는 무엇 때문에 배우는 것일까? 많은 사람들에게 수학은 공포이다. 하지만 수학은 공포가 되어서는 안 된다. 함께 걸어가야 할 친구여야 한다. 함께 행복을 주는 친구여야 한다.

친구는 즐거움을 함께 한다. 수학을 즐거움으로 만나려면 어떻게 해야 할까. 자신이 만나고 싶은 좋은 친구를 만나야 한다. 나는 그런 친구를 만났다. 프랙탈이다. 프랙탈이란 공간은 끊임없이 변화한다. 머리로 이야기하지 않고 눈으로 이야기한다. 마음으로 속삭인다. 공식을 강요하지 않고 하나의 정답을 향해 가지 않는다.

생명은 몇 개의 공식으로 설명할 수 없다. 살아 있는 것은 공식으로 정리되는 것이 아니다. 사랑은 공식이 아니다. 마음이고 느낌이다. 이젠 수학이 공식에서 나와 마음을 만날 때이다. 프랙탈은 인간의 마음을 바라보고 인간을 사랑한다. 프랙탈을 통해 우리는 위로받고 아름다움을 느낄 수 있다. 수학으로 상처받은 자신을 어루만져 주자. 참 고생 많았어. 내 마음아...

진수는 몇 개나 있을까. 무수히 많다. $\sqrt{2}$ 진수, $\sqrt{3}$ 진수, π 진수, 복소수 진수 등 무한히 많은 진수를 생각할 수 있다. 여기서는 2진수에서 25진수까지의 행렬곱을 구한 후 나머지를 이용하여 디자인을 만든다. 자세한 내용은 프랙탈과 카오스 183쪽을 참고하기 바란다. 각각의 진수의 행렬곱은 나머지에 따라 프랙탈의 아름다움을 나타낸다.

1 이진수의 행렬곱

(1) 이진수의 행렬곱

① D4:G7을 영역설정하고 =MMULT(A4:B7,D1:G2) 를 입력한다.

	A	B	C	D	E	F	G	H	I
1				0	0	1	1		
2				0	1	0	1		
3									
4	0	0		=mmult(A4:B7,D1:G2)					
5	0	1							
6	1	0							
7	1	1							

② Ctrl+Shift+Enter↵ 를 누른다.

	A	B	C	D	E	F	G
1				0	0	1	1
2				0	1	0	1
3							
4	0	0		0	0	0	0
5	0	1		0	1	0	1
6	1	0		0	0	1	1
7	1	1		0	1	1	2

(2) D4셀에서 G7셀에 입력된 내용이다.

	A	B	C	D	E	F	G
1				0	0	1	1
2				0	1	0	1
3							
4	0	0		=MMULT(A4:B7,D1:G2)	=MMULT(A4:B7,D1:G2)	=MMULT(A4:B7,D1:G2)	=MMULT(A4:B7,D1:G2)
5	0	1		=MMULT(A4:B7,D1:G2)	=MMULT(A4:B7,D1:G2)	=MMULT(A4:B7,D1:G2)	=MMULT(A4:B7,D1:G2)
6	1	0		=MMULT(A4:B7,D1:G2)	=MMULT(A4:B7,D1:G2)	=MMULT(A4:B7,D1:G2)	=MMULT(A4:B7,D1:G2)
7	1	1		=MMULT(A4:B7,D1:G2)	=MMULT(A4:B7,D1:G2)	=MMULT(A4:B7,D1:G2)	=MMULT(A4:B7,D1:G2)

(3) 이진수 0에서 11까지

① 0에 색을 칠하였다.

	A	B	C	D	E	F	G
1				0	0	1	1
2				0	1	0	1
3							
4	0	0		0	0	0	0
5	0	1		0	1	0	1
6	1	0		0	0	1	1
7	1	1		0	1	1	2

② 1에 색을 칠하였다.

	A	B	C	D	E	F	G
1				0	0	1	1
2				0	1	0	1
3							
4	0	0		0	0	0	0
5	0	1		0	1	0	1
6	1	0		0	0	1	1
7	1	1		0	1	1	2

2 진수의 행렬곱을 이용한 디자인

(1) 5진수 4의 배수

			0	0	0	0	0	0	0	0	0	0	0	0	0	0	0	0	0	0	0	0	0	0	0	0	0	1	1	1	1	1	1	1	1	1	1
			0	0	0	0	0	1	1	1	1	1	2	2	2	2	2	3	3	3	3	3	4	4	4	4	4	0	0	0	0	0	1	1	1	1	1
			0	1	2	3	4	0	1	2	3	4	0	1	2	3	4	0	1	2	3	4	0	1	2	3	4	0	1	2	3	4	0	1	2	3	4
0	0	0	0	0	0	0	0	0	0	0	0	0	0	0	0	0	0	0	0	0	0	0	0	0	0	0	0	0	0	0	0	0	0	0	0	0	0
0	0	1	0	1	2	3	4	0	1	2	3	4	0	1	2	3	4	0	1	2	3	4	0	1	2	3	4	0	1	2	3	4	0	1	2	3	4
0	0	2	0	2	4	6	8	0	2	4	6	8	0	2	4	6	8	0	2	4	6	8	0	2	4	6	8	0	2	4	6	8	0	2	4	6	8
0	0	3	0	3	6	9	12	0	3	6	9	12	0	3	6	9	12	0	3	6	9	12	0	3	6	9	12	0	3	6	9	12	0	3	6	9	12
0	0	4	0	4	8	12	16	0	4	8	12	16	0	4	8	12	16	0	4	8	12	16	0	4	8	12	16	0	4	8	12	16	0	4	8	12	16
0	1	0	0	0	0	0	0	1	1	1	1	1	2	2	2	2	2	3	3	3	3	3	4	4	4	4	4	0	0	0	0	0	1	1	1	1	1
0	1	1	0	1	2	3	4	1	2	3	4	5	2	3	4	5	6	3	4	5	6	7	4	5	6	7	8	0	1	2	3	4	1	2	3	4	5

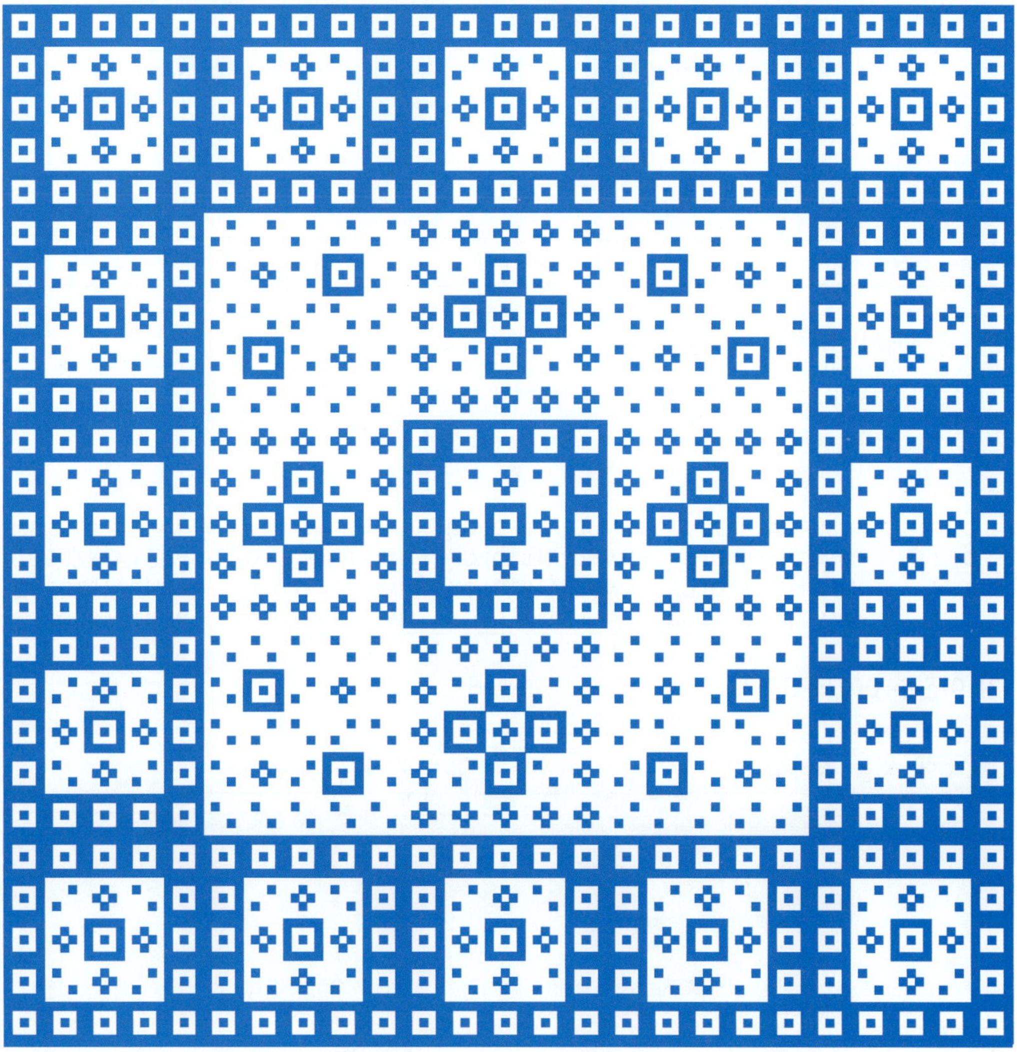

(2) 6진수 2의배수

			0	0	0	0	0	0	0	0	0	0	0	0	0	0	0	0	0	0	0	0	0	0	0	0	0	0	0	0	0	0	0	0	0	0	0
			0	0	0	0	0	0	1	1	1	1	1	1	2	2	2	2	2	2	3	3	3	3	3	3	4	4	4	4	4	4	5	5	5	5	5
			0	1	2	3	4	5	0	1	2	3	4	5	0	1	2	3	4	5	0	1	2	3	4	5	0	1	2	3	4	5	0	1	2	3	4
0	0	0	0	0	0	0	0	0	0	0	0	0	0	0	0	0	0	0	0	0	0	0	0	0	0	0	0	0	0	0	0	0	0	0	0	0	0
0	0	1	0	1	2	3	4	5	0	1	2	3	4	5	0	1	2	3	4	5	0	1	2	3	4	5	0	1	2	3	4	5	0	1	2	3	4
0	0	2	0	2	4	6	8	10	0	2	4	6	8	10	0	2	4	6	8	10	0	2	4	6	8	10	0	2	4	6	8	10	0	2	4	6	8
0	0	3	0	3	6	9	12	15	0	3	6	9	12	15	0	3	6	9	12	15	0	3	6	9	12	15	0	3	6	9	12	15	0	3	6	9	12
0	0	4	0	4	8	12	16	20	0	4	8	12	16	20	0	4	8	12	16	20	0	4	8	12	16	20	0	4	8	12	16	20	0	4	8	12	16
0	0	5	0	5	10	15	20	25	0	5	10	15	20	25	0	5	10	15	20	25	0	5	10	15	20	25	0	5	10	15	20	25	0	5	10	15	20
0	1	0	0	0	0	0	0	0	1	1	1	1	1	1	2	2	2	2	2	2	3	3	3	3	3	3	4	4	4	4	4	4	5	5	5	5	5
0	1	1	0	1	2	3	4	5	1	2	3	4	5	6	2	3	4	5	6	7	3	4	5	6	7	8	4	5	6	7	8	9	5	6	7	8	9
0	1	2	0	2	4	6	8	10	1	3	5	7	9	11	2	4	6	8	10	12	3	5	7	9	11	13	4	6	8	10	12	14	5	7	9	11	13
0	1	3	0	3	6	9	12	15	1	4	7	10	13	16	2	5	8	11	14	17	3	6	9	12	15	18	4	7	10	13	16	19	5	8	11	14	17

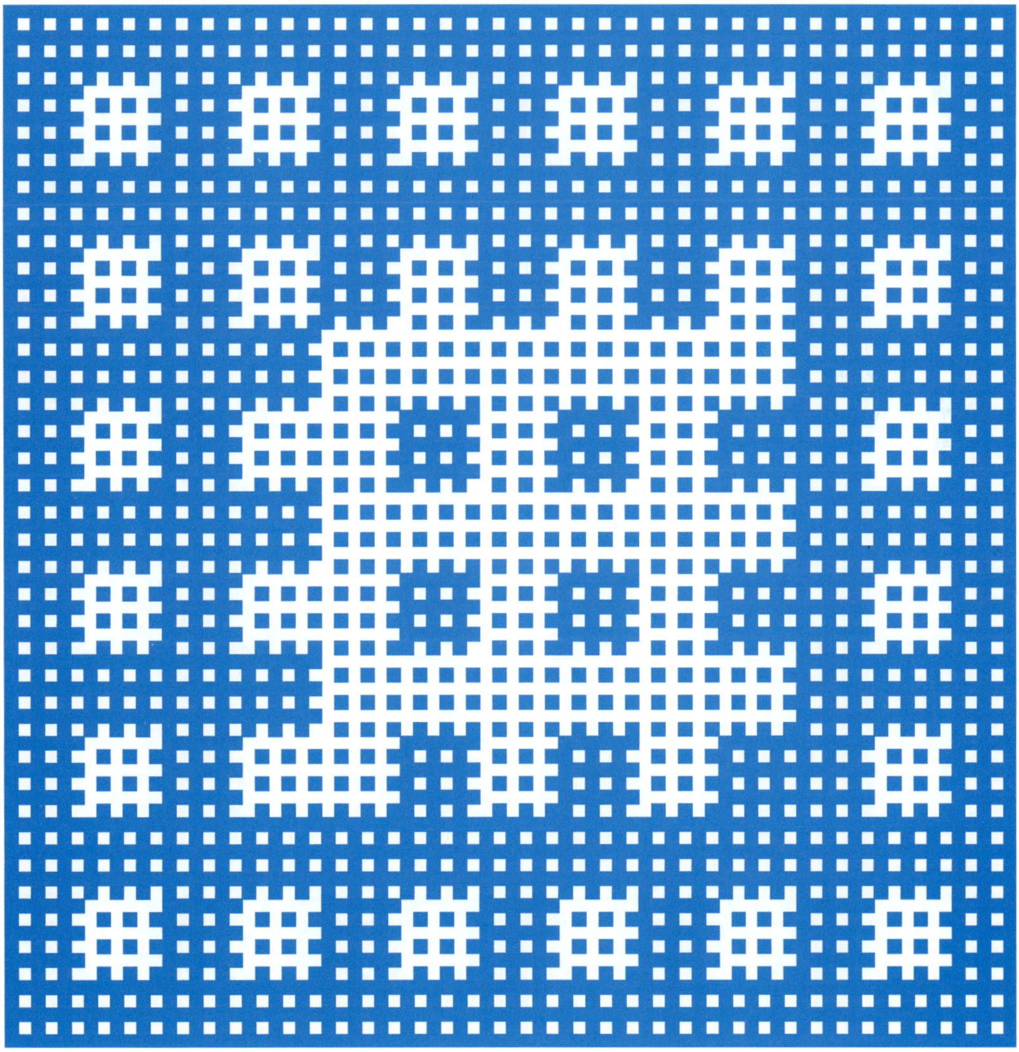

(3) 6진수 5의 배수

			0	0	0	0	0	0	0	0	0	0	0	0	0	0	0	0	0	0	0	0	0	0	0	0	0	0	0	0	0	0	0	0	0	0	0
			0	0	0	0	0	0	1	1	1	1	1	1	2	2	2	2	2	2	3	3	3	3	3	3	4	4	4	4	4	4	5	5	5	5	5
			0	1	2	3	4	5	0	1	2	3	4	5	0	1	2	3	4	5	0	1	2	3	4	5	0	1	2	3	4	5	0	1	2	3	4
0	0	0	0	0	0	0	0	0	0	0	0	0	0	0	0	0	0	0	0	0	0	0	0	0	0	0	0	0	0	0	0	0	0	0	0	0	0
0	0	1	0	1	2	3	4	5	0	1	2	3	4	5	0	1	2	3	4	5	0	1	2	3	4	5	0	1	2	3	4	5	0	1	2	3	4
0	0	2	0	2	4	6	8	10	0	2	4	6	8	10	0	2	4	6	8	10	0	2	4	6	8	10	0	2	4	6	8	10	0	2	4	6	8
0	0	3	0	3	6	9	12	15	0	3	6	9	12	15	0	3	6	9	12	15	0	3	6	9	12	15	0	3	6	9	12	15	0	3	6	9	12
0	0	4	0	4	8	12	16	20	0	4	8	12	16	20	0	4	8	12	16	20	0	4	8	12	16	20	0	4	8	12	16	20	0	4	8	12	16
0	0	5	0	5	10	15	20	25	0	5	10	15	20	25	0	5	10	15	20	25	0	5	10	15	20	25	0	5	10	15	20	25	0	5	10	15	20
0	1	0	0	0	0	0	0	0	1	1	1	1	1	1	2	2	2	2	2	2	3	3	3	3	3	3	4	4	4	4	4	4	5	5	5	5	5
0	1	1	0	1	2	3	4	5	1	2	3	4	5	6	2	3	4	5	6	7	3	4	5	6	7	8	4	5	6	7	8	9	5	6	7	8	9
0	1	2	0	2	4	6	8	10	1	3	5	7	9	11	2	4	6	8	10	12	3	5	7	9	11	13	4	6	8	10	12	14	5	7	9	11	13

(4) 7진수 2의 배수

			0	0	0	0	0	0	0	0	0	0	0	0	0	0	0	0	0	0	0	0	0	0	0	0	0	0	0	0	0	0	0	0	0	0	0
			0	0	0	0	0	0	0	1	1	1	1	1	1	1	2	2	2	2	2	2	2	3	3	3	3	3	3	3	4	4	4	4	4	4	4
			0	1	2	3	4	5	6	0	1	2	3	4	5	6	0	1	2	3	4	5	6	0	1	2	3	4	5	6	0	1	2	3	4	5	6
0	0	0	0	0	0	0	0	0	0	0	0	0	0	0	0	0	0	0	0	0	0	0	0	0	0	0	0	0	0	0	0	0	0	0	0	0	0
0	0	1	0	1	2	3	4	5	6	0	1	2	3	4	5	6	0	1	2	3	4	5	6	0	1	2	3	4	5	6	0	1	2	3	4	5	6
0	0	2	0	2	4	6	8	10	12	0	2	4	6	8	10	12	0	2	4	6	8	10	12	0	2	4	6	8	10	12	0	2	4	6	8	10	12
0	0	3	0	3	6	9	12	15	18	0	3	6	9	12	15	18	0	3	6	9	12	15	18	0	3	6	9	12	15	18	0	3	6	9	12	15	18
0	0	4	0	4	8	12	16	20	24	0	4	8	12	16	20	24	0	4	8	12	16	20	24	0	4	8	12	16	20	24	0	4	8	12	16	20	24
0	0	5	0	5	10	15	20	25	30	0	5	10	15	20	25	30	0	5	10	15	20	25	30	0	5	10	15	20	25	30	0	5	10	15	20	25	30
0	0	6	0	6	12	18	24	30	36	0	6	12	18	24	30	36	0	6	12	18	24	30	36	0	6	12	18	24	30	36	0	6	12	18	24	30	36
0	1	0	0	0	0	0	0	0	0	1	1	1	1	1	1	1	2	2	2	2	2	2	2	3	3	3	3	3	3	3	4	4	4	4	4	4	4
0	1	1	0	1	2	3	4	5	6	1	2	3	4	5	6	7	2	3	4	5	6	7	8	3	4	5	6	7	8	9	4	5	6	7	8	9	10

(5) 7진수 3의 배수

			0	0	0	0	0	0	0	0	0	0	0	0	0	0	0	0	0	0	0	0	0	0	0	0	0	0	0	0	0	0	0	0	0	0	0
			0	0	0	0	0	0	0	1	1	1	1	1	1	1	2	2	2	2	2	2	2	3	3	3	3	3	3	3	4	4	4	4	4	4	4
			0	1	2	3	4	5	6	0	1	2	3	4	5	6	0	1	2	3	4	5	6	0	1	2	3	4	5	6	0	1	2	3	4	5	6
0	0	0	0	0	0	0	0	0	0	0	0	0	0	0	0	0	0	0	0	0	0	0	0	0	0	0	0	0	0	0	0	0	0	0	0	0	0
0	0	1	0	1	2	3	4	5	6	0	1	2	3	4	5	6	0	1	2	3	4	5	6	0	1	2	3	4	5	6	0	1	2	3	4	5	6
0	0	2	0	2	4	6	8	10	12	0	2	4	6	8	10	12	0	2	4	6	8	10	12	0	2	4	6	8	10	12	0	2	4	6	8	10	12
0	0	3	0	3	6	9	12	15	18	0	3	6	9	12	15	18	0	3	6	9	12	15	18	0	3	6	9	12	15	18	0	3	6	9	12	15	18
0	0	4	0	4	8	12	16	20	24	0	4	8	12	16	20	24	0	4	8	12	16	20	24	0	4	8	12	16	20	24	0	4	8	12	16	20	24
0	0	5	0	5	10	15	20	25	30	0	5	10	15	20	25	30	0	5	10	15	20	25	30	0	5	10	15	20	25	30	0	5	10	15	20	25	30
0	0	6	0	6	12	18	24	30	36	0	6	12	18	24	30	36	0	6	12	18	24	30	36	0	6	12	18	24	30	36	0	6	12	18	24	30	36
0	1	0	0	0	0	0	0	0	0	1	1	1	1	1	1	1	2	2	2	2	2	2	2	3	3	3	3	3	3	3	4	4	4	4	4	4	4
0	1	1	0	1	2	3	4	5	6	1	2	3	4	5	6	7	2	3	4	5	6	7	8	3	4	5	6	7	8	9	4	5	6	7	8	9	10

(6) 7진수 5의 배수

			0	0	0	0	0	0	0	0	0	0	0	0	0	0	0	0	0	0	0	0	0	0	0	0	0	0	0	0	0	0	0	0	0	0	0
			0	0	0	0	0	0	0	1	1	1	1	1	1	1	2	2	2	2	2	2	2	3	3	3	3	3	3	3	4	4	4	4	4	4	4
			0	1	2	3	4	5	6	0	1	2	3	4	5	6	0	1	2	3	4	5	6	0	1	2	3	4	5	6	0	1	2	3	4	5	6
0	0	0	0	0	0	0	0	0	0	0	0	0	0	0	0	0	0	0	0	0	0	0	0	0	0	0	0	0	0	0	0	0	0	0	0	0	0
0	0	1	0	1	2	3	4	5	6	0	1	2	3	4	5	6	0	1	2	3	4	5	6	0	1	2	3	4	5	6	0	1	2	3	4	5	6
0	0	2	0	2	4	6	8	10	12	0	2	4	6	8	10	12	0	2	4	6	8	10	12	0	2	4	6	8	10	12	0	2	4	6	8	10	12
0	0	3	0	3	6	9	12	15	18	0	3	6	9	12	15	18	0	3	6	9	12	15	18	0	3	6	9	12	15	18	0	3	6	9	12	15	18
0	0	4	0	4	8	12	16	20	24	0	4	8	12	16	20	24	0	4	8	12	16	20	24	0	4	8	12	16	20	24	0	4	8	12	16	20	24
0	0	5	0	5	10	15	20	25	30	0	5	10	15	20	25	30	0	5	10	15	20	25	30	0	5	10	15	20	25	30	0	5	10	15	20	25	30
0	0	6	0	6	12	18	24	30	36	0	6	12	18	24	30	36	0	6	12	18	24	30	36	0	6	12	18	24	30	36	0	6	12	18	24	30	36
0	1	0	0	0	0	0	0	0	0	1	1	1	1	1	1	1	2	2	2	2	2	2	2	3	3	3	3	3	3	3	4	4	4	4	4	4	4
0	1	1	0	1	2	3	4	5	6	1	2	3	4	5	6	7	2	3	4	5	6	7	8	3	4	5	6	7	8	9	4	5	6	7	8	9	10

(7) 7진수 6의 배수

			0	0	0	0	0	0	0	0	0	0	0	0	0	0	0	0	0	0	0	0	0	0	0	0	0	0	0	0	0	0	0	0	0	0	0
			0	0	0	0	0	0	0	1	1	1	1	1	1	1	2	2	2	2	2	2	2	3	3	3	3	3	3	3	4	4	4	4	4	4	4
			0	1	2	3	4	5	6	0	1	2	3	4	5	6	0	1	2	3	4	5	6	0	1	2	3	4	5	6	0	1	2	3	4	5	6
0	0	0	0	0	0	0	0	0	0	0	0	0	0	0	0	0	0	0	0	0	0	0	0	0	0	0	0	0	0	0	0	0	0	0	0	0	0
0	0	1	0	1	2	3	4	5	6	0	1	2	3	4	5	6	0	1	2	3	4	5	6	0	1	2	3	4	5	6	0	1	2	3	4	5	6
0	0	2	0	2	4	6	8	10	12	0	2	4	6	8	10	12	0	2	4	6	8	10	12	0	2	4	6	8	10	12	0	2	4	6	8	10	12
0	0	3	0	3	6	9	12	15	18	0	3	6	9	12	15	18	0	3	6	9	12	15	18	0	3	6	9	12	15	18	0	3	6	9	12	15	18
0	0	4	0	4	8	12	16	20	24	0	4	8	12	16	20	24	0	4	8	12	16	20	24	0	4	8	12	16	20	24	0	4	8	12	16	20	24
0	0	5	0	5	10	15	20	25	30	0	5	10	15	20	25	30	0	5	10	15	20	25	30	0	5	10	15	20	25	30	0	5	10	15	20	25	30
0	0	6	0	6	12	18	24	30	36	0	6	12	18	24	30	36	0	6	12	18	24	30	36	0	6	12	18	24	30	36	0	6	12	18	24	30	36
0	1	0	0	0	0	0	0	0	0	1	1	1	1	1	1	1	2	2	2	2	2	2	2	3	3	3	3	3	3	3	4	4	4	4	4	4	4
0	1	1	0	1	2	3	4	5	6	1	2	3	4	5	6	7	2	3	4	5	6	7	8	3	4	5	6	7	8	9	4	5	6	7	8	9	10

(8) 8진수 5의 배수

			0	0	0	0	0	0	0	0	0	0	0	0	0	0	0	0	0	0	0	0	0	0	0	0	0	0	0	0	0	0	0	0	0	0	0
			0	0	0	0	0	0	0	0	1	1	1	1	1	1	1	1	2	2	2	2	2	2	2	2	3	3	3	3	3	3	3	3	4	4	4
			0	1	2	3	4	5	6	7	0	1	2	3	4	5	6	7	0	1	2	3	4	5	6	7	0	1	2	3	4	5	6	7	0	1	2
0	0	0	0	0	0	0	0	0	0	0	0	0	0	0	0	0	0	0	0	0	0	0	0	0	0	0	0	0	0	0	0	0	0	0	0	0	0
0	0	1	0	1	2	3	4	5	6	7	0	1	2	3	4	5	6	7	0	1	2	3	4	5	6	7	0	1	2	3	4	5	6	7	0	1	2
0	0	2	0	2	4	6	8	10	12	14	0	2	4	6	8	10	12	14	0	2	4	6	8	10	12	14	0	2	4	6	8	10	12	14	0	2	4
0	0	3	0	3	6	9	12	15	18	21	0	3	6	9	12	15	18	21	0	3	6	9	12	15	18	21	0	3	6	9	12	15	18	21	0	3	6
0	0	4	0	4	8	12	16	20	24	28	0	4	8	12	16	20	24	28	0	4	8	12	16	20	24	28	0	4	8	12	16	20	24	28	0	4	8
0	0	5	0	5	10	15	20	25	30	35	0	5	10	15	20	25	30	35	0	5	10	15	20	25	30	35	0	5	10	15	20	25	30	35	0	5	10
0	0	6	0	6	12	18	24	30	36	42	0	6	12	18	24	30	36	42	0	6	12	18	24	30	36	42	0	6	12	18	24	30	36	42	0	6	12
0	0	7	0	7	14	21	28	35	42	49	0	7	14	21	28	35	42	49	0	7	14	21	28	35	42	49	0	7	14	21	28	35	42	49	0	7	14
0	1	0	0	0	0	0	0	0	0	0	1	1	1	1	1	1	1	1	2	2	2	2	2	2	2	2	3	3	3	3	3	3	3	3	4	4	4

(9) 8진수 7의 배수

			0	0	0	0	0	0	0	0	0	0	0	0	0	0	0	0	0	0	0	0	0	0	0	0	0	0	0	0	0	0	0	0	0	0	0
			0	0	0	0	0	0	0	0	1	1	1	1	1	1	1	1	2	2	2	2	2	2	2	2	3	3	3	3	3	3	3	3	4	4	4
			0	1	2	3	4	5	6	7	0	1	2	3	4	5	6	7	0	1	2	3	4	5	6	7	0	1	2	3	4	5	6	7	0	1	2
0	0	0	0	0	0	0	0	0	0	0	0	0	0	0	0	0	0	0	0	0	0	0	0	0	0	0	0	0	0	0	0	0	0	0	0	0	0
0	0	1	0	1	2	3	4	5	6	7	0	1	2	3	4	5	6	7	0	1	2	3	4	5	6	7	0	1	2	3	4	5	6	7	0	1	2
0	0	2	0	2	4	6	8	10	12	14	0	2	4	6	8	10	12	14	0	2	4	6	8	10	12	14	0	2	4	6	8	10	12	14	0	2	4
0	0	3	0	3	6	9	12	15	18	21	0	3	6	9	12	15	18	21	0	3	6	9	12	15	18	21	0	3	6	9	12	15	18	21	0	3	6
0	0	4	0	4	8	12	16	20	24	28	0	4	8	12	16	20	24	28	0	4	8	12	16	20	24	28	0	4	8	12	16	20	24	20	0	4	8
0	0	5	0	5	10	15	20	25	30	35	0	5	10	15	20	25	30	35	0	5	10	15	20	25	30	35	0	5	10	15	20	25	30	35	0	5	10
0	0	6	0	6	12	18	24	30	36	42	0	6	12	18	24	30	36	42	0	6	12	18	24	30	36	42	0	6	12	18	24	30	36	42	0	6	12
0	0	7	0	7	14	21	28	35	42	49	0	7	14	21	28	35	42	49	0	7	14	21	28	35	42	49	0	7	14	21	28	35	42	49	0	7	14
0	1	0	0	0	0	0	0	0	0	0	1	1	1	1	1	1	1	1	2	2	2	2	2	2	2	2	3	3	3	3	3	3	3	3	4	4	4

(10) 9진수 2의 배수

			0	0	0	0	0	0	0	0	0	0	0	0	0	0	0	0	0	0	0	0	0	0	0	0	0	0	0	0	0	0	0	0	0	0	0
			0	0	0	0	0	0	0	0	0	1	1	1	1	1	1	1	1	1	2	2	2	2	2	2	2	2	2	3	3	3	3	3	3	3	3
			0	1	2	3	4	5	6	7	8	0	1	2	3	4	5	6	7	8	0	1	2	3	4	5	6	7	8	0	1	2	3	4	5	6	7
0	0	0	0	0	0	0	0	0	0	0	0	0	0	0	0	0	0	0	0	0	0	0	0	0	0	0	0	0	0	0	0	0	0	0	0	0	0
0	0	1	0	1	2	3	4	5	6	7	8	0	1	2	3	4	5	6	7	8	0	1	2	3	4	5	6	7	8	0	1	2	3	4	5	6	7
0	0	2	0	2	4	6	8	10	12	14	16	0	2	4	6	8	10	12	14	16	0	2	4	6	8	10	12	14	16	0	2	4	6	8	10	12	14
0	0	3	0	3	6	9	12	15	18	21	24	0	3	6	9	12	15	18	21	24	0	3	6	9	12	15	18	21	24	0	3	6	9	12	15	18	21
0	0	4	0	4	8	12	16	20	24	28	32	0	4	8	12	16	20	24	28	32	0	4	8	12	16	20	24	28	32	0	4	8	12	16	20	24	28
0	0	5	0	5	10	15	20	25	30	35	40	0	5	10	15	20	25	30	35	40	0	5	10	15	20	25	30	35	40	0	5	10	15	20	25	30	35
0	0	6	0	6	12	18	24	30	36	42	48	0	6	12	18	24	30	36	42	48	0	6	12	18	24	30	36	42	48	0	6	12	18	24	30	36	42
0	0	7	0	7	14	21	28	35	42	49	56	0	7	14	21	28	35	42	49	56	0	7	14	21	28	35	42	49	56	0	7	14	21	28	35	42	49
0	0	8	0	8	16	24	32	40	48	56	64	0	8	16	24	32	40	48	56	64	0	8	16	24	32	40	48	56	64	0	8	16	24	32	40	48	56

(11) 9진수 8의 배수

			0	0	0	0	0	0	0	0	0	0	0	0	0	0	0	0	0	0	0	0	0	0	0	0	0	0	0	0	0	0	0	0	0	0	0	0
			0	0	0	0	0	0	0	0	0	1	1	1	1	1	1	1	1	1	2	2	2	2	2	2	2	2	2	3	3	3	3	3	3	3	3
			0	1	2	3	4	5	6	7	8	0	1	2	3	4	5	6	7	8	0	1	2	3	4	5	6	7	8	0	1	2	3	4	5	6	7
0	0	0	0	0	0	0	0	0	0	0	0	0	0	0	0	0	0	0	0	0	0	0	0	0	0	0	0	0	0	0	0	0	0	0	0	0	0
0	0	1	0	1	2	3	4	5	6	7	8	0	1	2	3	4	5	6	7	8	0	1	2	3	4	5	6	7	8	0	1	2	3	4	5	6	7
0	0	2	0	2	4	6	8	10	12	14	16	0	2	4	6	8	10	12	14	16	0	2	4	6	8	10	12	14	16	0	2	4	6	8	10	12	14
0	0	3	0	3	6	9	12	15	18	21	24	0	3	6	9	12	15	18	21	24	0	3	6	9	12	15	18	21	24	0	3	6	9	12	15	18	21
0	0	4	0	4	8	12	16	20	24	28	32	0	4	8	12	16	20	24	28	32	0	4	8	12	16	20	24	28	32	0	4	8	12	16	20	24	28
0	0	5	0	5	10	15	20	25	30	35	40	0	5	10	15	20	25	30	35	40	0	5	10	15	20	25	30	35	40	0	5	10	15	20	25	30	35
0	0	6	0	6	12	18	24	30	36	42	48	0	6	12	18	24	30	36	42	48	0	6	12	18	24	30	36	42	48	0	6	12	18	24	30	36	42
0	0	7	0	7	14	21	28	35	42	49	56	0	7	14	21	28	35	42	49	56	0	7	14	21	28	35	42	49	56	0	7	14	21	28	35	42	49
0	0	8	0	8	16	24	32	40	48	56	64	0	8	16	24	32	40	48	56	64	0	8	16	24	32	40	48	56	64	0	8	16	24	32	40	48	56

(12) 11진수 10의 배수

			0	0	0	0	0	0	0	0	0	0	0	0	0	0	0	0	0	0	0	0	0	0	0	0	0	0	0	0	0	0	0	0	0	0	0
			0	0	0	0	0	0	0	0	0	0	0	1	1	1	1	1	1	1	1	1	1	1	2	2	2	2	2	2	2	2	2	2	2	3	3
			0	1	2	3	4	5	6	7	8	9	10	0	1	2	3	4	5	6	7	8	9	10	0	1	2	3	4	5	6	7	8	9	10	0	1
0	0	0	0	0	0	0	0	0	0	0	0	0	0	0	0	0	0	0	0	0	0	0	0	0	0	0	0	0	0	0	0	0	0	0	0	0	0
0	0	1	0	1	2	3	4	5	6	7	8	9	10	0	1	2	3	4	5	6	7	8	9	10	0	1	2	3	4	5	6	7	8	9	10	0	1
0	0	2	0	2	4	6	8	10	12	14	16	18	20	0	2	4	6	8	10	12	14	16	18	20	0	2	4	6	8	10	12	14	16	18	20	0	2
0	0	3	0	3	6	9	12	15	18	21	24	27	30	0	3	6	9	12	15	18	21	24	27	30	0	3	6	9	12	15	18	21	24	27	30	0	3
0	0	4	0	4	8	12	16	20	24	28	32	36	40	0	4	8	12	16	20	24	28	32	36	40	0	4	8	12	16	20	24	28	32	36	40	0	4
0	0	5	0	5	10	15	20	25	30	35	40	45	50	0	5	10	15	20	25	30	35	40	45	50	0	5	10	15	20	25	30	35	40	45	50	0	5
0	0	6	0	6	12	18	24	30	36	42	48	54	60	0	6	12	18	24	30	36	42	48	54	60	0	6	12	18	24	30	36	42	48	54	60	0	6

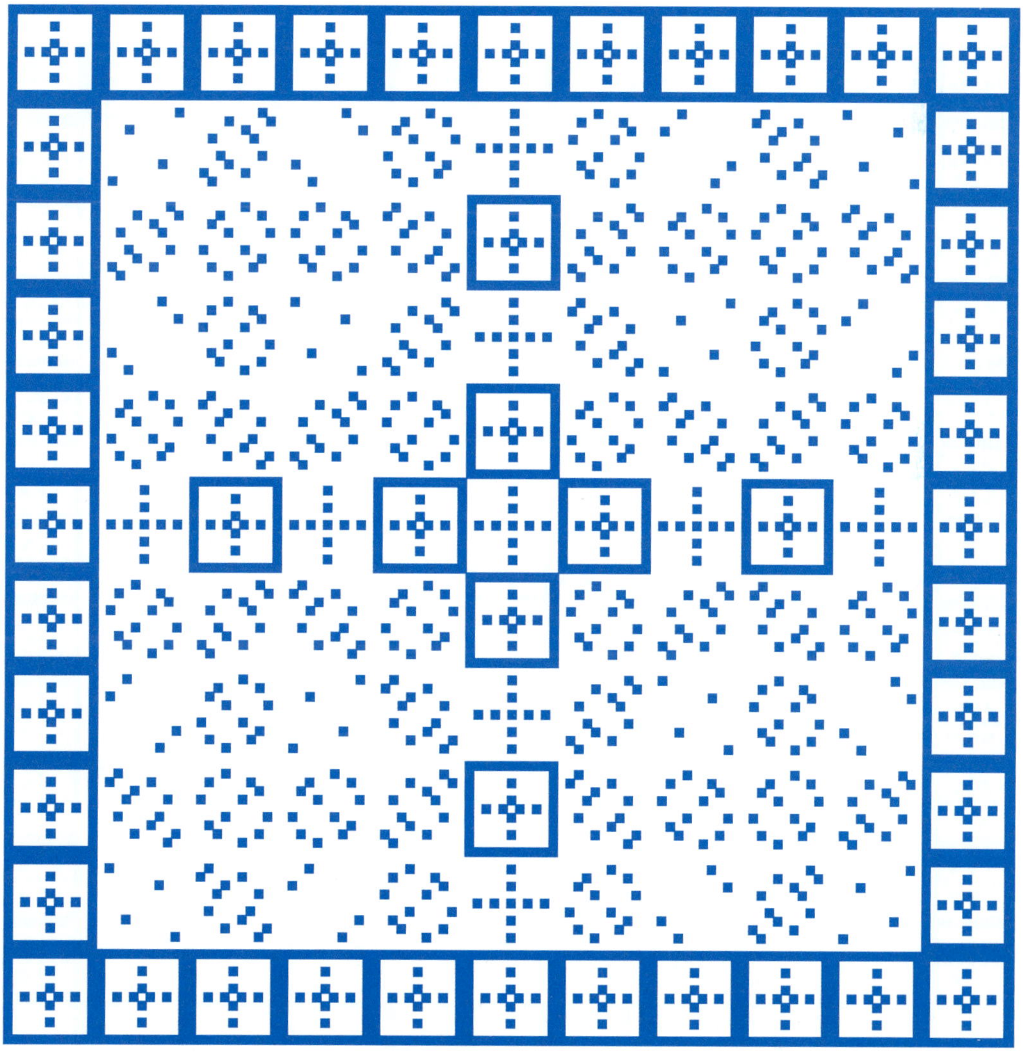

(13) 13진수 12의 배수

			0	0	0	0	0	0	0	0	0	0	0	0	0	0	0	0	0	0	0	0	0	0	0	0	0	0	0	0	0	0	0	0	0	0	0	0
			0	0	0	0	0	0	0	0	0	0	0	0	0	1	1	1	1	1	1	1	1	1	1	1	1	1	2	2	2	2	2	2	2	2	2	2
			0	1	2	3	4	5	6	7	8	9	10	11	12	0	1	2	3	4	5	6	7	8	9	10	11	12	0	1	2	3	4	5	6	7	8	9	10
0	0	0	0	0	0	0	0	0	0	0	0	0	0	0	0	0	0	0	0	0	0	0	0	0	0	0	0	0	0	0	0	0	0	0	0	0	0	0
0	0	1	0	1	2	3	4	5	6	7	8	9	10	11	12	0	1	2	3	4	5	6	7	8	9	10	11	12	0	1	2	3	4	5	6	7	8	9	10
0	0	2	0	2	4	6	8	10	12	14	16	18	20	22	24	0	2	4	6	8	10	12	14	16	18	20	22	24	0	2	4	6	8	10	12	14	16	18	20
0	0	3	0	3	6	9	12	15	18	21	24	27	30	33	36	0	3	6	9	12	15	18	21	24	27	30	33	36	0	3	6	9	12	15	18	21	24	27	30
0	0	4	0	4	8	12	16	20	24	28	32	36	40	44	48	0	4	8	12	16	20	24	28	32	36	40	44	48	0	4	8	12	16	20	24	28	32	36	40
0	0	5	0	5	10	15	20	25	30	35	40	45	50	55	60	0	5	10	15	20	25	30	35	40	45	50	55	60	0	5	10	15	20	25	30	35	40	45	50
0	0	6	0	6	12	18	24	30	36	42	48	54	60	66	72	0	6	12	18	24	30	36	42	48	54	60	66	72	0	6	12	18	24	30	36	42	48	54	60
0	0	7	0	7	14	21	28	35	42	49	56	63	70	77	84	0	7	14	21	28	35	42	49	56	63	70	77	84	0	7	14	21	28	35	42	49	56	63	70
0	0	8	0	8	16	24	32	40	48	56	64	72	80	88	96	0	8	16	24	32	40	48	56	64	72	80	88	96	0	8	16	24	32	40	48	56	64	72	80

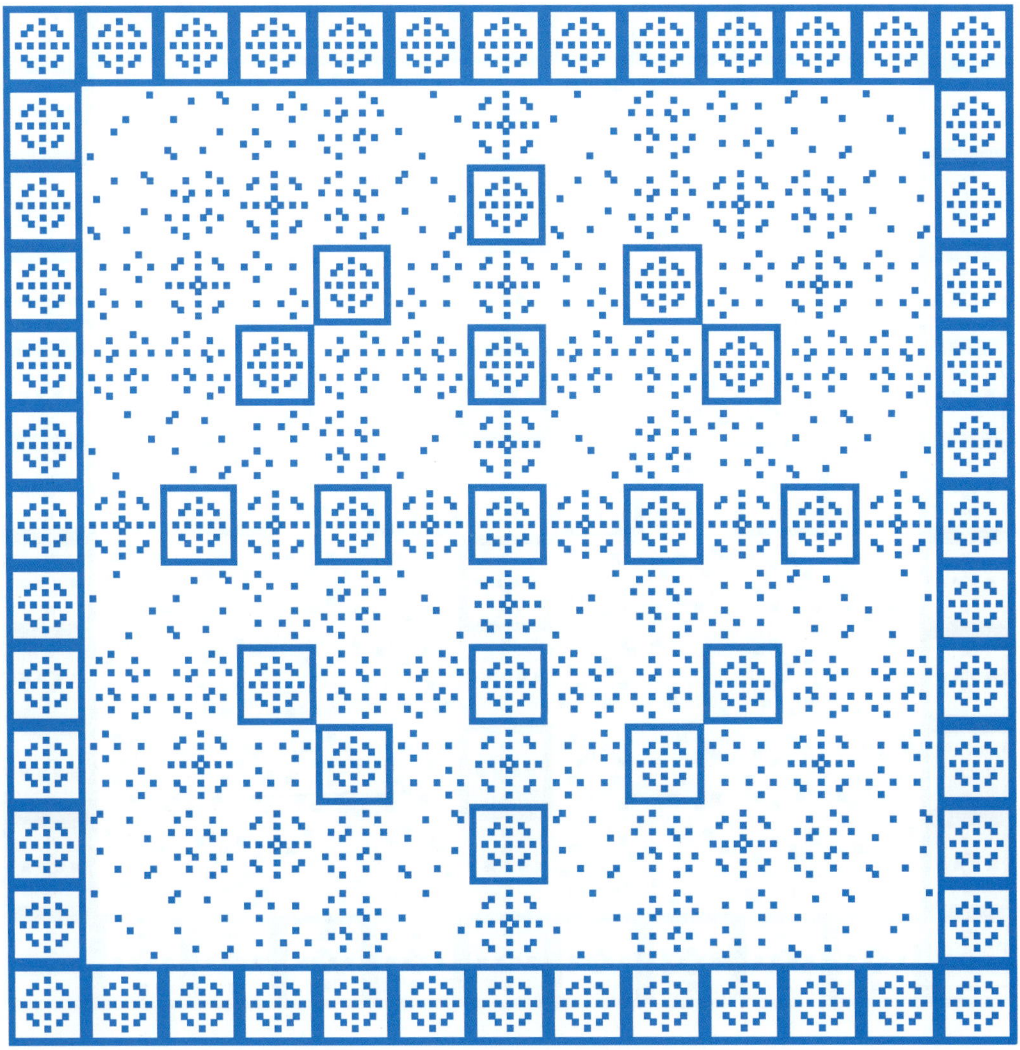

(14) 14진수 13의 배수

			0	0	0	0	0	0	0	0	0	0	0	0	0	0	0	0	0	0	0	0	0	0	0	0	0	0	0	0	0	0	0	0	0	0	0	0	0
			0	0	0	0	0	0	0	0	0	0	0	0	0	0	1	1	1	1	1	1	1	1	1	1	1	1	1	1	2	2	2	2	2	2	2	2	2
			0	1	2	3	4	5	6	7	8	9	10	11	12	13	0	1	2	3	4	5	6	7	8	9	10	11	12	13	0	1	2	3	4	5	6	7	8
0	0	0	0	0	0	0	0	0	0	0	0	0	0	0	0	0	0	0	0	0	0	0	0	0	0	0	0	0	0	0	0	0	0	0	0	0	0	0	0
0	0	1	0	1	2	3	4	5	6	7	8	9	10	11	12	13	0	1	2	3	4	5	6	7	8	9	10	11	12	13	0	1	2	3	4	5	6	7	8
0	0	2	0	2	4	6	8	10	12	14	16	18	20	22	24	26	0	2	4	6	8	10	12	14	16	18	20	22	24	26	0	2	4	6	8	10	12	14	16
0	0	3	0	3	6	9	12	15	18	21	24	27	30	33	36	39	0	3	6	9	12	15	18	21	24	27	30	33	36	39	0	3	6	9	12	15	18	21	24
0	0	4	0	4	8	12	16	20	24	28	32	36	40	44	48	52	0	4	8	12	16	20	24	28	32	36	40	44	48	52	0	4	8	12	16	20	24	28	32
0	0	5	0	5	10	15	20	25	30	35	40	45	50	55	60	65	0	5	10	15	20	25	30	35	40	45	50	55	60	65	0	5	10	15	20	25	30	35	40
0	0	6	0	6	12	18	24	30	36	42	48	54	60	66	72	78	0	6	12	18	24	30	36	42	48	54	60	66	72	78	0	6	12	18	24	30	36	42	48
0	0	7	0	7	14	21	28	35	42	49	56	63	70	77	84	91	0	7	14	21	28	35	42	49	56	63	70	77	84	91	0	7	14	21	28	35	42	49	56
0	0	8	0	8	16	24	32	40	48	56	64	72	80	88	96	104	0	8	16	24	32	40	48	56	64	72	80	88	96	104	0	8	16	24	32	40	48	56	64

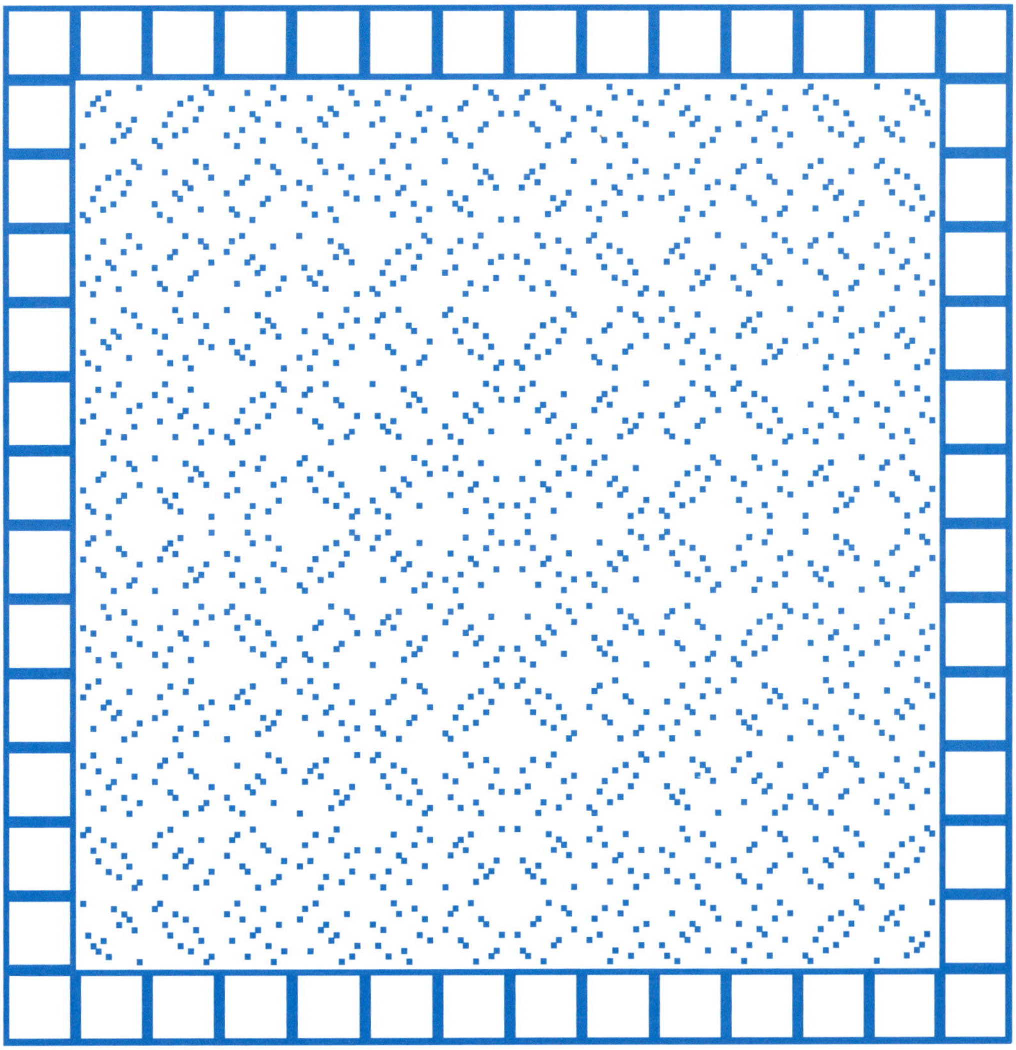

(17) 17진수 16의 배수

			0	0	0	0	0	0	0	0	0	0	0	0	0	0	0	0	0	0	0	0	0	0	0	0	0	0	0	0	0	0	0	0	0	0	0	0	0
			0	0	0	0	0	0	0	0	0	0	0	0	0	0	0	0	0	1	1	1	1	1	1	1	1	1	1	1	1	1	1	1	1	1	2	2	2
			0	1	2	3	4	5	6	7	8	9	10	11	12	13	14	15	16	0	1	2	3	4	5	6	7	8	9	10	11	12	13	14	15	16	0	1	2
0	0	0	0	0	0	0	0	0	0	0	0	0	0	0	0	0	0	0	0	0	0	0	0	0	0	0	0	0	0	0	0	0	0	0	0	0	0	0	0
0	0	1	0	1	2	3	4	5	6	7	8	9	10	11	12	13	14	15	16	0	1	2	3	4	5	6	7	8	9	10	11	12	13	14	15	16	0	1	2
0	0	2	0	2	4	6	8	10	12	14	16	18	20	22	24	26	28	30	32	0	2	4	6	8	10	12	14	16	18	20	22	24	26	28	30	32	0	2	4
0	0	3	0	3	6	9	12	15	18	21	24	27	30	33	36	39	42	45	48	0	3	6	9	12	15	18	21	24	27	30	33	36	39	42	45	48	0	3	6
0	0	4	0	4	8	12	16	20	24	28	32	36	40	44	48	52	56	60	64	0	4	8	12	16	20	24	28	32	36	40	44	48	52	56	60	64	0	4	8
0	0	5	0	5	10	15	20	25	30	35	40	45	50	55	60	65	70	75	80	0	5	10	15	20	25	30	35	40	45	50	55	60	65	70	75	80	0	5	10
0	0	6	0	6	12	18	24	30	36	42	48	54	60	66	72	78	84	90	96	0	6	12	18	24	30	36	42	48	54	60	66	72	78	84	90	96	0	6	12
0	0	7	0	7	14	21	28	35	42	49	56	63	70	77	84	91	98	105	112	0	7	14	21	28	35	42	49	56	63	70	77	84	91	98	105	112	0	7	14
0	0	8	0	8	16	24	32	40	48	56	64	72	80	88	96	104	112	120	128	0	8	16	24	32	40	48	56	64	72	80	88	96	104	112	120	128	0	8	16

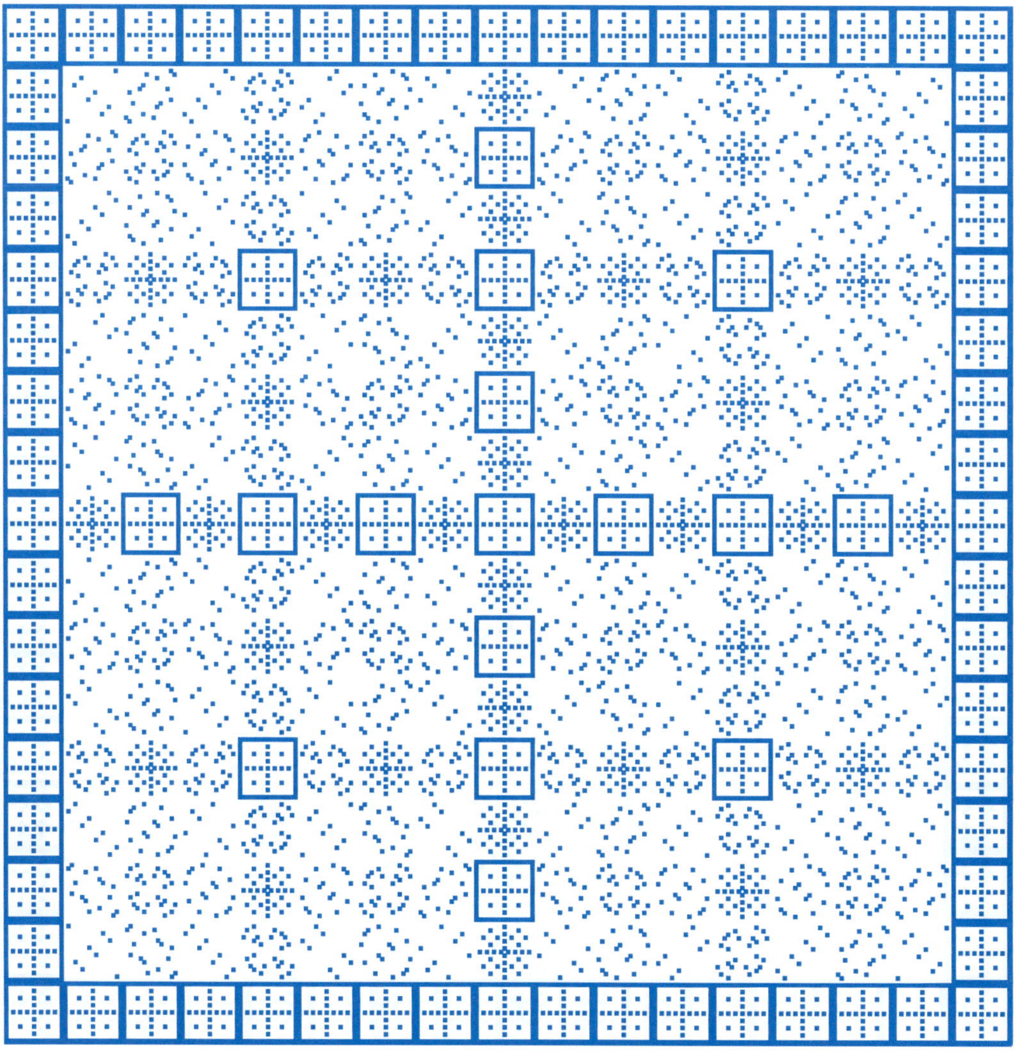

(18) 19진수 18의 배수

			0	0	0	0	0	0	0	0	0	0	0	0	0	0	0	0	0	0	0	0	0	0	0	0	0	0	0	0	0	0	0	0	0	0	0	0
			0	0	0	0	0	0	0	0	0	0	0	0	0	0	0	0	0	0	0	1	1	1	1	1	1	1	1	1	1	1	1	1	1	1	1	1	1
			0	1	2	3	4	5	6	7	8	9	10	11	12	13	14	15	16	17	18	0	1	2	3	4	5	6	7	8	9	10	11	12	13	14	15	16	17
0	0	0	0	0	0	0	0	0	0	0	0	0	0	0	0	0	0	0	0	0	0	0	0	0	0	0	0	0	0	0	0	0	0	0	0	0	0	0	0
0	0	1	0	1	2	3	4	5	6	7	8	9	10	11	12	13	14	15	16	17	18	0	1	2	3	4	5	6	7	8	9	10	11	12	13	14	15	16	17
0	0	2	0	2	4	6	8	10	12	14	16	18	20	22	24	26	28	30	32	34	36	0	2	4	6	8	10	12	14	16	18	20	22	24	26	28	30	32	34
0	0	3	0	3	6	9	12	15	18	21	24	27	30	33	36	39	42	45	48	51	54	0	3	6	9	12	15	18	21	24	27	30	33	36	39	42	45	48	51
0	0	4	0	4	8	12	16	20	24	28	32	36	40	44	48	52	56	60	64	68	72	0	4	8	12	16	20	24	28	32	36	40	44	48	52	56	60	64	68
0	0	5	0	5	10	15	20	25	30	35	40	45	50	55	60	65	70	75	80	85	90	0	5	10	15	20	25	30	35	40	45	50	55	60	65	70	75	80	85
0	0	6	0	6	12	18	24	30	36	42	48	54	60	66	72	78	84	90	96	102	108	0	6	12	18	24	30	36	42	48	54	60	66	72	78	84	90	96	102
0	0	7	0	7	14	21	28	35	42	49	56	63	70	77	84	91	98	105	112	119	126	0	7	14	21	28	35	42	49	56	63	70	77	84	91	98	105	112	119
0	0	8	0	8	16	24	32	40	48	56	64	72	80	88	96	104	112	120	128	136	144	0	8	16	24	32	40	48	56	64	72	80	88	96	104	112	120	128	136

(19) 21진수 20의 배수

			0	0	0	0	0	0	0	0	0	0	0	0	0	0	0	0	0	0	0	0	0	0	0	0	0	0	0	0	0	0	0	0	0	0	0	0	0
			0	0	0	0	0	0	0	0	0	0	0	0	0	0	0	0	0	0	0	0	0	1	1	1	1	1	1	1	1	1	1	1	1	1	1	1	1
			0	1	2	3	4	5	6	7	8	9	10	11	12	13	14	15	16	17	18	19	20	0	1	2	3	4	5	6	7	8	9	10	11	12	13	14	15
0	0	0	0	0	0	0	0	0	0	0	0	0	0	0	0	0	0	0	0	0	0	0	0	0	0	0	0	0	0	0	0	0	0	0	0	0	0	0	0
0	0	1	0	1	2	3	4	5	6	7	8	9	10	11	12	13	14	15	16	17	18	19	20	0	1	2	3	4	5	6	7	8	9	10	11	12	13	14	15
0	0	2	0	2	4	6	8	10	12	14	16	18	20	22	24	26	28	30	32	34	36	38	40	0	2	4	6	8	10	12	14	16	18	20	22	24	26	28	30
0	0	3	0	3	6	9	12	15	18	21	24	27	30	33	36	39	42	45	48	51	54	57	60	0	3	6	9	12	15	18	21	24	27	30	33	36	39	42	45
0	0	4	0	4	8	12	16	20	24	28	32	36	40	44	48	52	56	60	64	68	72	76	80	0	4	8	12	16	20	24	28	32	36	40	44	48	52	56	60
0	0	5	0	5	10	15	20	25	30	35	40	45	50	55	60	65	70	75	80	85	90	95	100	0	5	10	15	20	25	30	35	40	45	50	55	60	65	70	75
0	0	6	0	6	12	18	24	30	36	42	48	54	60	66	72	78	84	90	96	102	108	114	120	0	6	12	18	24	30	36	42	48	54	60	66	72	78	84	90
0	0	7	0	7	14	21	28	35	42	49	56	63	70	77	84	91	98	105	112	119	126	133	140	0	7	14	21	28	35	42	49	56	63	70	77	84	91	98	105
0	0	8	0	8	16	24	32	40	48	56	64	72	80	88	96	104	112	120	128	136	144	152	160	0	8	16	24	32	40	48	56	64	72	80	88	96	104	112	120

(20) 22진수 21의 배수

			0	0	0	0	0	0	0	0	0	0	0	0	0	0	0	0	0	0	0	0	0	0	0	0	0	0	0	0	0	0	0	0	0	0	0	0	0
			0	0	0	0	0	0	0	0	0	0	0	0	0	0	0	0	0	0	0	0	0	0	1	1	1	1	1	1	1	1	1	1	1	1	1	1	1
			0	1	2	3	4	5	6	7	8	9	10	11	12	13	14	15	16	17	18	19	20	21	0	1	2	3	4	5	6	7	8	9	10	11	12	13	14
0	0	0	0	0	0	0	0	0	0	0	0	0	0	0	0	0	0	0	0	0	0	0	0	0	0	0	0	0	0	0	0	0	0	0	0	0	0	0	0
0	0	1	0	1	2	3	4	5	6	7	8	9	10	11	12	13	14	15	16	17	18	19	20	21	0	1	2	3	4	5	6	7	8	9	10	11	12	13	14
0	0	2	0	2	4	6	8	10	12	14	16	18	20	22	24	26	28	30	32	34	36	38	40	42	0	2	4	6	8	10	12	14	16	18	20	22	24	26	28
0	0	3	0	3	6	9	12	15	18	21	24	27	30	33	36	39	42	45	48	51	54	57	60	63	0	3	6	9	12	15	18	21	24	27	30	33	36	39	42
0	0	4	0	4	8	12	16	20	24	28	32	36	40	44	48	52	56	60	64	68	72	76	80	84	0	4	8	12	16	20	24	28	32	36	40	44	48	52	56
0	0	5	0	5	10	15	20	25	30	35	40	45	50	55	60	65	70	75	80	85	90	95	100	105	0	5	10	15	20	25	30	35	40	45	50	55	60	65	70
0	0	6	0	6	12	18	24	30	36	42	48	54	60	66	72	78	84	90	96	102	108	114	120	126	0	6	12	18	24	30	36	42	48	54	60	66	72	78	84
0	0	7	0	7	14	21	28	35	42	49	56	63	70	77	84	91	98	105	112	119	126	133	140	147	0	7	14	21	28	35	42	49	56	63	70	77	84	91	98
0	0	8	0	8	16	24	32	40	48	56	64	72	80	88	96	104	112	120	128	136	144	152	160	168	0	8	16	24	32	40	48	56	64	72	80	88	96	104	112

(21) 23진수 22의 배수

			0	0	0	0	0	0	0	0	0	0	0	0	0	0	0	0	0	0	0	0	0	0	0	0	0	0	0	0	0	0	0	0	0	0	0	0
			0	0	0	0	0	0	0	0	0	0	0	0	0	0	0	0	0	0	0	0	0	0	0	1	1	1	1	1	1	1	1	1	1	1	1	1
			0	1	2	3	4	5	6	7	8	9	10	11	12	13	14	15	16	17	18	19	20	21	22	0	1	2	3	4	5	6	7	8	9	10	11	12	13
0	0	0	0	0	0	0	0	0	0	0	0	0	0	0	0	0	0	0	0	0	0	0	0	0	0	0	0	0	0	0	0	0	0	0	0	0	0	0
0	0	1	0	1	2	3	4	5	6	7	8	9	10	11	12	13	14	15	16	17	18	19	20	21	22	0	1	2	3	4	5	6	7	8	9	10	11	12	13
0	0	2	0	2	4	6	8	10	12	14	16	18	20	22	24	26	28	30	32	34	36	38	40	42	44	0	2	4	6	8	10	12	14	16	18	20	22	24	26
0	0	3	0	3	6	9	12	15	18	21	24	27	30	33	36	39	42	45	48	51	54	57	60	63	66	0	3	6	9	12	15	18	21	24	27	30	33	36	39
0	0	4	0	4	8	12	16	20	24	28	32	36	40	44	48	52	56	60	64	68	72	76	80	84	88	0	4	8	12	16	20	24	28	32	36	40	44	48	52
0	0	5	0	5	10	15	20	25	30	35	40	45	50	55	60	65	70	75	80	85	90	95	100	105	110	0	5	10	15	20	25	30	35	40	45	50	55	60	65
0	0	6	0	6	12	18	24	30	36	42	48	54	60	66	72	78	84	90	96	102	108	114	120	126	132	0	6	12	18	24	30	36	42	48	54	60	66	72	78
0	0	7	0	7	14	21	28	35	42	49	56	63	70	77	84	91	98	105	112	119	126	133	140	147	154	0	7	14	21	28	35	42	49	56	63	70	77	84	91
0	0	8	0	8	16	24	32	40	48	56	64	72	80	88	96	104	112	120	128	136	144	152	160	168	176	0	8	16	24	32	40	48	56	64	72	80	88	96	104

(22) 25진수 6의 배수

			0	0	0	0	0	0	0	0	0	0	0	0	0	0	0	0	0	0	0	0	0	0	0	0	0	0	0	0	0	0	0	0	0	0	0	0
			0	0	0	0	0	0	0	0	0	0	0	0	0	0	0	0	0	0	0	0	0	0	0	0	0	1	1	1	1	1	1	1	1	1	1	1	1
			0	1	2	3	4	5	6	7	8	9	10	11	12	13	14	15	16	17	18	19	20	21	22	23	24	0	1	2	3	4	5	6	7	8	9	10	11
0	0	0	0	0	0	0	0	0	0	0	0	0	0	0	0	0	0	0	0	0	0	0	0	0	0	0	0	0	0	0	0	0	0	0	0	0	0	0	0
0	0	1	0	1	2	3	4	5	6	7	8	9	10	11	12	13	14	15	16	17	18	19	20	21	22	23	24	0	1	2	3	4	5	6	7	8	9	10	11
0	0	2	0	2	4	6	8	10	12	14	16	18	20	22	24	26	28	30	32	34	36	38	40	42	44	46	48	0	2	4	6	8	10	12	14	16	18	20	22
0	0	3	0	3	6	9	12	15	18	21	24	27	30	33	36	39	42	45	48	51	54	57	60	63	66	69	72	0	3	6	9	12	15	18	21	24	27	30	33
0	0	4	0	4	8	12	16	20	24	28	32	36	40	44	48	52	56	60	64	68	72	76	80	84	88	92	96	0	4	8	12	16	20	24	28	32	36	40	44
0	0	5	0	5	10	15	20	25	30	35	40	45	50	55	60	65	70	75	80	85	90	95	100	105	110	115	120	0	5	10	15	20	25	30	35	40	45	50	55
0	0	6	0	6	12	18	24	30	36	42	48	54	60	66	72	78	84	90	96	102	108	114	120	126	132	138	144	0	6	12	18	24	30	36	42	48	54	60	66
0	0	7	0	7	14	21	28	35	42	49	56	63	70	77	84	91	98	105	112	119	126	133	140	147	154	161	168	0	7	14	21	28	35	42	49	56	63	70	77
0	0	8	0	8	16	24	32	40	48	56	64	72	80	88	96	104	112	120	128	136	144	152	160	168	176	184	192	0	8	16	24	32	40	48	56	64	72	80	88

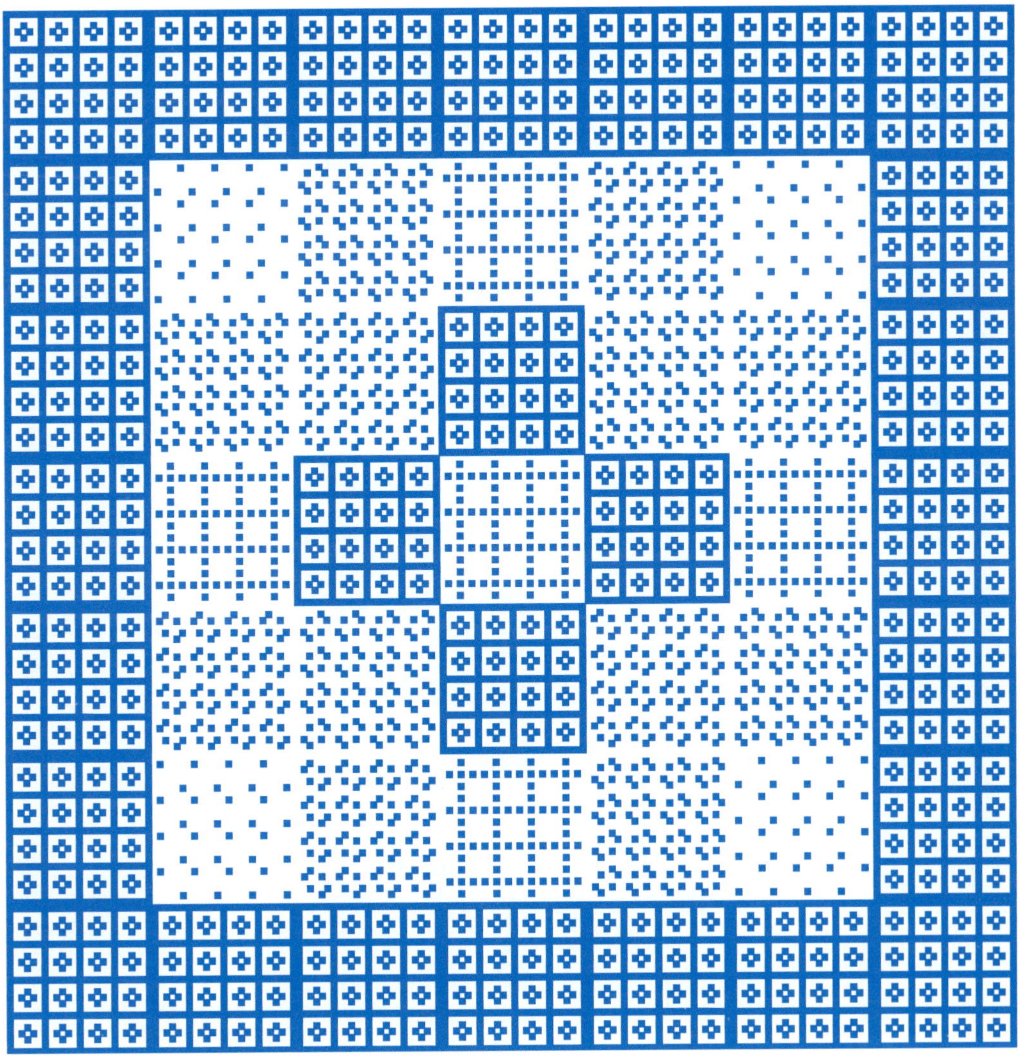

(23) 25진수 24의 배수

			0	0	0	0	0	0	0	0	0	0	0	0	0	0	0	0	0	0	0	0	0	0	0	0	0	0	0	0	0	0	0	0	0	0	0	0
			0	0	0	0	0	0	0	0	0	0	0	0	0	0	0	0	0	0	0	0	0	0	0	0	0	1	1	1	1	1	1	1	1	1	1	1	1
			0	1	2	3	4	5	6	7	8	9	10	11	12	13	14	15	16	17	18	19	20	21	22	23	24	0	1	2	3	4	5	6	7	8	9	10	11
0	0	0	0	0	0	0	0	0	0	0	0	0	0	0	0	0	0	0	0	0	0	0	0	0	0	0	0	0	0	0	0	0	0	0	0	0	0	0
0	0	1	0	1	2	3	4	5	6	7	8	9	10	11	12	13	14	15	16	17	18	19	20	21	22	23	24	0	1	2	3	4	5	6	7	8	9	10	11
0	0	2	0	2	4	6	8	10	12	14	16	18	20	22	24	26	28	30	32	34	36	38	40	42	44	46	48	0	2	4	6	8	10	12	14	16	18	20	22
0	0	3	0	3	6	9	12	15	18	21	24	27	30	33	36	39	42	45	48	51	54	57	60	63	66	69	72	0	3	6	9	12	15	18	21	24	27	30	33
0	0	4	0	4	8	12	16	20	24	28	32	36	40	44	48	52	56	60	64	68	72	76	80	84	88	92	96	0	4	8	12	16	20	24	28	32	36	40	44
0	0	5	0	5	10	15	20	25	30	35	40	45	50	55	60	65	70	75	80	85	90	95	100	105	110	115	120	0	5	10	15	20	25	30	35	40	45	50	55
0	0	6	0	6	12	18	24	30	36	42	48	54	60	66	72	78	84	90	96	102	108	114	120	126	132	138	144	0	6	12	18	24	30	36	42	48	54	60	66
0	0	7	0	7	14	21	28	35	42	49	56	63	70	77	84	91	98	105	112	119	126	133	140	147	154	161	168	0	7	14	21	28	35	42	49	56	63	70	77
0	0	8	0	8	16	24	32	40	48	56	64	72	80	88	96	104	112	120	128	136	144	152	160	168	176	184	192	0	8	16	24	32	40	48	56	64	72	80	88

제 7 장

3차원 프랙탈 디자인

디자인은 우리 생활을 보다 편리하게, 아름답게 만들기 위한 것으로, 현대 사회에서 중요성이 확대되고 있다.

미술교과에서 디자인 단원의 교육목표

▶ 디자인의 종류와 특징을 알고, 디자인의 역할을 이해할 수 있다.

▶ 디자인을 통하여 환경의 중요성을 인지한다.

▶ 시각 기호를 이용한 시각 전달 디자인의 종류와 각각의 특징을 이해한다.

▶ 디자인과 생활의 관계를 고려하여 아름답고 편리한 디자인을 만들어 효과적으로 활용한다.

디자인의 조건

▶ 실용성 : 생활에 쓸모가 있어 실제 사용이 가능해야 한다.

▶ 기능성 : 기능이 뛰어나 편리하게 활용할 수 있어야 한다.

▶ 심미성 : 보기에 아름다워 친근감을 주어야 한다.

▶ 경제성 : 사용 목적과 용도에 맞는 적정한 가격이어야 한다.

▶ 생산성 : 최소한의 공정으로 대량 생산될 수 있어야 한다.

굿 디자인

▶ 목적성, 심미성, 독창성, 경제성을 고루 갖춘 디자인을 말한다.

▶ 제품의 질을 정의할 때 쓰는 말로 작동이 간편하고 모양도 아름다운 제품이다.

▶ 시대적 요구와 아름다움, 기능과 기술적 지식의 조화로 만든 제품이다.

유니버설 디자인

▶ 장애의 유무나 연령 등에 관계없이 모든 사람들이 제품, 건축, 환경, 서비스 등을 보다 편하고 안전하게 이용할 수 있도록 설계한 디자인으로, '모두를 위한'디자인이다.

▶ 작용이 복잡하거나 불필요한 것들을 제거해 누구나 간단하고 편리하게 사용할 수 있도록 배려한다.

저자가 출간한 카오스와 프랙탈에서는 2차원의 프랙탈 도형을 자세히 소개하였다. 여기서는 3차원 공간에서 프랙탈 도형을 소개한다. 프랙탈 도형을 만드는 방법은 카오스와 프랙탈 275쪽을 참고 바란다. http://xlstat.com/en/에서 XLSTAT를 다운 받아 사용한다.

x, y, z 좌표에 해당하는 데이터를 생성한다. 3Dplot 을 이용하여 차트를 그리면 둥근 점 형태가 나타난다. SHAPE에서 BOX를 선택하면 구가 정육면체로 바뀐다. 색상바를 이용하여 색을 조절한다.

<table>
<tr>
<td>① 데이터를 입력한다.</td>
<td>② Visualizing Data에서 XLSTAT-3DPLOT를 선택한다.</td>
<td>③ 

를 조정한다.</td>
</tr>
<tr>
<td>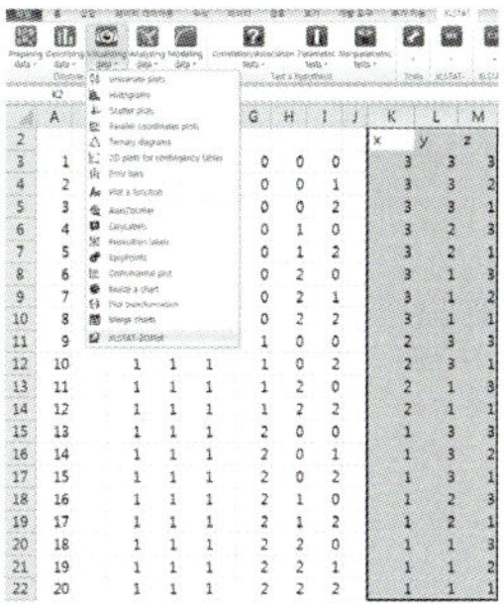</td>
<td>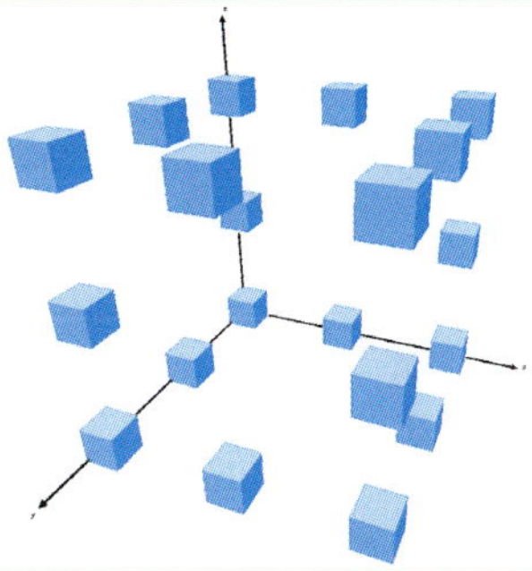</td>
<td>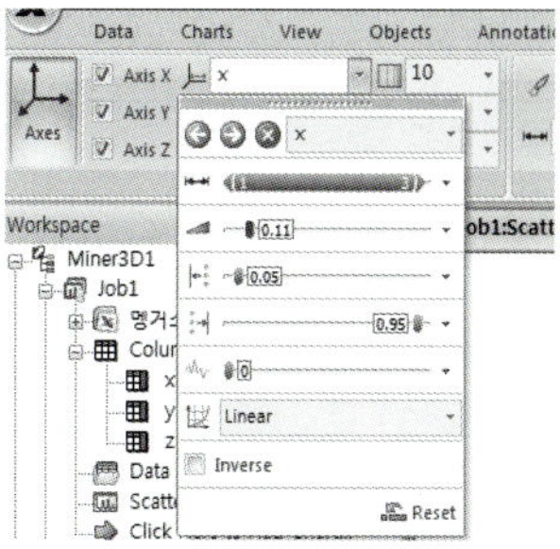
</td>
</tr>
</table>

1 3×3×3 프랙탈

(1) $3^x = 7$, $x = \log_3 7 = 1.771$

① 1단계	② 2단계

(2) $3^x = 8$, $x = \log_3 8 = 1.892$

① 1단계	② 2단계
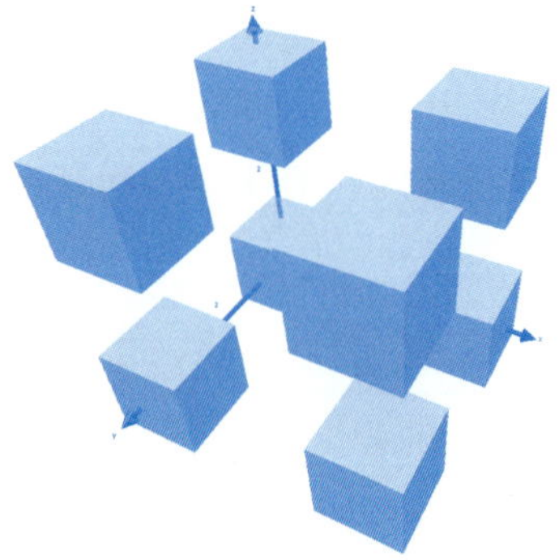	

(3) $3^x = 9$, $x = \log_3 9 = 2$

① 1단계	② 2단계
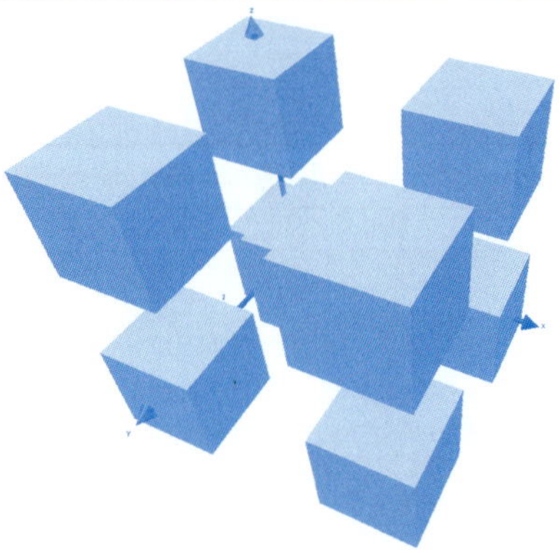	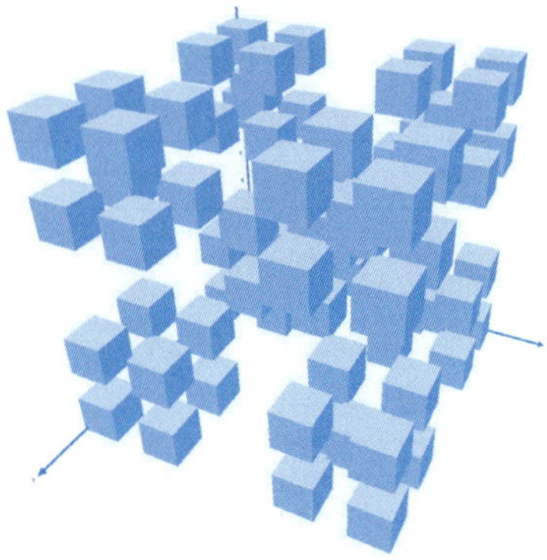

(4) $3^x = 10$, $x = \log_3 10 = 2.095$

① 1단계	② 2단계
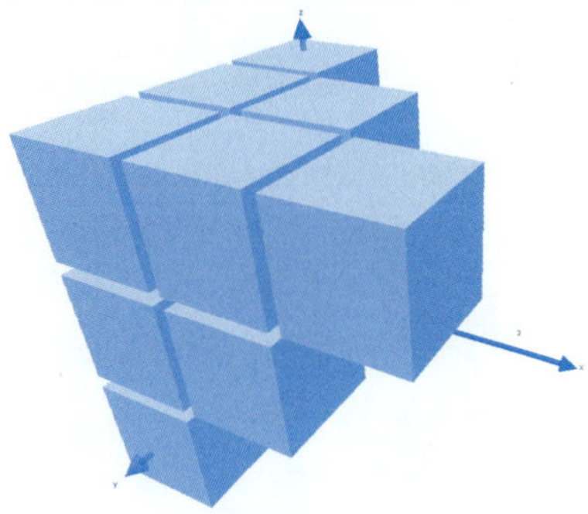	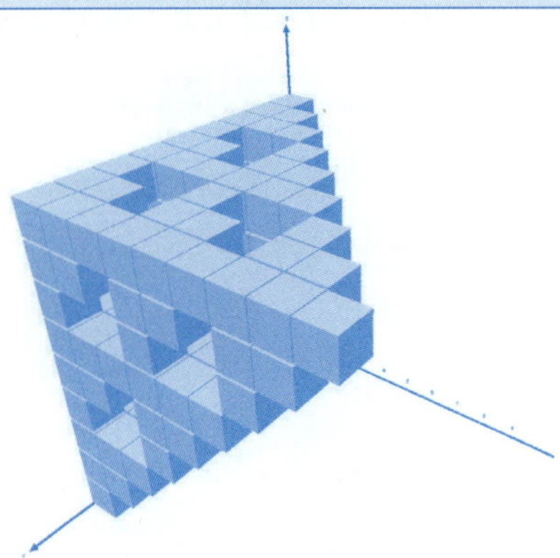

(5) $3^x = 14$, $x = \log_3 14 = 2.402$

① 1단계	② 2단계

(6) $3^x = 15$, $x = \log_3 15 = 2.464$

① 1단계	② 2단계
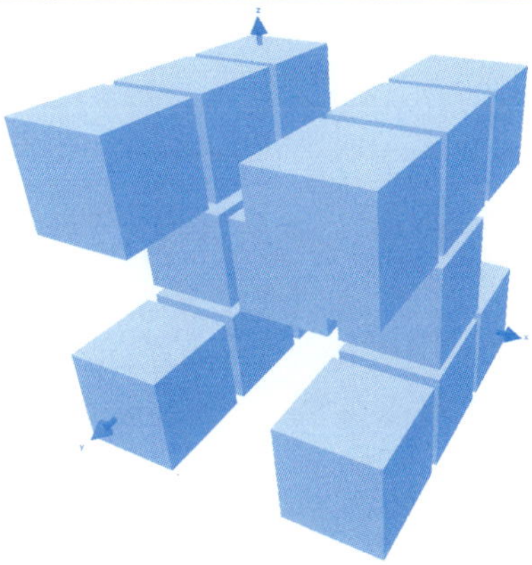	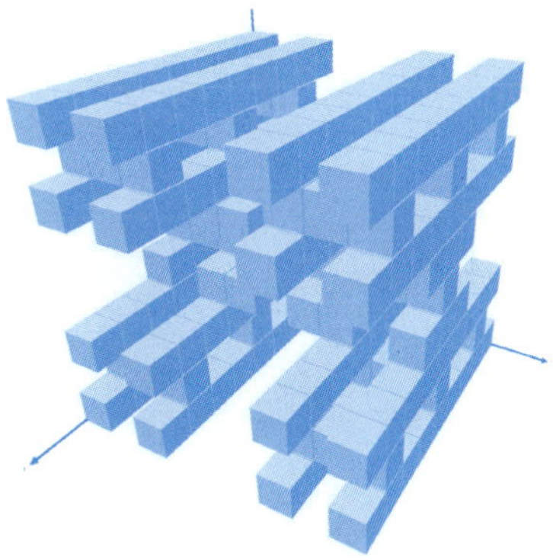

(7) $3^x = 22$, $x = \log_3 22 = 2.813$

① 1단계	② 2단계
	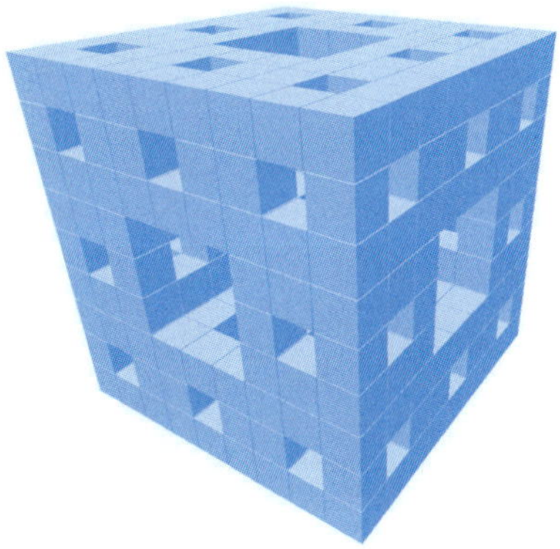

2 4×4×4 프랙탈

(1) $4^x = 16,\ x = \log_4 16 = 2$

① 1단계	② 2단계

(2) $4^x = 16,\ x = \log_4 16 = 2$

① 1단계	② 2단계
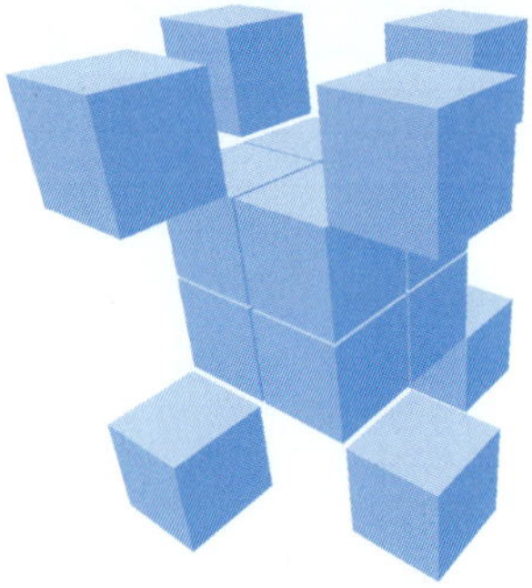	

(3) $4^x = 16,\ x = \log_4 16 = 2$

① 1단계	② 2단계

(4) $4^x = 16$, $x = \log_4 16 = 2$

① 1단계	② 2단계

(5) $4^x = 32$, $x = \log_4 32 = 2.5$

① 1단계	② 2단계
	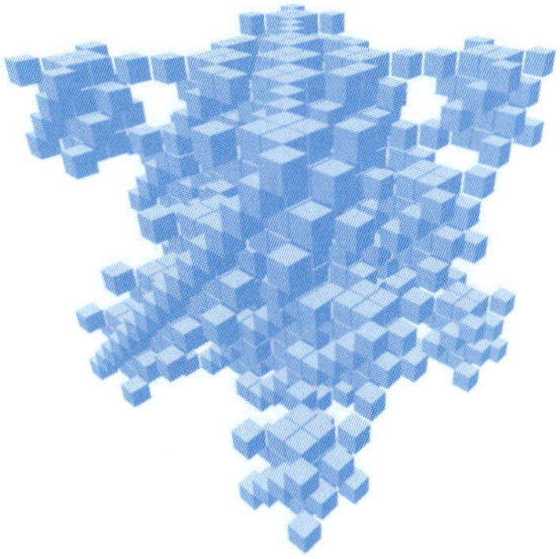

(6) $4^x = 32$, $x = \log_4 32 = 2.5$

① 1단계	② 2단계
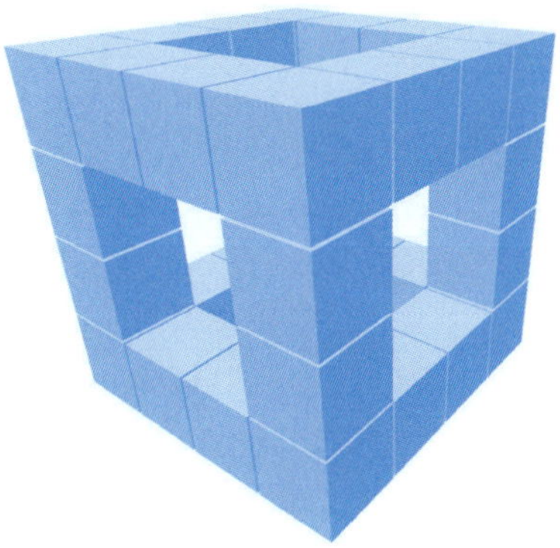	

3 5×5×5 프랙탈

(1) $5^x = 16$, $x = \log_5 16 = 2.5$

① 1단계	② 2단계
	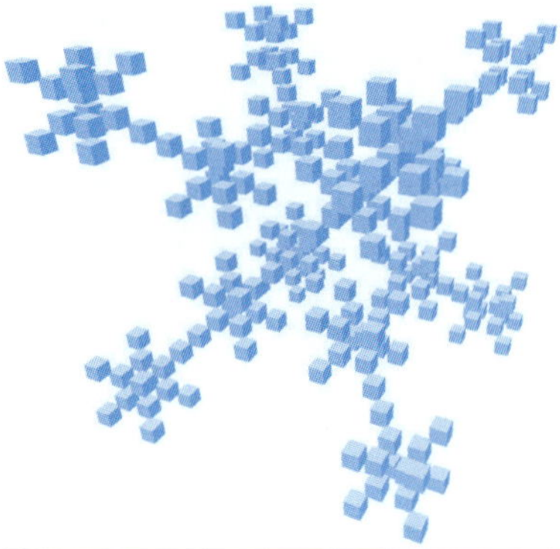

(2) $5^x = 25$, $x = \log_5 25 = 2.5$

① 1단계	② 2단계
	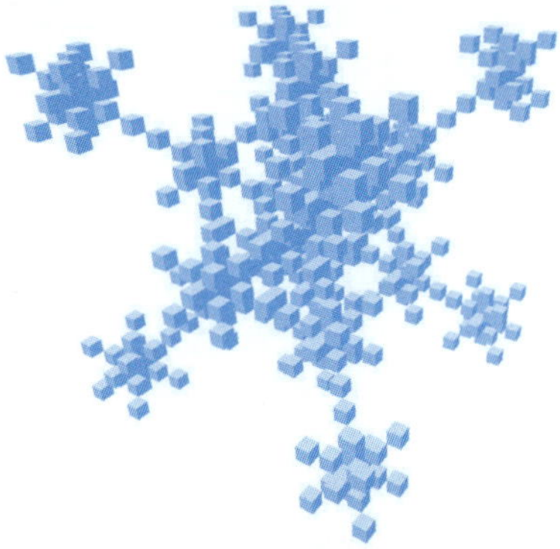

(3) $5^x = 32$, $x = \log_5 32 = 2.153$

① 1단계	② 2단계

(4) $5^x = 33$, $x = \log_5 33 = 2.5$

① 1단계	② 2단계

(5) $5^x = 36$, $x = \log_5 36 = 2.5$

① 1단계	② 2단계
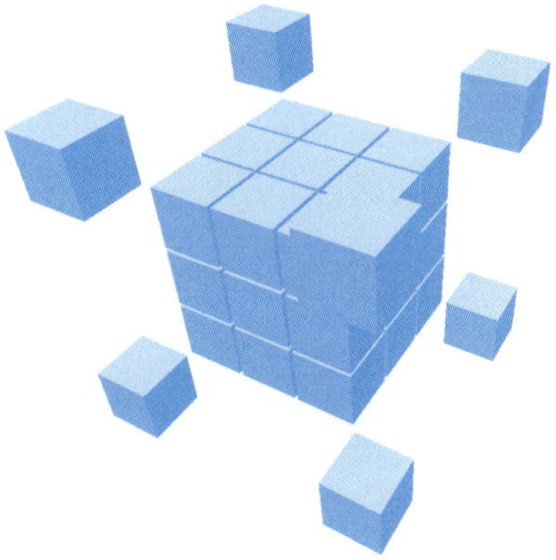	

(6) $5^x = 41$, $x = \log_5 41 = 2.307$

① 1단계	② 2단계
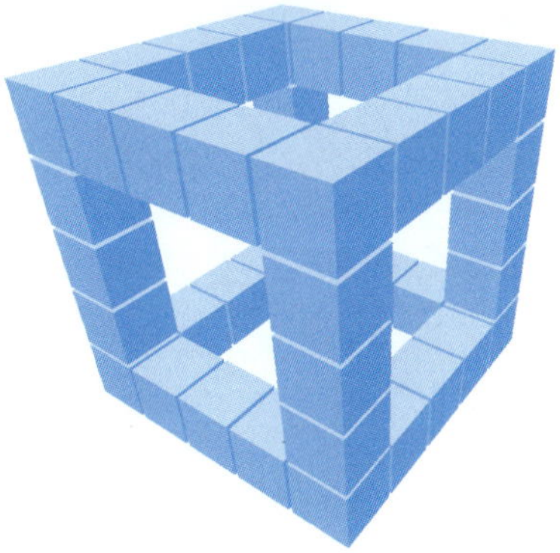	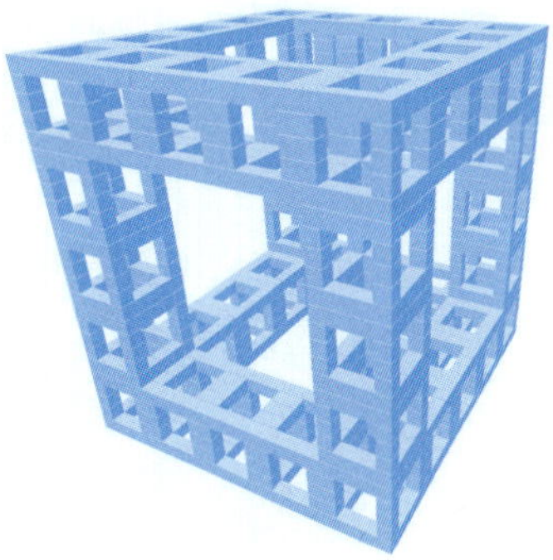

(7) $5^x = 56$, $x = \log_5 56 = 2.5$

① 1단계	② 2단계
	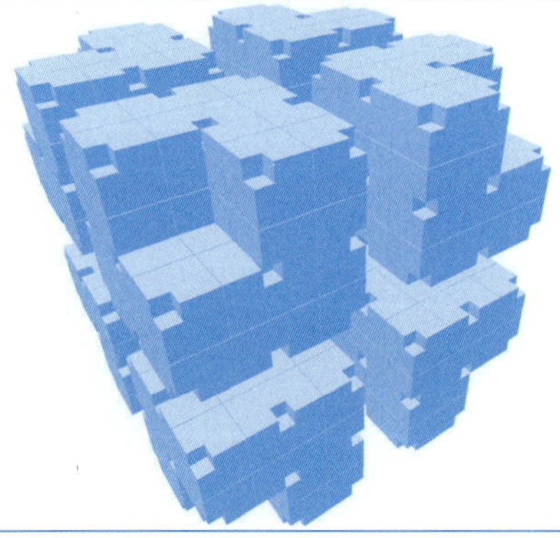

(8) $5^x = 57$, $x = \log_5 57 = 2.512$

① 1단계	② 2단계
	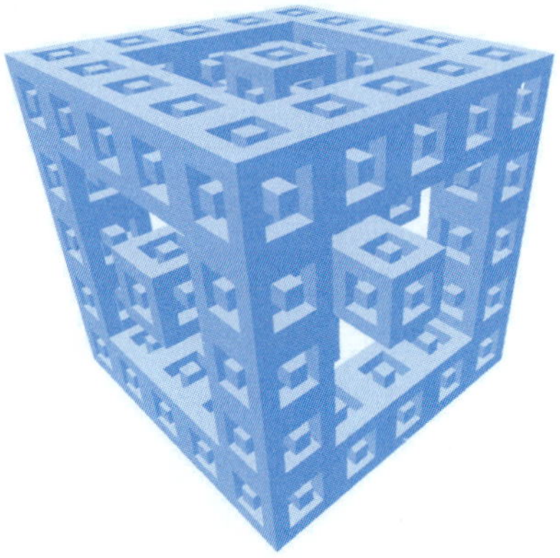

(9) $5^x = 60$, $x = \log_5 60 = 2.454$

① 1단계	② 2단계
	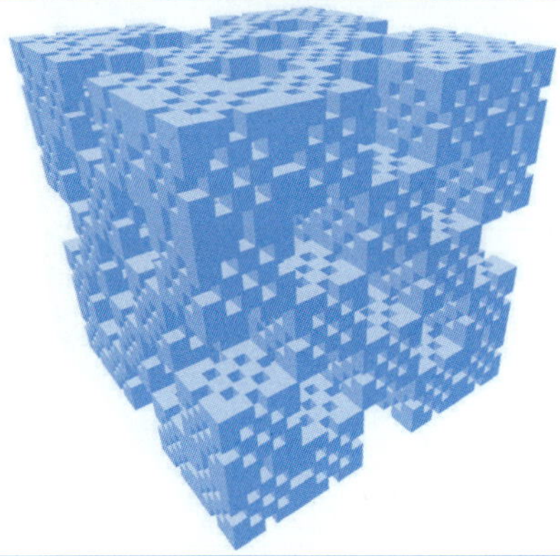

(10) $5^x = 64$, $x = \log_5 64 = 2.5$

① 1단계	② 2단계
	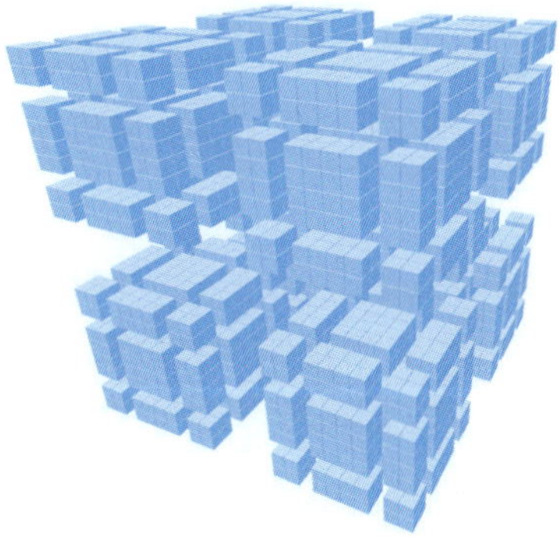

(11) $5^x = 81$, $x = \log_5 81 = 2.730$

① 1단계	② 2단계

(12) $5^x = 72$, $x = \log_5 72 = 2.657$

① 1단계	② 2단계

4 And연산을 이용한 3차원 프랙탈

(1) ((x And y) And z) = 0

① $(x,\ y,\ z)=1..7$	② $(x,\ y,\ z)=1..15$
	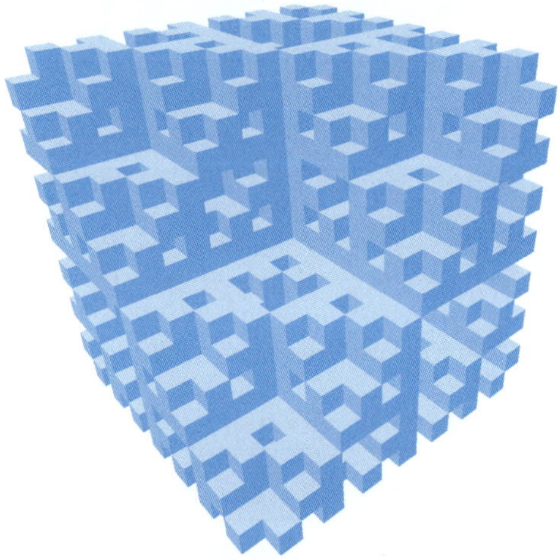

(2) ((x+y And y+z) And z+x) = 0

① $(x,\ y,\ z)=1..7$	② $(x,\ y,\ z)=1..15$
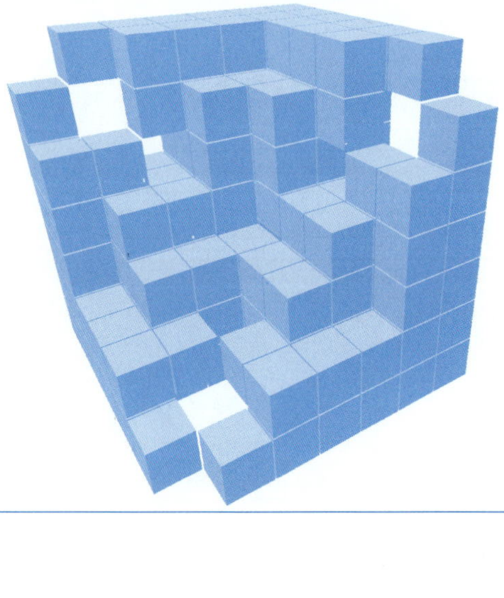	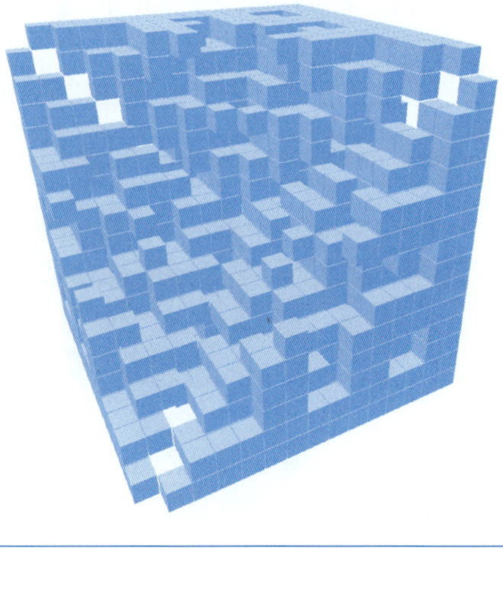

(3) (x − y And y − z) And z − x) = 0

① 1단계 $(x,\ y,\ z) = 1..9$

② 2단계$(x,\ y,\ z) = 1..17$

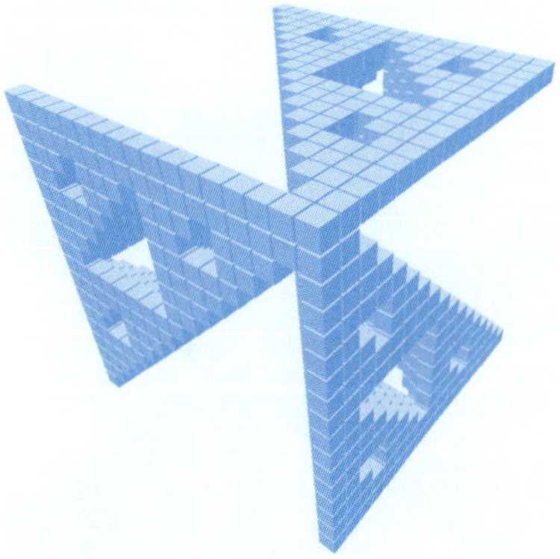

③ 3단계 $(x,\ y,\ z) = 1..33$

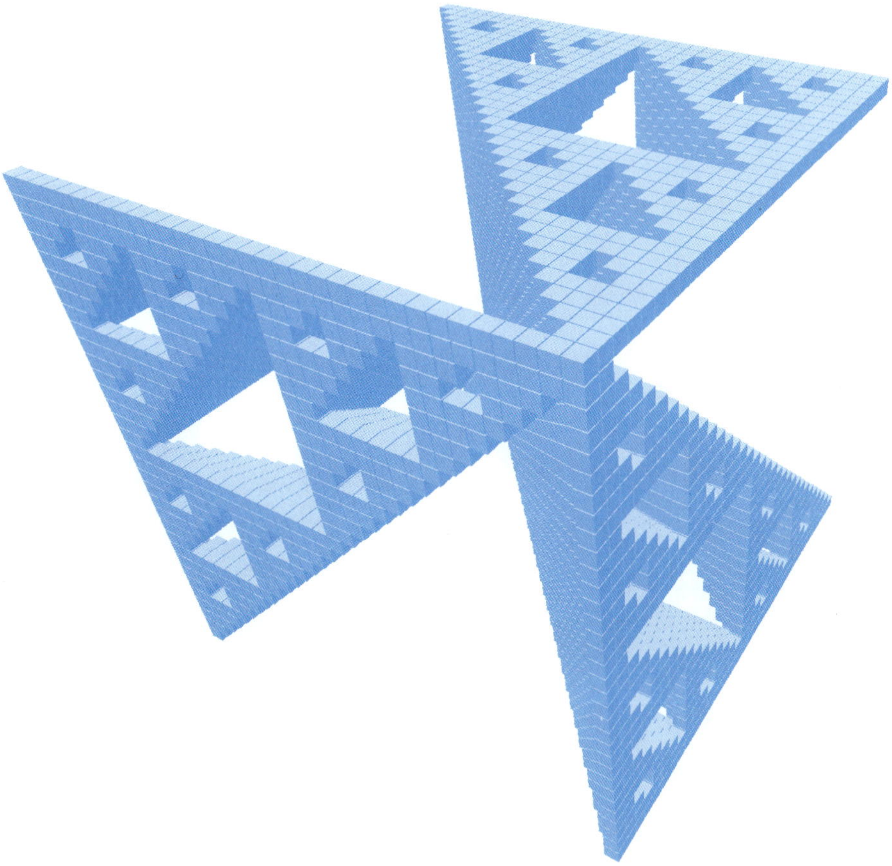

(4) (x ^ 2 - y And y ^ 2 - z) And z ^ 2 - x) = 0

① $(x,\ y,\ z)=1..15$	② $(x,\ y,\ z)=1..33$
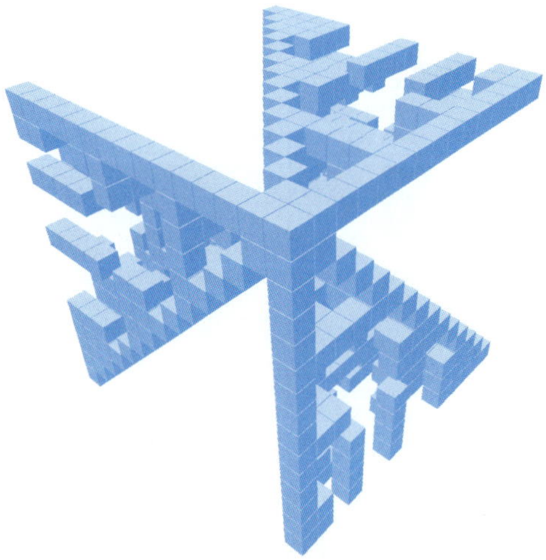	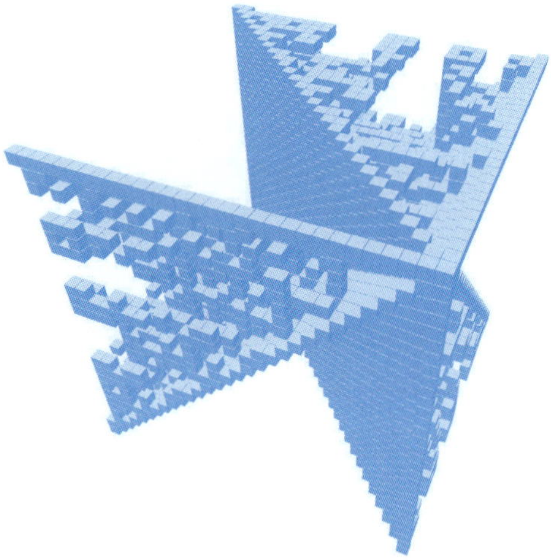

(5) ((x ^ 3 - y ^ 3 And y ^ 3 - z ^ 3) And z ^ 3 - x ^ 3) = 0

①$(x,\ y,\ z)=1..15$	② $(x,\ y,\ z)=1..30$

제 8 장

셀 4개의 합으로 만드는 디자인

한 대상에 대해 사람마다 생각하고 느끼는 것은 다를 수 있다. 미술의 표현 방법도 시대나 민족, 작가의 사상에 따라 여러 가지 방식으로 나타날 수 있다. 셀 4개의 합과 5개의 합을 통해서 나타나는 그림에 대해 나름대로 이야기를 만들어 보자. 여기서는 사물의 구체적인 형태가 나타나지 않는다. 수학이 만드는 추상의 표현이다. 이 시대의 미술은 특정 사조를 규정할 수 없을 만큼 매우 다양하고 복잡하다. 단순한 시각적 표현이 아니라 수학을 통해 자신의 생각과 가치를 미술과 공유하는 소통의 장이다.

추상화는 눈에 보이는 구체적인 사물의 형을 나타내지 않고 자신의 감정이나 마음의 세계를 점, 선, 면과 색 등의 순수한 조형요소로 표현하는 것이다. 현대 미술의 큰 흐름을 주도하고 있는 추상화는 표현 방법에 따라 차가운 추상과 뜨거운 추상으로 구분한다.

차가운 추상은 선과 면에 의한 비례의 아름다움과 색채의 조화 등을 이용해 기하학적인 구성과 화면의 질서를 표현한 작품이다. 뜨거운 추상은 작가의 감정, 음악적인 리듬감 등을 형태와 색채로 표현해 작가의 감정으로 표현하는 것으로 '서정적 추상'이라고도 한다.

몬드리안 작품-차가운 추상	잭슨폴록 (뜨거운 추상) 검정색, 흰색, 노란색, 붉은색 위의 은빛
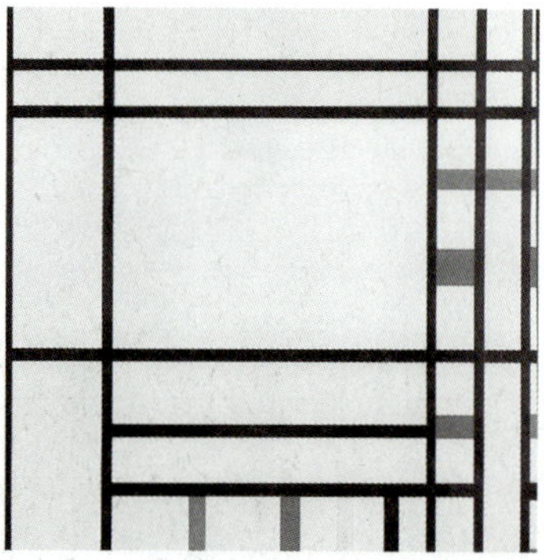	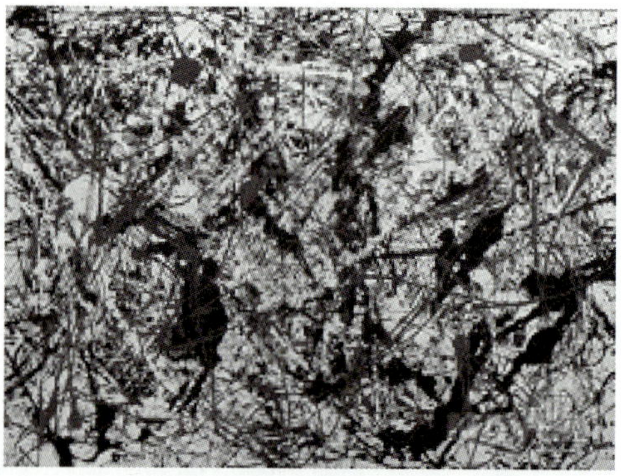

셀 2개의 합에서 소수를 이용하여 나머지를 구하면 프랙탈 도형을 만난다. 1장에서는 두 수의 합을 이용하여 디자인을 만드는 과정을 설명하였다. 셀 3개의 합을 이용하여 3으로 나누는 경우 시어핀스 카펫을 만들 수 있다. 2장에서는 셀 3개의 합을 이용하여 유리수에서 디자인을 만들어 보았다. 여기서는 셀 4개의 합과 셀 5개의 합이 이루는 디자인을 살펴본다. 여기서 수학이란 느낌의 도구이다. 수학을 위해 내가 있는 것은 아니다. 수학을 자신의 즐거움을 만드는 도구로 생각하기 바란다.

1 셀 4개의 합을 이용한 디자인

(1) 4로 나눈 경우

① 셀 4개의 합을 구한다.

	A	B	C	D	E	F	G
1		4	0	1			
2	1	1	1	1	1	1	1
3	1	1	1	1	1	1	1
4	1	1	0	3	2	1	0
5	1	1	3	3	1	1	3
6	1	1	2	1	1	2	0
7	1	1	1	1	2	0	3
8	1	1	0	3	0	3	3
9	1	1	3	3	3	3	3
10	1	1	2	1	3	0	2
11	1	1	1	1	0	2	3
12	1	1	0	3	2	1	1
13	1	1	3	3	1	1	3

② 셀 C4에는 =MOD(B4+B3+C3+A2,B1)이다.

	A	B	C
1		4	0
2	=D1	1	1
3	1	1	1
4	1	1	=MOD(B4+B3+C3+A2,B1)
5	1	1	=MOD(B5+B4+C4+A3,B1)
6	1	1	=MOD(B6+B5+C5+A4,B1)
7	1	1	=MOD(B7+B6+C6+A5,B1)
8	1	1	=MOD(B8+B7+C7+A6,B1)
9	1	1	=MOD(B9+B8+C8+A7,B1)
10	1	1	=MOD(B10+B9+C9+A8,B1)
11	1	1	=MOD(B11+B10+C10+A9,B1)
12	1	1	=MOD(B12+B11+C11+A10,B1)
13	1	1	=MOD(B13+B12+C12+A11,B1)

③ 푸른 바다가 있다. 고래가 무리지어 대양을 횡단한다.
예술이란 우리의 상상력을 일깨우는 작업이다. 수학적인 사고란 예술로 나아가는 것에 대해 도움이 되어야 한다.

(2) 5로 나누었을 때 – 넓은 바다에 돛단배들이 여유롭게 노닐고 있다.

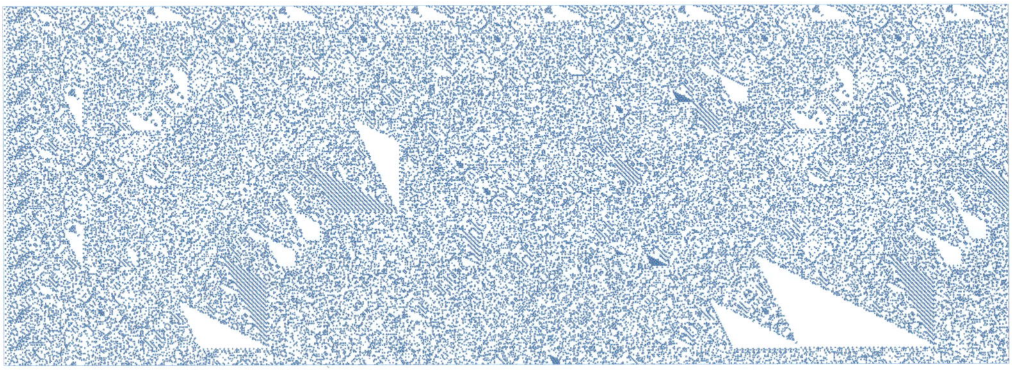

(3) 7로 나누었을 때 – 푸른 파도 위에 새들이 먹이를 찾아 날아 다닌다.
무엇인가를 이야기하기가 어렵다. 무엇이든지 얘기해도 된다는 것이다. 자신의 예술적 세계에 대한 한계를 벗어 던지기 바란다.

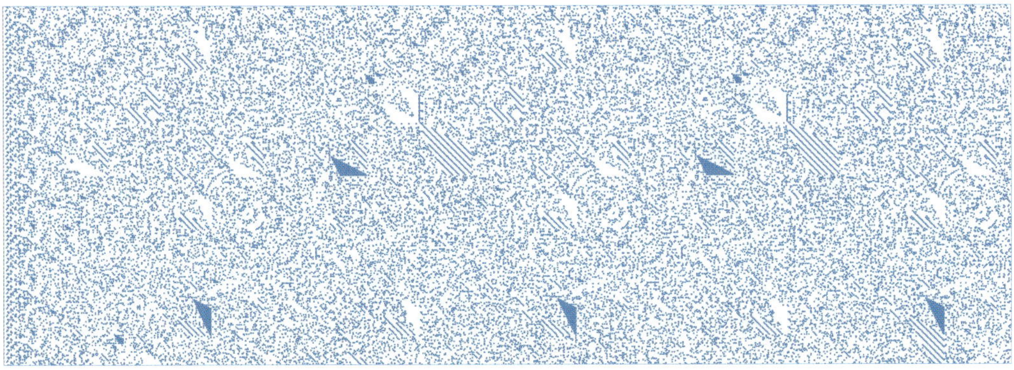

(4) 8로 나누었을 때 – 전쟁 후 사막에 흩어진 흔적들(?)
폐허를 상상하는 것을 보면, 내 세계는 어두운가 보다. 가곡 '비목'이 생각난다.

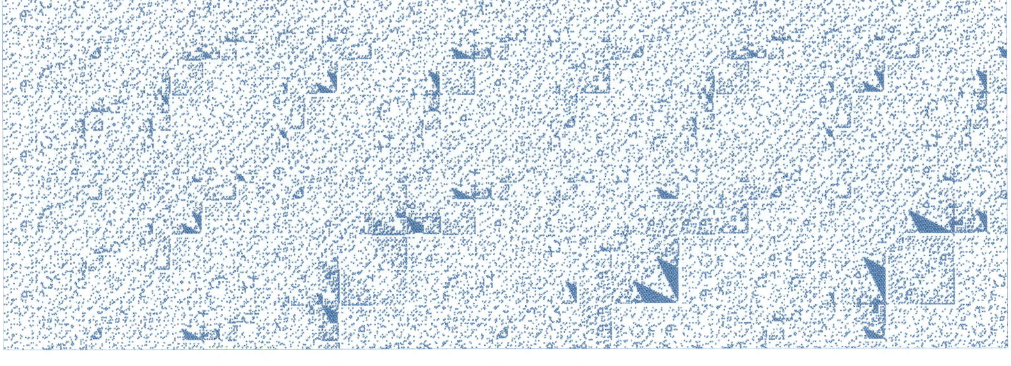

2 셀 5개의 합을 이용한 디자인

(1) 2로 나누었을 때, 0에 색칠

① 셀 4개의 합을 구한다.

	A	B	C	D	E	F	G	H	I	J	K	L	M
2	1	2	3	4	5	6	7	8	9	10	11	12	13
3	2	1	1	1	1	1	1	1	1	1	1	1	1
4	3	1	1	0	0	0	1	1	1	0	0	0	1
5	4	1	0	1	0	0	0	1	0	1	0	0	0
6	5	1	0	0	1	1	1	0	1	0	0	0	1
7	6	1	0	0	1	1	0	1	0	1	1	0	0

② 셀 C3는 =MOD(B4+C3+C2+B3+A4,A1)이다.

	A	B	C	D
2	1	2	3	4
3	2	1	1	1
4	3	1	0	0
5	4	1	0	1
6	5	1	1	1
7	6	1	1	0

③ 삼각형들의 반란이 시작되었다.

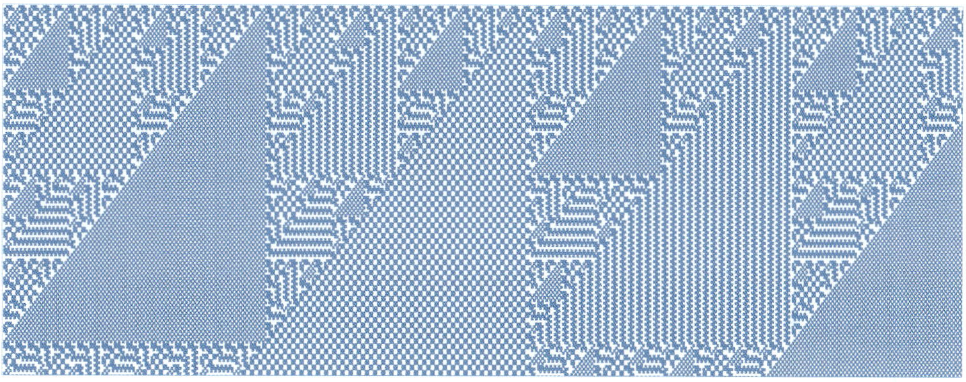

(3) 3으로 나누었을 때, 0에 색칠 - 삼각형 나라에 전쟁이 일어났다.

우리는 너무나 많은 시간을 영혼이 없는 수학을 했다. 오직 아는 것이 느끼는 것보다 좋은 것이라는 인식 속에서 살아 왔다. 수학이란 관념 속에서 벗어나길 바란다. 우리가 만든 관념 속에서 자신을 찾을 수 없도록 만든 것에 대해 부정을 해보기 바란다. 틀 속에 갇혀 살기에 인생은 너무 짧다. 수학이란 틀을 버릴 때, 그곳에 삶의 진솔함이 있다.

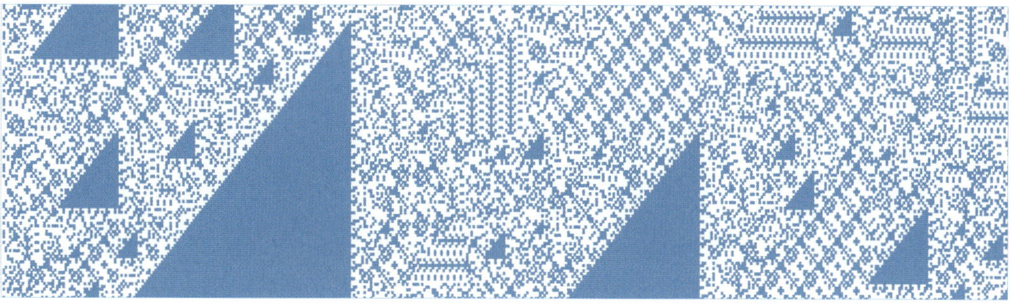

(4) 4로 나누었을 때, 0에 색칠 - 삼각형들은 모두 자신의 세계관을 가지고 있다.

우리는 스스로의 세계관에 얽매여 있다. 수학적 세계관을 뛰어 넘는 디자이너를 꿈꾼다. 우린 모두 디자이너이다. 세계 속에서 자신만의 길을 설계하는 디자이너다.

(5) 5로 나누었을 때 - 스스로 잘난 삼각형들의 전쟁, 스스로 파멸되어 간다.

삼각형의 세계는 뾰족하다. 아픔을 주고, 상처를 받는다. 그러나 강하다. 어디로든 갈 수 있다. 살아남기 위해 예측할 수 없는 행동을 한다.

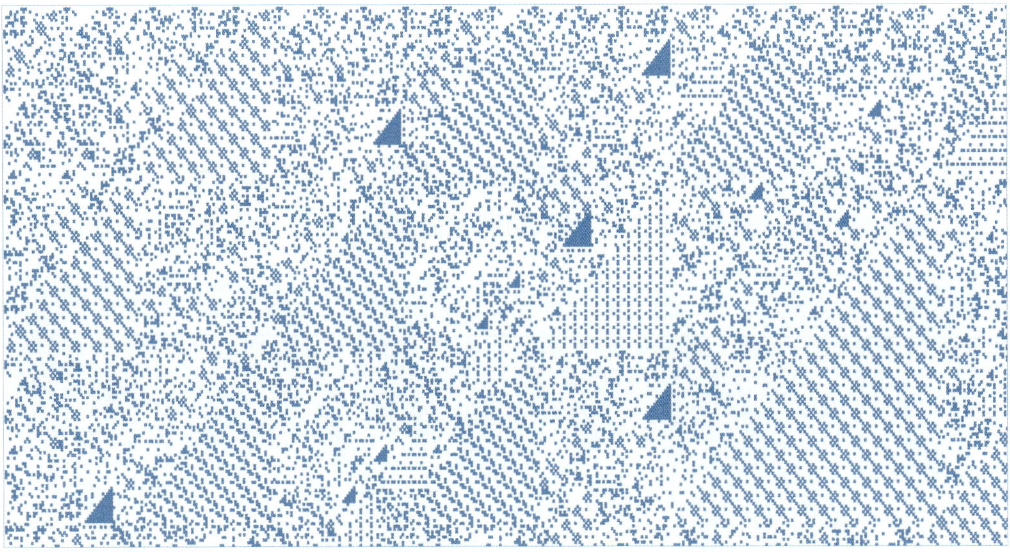

(6) 6으로 나누었을 때 - 삼각형은 결코 사라지지 않는다. 부활을 꿈꾸는 삼각형. 위기에서 살아 남는다. 시간은 모두의 편이다. 부활은 누구나 꿈꿀 수 있다. 매일 부활한다. 한번만 살기엔 너무나 아깝다. 매일 태어나자.

(7) 7로 나누었을 때 - 삼각형들은 날아다니기 시작했다. 날고 싶다. 멀리 보고 싶다. 내가 세상 속에 있기도 하지만, 세상이 내 안에 있기도 하다. 나와 우주는 따로 있는 게 아니다. 내가 우주다. 누구나 신의 본성을 가지고 있다.

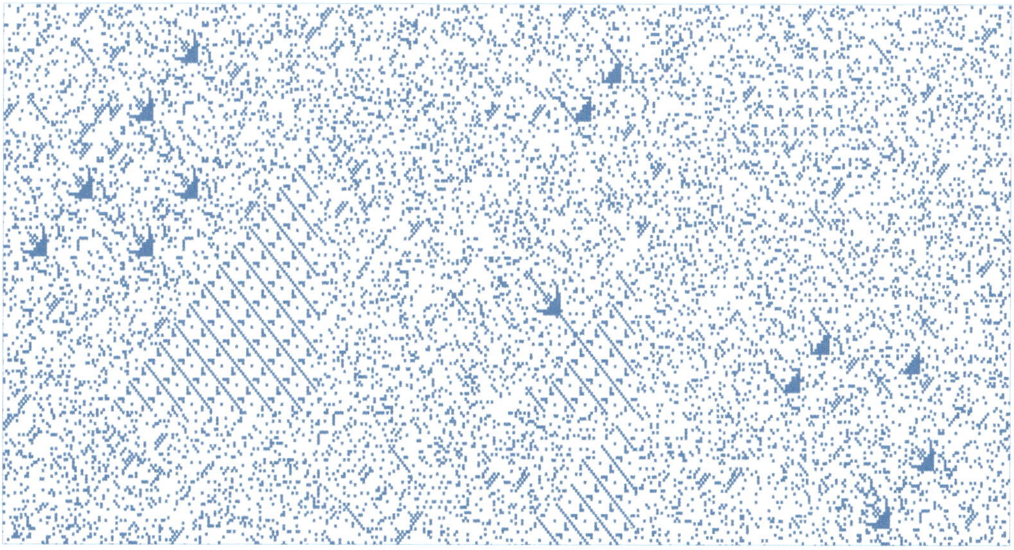

(8) 9로 나누었을 때 - 삼각형들은 서로가 힘을 모아 그룹을 만들었다.

행복하다. 관계에 독립이란 것은 슬프다. 함께 할 때 기쁨과 행복이 있다. 우주가 만들어 질 수 있다는 것, 서로에게 끌림이 있기 때문이다. 우주도 그리움으로 만들어진다. 하물며 우리 삶이야.

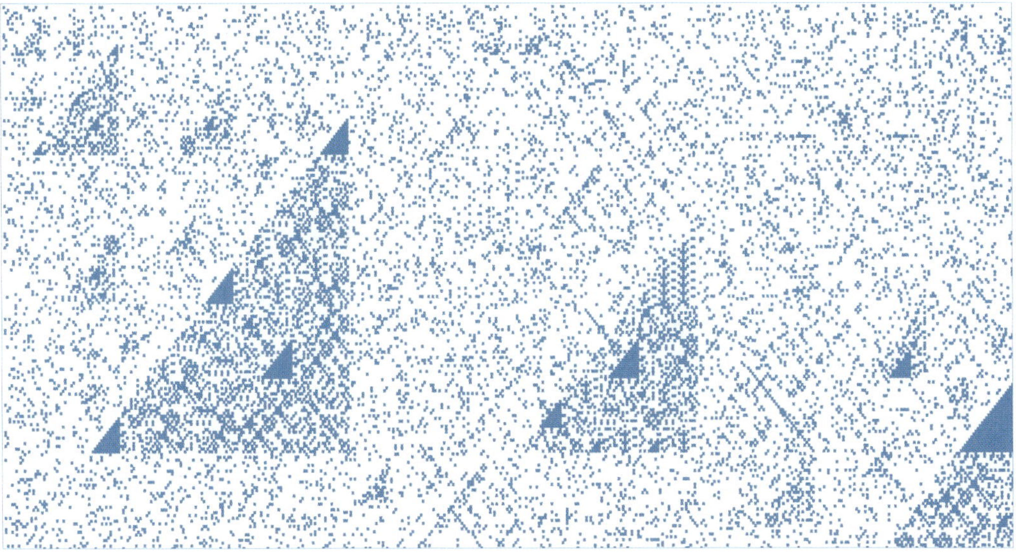

(9) 10으로 나누었을 때 - 그렇지만 삼각형의 분열을 막을 수 없었다.

모이고 흩어지는 것, 받아들이면 편하다. 주위에 누군가 있다는 것, 그 때는 소중함을 모른다. 또 쉽게 잊어버린다.

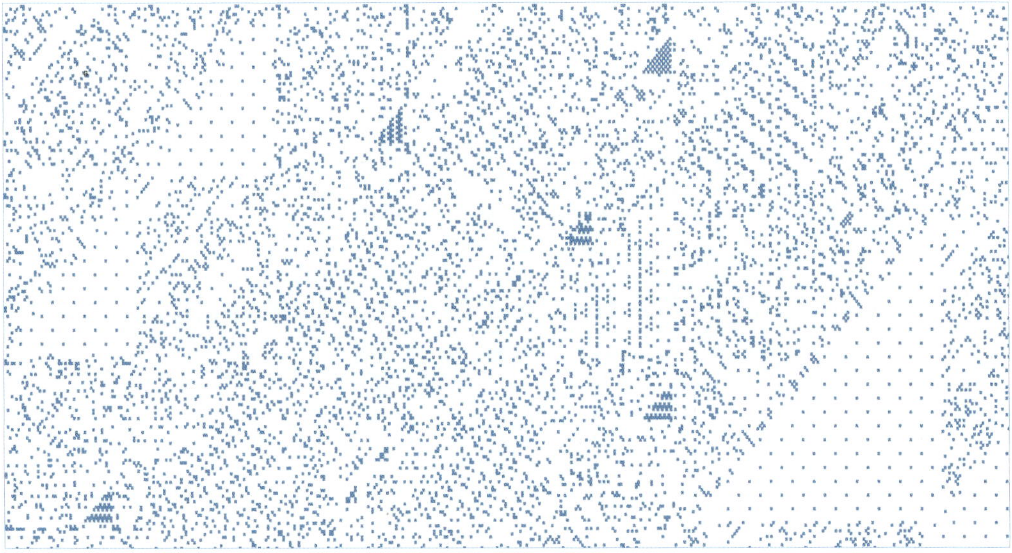

제 9 장

카오스게임을 이용한 디자인

카오스 게임은 임의의 점을 선택한 다음 주사위 놀이를 한다. 아인슈타인은 '신은 주사위 놀이를 하지 않는다.'라고 하였다. 이 세상이 질서 없이 만들어졌다고 생각하고 싶지 않아서 인가 보다. 신의 주사위 놀이와 인간의 주사위 놀이는 다르지 않을까? 신의 주사위 놀이가 카오스 게임은 아닐까 생각해 본다. 무리수를 이용한 카오스 게임을 통해 나타나는 그림은 우주를 보는 듯하다. 별, 은하의 성장을 보는 듯하다. 여기서는 무리수와 삼각함수가 만드는 혼돈의 디자인을 느껴 보기 바란다. 모든 것은 살아 있음으로 아름답다. 디자인과 수학에 생명이 있음을 느껴보기 바란다. 카오스 게임을 통해 꿈틀거리는 생명력을 마음으로 느껴 보기 바란다.

카오스 게임은 프랙탈과 카오스 294쪽에서 소개하였다. 삼각형에서 카오스 게임은 임의의 점을 선택한 다음 난수를 발생시켜 정해진 꼭짓점과 임의점과의 중점을 선택한다. 또 난수를 발생하여 새로운 꼭짓점과 이전점의 중점을 구한다. 1 : 1 의 내분을 이용하는 것이다. 여기서는 외분을 이용하여 카오스 게임을 실시한다. 2 :1 의 외분을 이용한 10개의 점에서 카오스 게임을 실시한 결과이다.

그림은 3단계로 되어 있다. 처음 단계는 카오스 게임을 0~1000번 실시한 그림이다. 두 번째 단계는 0에서 2000번까지 카오스 게임을 실시한 경우이다. 세 번째는 0에서 3000번까지 실시한 카오스 게임이다.

1 무리수를 이용한 외분 카오스게임

(1) $\sqrt{2}$ 0 ~ 1000 0 ~ 2000 0 ~ 3000

오른쪽 위의 방향으로 성장한다. 방향성만 알 수 있다.

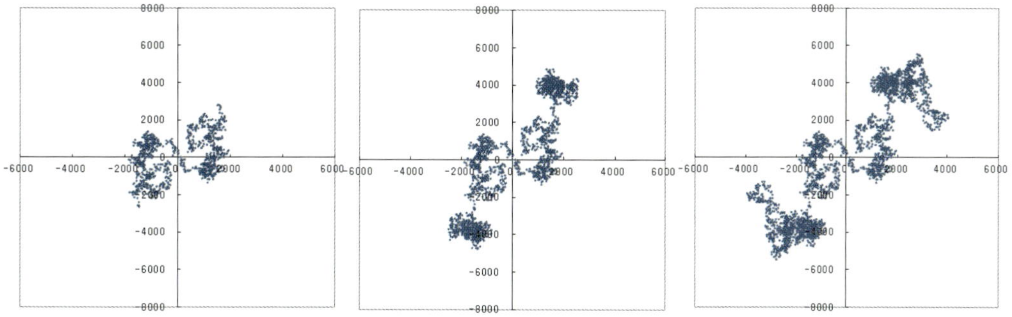

(2) $\sqrt{3}$ 0 ~ 1000 0 ~ 2000 0 ~ 3000

방향성을 가지고 있지만 예측이 어렵고, 연결되어 있지도 않다.

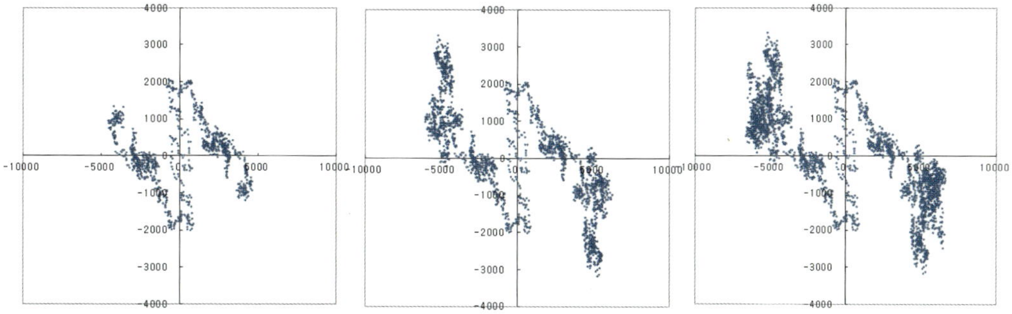

(3) $\sqrt{5}$ 0 ~ 1000 0 ~ 2000 0 ~ 3000

세 개의 부분으로 나누어지고, 위와 아래의 방향과 가운데의 방향이 다르다.

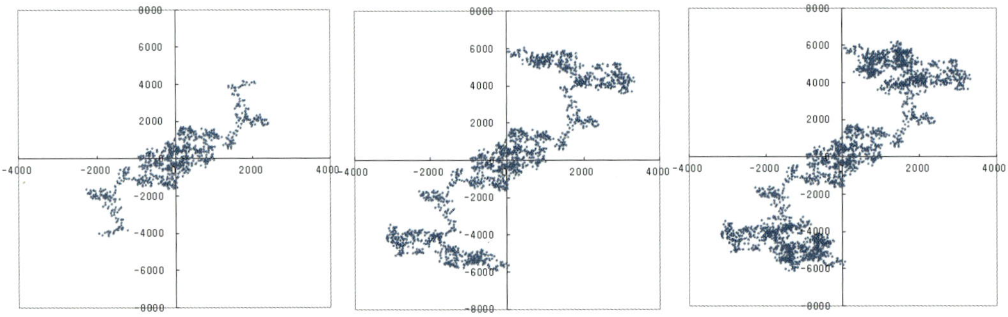

(4) $\sqrt{6}$ 0 ~ 1000 0 ~ 2000 0 ~ 3000

가운데를 중심으로 몰려있다. 게가 걸음을 걷는 듯하다.

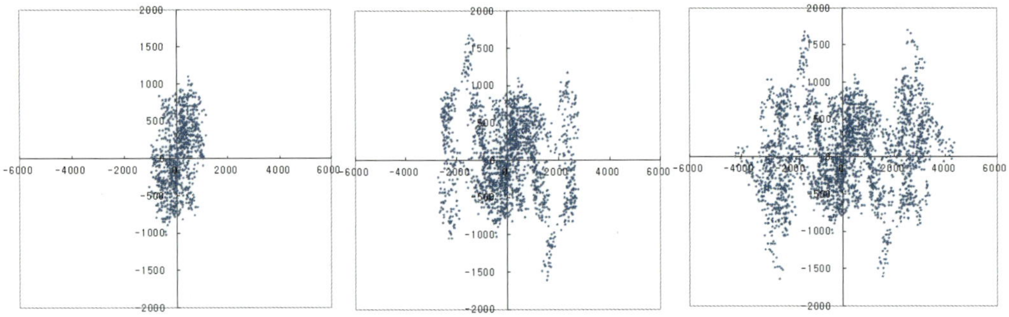

(5) $\sqrt{7}$ 0 ~ 1000 0 ~ 2000 0 ~ 3000

비슷한 분포로 흩어져 있다. 대각선을 중심으로 굵게 나타나 있다.

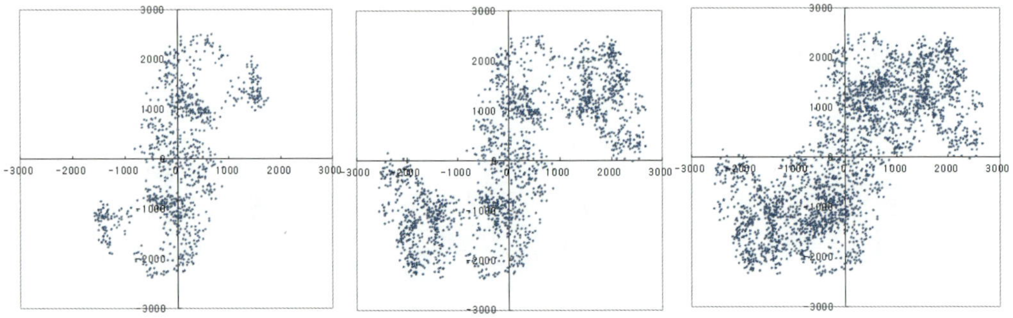

(6) $\sqrt{8}$ 0 ~ 1000

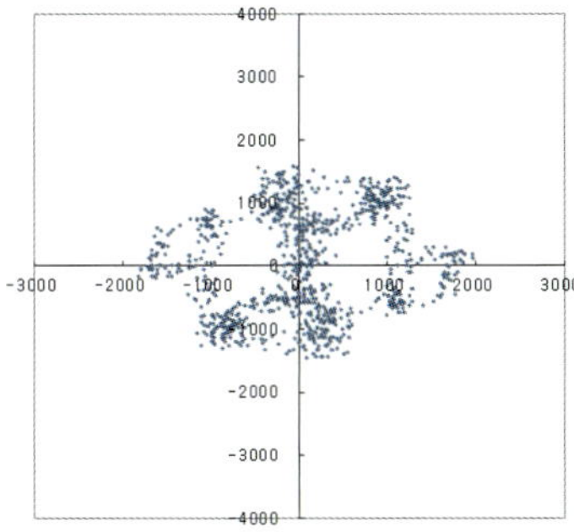

0 ~ 2000

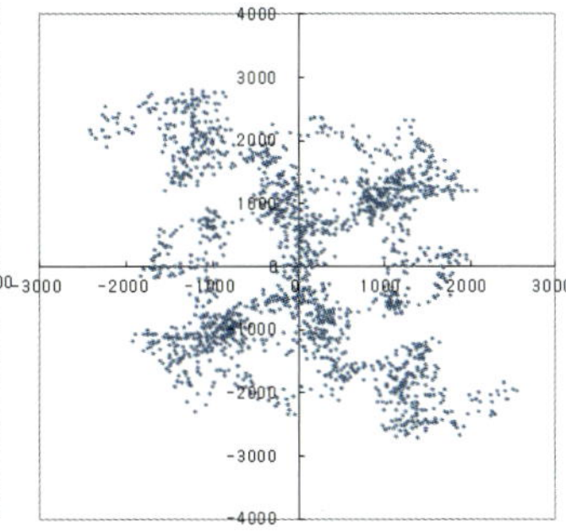

0 ~ 3000

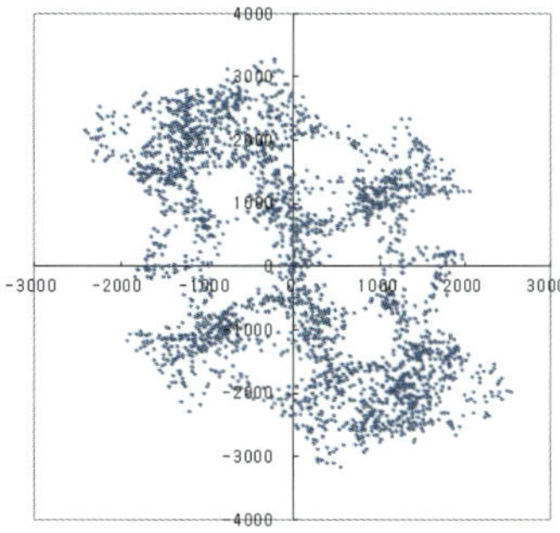

(7) $\sqrt{10}$ 0 ~ 1000

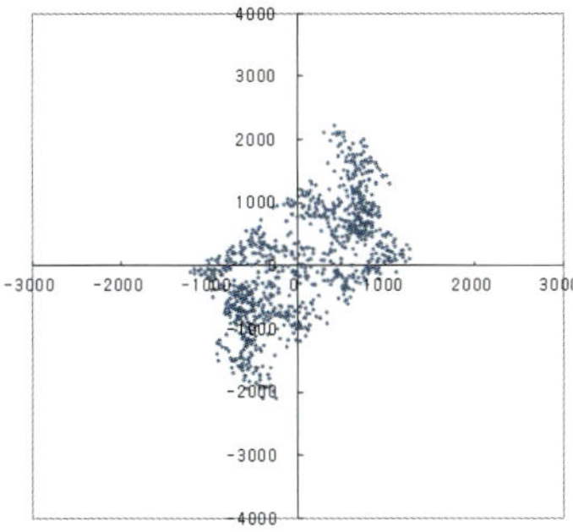

0 ~ 2000

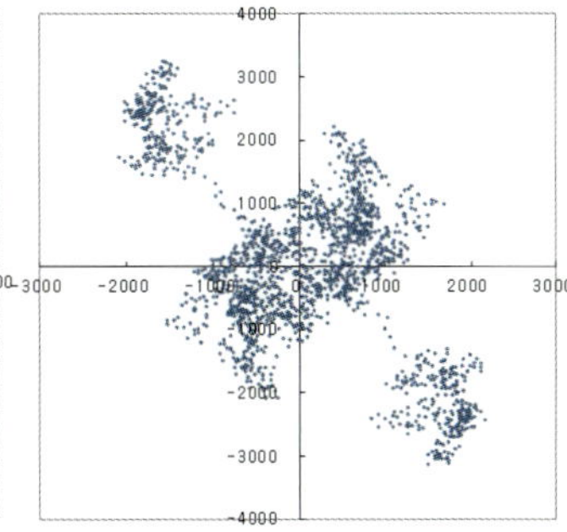

0 ~ 3000

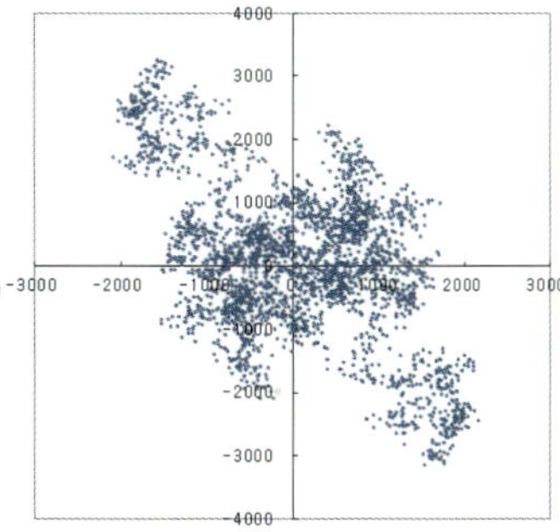

(8) $\sqrt{11}$ 0 ~ 1000

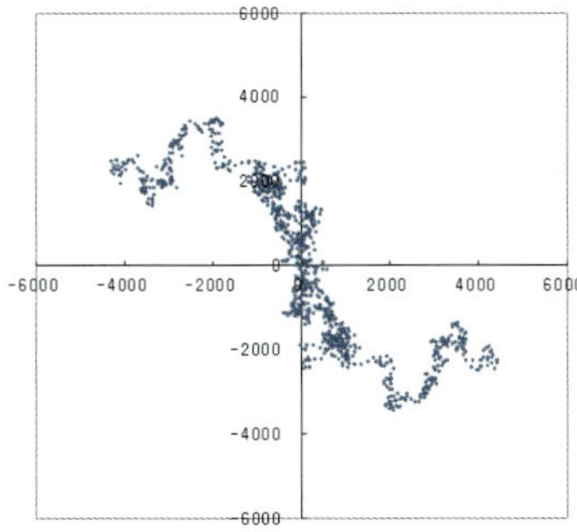

0 ~ 2000

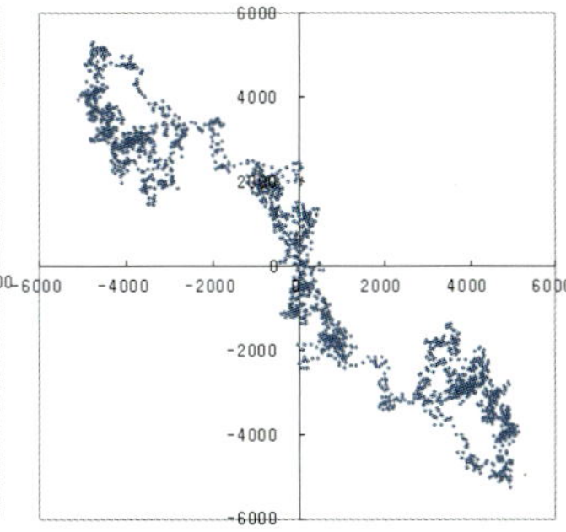

0 ~ 3000

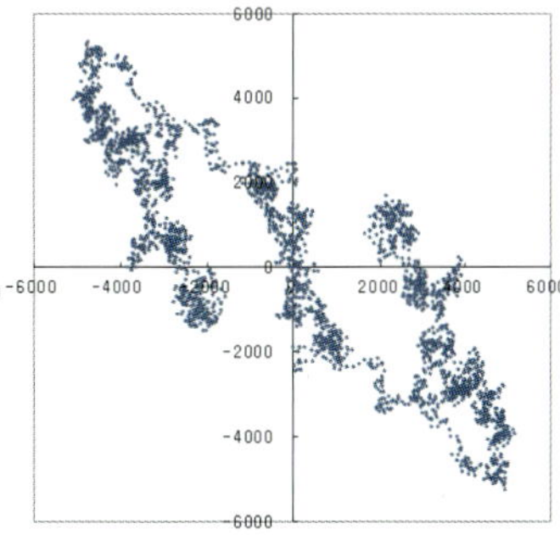

(9) $\sqrt{12}$　0 ~ 1000　　0 ~ 2000　　0 ~ 3000

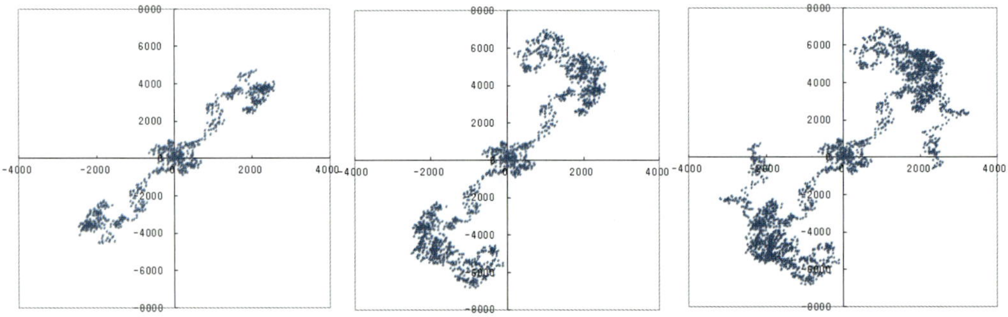

(10) $\sqrt{13}$　0 ~ 1000　　0 ~ 2000　　0 ~ 3000

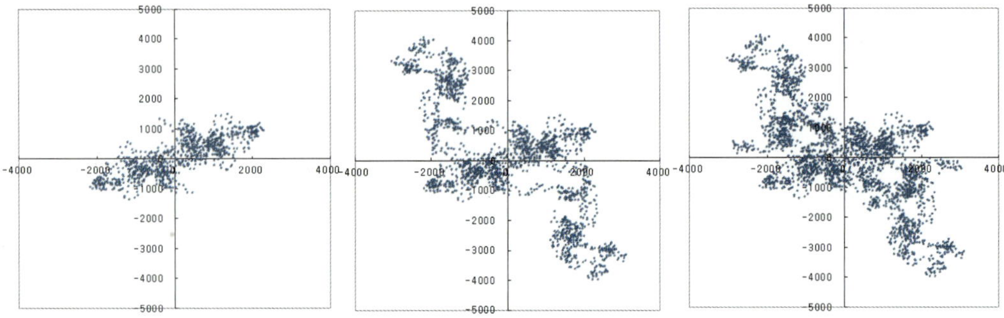

(11) $\sqrt{14}$　0 ~ 1000　　0 ~ 2000　　0 ~ 3000

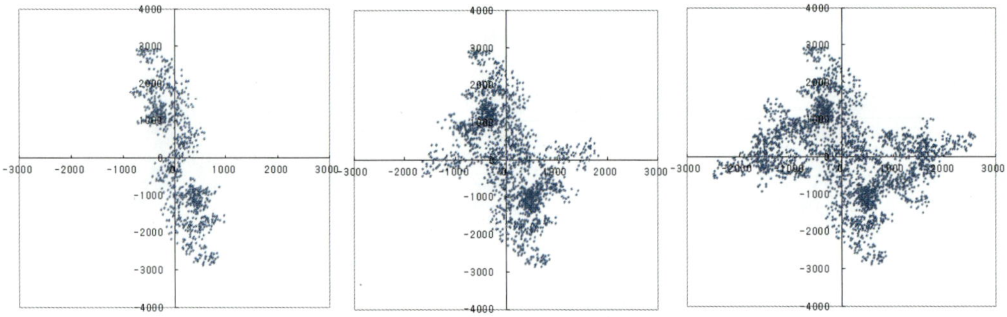

(12) $\sqrt{15}$ 0 ~ 1000

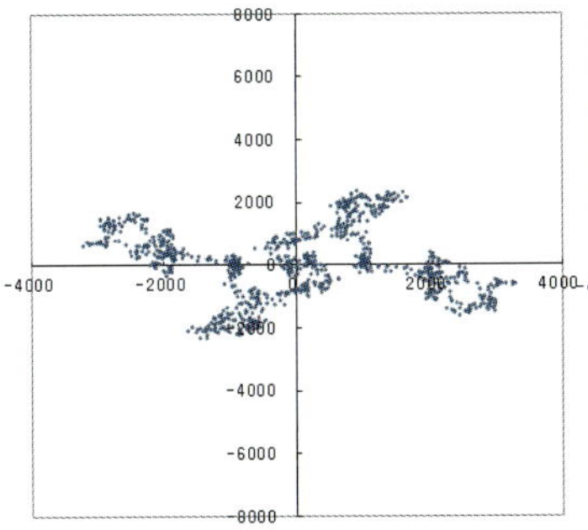

0 ~ 2000

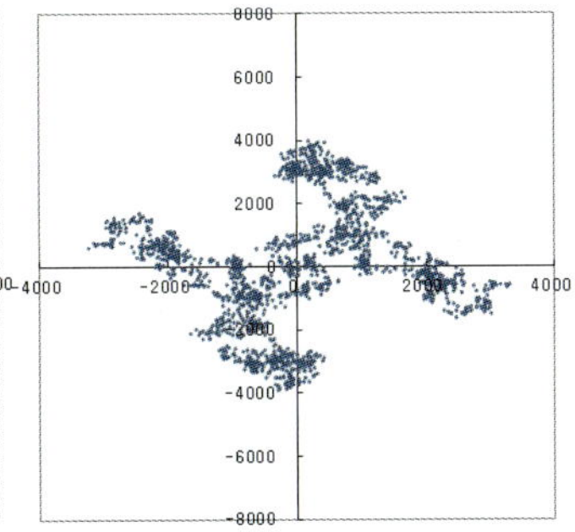

0 ~ 3000

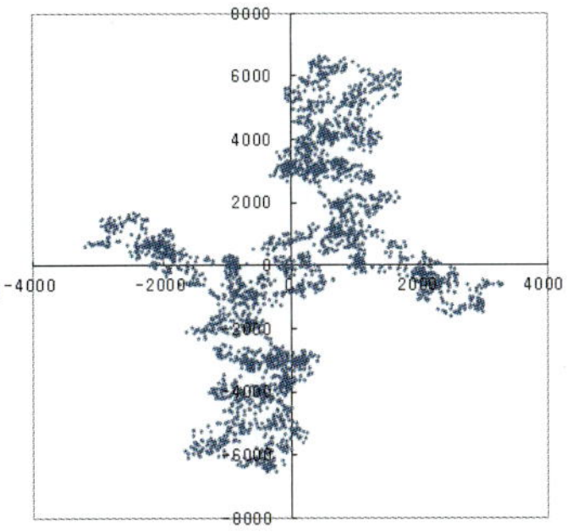

(13) $\sqrt{17}$ 0 ~ 1000

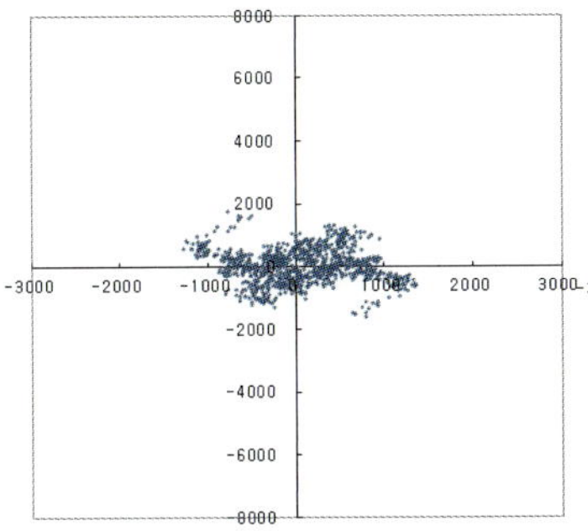

0 ~ 2000

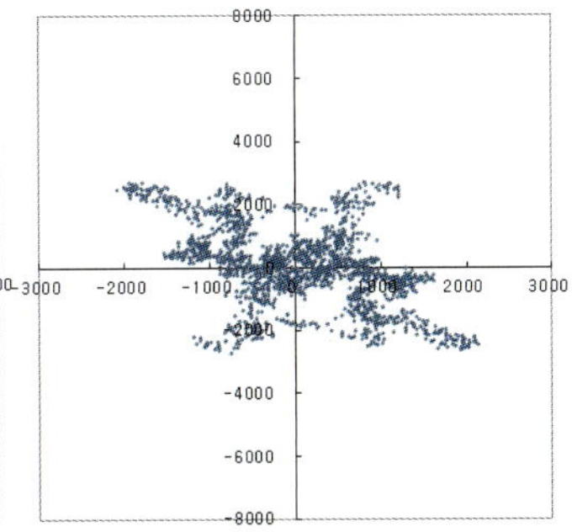

0 ~ 3000

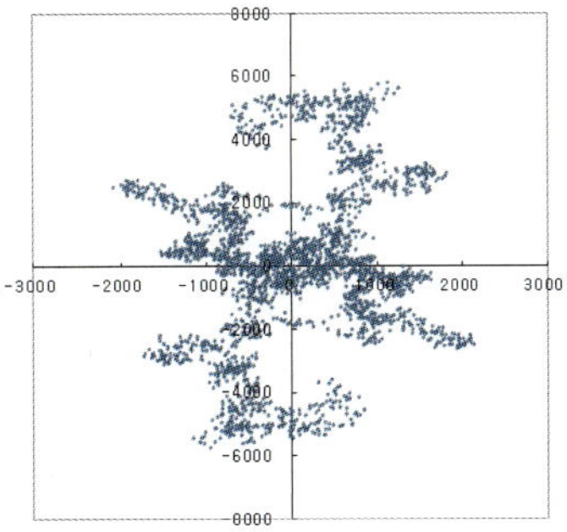

(14) $\sqrt{18}$ 0 ~ 1000

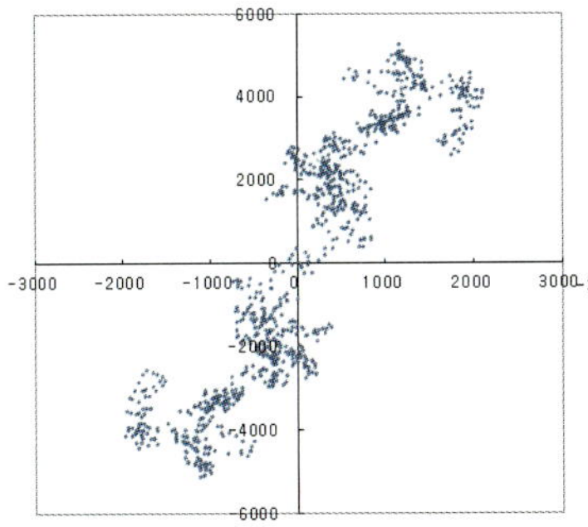

0 ~ 2000

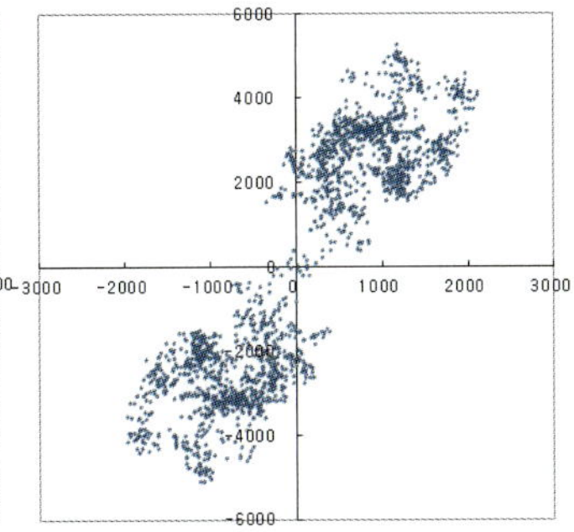

0 ~ 3000

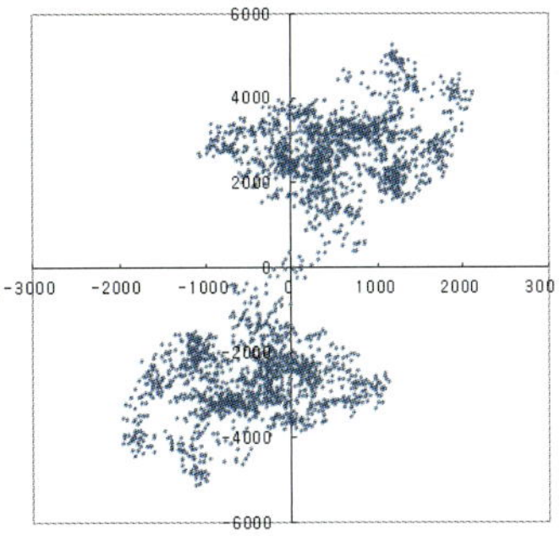

(15) $\sqrt{19}$ 0 ~ 1000 0 ~ 2000 0 ~ 3000

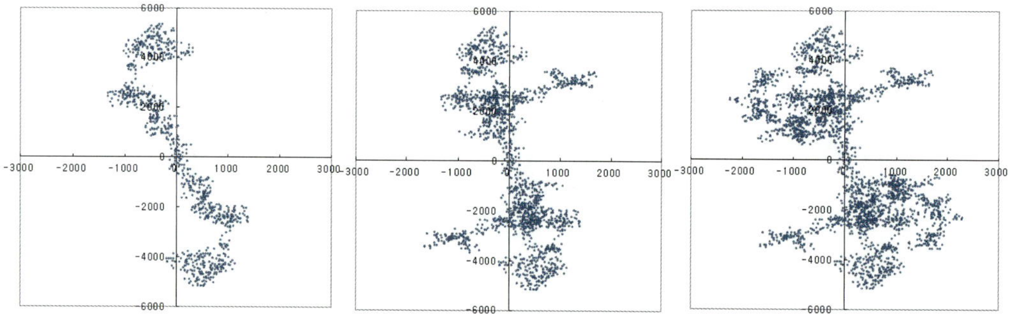

(16) $\sqrt{20}$ 0 ~ 1000 0 ~ 2000 0 ~ 3000

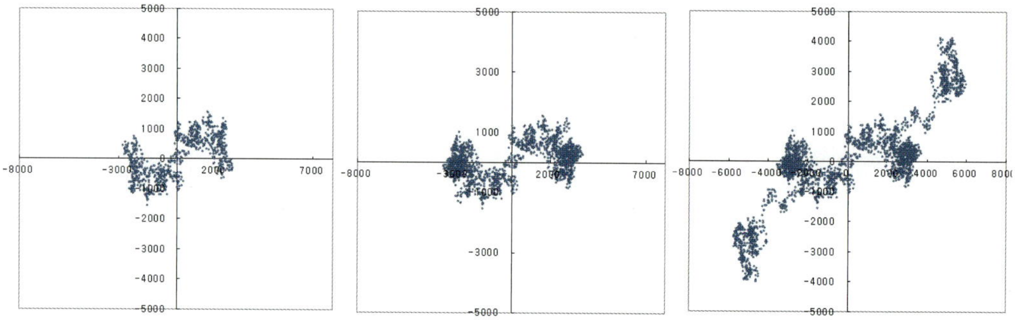

(17) $\sqrt{21}$ 0 ~ 1000 0 ~ 2000 0 ~ 3000

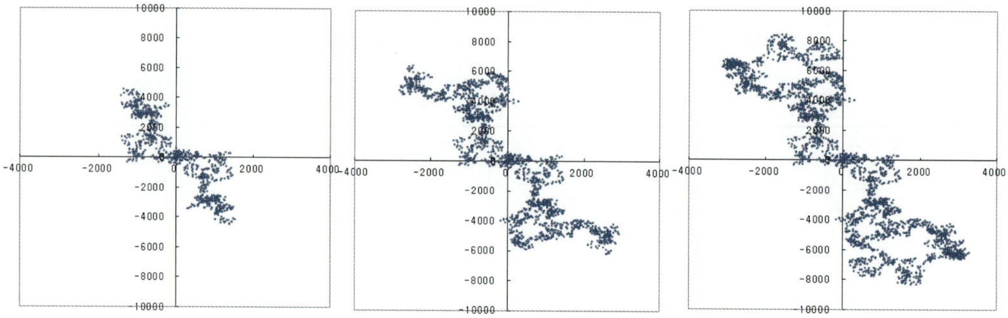

(18) $\sqrt{22}$ 0 ~ 1000 0 ~ 2000 0 ~ 3000

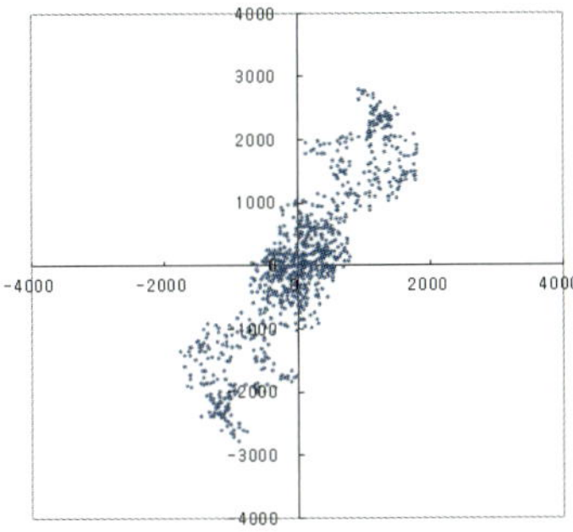

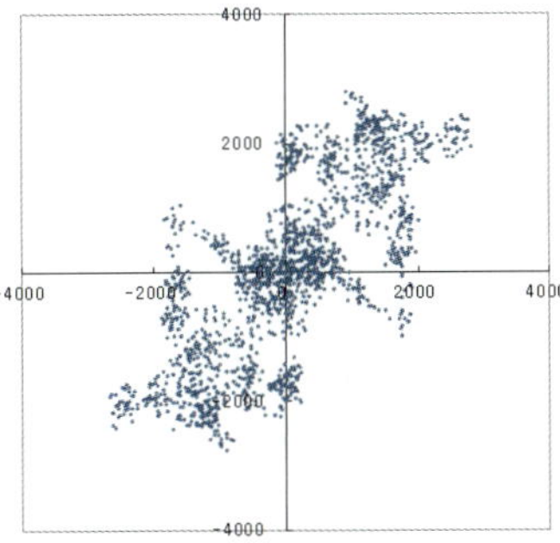

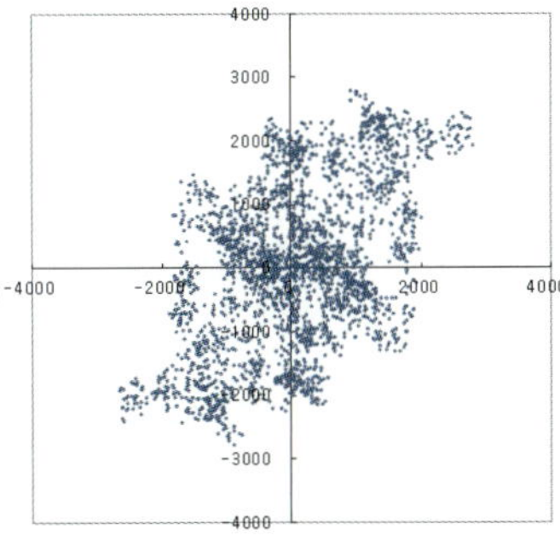

(19) $\sqrt{23}$ 0 ~ 1000 0 ~ 2000 0 ~ 3000

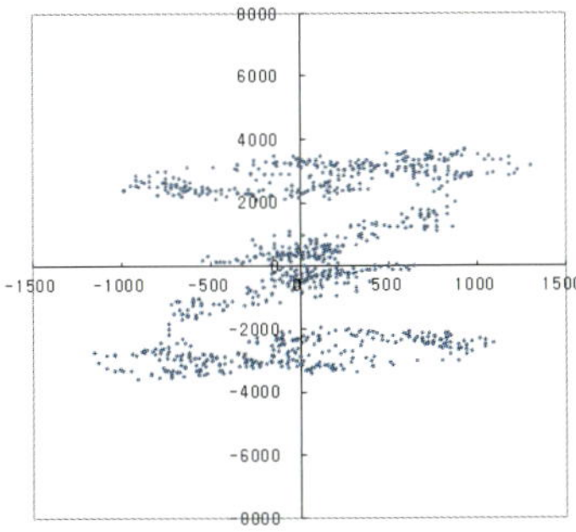

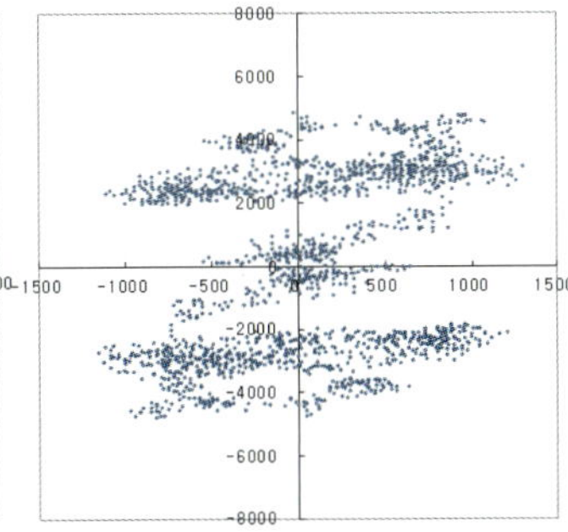

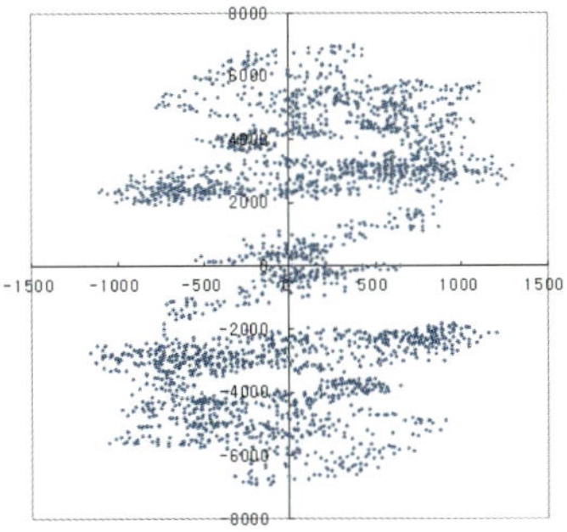

(20) $\sqrt{24}$ 0 ~ 1000 0 ~ 2000 0 ~ 3000

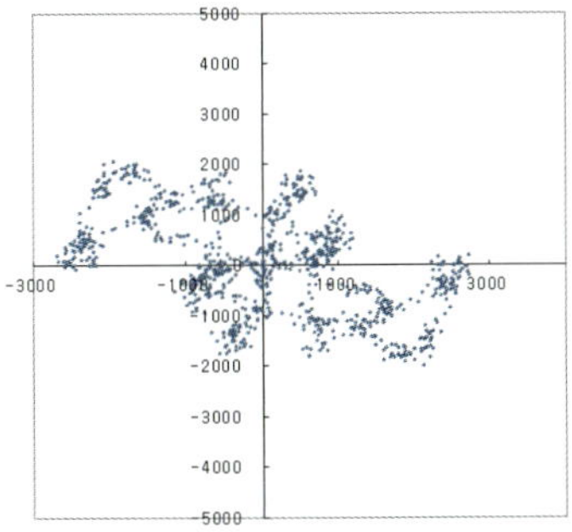

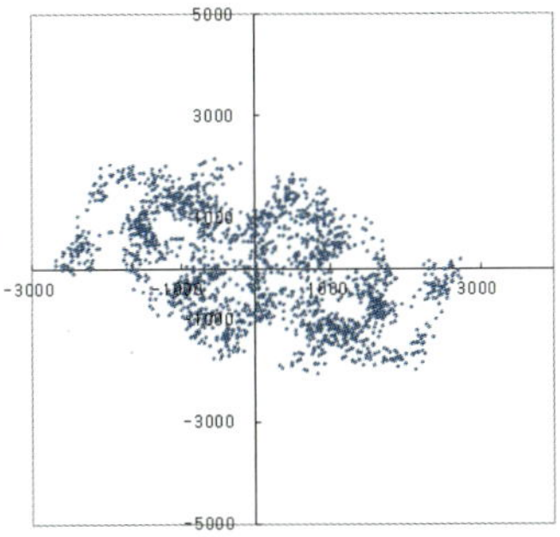

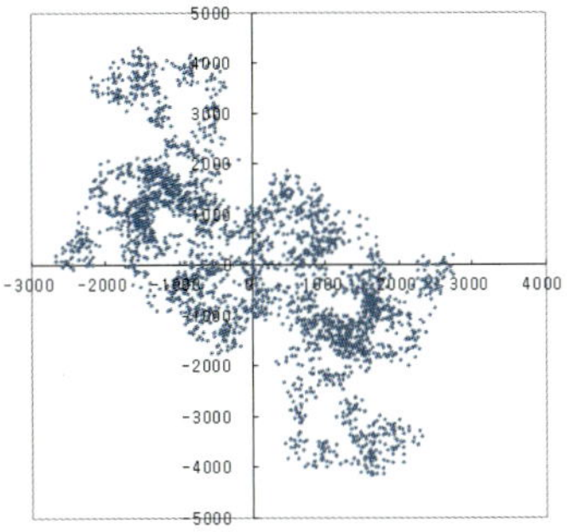

(21) $\sqrt{26}$ 0 ~ 1000 0 ~ 2000 0 ~ 3000

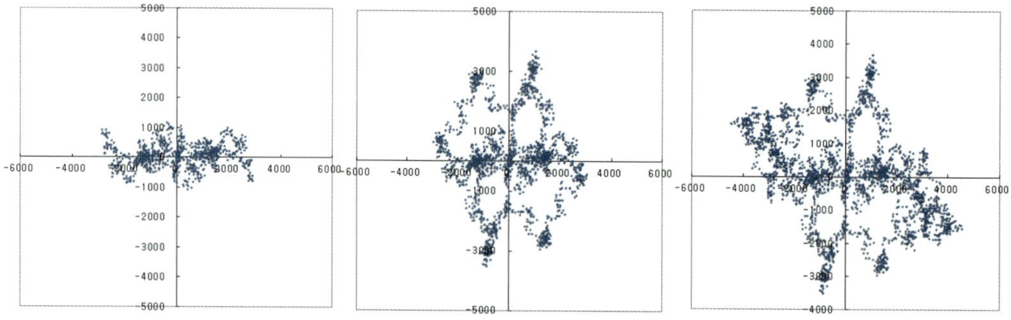

(22) $\sqrt{27}$ 0 ~ 1000 0 ~ 2000 0 ~ 3000

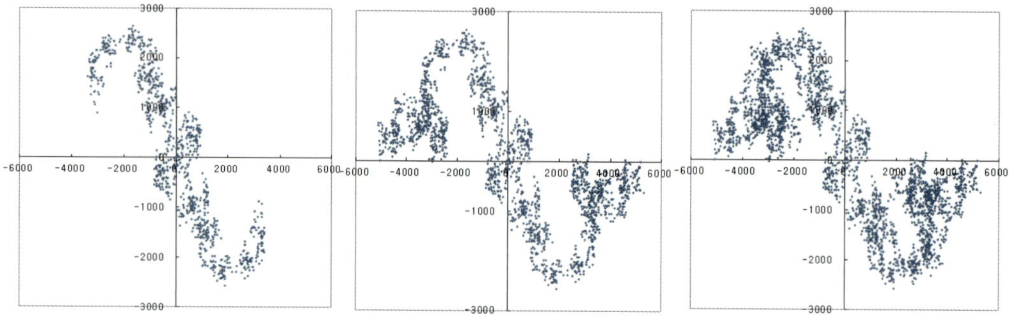

(23) $\sqrt{28}$ 0 ~ 1000 0 ~ 2000 0 ~ 3000

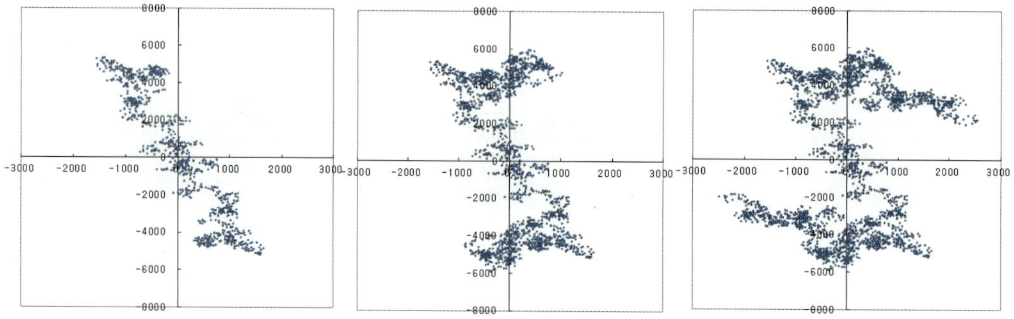

(24) $\sqrt{29}$ 0 ~ 1000 0 ~ 2000 0 ~ 3000

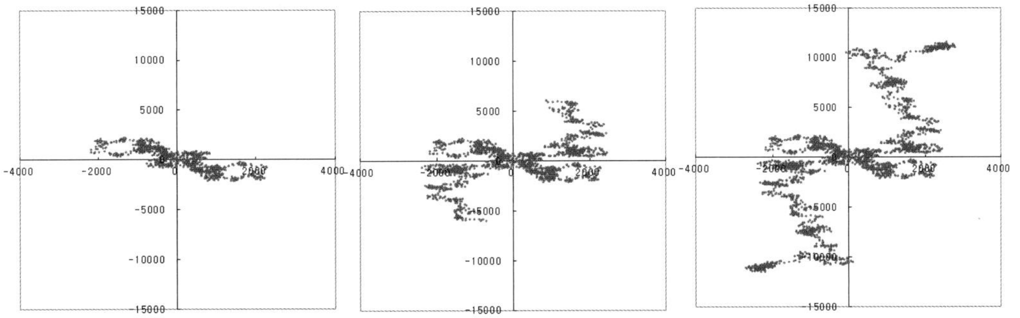

(25) $\sqrt{30}$ 0 ~ 1000 0 ~ 2000 0 ~ 3000

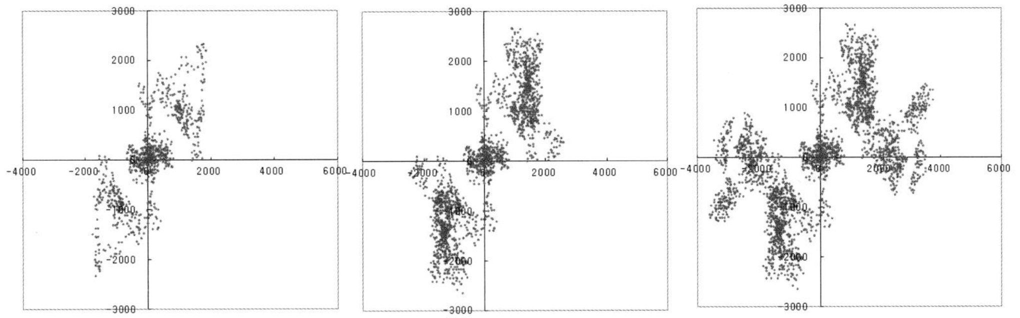

(26) $\sqrt{31}$ 0 ~ 1000 0 ~ 2000 0 ~ 3000

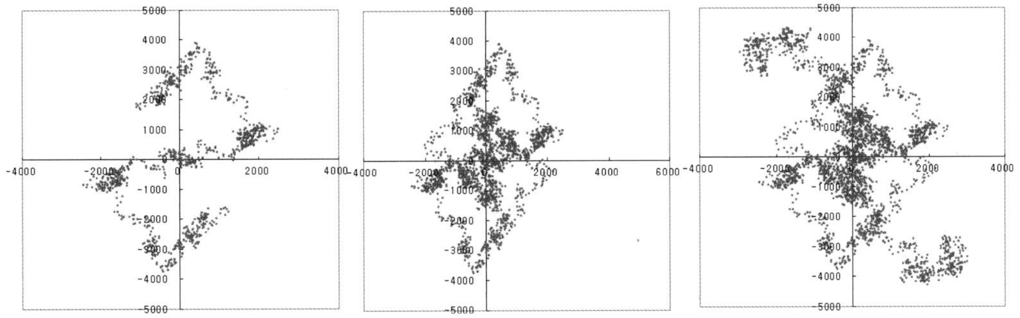

(27) $\sqrt{32}$ 0 ~ 1000 0 ~ 2000 0 ~ 3000

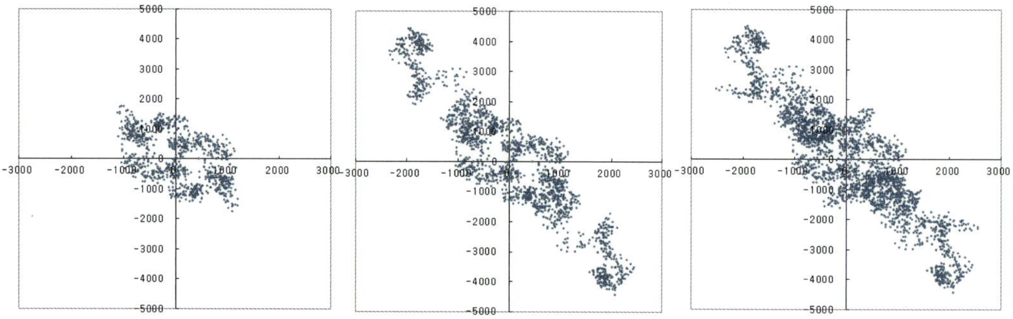

(28) $\sqrt{33}$ 0 ~ 1000 0 ~ 2000 0 ~ 3000

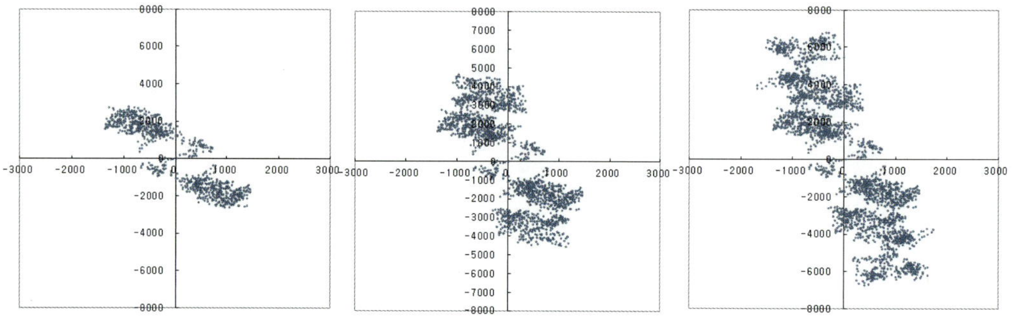

(29) $\sqrt{34}$ 0 ~ 1000 0 ~ 2000 0 ~ 3000

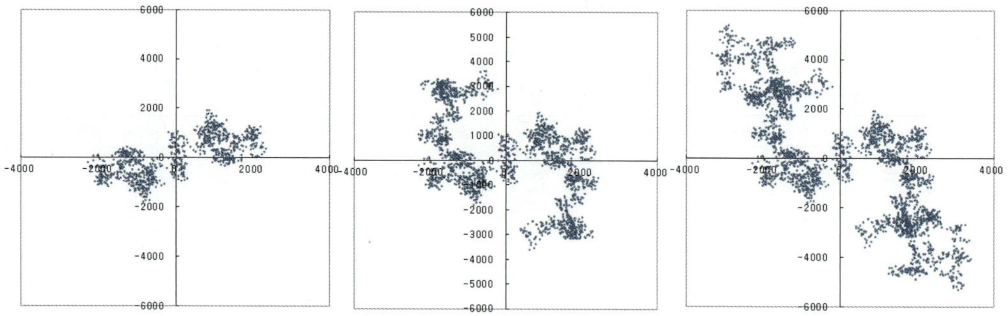

(30) $\sqrt{35}$ 0 ~ 1000 0 ~ 2000 0 ~ 3000

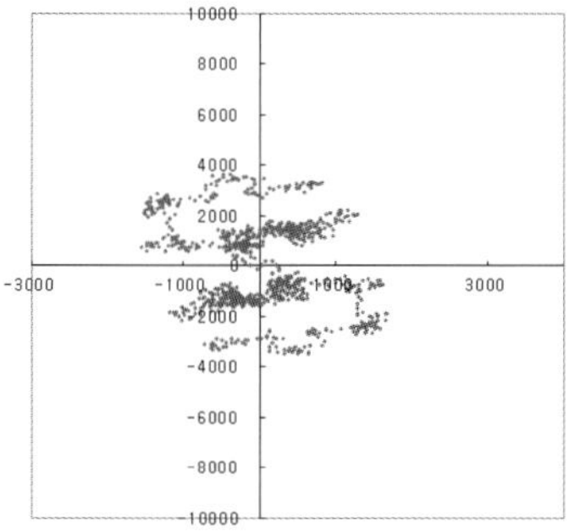

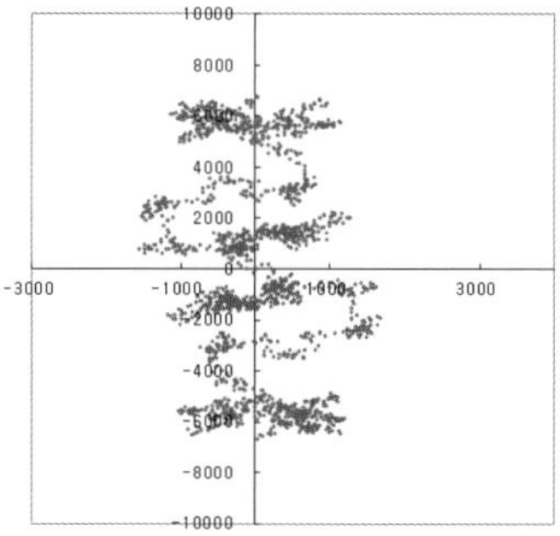

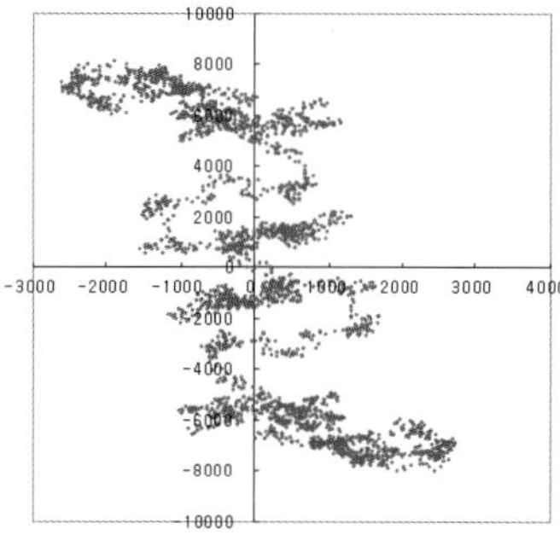

(31) $\sqrt{37}$ 0 ~ 1000 0 ~ 2000 0 ~ 3000

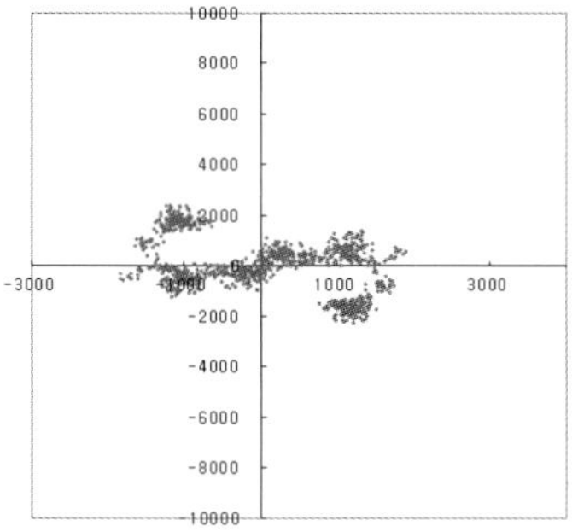

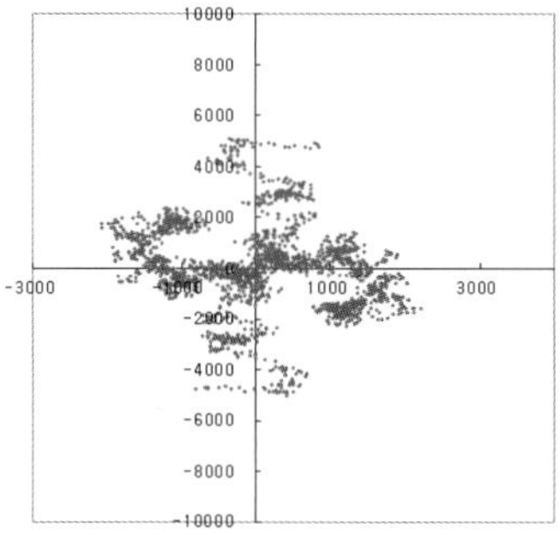

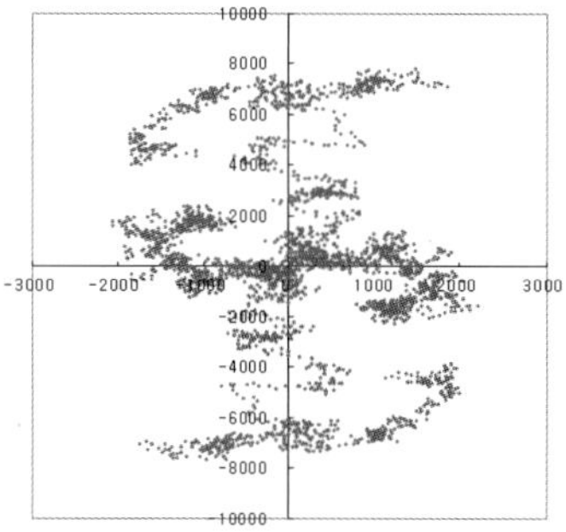

(32) $\sqrt{38}$ 0 ~ 1000 0 ~ 2000 0 ~ 3000

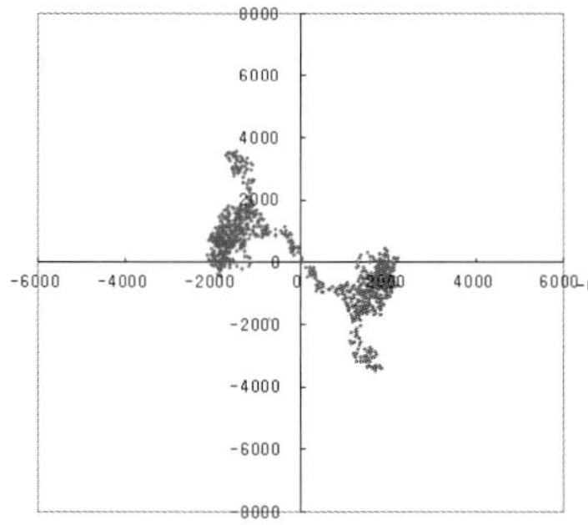

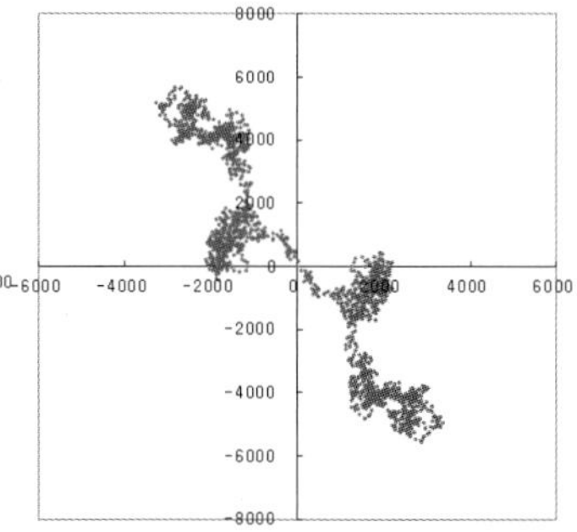

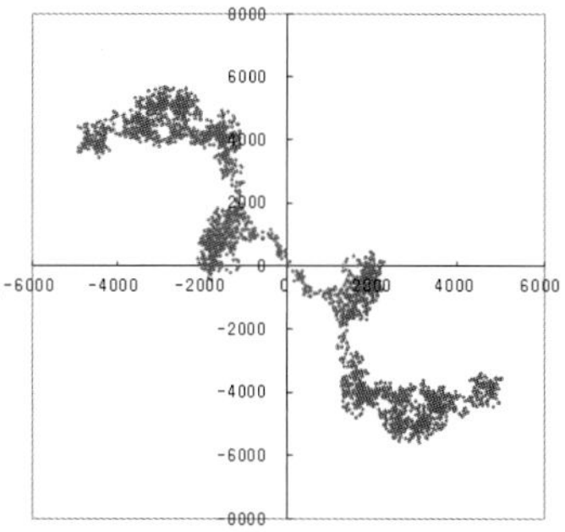

(33) $\sqrt{39}$ 0 ~ 1000 0 ~ 2000 0 ~ 3000

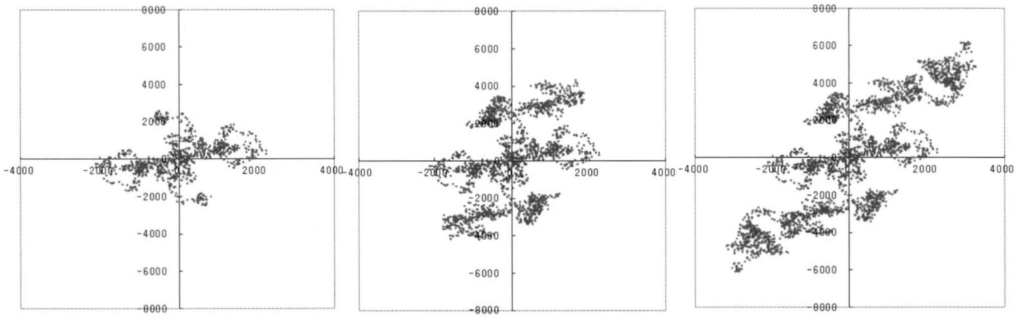

(34) $\sqrt{40}$ 0 ~ 1000 0 ~ 2000 0 ~ 3000

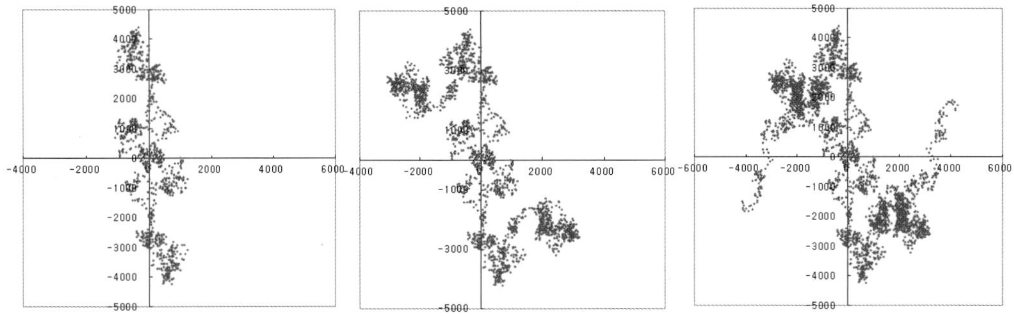

(35) $\sqrt{41}$ 0 ~ 1000 0 ~ 2000 0 ~ 3000

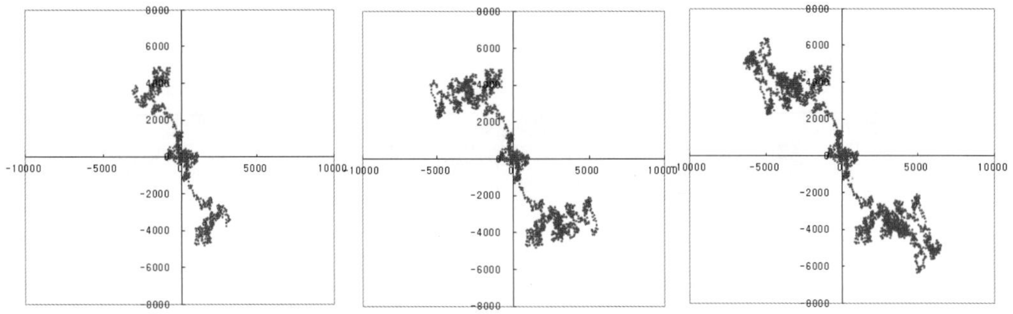

(36) $\sqrt{42}$ 0 ~ 1000

0 ~ 2000

0 ~ 3000

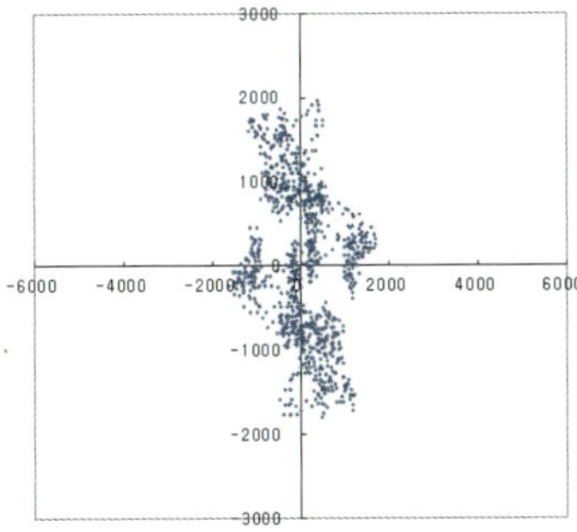

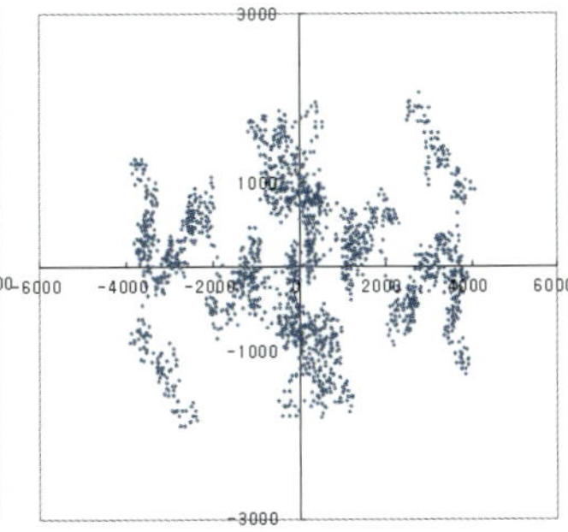

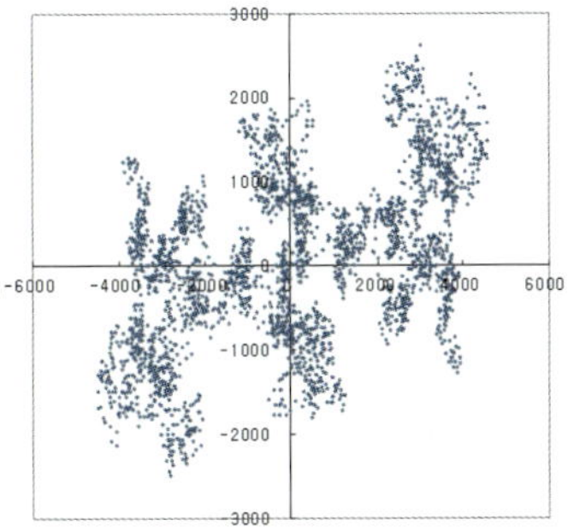

(37) $\sqrt{43}$ 0 ~ 1000

0 ~ 2000

0 ~ 3000

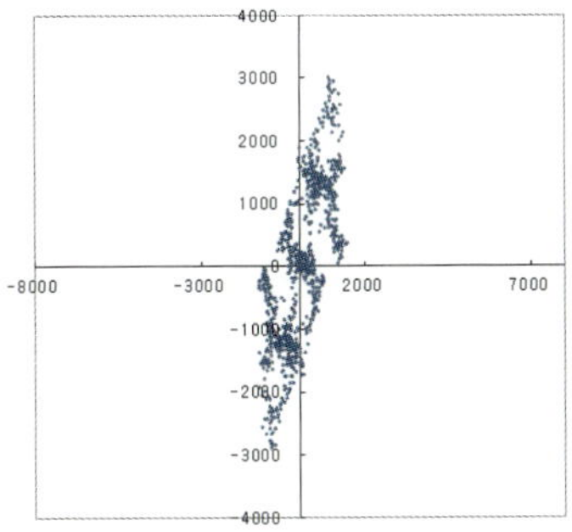

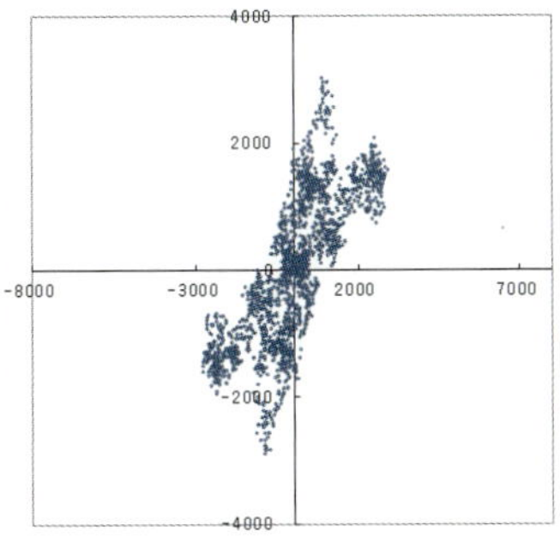

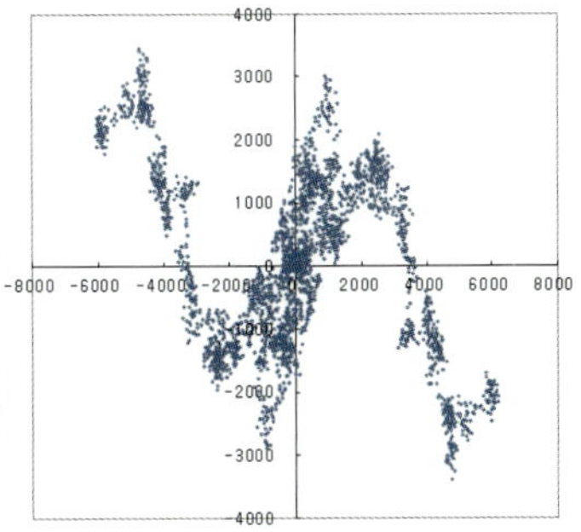

(38) $\sqrt{44}$ 0 ~ 1000

0 ~ 2000

0 ~ 3000

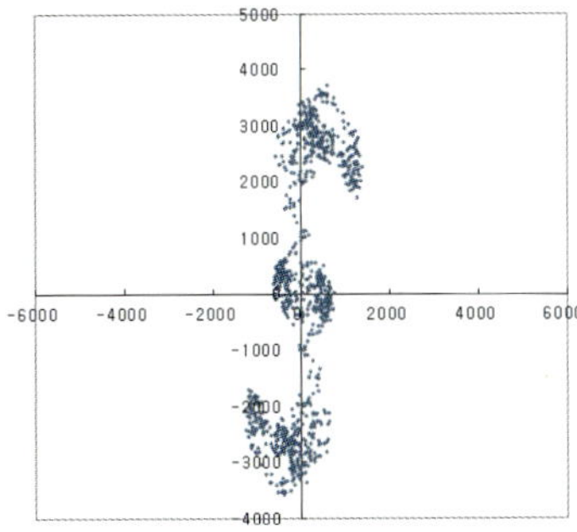

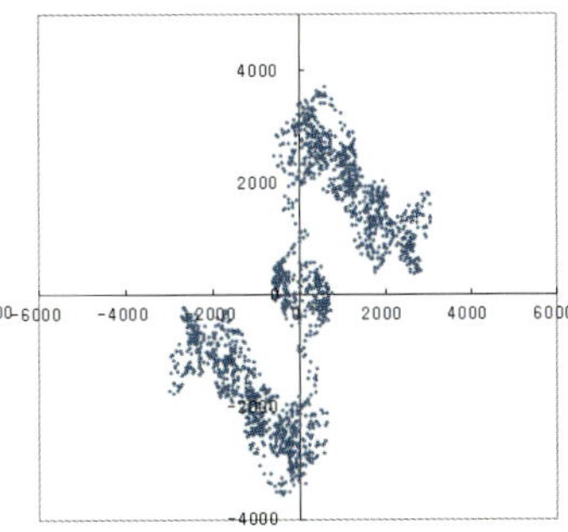

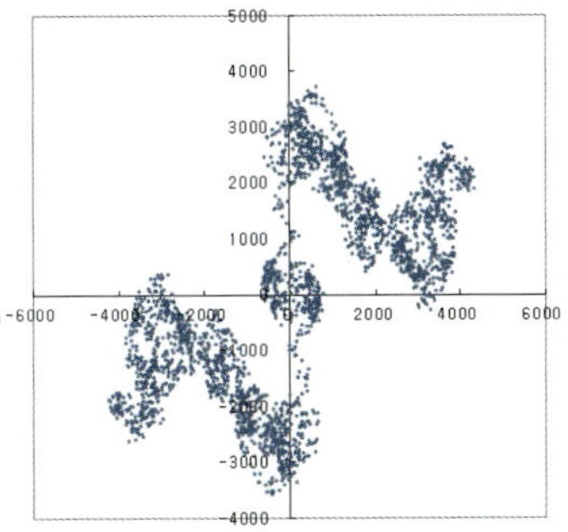

(39) $\sqrt{45}$ 0 ~ 1000 0 ~ 2000 0 ~ 3000

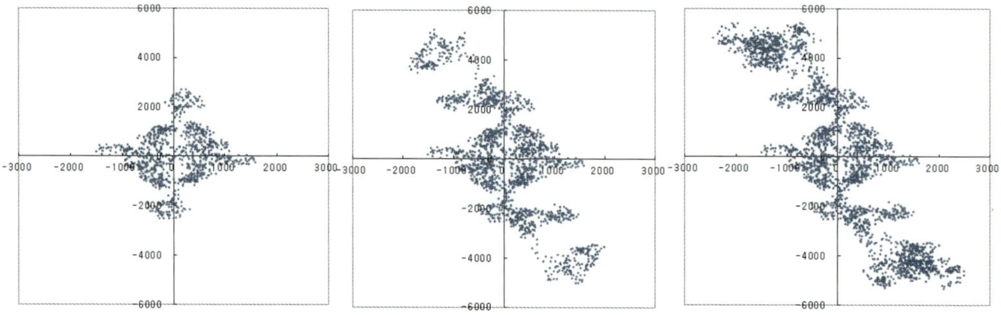

(40) $\sqrt{46}$ 0 ~ 1000 0 ~ 2000 0 ~ 3000

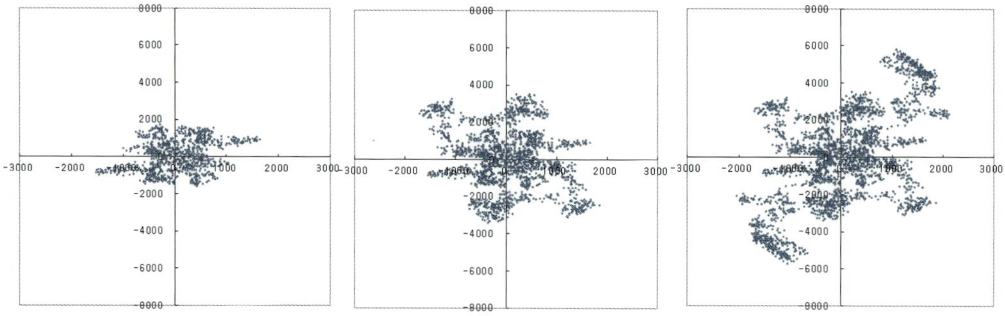

(41) $\sqrt{47}$ 0 ~ 1000 0 ~ 2000 0 ~ 3000

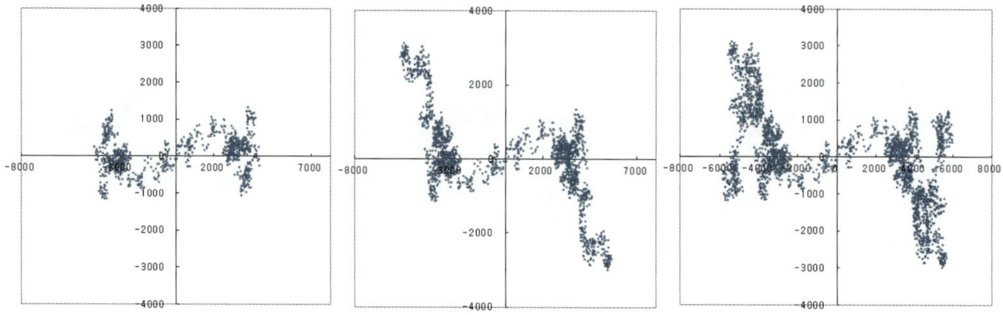

(42) $\sqrt{48}$ 0 ~ 1000　　0 ~ 2000　　0 ~ 3000

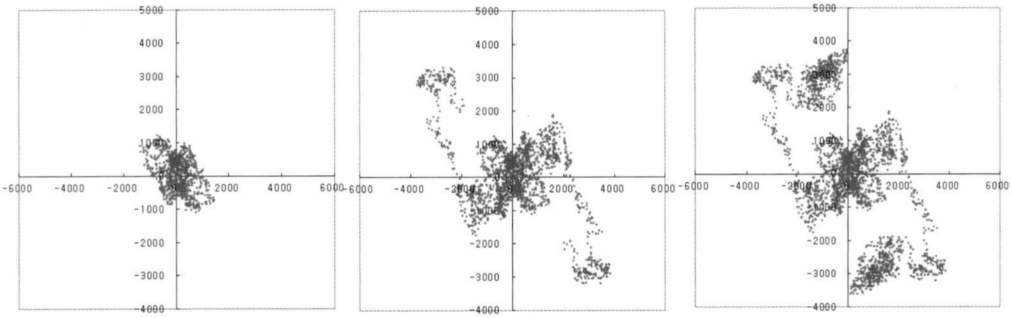

(43) $\sqrt{50}$ 0 ~ 1000　　0 ~ 2000　　0 ~ 3000

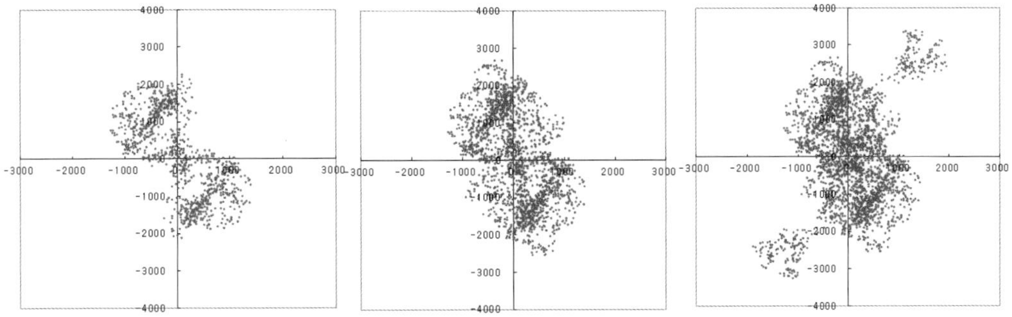

(44) $\sqrt{51}$ 0 ~ 1000　　0 ~ 2000　　0 ~ 3000

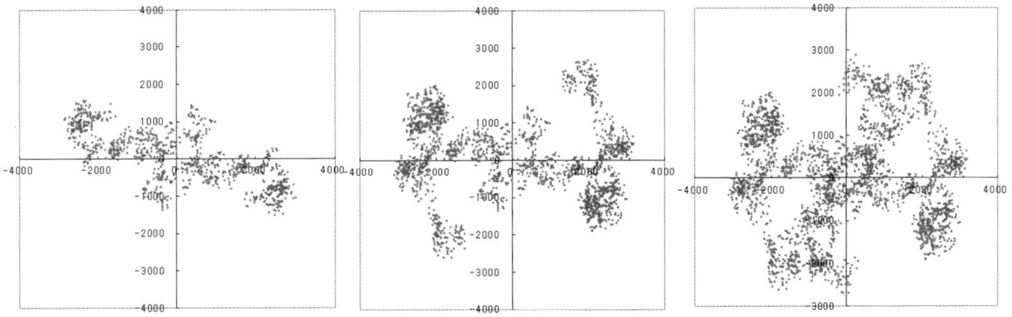

(45) $\sqrt{52}$ 0 ~ 1000

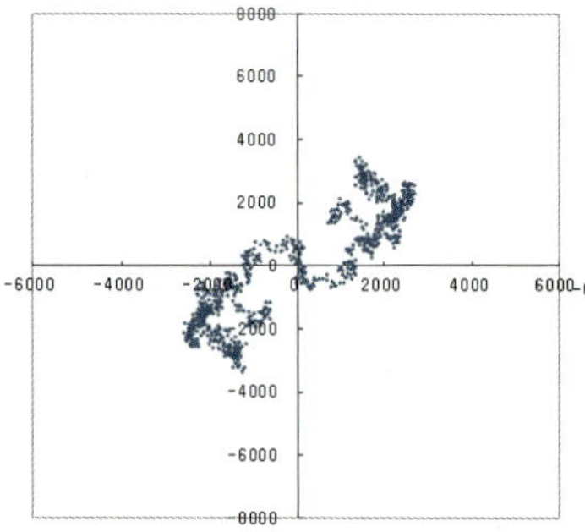

0 ~ 2000

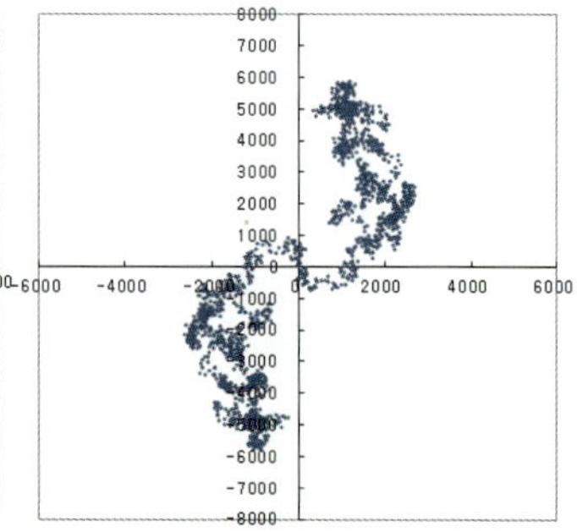

0 ~ 3000

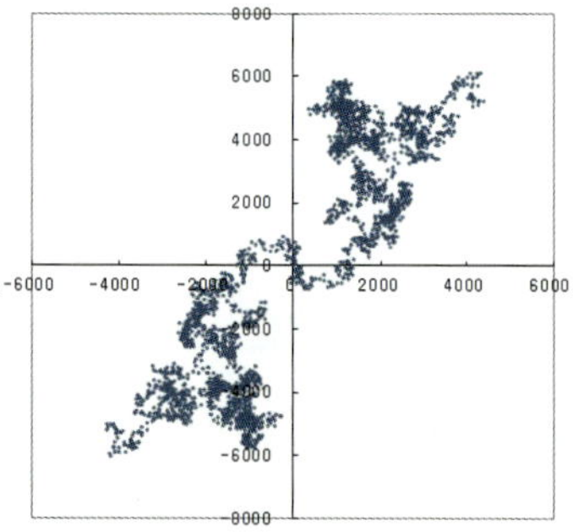

(46) $\sqrt{53}$ 0 ~ 1000

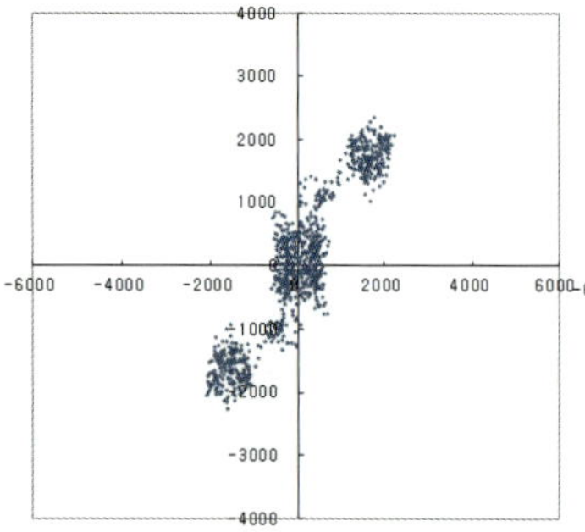

0 ~ 2000

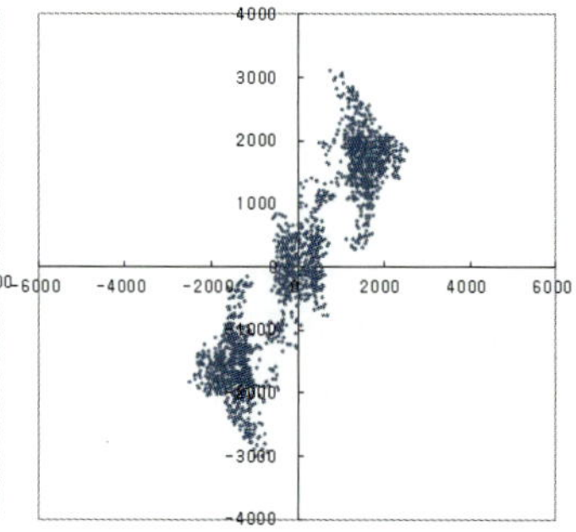

0 ~ 3000

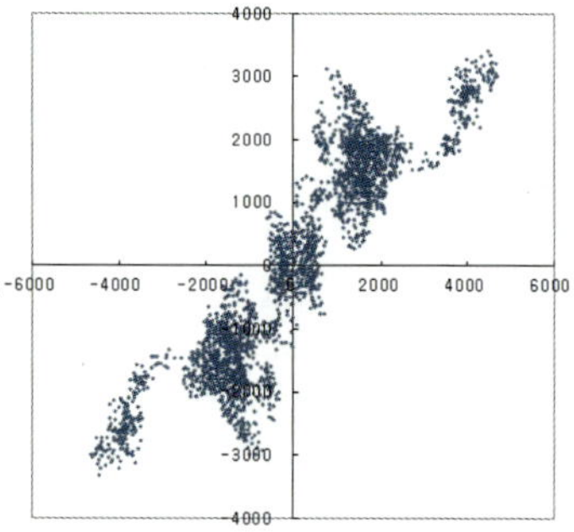

(47) $\sqrt{54}$ 0 ~ 1000

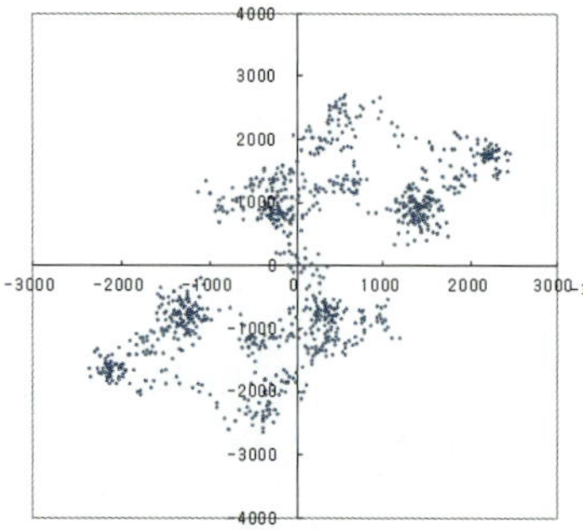

0 ~ 2000

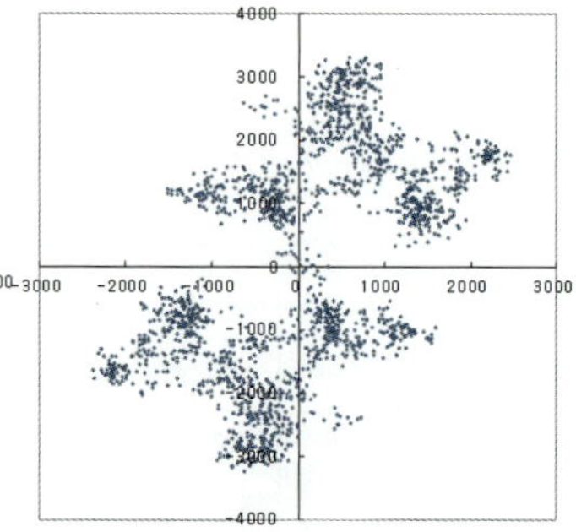

0 ~ 3000

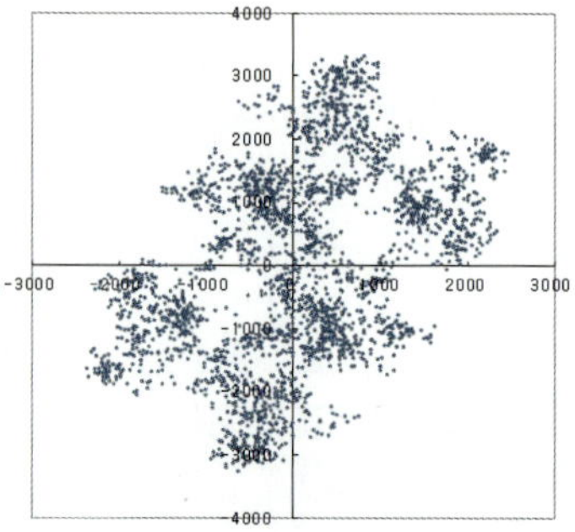

2 삼각함수를 이용한 외분 카오스게임

(1) sin 1° 0 ~ 1000

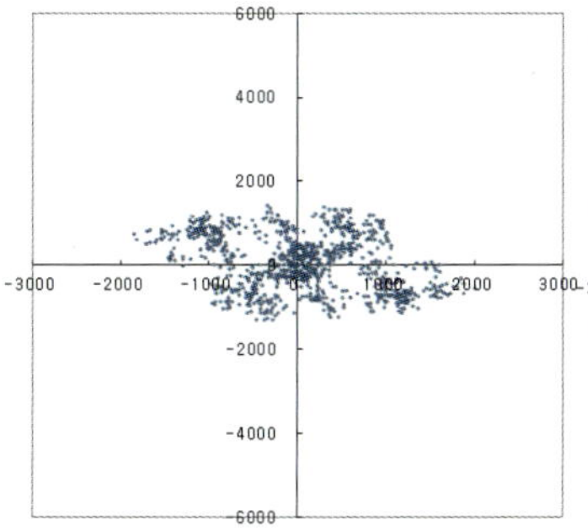

0 ~ 2000

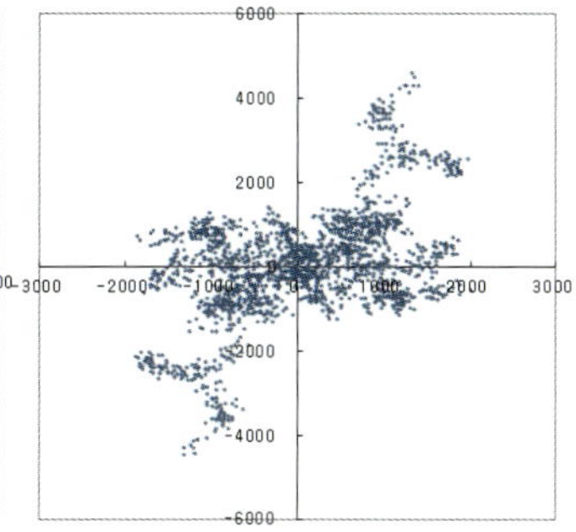

0 ~ 3000

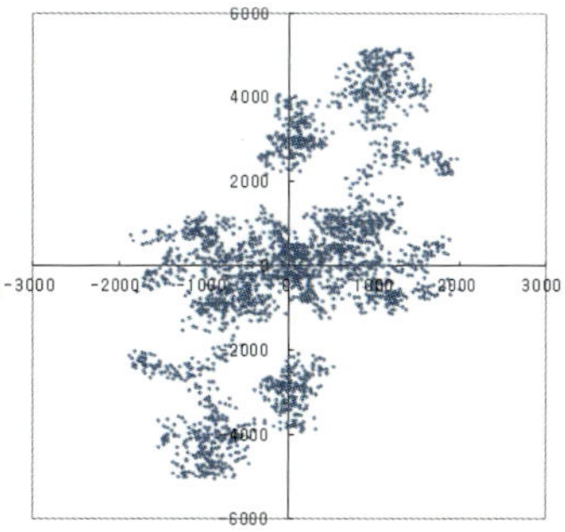

(2) sin 2° 0 ~ 1000

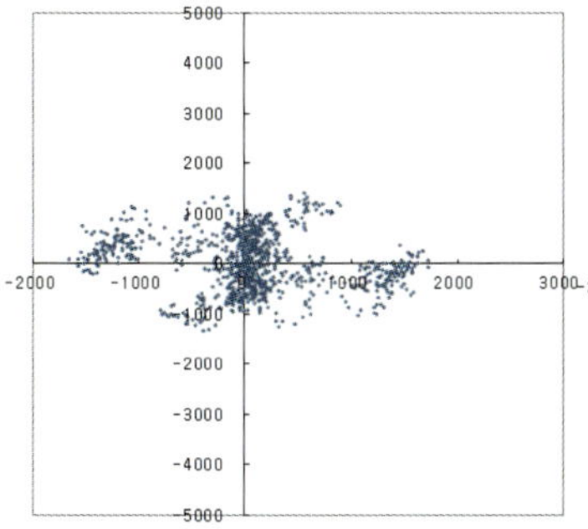

0 ~ 2000

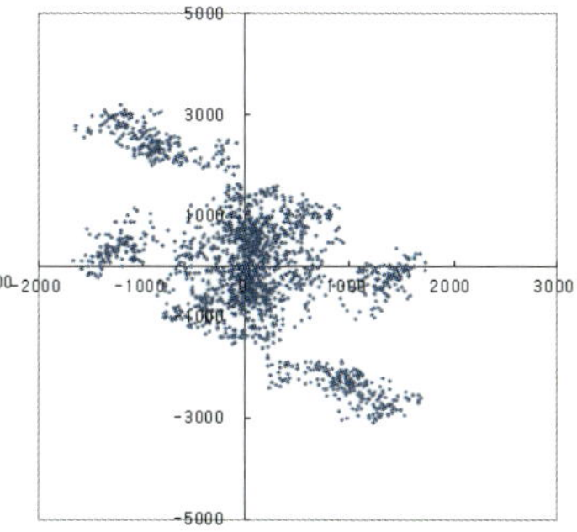

0 ~ 3000

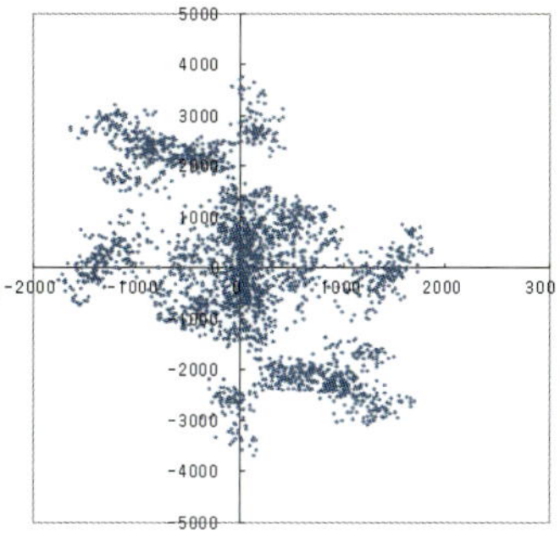

(3) sin 3° 0 ~ 1000

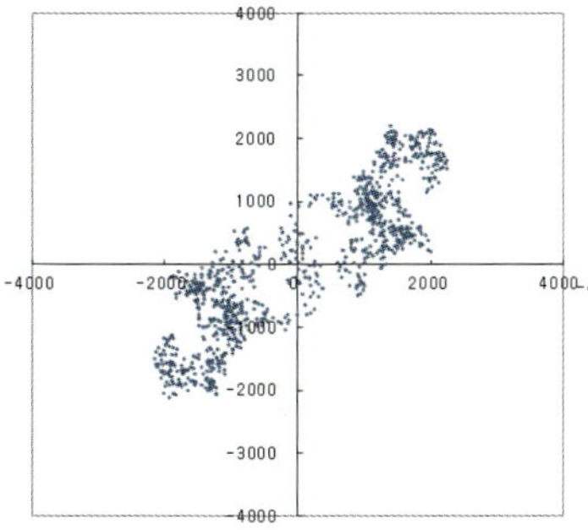

0 ~ 2000

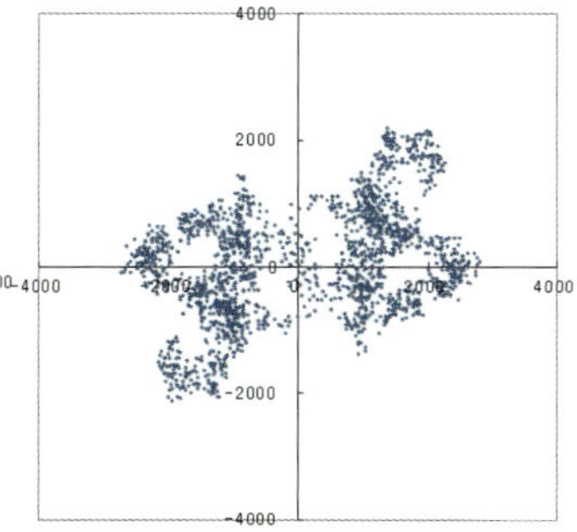

0 ~ 3000

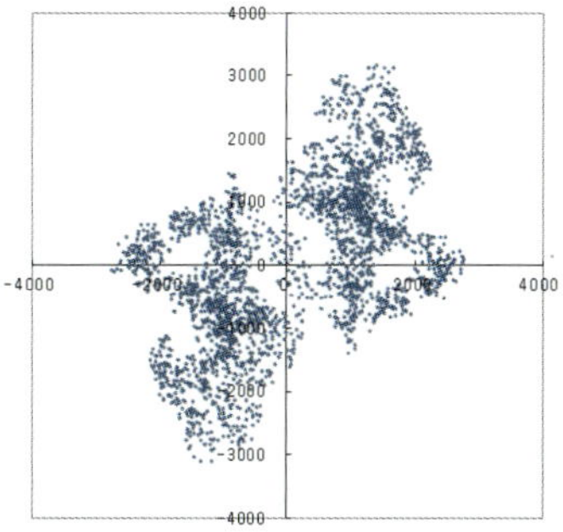

(4) sin 4° 0 ~ 1000 　　0 ~ 2000 　　0 ~ 3000

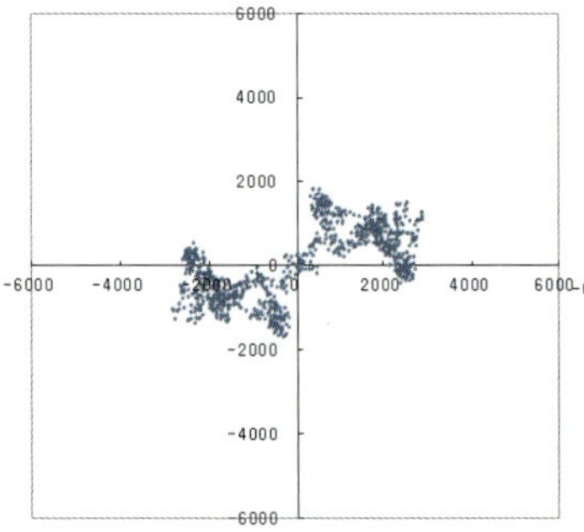

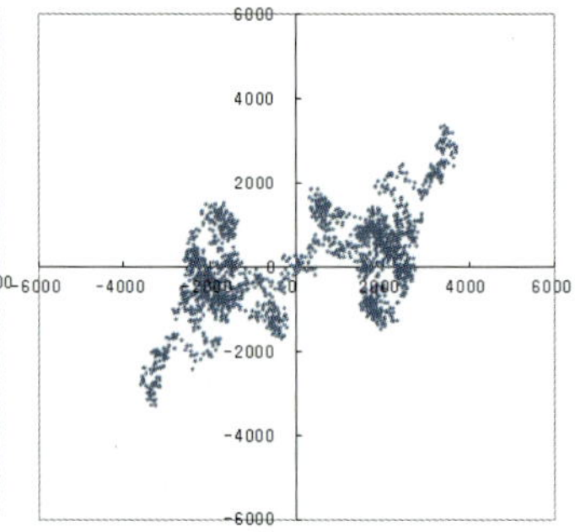

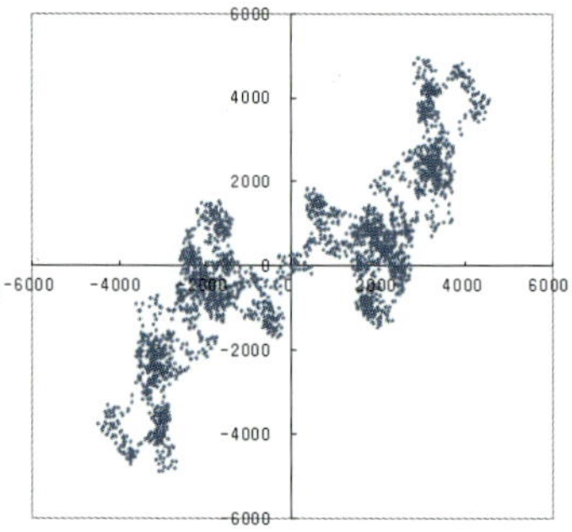

(5) sin 5° 0 ~ 1000 　　0 ~ 2000 　　0 ~ 3000

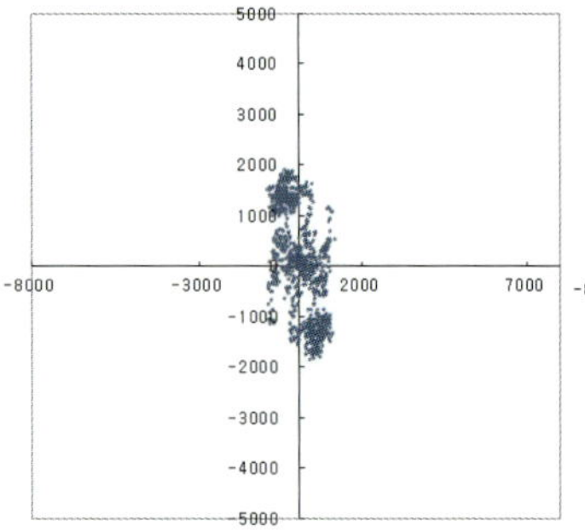

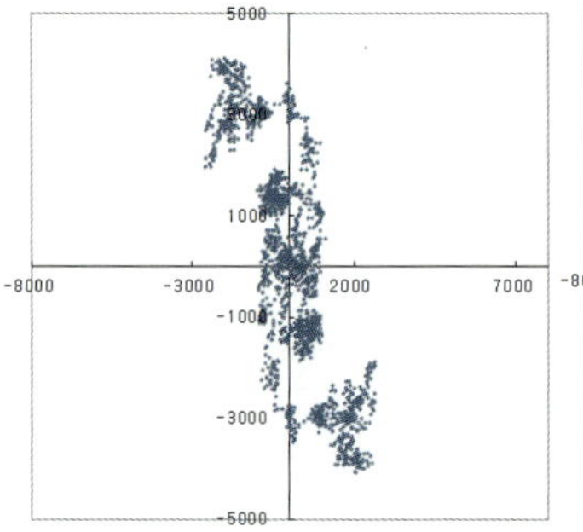

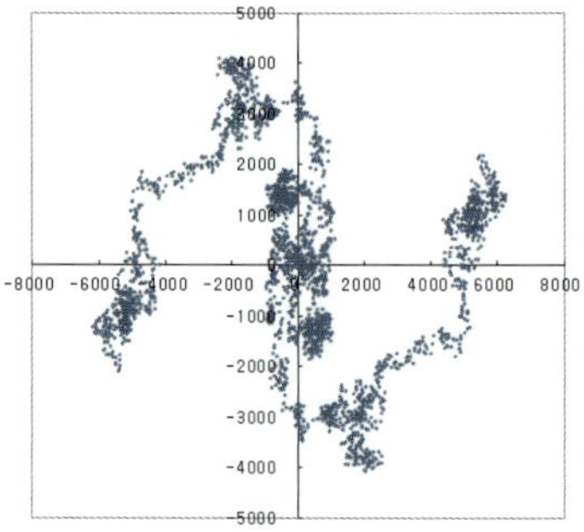

(6) sin 6° 0 ~ 1000 　　0 ~ 2000 　　0 ~ 3000

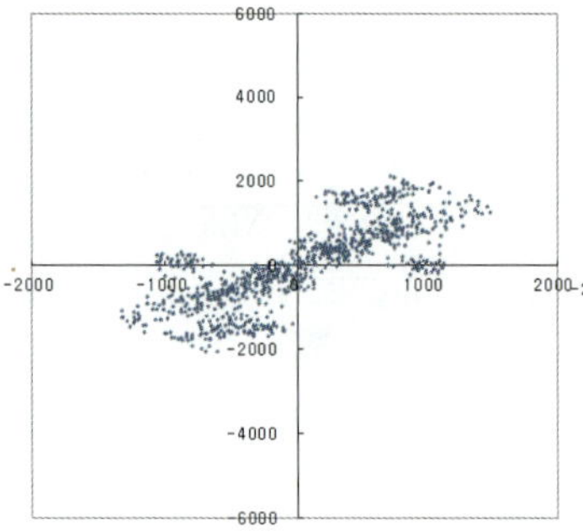

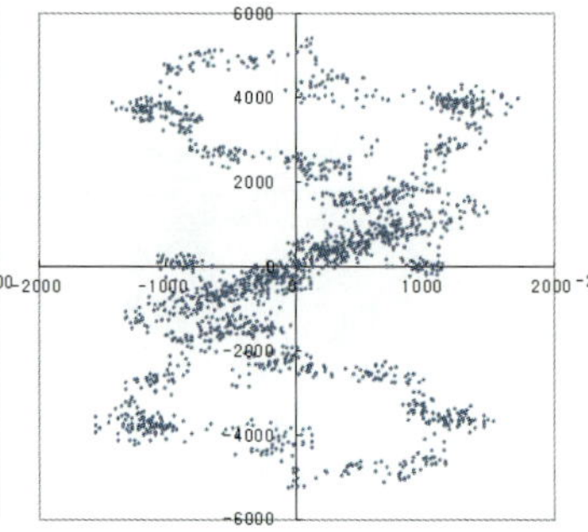

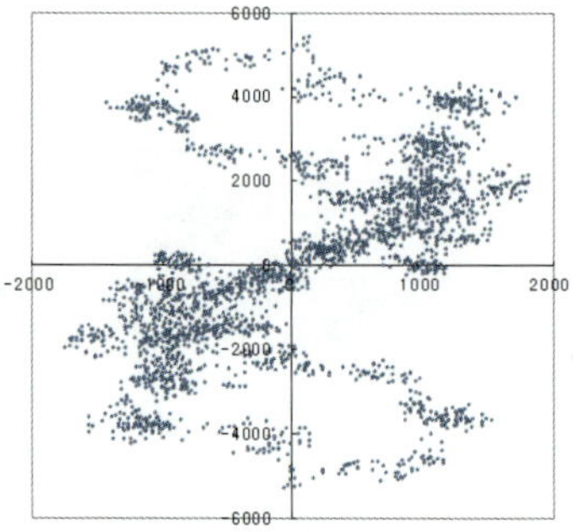

(7) sin 7° 0 ~ 1000 / 0 ~ 2000 / 0 ~ 3000

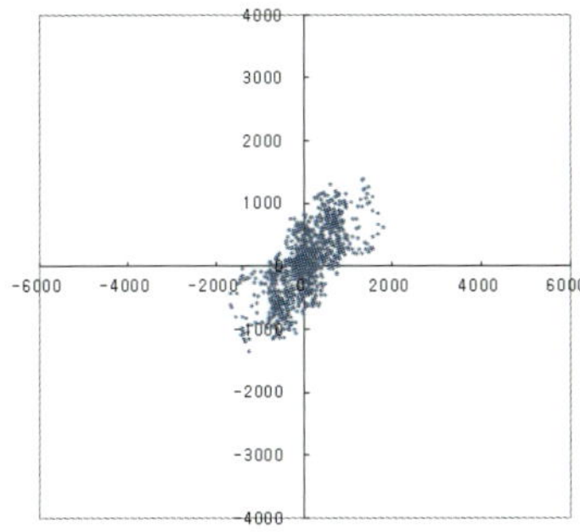

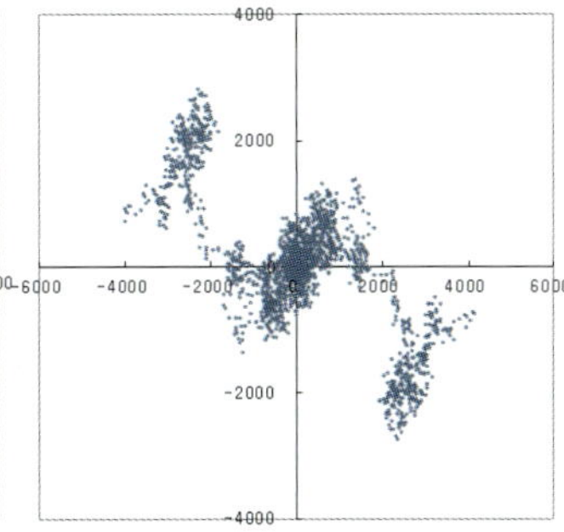

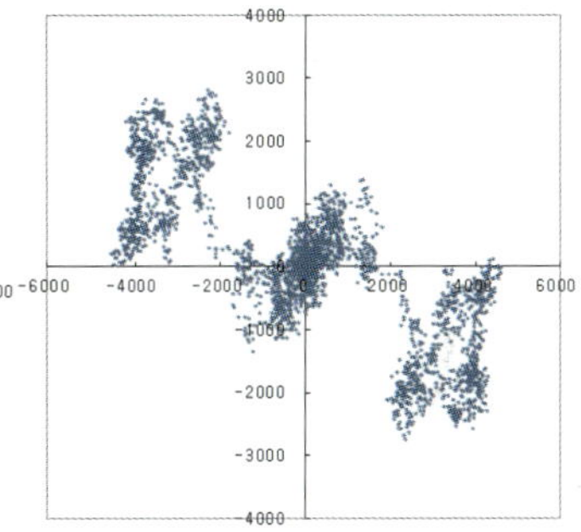

(8) sin 8° 0 ~ 1000 / 0 ~ 2000 / 0 ~ 3000

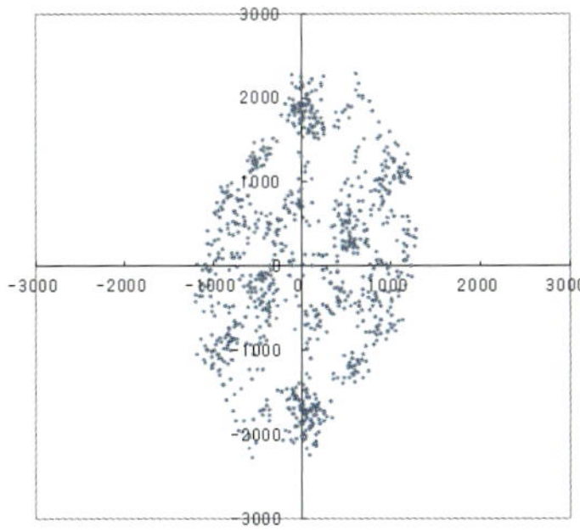

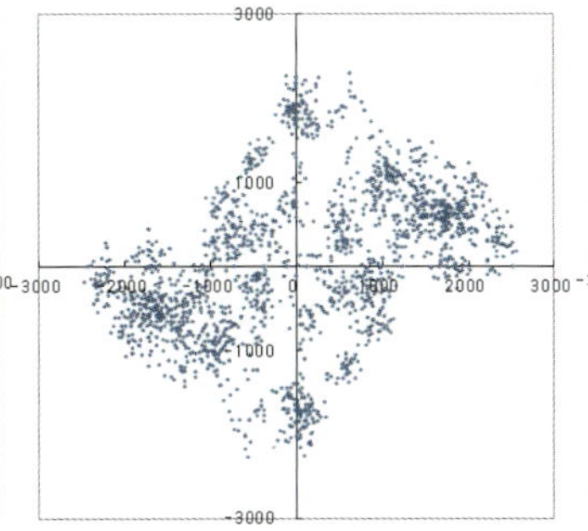

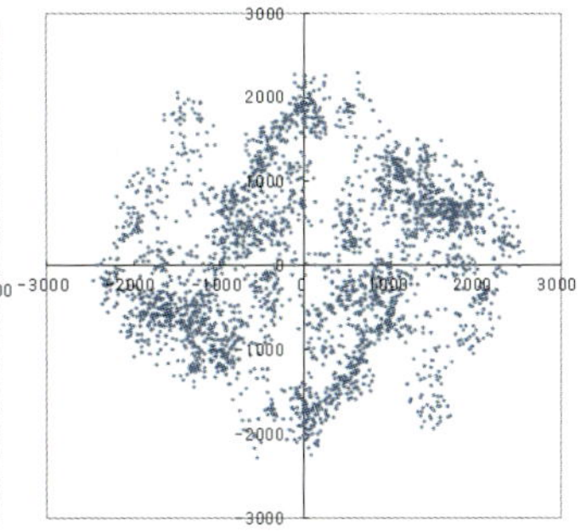

(9) sin 9° 0 ~ 1000 / 0 ~ 2000 / 0 ~ 3000

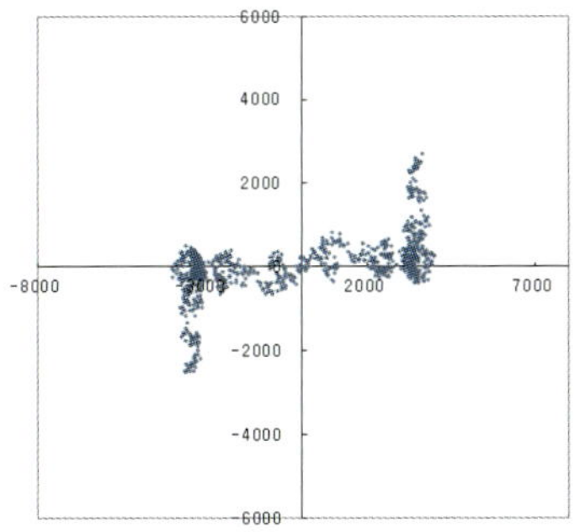

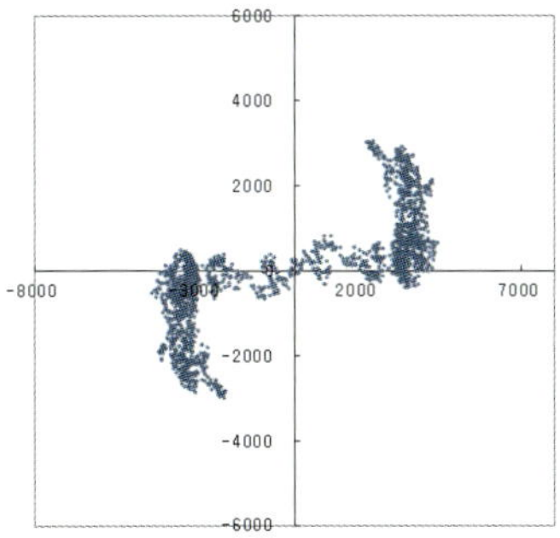

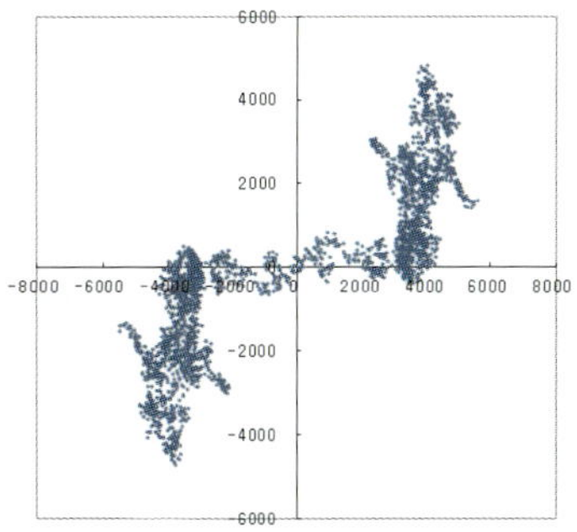

(10) sin 10° 0 ~ 1000 0 ~ 2000 0 ~ 3000

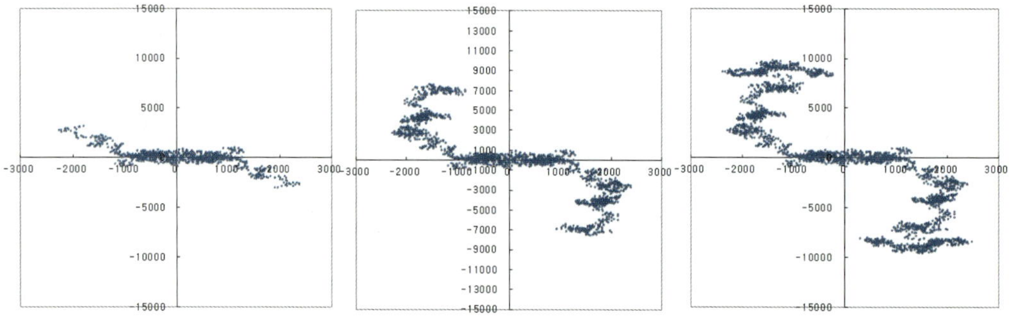

(11) sin 11° 0 ~ 1000 0 ~ 2000 0 ~ 3000

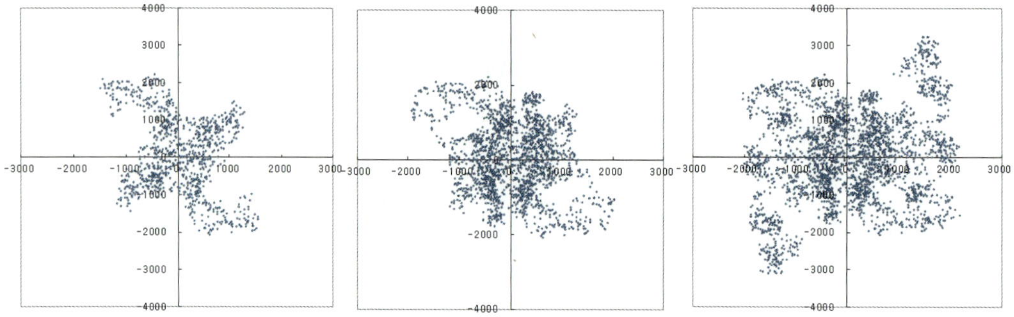

(12) sin 12° 0 ~ 1000 0 ~ 2000 0 ~ 3000

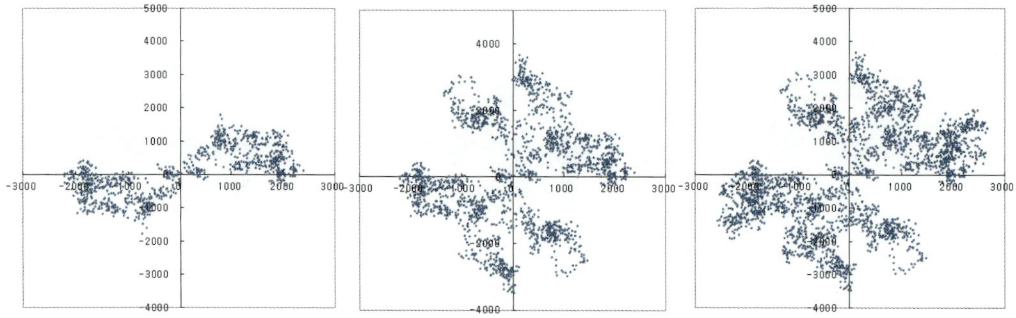

(13) sin 13° 0 ~ 1000 　 0 ~ 2000 　 0 ~ 3000

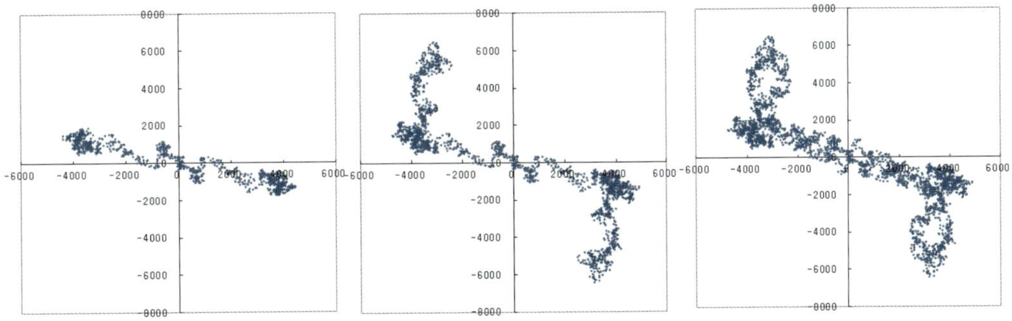

(14) sin 14° 0 ~ 1000 　 0 ~ 2000 　 0 ~ 3000

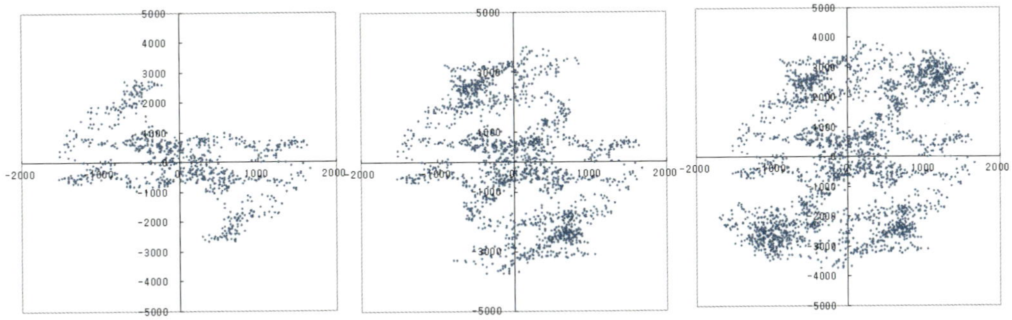

(15) sin 15° 0 ~ 1000 　 0 ~ 2000 　 0 ~ 3000

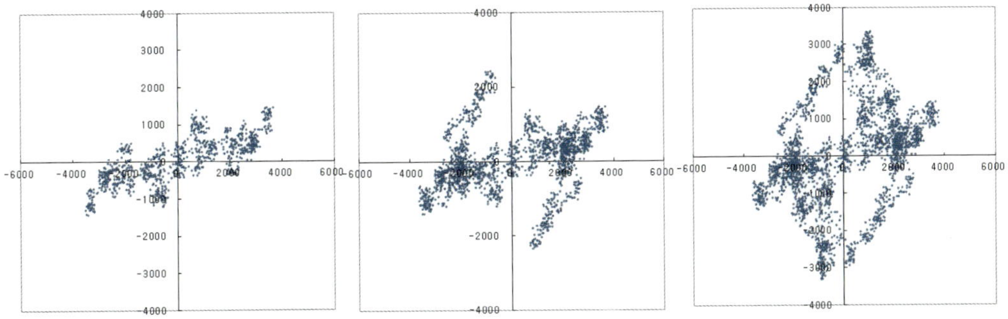

3 π, e를 이용한 외분 카오스게임

(1) π=3.141592653589793238462643383279502884197169399375105820974944592

0~ 1000　　　0 ~ 2000　　　0 ~ 3000

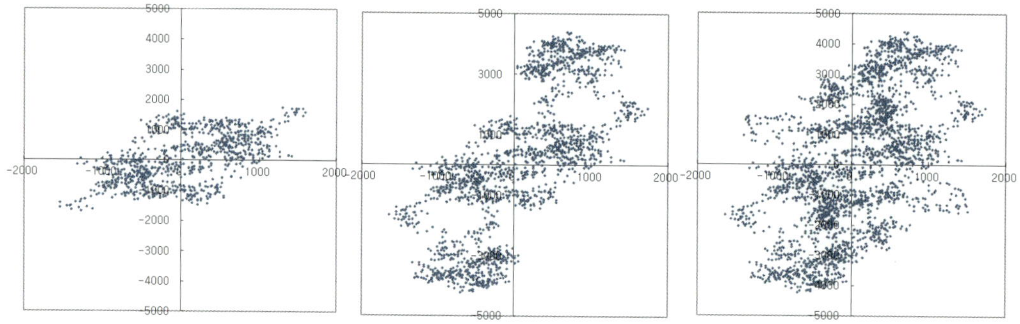

(2) e=2.718281828459045235360287471352662497757247093699959574966967627

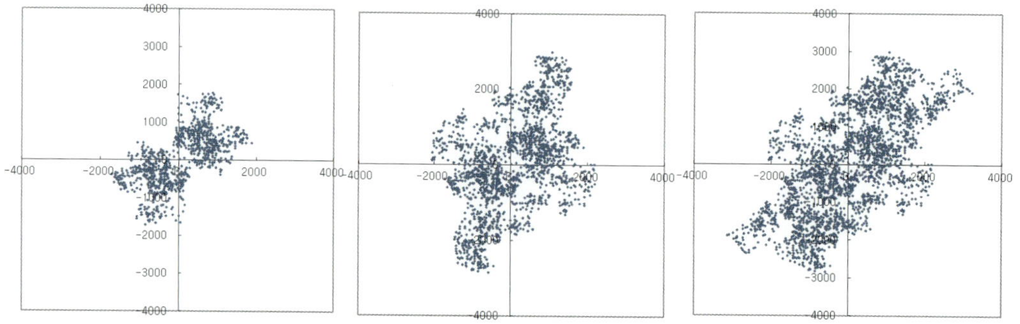

(2) $\pi+e$= 5.859874482048838473822930854632165381954416493075065395941912

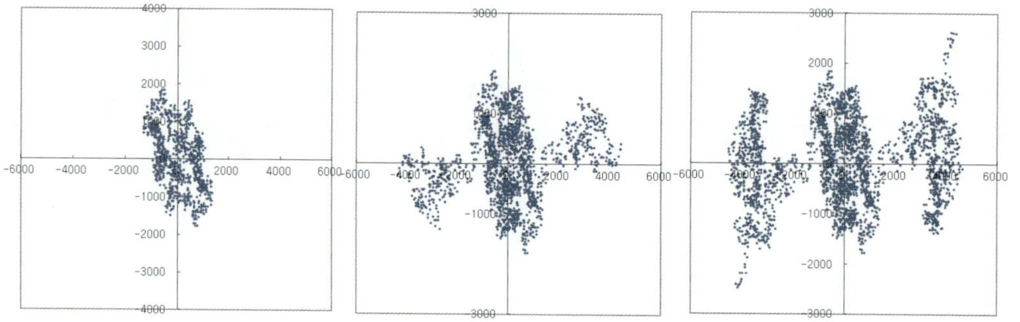

융합교육 시리즈 ⑤

디자인을 사랑한 수학

2014년 5월 15일 초판 발행
2023년 8월 10일 초판 1쇄 발행

저 자 / 안대영
발행자 / 오판근
발행처 / 교우사

주 소 / 서울특별시 동대문구 약령시로 8 교우빌딩 2층
전 화 / 925-2861~2, 편집부 / 925-2825
팩 스 / 070-7966-8610

E-mail / kyowoo@kyowoo.co.kr
http://www.kyowoo.co.kr

등록 / 1994. 3. 24 제6-0256호

ISBN 979-11-251-0032-4 (04410)
979-11-251-0028-7 (세트)

값 26,000원